Werner Heisenberg · Schritte über Grenzen

Werner Heisenberg

Schritte
über Grenzen

Gesammelte Reden und Aufsätze

R. Piper & Co. Verlag
München Zürich

ISBN 3-492-01995-1
Erweiterte Neuausgabe 1973
4. Auflage, 29.–30. Tausend 1977
© R. Piper & Co. Verlag, München 1971
Gesetzt aus der Garamond-Antiqua
Gesamtherstellung Clausen & Bosse, Leck
Printed in Germany

Inhaltsverzeichnis

Vorwort

Die vorliegende Sammlung von Reden und Aufsätzen, die direkt oder indirekt aus der Beschäftigung des Verfassers mit der Atomphysik hervorgegangen sind, führt immer wieder über die Grenzen dieses Gebiets hinaus. Dies liegt im universellen Charakter der Wissenschaft vom Atom begründet. Wer sie mit allen ihren Konsequenzen in der Philosophie, der Technik, der Politik ernst nimmt, hat beim Nachdenken über diese Rückwirkungen keine andere Wahl, als die Grenzen des eigentlich physikalischen Bereichs weit zu überschreiten. Die Richtungen, in denen dies in den einzelnen Aufsätzen und Reden geschieht, sind so verschieden, daß eine systematische Einteilung nach Gegenständen kaum durchgeführt werden könnte. In der Sammlung ist also einfach die zeitliche Reihenfolge gewählt, nur sind die Aufsätze, in denen es sich um bestimmte Persönlichkeiten handelt, an den Anfang gestellt worden. Die zeitliche Anordnung legt bis zu einem gewissen Grade Rechenschaft ab von der Entwicklung, die sich in den Gedanken des Verfassers vollzogen hat, wenn auch die Wahl der Themen oft durch den mehr zufälligen Anlaß bestimmt war. Die gleichen Gedanken kehren daher unter verschiedenen Fragestellungen wieder; es ist nicht versucht worden, Wiederholungen auszumerzen.

Die wichtigsten Themenkreise können etwa durch die Fragen charakterisiert werden: Wohin führt uns die seit der Freimachung der Atomenergie alle früheren Grenzen überflutende Technik? Welchen Wahrheitsgehalt haben naturwissenschaftliche Behauptungen? Kann man sich über die Forschungsergebnisse einigen, und kann diese Einigung zur Verständigung unter den Völkern beitragen? Gibt es Beziehungen zwischen der modernen Naturwissenschaft und der modernen Kunst? Was können wir für die Lösung alter philosophischer Probleme aus der modernen Naturwissenschaft lernen? Eine systematische Beantwortung dieser Fragen ist nicht versucht worden. Vielmehr handelt es sich nur um ein Weiterdenken vom atomphysikalischen Bereich aus an den Stellen, an denen man wegen der großen Bedeutung der angeschnittenen Probleme nicht innerhalb der durch die Fachwissenschaft gezogenen Grenzen stehenbleiben könnte.

Die einzelnen Reden und Aufsätze dieser Sammlung sind zum größten Teil schon an anderer Stelle veröffentlicht worden. Ihre Zusammenfassung in Buchform kann aber einen Zug deutlich machen, der beim einzelnen Text noch nicht genügend sichtbar wird: daß nämlich die Erfahrungen aus der Entwicklung der Atomphysik fast von selbst zu einer in ihren Grundvoraussetzungen einheitlichen Art des Denkens geführt haben, die sich an einigen Stellen wesentlich vom früheren naturwissenschaftlichen Denken unterscheidet. Diese Einheitlichkeit kommt dadurch zustande, daß an die Stelle der reinen Alternative, die in ihrer Härte oft der Wirklichkeit nicht gerecht wird, eine komplementäre Betrachtungsweise tritt, die es leichter macht, ein Problem von verschiedenen Seiten zu sehen und nicht voreilig von unüberbrückbaren Gegensätzen zu sprechen. Es handelt sich hier nicht um ein Verwischen der klaren Konturen des früheren naturwissenschaftlichen Denkens, sondern um ein subtileres Eingehen auf die in diesem Denken zunächst verborgenen Möglichkeiten. Die einzelnen Aufsätze können als Versuche betrachtet werden, dieses Denken auch auf Gebiete außerhalb des engeren naturwissenschaftlichen Bereichs anzuwenden.

Juli 1971   Werner Heisenberg

I Persönlichkeiten

Albert Einsteins
wissenschaftliches Werk[*]

Albert Einstein war der berühmteste Naturforscher unserer Zeit. Wahrscheinlich ist noch nie in der Geschichte der Wissenschaften ein Forscher zu seinen Lebzeiten so vielen Menschen bekannt und sein Lebenswerk doch so wenigen verständlich gewesen wie Albert Einstein und seine Relativitätstheorie. Trotzdem ist dieser Ruhm durchaus berechtigt. Denn ähnlich etwa wie in der Kunst Lionardo oder Beethoven, so hat Einstein in der Naturwissenschaft an einer Wende der Zeiten gestanden, in seinen Arbeiten hat sich diese Wende zuerst ausgesprochen, und daher sieht es so aus, als habe er selbst die Wende herbeigeführt, deren Zeugen wir in der ersten Hälfte unseres Jahrhunderts gewesen sind.

Einsteins Name wurde unter den Physikern mit einem Schlage bekannt, als er zwischen 1905 und 1907 auf vier verschiedenen Gebieten der Physik mit bahnbrechenden neuen Arbeiten hervortrat. Die eine galt der atomistischen Deutung der Wärmelehre. Schon seit längerer Zeit war bekannt, daß feine, nur in guten Mikroskopen sichtbare Staubteilchen in Flüssigkeiten dauernd unregelmäßige Bewegungen ausführen, eine Erscheinung, die unter dem Namen »Brownsche Bewegung« das Interesse der Physiker auf sich gezogen hatte. Einstein gelang es gemeinsam mit dem polnischen Physiker Smoluchowski, diese Bewegung durch die Wärmebewegung der Atome und Moleküle verständlich zu machen und zu zeigen, wie man aus

[*] Zuerst veröffentlicht in: Universitas, 10. Jg. 1955, Heft 9, S. 897–902 (Wissenschaftliche Verlagsgesellschaft m.b.H., Stuttgart).

den unregelmäßigen Bewegungen der Staubteilchen etwas über die
Wärmebewegung und damit indirekt auch über die Größe der Moleküle erfahren konnte. Diese Arbeit trug entscheidend zur Festigung
des Vertrauens in die Atomhypothese der neueren Physik bei.

In einer zweiten Arbeit griff Einstein die Untersuchungen des hol-
ländischen Physikers Lorentz über die Elektrodynamik bewegter
Körper auf. Damals hatte zunächst der amerikanische Physiker Mi-
chelson 1902 durch sein berühmtes Interferenzexperiment nachgewiesen, daß sich die Bewegung der Erde im Raum – oder, wie man
damals sagte, relativ zum Äther – in optischen Versuchen nicht be-
merkbar macht. Lorentz hatte daraufhin 1904 aufgrund einer mathematischen Analyse der durch den Michelsonschen Versuch geschaffenen Situation gewisse Transformationsformeln entwickelt,
die sogenannte »Lorentz-Transformation«, aus denen er schloß, daß
bewegte Körper sich in der Bewegungsrichtung scheinbar in einer
bestimmten Weise verkürzen und daß bewegte Uhren eine scheinbare Zeit anzeigen, die langsamer abläuft als die wirkliche. Unter diesen Voraussetzungen konnte Lorentz zwar das Michelsonsche Ergebnis deuten, aber die Lorentzschen Formeln schienen im ganzen
physikalisch unverständlich und daher unbefriedigend. Hier griff
Einstein ein und löste mit einem Zauberschlage alle Schwierigkeiten.
Er nahm an, daß die Körper sich wirklich in der Bewegungsrichtung
verkürzen und daß die scheinbare Zeit der Lorentzschen Formeln
schon die wahre Zeit sei; daß diese Formeln also eine neue Erkenntnis über Raum und Zeit selbst vermittelten. Damit war die Grundlage der Relativitätstheorie geschaffen.

Es wird immer schwierig bleiben, verständlich zu machen, warum
diese scheinbar so geringfügigen Änderungen Folgen von ganz au-
ßerordentlicher Tragweite nach sich zogen. Zunächst muß betont
werden, daß diese Änderungen eine ganz ungewöhnliche geistige
Leistung voraussetzen. Denn bis dahin gehörte es zu den selbstverständlichen Voraussetzungen der Naturwissenschaft, daß Raum und
Zeit zwei qualitativ verschiedene Ordnungsschemata sind, Anschauungsformen, in denen sich uns die Welt darstellt, die aber unmittelbar nichts miteinander zu tun haben. Und jedenfalls schien es nur

eine einzige Zeit zu geben, die überall auf der Welt, für alle Lebewesen wie für alle tote Materie, dieselbe ist. Unter diesen selbstverständlichen Voraussetzungen war alle Physik seit Newton betrieben worden, und die großen Erfolge dieser Wissenschaft mußten als Beweise für die Richtigkeit – heute würden wir vorsichtiger sagen: die weitgehende Richtigkeit – der Voraussetzungen gelten.

Einstein hatte den ungewöhnlichen Mut, alle diese Voraussetzungen in Zweifel zu ziehen, und er besaß die geistige Kraft, durchzudenken, wie man mit etwas anderen Voraussetzungen auch zu einer widerspruchsfreien Ordnung der Erscheinungen kommen kann. Dabei ergab sich ihm als eine der wichtigsten Folgerungen schon 1906 die Trägheit der Energie oder, wie man auch gelegentlich ungenauer sagt, die Gleichheit von Masse und Energie. Es war wohl zuerst diese Folgerung der Relativitätstheorie, die ihr unter den Physikern Anerkennung und Bewunderung verschaffte. Denn seit längerer Zeit wußte man aus den Untersuchungen über die Eigenschaften des Elektrons, daß die im Elektron aufgespeicherte elektromagnetische Energie auch zur Trägheit, d. h. zur Masse des Elektrons beiträgt. Aber die Beziehung zwischen Trägheit und Energie schien in verwickelter Weise von Annahmen über die Gestalt des Elektrons abzuhängen. Die Relativitätstheorie schuf hier mit einem Schlage klare und einfache Verhältnisse. Freilich schien es damals eine Zumutung, annehmen zu müssen, daß etwa eine Uhr dadurch, daß man sie aufzieht, schwerer wird, und tatsächlich handelt es sich dabei in der Regel um unmeßbar kleine Massenbeträge. Denn einem sehr kleinen Massenbetrag entspricht nach der Relativitätstheorie ein sehr großer Energiebetrag. Aber inzwischen ist der Zusammenhang zwischen Masse und Energie zu einem sehr grob meßbaren Effekt geworden. Die Massendifferenz etwa zwischen einem Atomkern des Uranatoms und seinen beiden Bruchstücken nach der Spaltung tritt als die bei der Explosion der Atombombe freiwerdende Energie leider allzu deutlich in Erscheinung. An der Richtigkeit der Relativitätstheorie kann an dieser Stelle also kein Zweifel mehr bestehen.

In die Zeit von 1905 bis 1907 fallen noch zwei weitere wichtige Arbeiten Einsteins, und zwar im Gebiet der Quantentheorie. Nach-

dem Planck im Jahre 1900 die Hypothese aufgestellt hatte, daß das
Licht von den Atomen nicht stetig, sondern unstetig in endlichen
Quanten ausgesandt oder absorbiert werde, hatte er immer wieder
versucht, diese Annahme trotz aller scheinbaren Widersprüche mit
der seit Huygens anerkannten Wellentheorie des Lichtes zu versöh-
nen. Einstein machte solchen Versuchen ein Ende, indem er wieder,
wie in der Relativitätstheorie, die Schwierigkeiten sozusagen zum
Kernpunkt der Theorie machte und der Wellentheorie die sogenannte Lichtquantenhypothese gegenüberstellte. Nach dieser Hypothese
besteht Licht nicht aus Wellen, sondern aus schnell fliegenden kleinen Korpuskeln, die man als Energiepakete oder, wie Einstein sagte,
Lichtquanten auffassen konnte. Einstein wußte sehr wohl, daß man
mit einer solchen Vorstellung die Beugung und die Interferenz des
Lichtes zunächst nicht deuten kann; aber er erkannte, daß die Existenz der Lichtquanten doch in irgendeiner noch unverstandenen
Weise zum Phänomen »Licht« dazugehörte. Erst durch die Vollendung der Quantentheorie in der Mitte der zwanziger Jahre hat man
viel später das Verhältnis zwischen der Wellentheorie und der Lichtquantenhypothese richtig zu verstehen gelernt.

Schließlich hat Einstein die Grundannahmen der Quantentheorie
erfolgreich benutzt, um die spezifische Wärme fester Körper in ihrer
Abhängigkeit von der Temperatur zu deuten. Auch hier stellte die
Einsteinsche Arbeit den ersten entscheidenden Fortschritt über die
älteren Ansätze der klassischen Wärmelehre hinaus dar.

Mit diesen vier Arbeiten, die Zeugnis von einer ganz ungewöhnlichen Kraft und Konzentrationsfähigkeit ablegen, war Einsteins
Ruhm als eines der führenden Naturforscher unserer Zeit begründet.
Die Relativitätstheorie erwies sich immer mehr als die feste und auch
durch vielfache Kritik nicht zu erschütternde Grundlage der ganzen
modernen Physik.

Der Teil der Relativitätstheorie, von dem bisher die Rede war,
wird in der Physik als die sogenannte »spezielle Relativitätstheorie«
einer Verallgemeinerung gegenübergestellt, die Einstein im Jahre
1916 selbst vollzogen hat. Hier in der »allgemeinen Relativitätstheorie« handelt es sich um den Versuch, die Gravitationserschei-

nungen mit den Maßverhältnissen in der vierdimensionalen Raum-Zeit-Welt in Verbindung zu bringen. Einstein ging in diesen Untersuchungen von der experimentell sichergestellten Gleichheit zwischen schwerer und träger Masse aus. Er faßte in einer äußerst kühnen Verbindung seiner physikalischen Ideen mit Riemanns Gedanken über die Geometrie die Gravitationsfelder als Abweichung der Geometrie im vierdimensionalen Raum-Zeit-Kontinuum von der Euklidischen Geometrie auf, und es gelang ihm, durch diese Hypothese nicht nur die übliche Himmelsmechanik, sondern auch gewisse bis dahin unverstandene Feinheiten in den Bewegungen der Planeten um die Sonne zu erklären. Es gehörte wieder zu den großartigsten Leistungen dieses zur Abstraktion neigenden Denkers, zu erkennen, daß auch hier die Annahme einer nicht-euklidischen Geometrie mit den beobachteten Erscheinungen vereinbart werden kann und daß vielleicht – so weit reichen unsere Beobachtungen noch nicht – das Weltall nur eine endliche Größe besitzt.

Im letzten Jahrzehnt seines Lebens hat Einstein in erster Linie Aufsätze philosophischen oder politischen Inhalts veröffentlicht, die zwar nicht unmittelbar zu seinem wissenschaftlichen Werk gehören, aber doch das Bild dieses in den weitesten geistigen Räumen schaffenden Gelehrten vervollständigen. In der Physik waren Einsteins Arbeiten im höchsten Maße revolutionär, sie greifen in ihren Folgen weit über die Wissenschaft hinaus, zu der sie zunächst gehören, und doch war Einstein, so paradox dies klingen mag, in wichtigen Zügen seines Wesens ein konservativer Geist. Er war durch seine Entwicklungsjahre mit dem Fortschrittsglauben des 19. Jahrhunderts verknüpft, und in seinen Aufsätzen spiegelte sich das Bild einer Welt, die zwar durch die Unvernunft der Menschen recht unvollkommen war, aber immer besser werden konnte, wenn die Menschen bereit waren, sich von ihren früheren Vorurteilen zu lösen und sich auf ihre Vernunft zu verlassen. Einstein war trotz schlimmer Erfahrungen nicht bereit, sich von diesem Wunschbild zu trennen.

In der politischen Sphäre äußerte sich diese Haltung in einem fast naiven Glauben an die Möglichkeit, politische Probleme durch den guten Willen allein zu lösen. Die nationalen Werte der damaligen

Zeit waren ihm fremd, der Militarismus verhaßt, und er bekannte sich gerne als Pazifisten in der für jene Zeit charakteristischen Hoffnung, daß die Gegensätze unter den Menschen geringer werden könnten, wenn eine gesellschaftliche Umschichtung neuen Gruppen die Macht in die Hände legte und die Nationalstaaten damit zum Verzicht auf die Gewaltanwendung im Kriege gezwungen würden. Dieses Bild einer friedlichen, von Fortschritten erfüllten Welt spiegelt sich in verschiedenen seiner Aufsätze wider, und es gehört daher zur Tragik dieses Lebens, daß Einstein, dem der Krieg verhaßt war, unter dem Eindruck der vom Nationalsozialismus verübten Greuel im Jahre 1939 einen Brief an den Präsidenten Roosevelt schrieb, die Vereinigten Staaten sollten mit Energie die Herstellung von Atombomben versuchen; und daß die ersten dieser Bomben viele Tausende von Frauen und Kindern töteten, die ebenso unschuldig waren wie die Menschen, für die Einstein sich einsetzen wollte.

Es wäre absurd, diese Episode zum Anlaß zu Zweifeln an dem reinen Willen Einsteins zu nehmen. Wer Einstein kannte, weiß, daß hier ein ernster, gütiger und uneigennütziger Mensch bestrebt war, nur das Rechte zu tun. Aber die Episode zeigt, daß eben jenes Weltbild des 19. Jahrhunderts, von dem Einstein sich nur in der Physik gelöst hatte, nicht mehr ausreichte, um die politischen Fragen zu beantworten, die unserer Zeit gestellt sind.

Daß diese Entwicklung Einstein tief beunruhigte, davon zeugen viele seiner Aufsätze aus den späteren Jahren seines Lebens. Es ist sicher kein Zufall, daß sich ihm diese Beunruhigung gelegentlich verband mit einer Unzufriedenheit über die Entwicklung der Physik seit dem Ende der zwanziger Jahre. Vergegenwärtigen wir uns daher nochmal die Folgen von Einsteins wissenschaftlichem Werk in der Physik. Einstein hatte die Raum-Zeit-Vorstellung der klassischen Physik durch eine neue, richtigere ersetzt; er hatte also gezeigt, daß das Fundament der alten Physik nicht so fest und unveränderlich gewesen war, wie man von ihm angenommen hatte. Einstein hatte weiter geglaubt, mit seinen Gedanken über die Verbindung der Geometrie mit dem Materiefeld ein neues festeres Fundament zu schaffen, das ebenso wie das frühere eine objektive, vom Menschen unabhängige Beschreibung der Natur zuließ.

Hier aber hatte Einstein die Möglichkeiten seiner Zeit überschätzt. Nachdem einmal die Fundamente der Naturbeschreibung in
Bewegung geraten waren, genügte auch die Kraft Einsteins nicht
mehr, sie an einer neuen Stelle festzuhalten. In der Quantentheorie,
zu der Einstein selbst noch so viel beigetragen hatte, stellte sich bei
ihrer schließlichen Deutung am Ende der zwanziger Jahre heraus,
daß Materie, Raum und Zeit selbst nicht so feste, vom Menschen unabhängige Realitäten waren, wie das 19. Jahrhundert gelehrt hatte
und auch Einstein annehmen wollte. Einstein war aber jetzt nicht
mehr bereit, diese Verschiebung in den Fundamenten anzuerkennen.
Er empfand wohl mindestens unbewußt, daß mit einer solchen Deutung der Quantentheorie auch jene geistigen Bewegungen an Gewicht gewannen, die man als »ideologischen Überbau« gegenüber
der harten Realität der Materie hatte entwerten wollen, und daher
war ihm diese Entwicklung unheimlich.

In den letzten Jahren aber war bei Einstein die Beunruhigung
wohl eher einer resignierenden Altersweisheit gewichen, die sich in
heiterer Gelassenheit damit abfindet, daß die Welt sich schließlich so
verändert, daß sie mit den Bildern unserer Jugend nicht mehr gedeutet werden kann. Gerade bei einem Forscher, der mehr als alle anderen durch sein Denken zur Veränderung der Welt beigetragen hat,
scheint uns dies ein besonders versöhnender Zug seines Wesens.

Die Plancksche Entdeckung und die philosophischen Grundfragen der Atomlehre*

Wenn im folgenden von den philosophischen Auswirkungen der Planckschen Entdeckung die Rede sein soll, so muß zuvor die Frage aufgeworfen werden, wie überhaupt eine spezielle naturwissenschaftliche Entdeckung etwas mit allgemeinen philosophischen Problemen zu tun haben kann. Offenbar ist dies nur dann möglich, wenn durch die Entdeckung Fragen sehr allgemeiner Art gestellt oder beantwortet werden; Fragen, die nicht so sehr ein spezielles Gebiet der Naturwissenschaft als vielmehr die wissenschaftliche Methode schlechthin oder die Grundvoraussetzungen aller Naturwissenschaft zum Ziel haben. Das berühmte Beispiel dafür, daß dies möglich ist, gibt in der Physik die Newtonsche Mechanik, die zum Beginn der Neuzeit neu die Frage gestellt hat, was überhaupt mit dem Wort »Verständnis« oder »Erklärung« der Natur gemeint sein könne. Der außerordentliche Einfluß der Newtonschen ›Principia‹ auf das Denken der folgenden Jahrhunderte beruhte nicht auf den speziellen Axiomen oder Ergebnissen dieser Newtonschen Mechanik – etwa auf der bekannten Formel: Kraft = Masse × Beschleunigung –, sondern auf der Tatsache, daß zum erstenmal Naturerscheinungen in ihrem zeitlichen Ablauf mathematisch beschrieben wer-

* Vortrag, gehalten in der Festsitzung des Verbandes Deutscher Physikalischer Gesellschaften anläßlich des 100. Geburtstags von Max Planck am 25. April 1958 in der Kongreßhalle in Westberlin. Erstveröffentlichung in: Jahrbuch 1958 der Max-Planck-Gesellschaft zur Förderung der Wissenschaften e. V. Dann in: Wandlungen in den Grundlagen der Naturwissenschaft. Stuttgart (S. Hirzel Verlag) 1959, S. 26–52.

den konnten, also auf dem Nachweis, daß eine solche mathematische Naturbeschreibung grundsätzlich möglich ist.

Wenn in dieser Weise spezielle Entdeckungen in der Naturwissenschaft Einfluß gewinnen können auf das Denken ganzer Jahrhunderte, so äußert sich dieser Einfluß doch nicht darin, daß die Entdeckungen etwa eine Entscheidung herbeiführten zwischen verschiedenen widerstreitenden philosophischen Systemen oder daß sie die
sichere Grundlage schüfen für ein neues derartiges System. So eng
kann der Zusammenhang zwischen Naturwissenschaft und Philosophie nie werden. Auch die folgenden Überlegungen dürfen nicht dahin mißverstanden werden, als sollte von der Quantentheorie oder
der Atomtheorie her Stellung genommen werden für oder gegen eines der früheren oder heutigen philosophischen Systeme. Das Interesse des Naturforschers an den philosophischen Denkweisen ist von
anderer Art. Ihn interessieren vor allem die Fragestellungen, erst in
zweiter Linie die Antworten. Die Fragestellungen scheinen ihm
wertvoll, wenn sie in der Entwicklung des menschlichen Denkens
fruchtbar geworden sind. Die Antworten können in den meisten Fällen nur zeitbedingt sein; sie müssen durch die Erweiterung unserer
Kenntnisse von den Tatsachen im Lauf der Zeit an Bedeutung verlieren. Insbesondere würde es dem Geist der Naturwissenschaft in jeder Weise zuwiderlaufen, wenn man versuchen wollte, irgendwelche
bestimmten Antworten zum Dogma zu erheben. Wir müssen also im
Gegenteil versuchen, ohne Vorurteil aus den neuen Tatsachen und
aus den alten und neuen Fragestellungen so viel wie möglich zu lernen.

Nach diesen Vorbemerkungen soll die Frage nach der philosophischen Bedeutung der Planckschen Entdeckung gestellt werden. Welche Fragen allgemeiner Art sind damals durch eine Erkenntnis über
das doch sehr spezielle Problem der Wärmestrahlung aufgeworfen
worden? Was kann die Plancksche Formel

$$\varrho_\nu = \frac{8\pi\nu^2}{c^3} \frac{h\nu}{e^{\frac{h\nu}{kT}} - 1}$$

für die Philosophie bedeuten? Man kann den grundsätzlichen Charakter des Neuen, das im Jahre 1900 durch Planck in die moderne
Naturwissenschaft eingetreten ist, vielleicht am besten durch den
Hinweis deutlich machen, daß hier jenes Problem erneut zur Diskussion gestellt wurde, um das bereits vor zweieinhalb Jahrtausenden
Plato und Demokrit gerungen haben, das den entscheidenden Punkt
der Meinungsverschiedenheit zwischen diesen beiden Philosophen
bezeichnet hat.

Hier muß kurz ein Blick auf die Geschichte der griechischen
Atomphilosophie geworfen werden. Das systematische Denken der
griechischen Naturphilosophen von Thales bis Demokrit hatte
schließlich zur Frage nach den kleinsten Teilen der Materie geführt.
An die Stelle der in die Paradoxie mündenden Polarität von Sein
und Nichtsein bei Parmenides hatte Demokrit die Polarität zwischen dem Vollen und dem Leeren, nämlich zwischen den Atomen
und dem leeren Raum, gesetzt. Das Seiende war, nach Demokrit,
unendlich oft vorhanden, eben als kleinster, unveränderlicher und
unteilbarer Bestandteil der Materie. Das verschiedenartige Geschehen in der Welt erklärte sich durch die verschiedenartige Lagerung
und Bewegung der Atome im leeren Raum. Ebenso, wie die Tragödie und die Komödie mit den gleichen Buchstaben geschrieben werden können, so kann, nach Demokrit, sehr verschiedenartiges Geschehen durch die gleichen Atome verwirklicht werden. Nach dem
Wesen der Atome aber, warum sie gerade so und nicht anders seien,
wurde nicht mehr gefragt. Die Atome waren das schlechthin Gegebene, sie waren unteilbar, unveränderlich, das eigentlich Seiende,
aus dem alles zu erklären war, das aber selbst keiner Erklärung mehr
bedurfte.

Auch Plato hat wesentliche Elemente der Atomlehre übernommen. Den vier Elementen: Erde, Wasser, Luft und Feuer, entsprechen bei ihm vier Sorten kleinster Teilchen. Diese Elementarteilchen
sind nach Plato mathematische Grundgebilde von hoher Symmetrie.
Die kleinsten Teile des Elements Erde werden als Würfel, die des
Elements Wasser als Ikosaeder, die des Elements Luft als Oktaeder
und schließlich die des Elements Feuer als Tetraeder vorgestellt.

Aber diese Elementarteilchen sind bei Plato nicht unteilbar. Sie können in Dreiecke zerlegt und aus Dreiecken wieder aufgebaut werden. Daher kann z. B. aus zwei Elementarteilchen Luft und aus einem Elementarteilchen Feuer ein Elementarteilchen Wasser aufgebaut werden. Die Dreiecke selbst sind nicht Materie, sie sind nur noch mathematische Form. Bei Plato ist also das Elementarteilchen nicht das schlechthin Gegebene, Unveränderliche und Unteilbare; es bedarf noch einer Erklärung, und die Frage nach dem Warum der Elementarteilchen wird von Plato auf Mathematik zurückgeführt. Die Elementarteilchen haben die ihnen von Plato zugeschriebene Form, weil sie die mathematisch schönste und einfachste Form ist. Die letzte Wurzel der Erscheinungen ist also nicht die Materie, sondern das mathematische Gesetz, die Symmetrie, die mathematische Form. Der Kampf um den Primat der Form, des Bildes, der Idee auf der einen Seite über die Materie, das materiell Seiende, auf der anderen oder umgekehrt der Materie über das Bild, also der Kampf zwischen Idealismus und Materialismus hat in der Geschichte der Philosophie immer wieder das menschliche Denken in Bewegung gesetzt. Dem Naturwissenschaftler mag der Unterschied zwischen den beiden Auffassungen manchmal nicht allzu wichtig erscheinen. Aber schon Plato selbst hat den Gegensatz als so tief empfunden, daß er den Wunsch geäußert haben soll, die Bücher des Demokrit sollten verbrannt werden.

Was aber hat die Plancksche Entdeckung mit dieser alten Frage zu tun? Für die Chemie des 19. Jahrhunderts waren die Atome als die kleinsten Teile der chemischen Elemente gegeben. Sie waren nicht mehr selbst Gegenstand der Forschung. Der Zug von Diskontinuität oder Unstetigkeit, der sich in der atomaren Struktur der Materie gezeigt hatte, mußte zunächst ohne Erklärung hingenommen werden. Die Plancksche Entdeckung aber machte offenbar, daß dieses selbe Element von Unstetigkeit noch an anderen Stellen, nämlich in der Wärmestrahlung, auftritt, wo es sicher nicht einfach als Folge der atomaren Struktur der Materie aufgefaßt werden kann. In anderen Worten: Die Plancksche Entdeckung legte den Gedanken nahe, daß dieser Zug von Unstetigkeit im Naturgeschehen, der sich

in der Existenz der Atome und in der Wärmestrahlung unabhängig
äußert, als Folge eines viel allgemeineren Naturgesetzes verstanden
werden müßte. Damit tritt also von neuem der Gedanke Platos in die
Naturwissenschaft ein, daß der atomaren Struktur der Materie letzten Endes ein mathematisches Gesetz, eine mathematische Symmetrie zugrunde liege. Die Existenz der Atome oder der Elementarteilchen als Ausdruck einer mathematischen Struktur, das war die neue
Möglichkeit, die Planck mit seiner Entdeckung aufgezeigt hatte, und
hier berührt er Grundfragen der Philosophie.

Freilich war der Weg zu einem wirklichen Verständnis dieser Zusammenhänge noch sehr weit. Zunächst verging noch einmal ein
Vierteljahrhundert, bis aufgrund der Bohrschen Theorie des Atombaus eine widerspruchsfreie mathematische Formulierung der
Planckschen Quantentheorie gegeben werden konnte. Aber auch damit war man noch weit von einem vollen Verständnis der Struktur
der Materie entfernt.

Immerhin war mit der Planckschen Entdeckung ein ganz neuer
Typus von Naturgesetz als möglich erkannt worden, und damit
kommen wir zu spezielleren physikalischen Fragen. Die früher mathematisch formulierten Naturgesetze, etwa in der Newtonschen
Mechanik oder in der Wärmelehre, enthielten als sog. »Konstanten«
nur die Eigenschaften der Körper, auf die sie angewendet werden
sollten. Es gab in ihnen keine Konstanten vom Charakter eines universellen Maßstabs. Die Gesetze der Newtonschen Mechanik z. B.
konnten im Prinzip auf die Bewegung eines fallenden Steins, auf die
Bahn des Mondes um die Erde oder den Stoß eines atomaren Teilchens angewandt werden. Überall schien grundsätzlich das gleiche
zu geschehen. Die Plancksche Theorie enthielt aber das sog.
»Plancksche Wirkungsquantum«. Damit war ein bestimmter Maßstab in der Natur gesetzt. Es war klargestellt, daß die Phänomene
dort, wo die vorkommenden Wirkungen sehr groß gegen die
Plancksche Konstante sind, grundsätzlich anders ablaufen als dort,
wo sie mit dem Planckschen Wirkungsquantum vergleichbar werden. Da die Ereignisse unserer täglichen Erfahrungen stets mit Wirkungen zu tun haben, die sehr groß gegen die Plancksche Konstante

sind, war die Möglichkeit angedeutet, daß die Phänomene im atomaren Bereich Züge aufweisen, die sich unserer unmittelbaren Anschauung überhaupt entziehen. Es konnte sich um Vorgänge handeln, die zwar noch in ihren Auswirkungen experimentell beobachtet und rational mit den Mitteln der Mathematik analysiert werden können, von denen wir uns aber kein Bild mehr machen können. Der unanschauliche Charakter der modernen Atomphysik beruht letzten Endes auf der Existenz des Planckschen Wirkungsquantums, auf dem Vorhandensein eines Maßstabs von atomarer Kleinheit in den Naturgesetzen.

Schon wenige Jahre nach der Planckschen Entdeckung sind zum zweiten Male Naturgesetze formuliert worden, die eine solche Maßstabskonstante enthalten. Diese zweite Konstante selbst, die Lichtgeschwindigkeit, war allerdings den Physikern schon lange Zeit bekannt. Ihre grundsätzliche Rolle als Maßstab in den Naturgesetzen ist aber erst durch Einsteins Relativitätstheorie verstanden worden. Zwischen Raum und Zeit, den scheinbar ganz unabhängigen Anschauungsformen, in denen wir das Geschehen begreifen, bestehen Beziehungen, und in der mathematischen Formulierung dieser Beziehungen erscheint die Lichtgeschwindigkeit als die charakteristische Konstante. Unsere tägliche Erfahrung hat fast immer mit Bewegungsvorgängen zu tun, die langsam im Vergleich zur Lichtgeschwindigkeit ablaufen. Daher ist es nicht überraschend, wenn unsere Anschauung versagt bei Vorgängen, die sich mit Geschwindigkeiten in der Nähe der Lichtgeschwindigkeit abspielen. Die Lichtgeschwindigkeit ist ein von der Natur gesetztes Maß, das nicht über bestimmte Dinge in der Natur, sondern über die allgemeine Struktur von Raum und Zeit Auskunft gibt. Unserer Anschauung ist diese Struktur aber nicht mehr unmittelbar zugänglich.

Als die grundsätzliche Bedeutung der beiden universellen Naturkonstanten, des Planckschen Wirkungsquantums und der Lichtgeschwindigkeit, erkannt war, lag es nahe, die Frage zu stellen, wie viele unabhängige derartige Naturkonstanten es überhaupt geben kann. Die Antwort lautet, daß es mindestens drei solche universelle Konstanten geben muß, daß aber wahrscheinlich alle anderen Naturkonstanten durch zum Teil noch unbekannte mathematische Beziehungen auf diese drei zurückgeführt werden können. Daß gerade drei solche unabhängige natürliche Maßeinheiten existieren müssen, kann sich der Physiker oder Techniker am einfachsten durch die Überlegung klarmachen, daß schon die üblichen physikalischen oder technischen Maßsysteme stets drei solche Maßeinheiten enthalten, etwa die Einheit der Länge, der Zeit und der Masse: Zentimeter, Sekunde und Gramm. Wenn man an die Stelle dieser drei durch Konvention festgesetzten Maßeinheiten natürliche Maßeinheiten setzen will, so muß man also dem Planckschen Wirkungsquantum und der Lichtgeschwindigkeit noch eine weitere Konstante zufügen. Die atomare Struktur der Materie legt es nahe, als dritte Einheit eine Länge von atomarer Größenordnung zu wählen, etwa eine Länge von der Ordnung des Durchmessers einfacher Atomkerne. Eine präzise Formulierung dieser Längeneinheit aber kann erst gegeben werden, wenn es gelingt, die Naturgesetze mathematisch auszudrücken, in denen die Längeneinheit als wesentliche Größe vorkommt. Wieder würde man erwarten, daß unsere anschaulichen Begriffe nur für Phänomene anwendbar sind, die sich in Räumen abspielen, die groß gegen jene atomare Längeneinheit sind, daß dagegen im Bereich der kleinsten Länge, wie man diese Konstante auch genannt hat, die Erscheinungen wesentlich anders als in unserer gewohnten Welt ablaufen.

Aber mit dieser Überlegung eilen wir der Entwicklung, so wie sie sich in den vergangenen Jahrzehnten wirklich vollzogen hat, weit voraus. Zunächst hatte die Plancksche Entdeckung ja nur die Möglichkeit sichtbar gemacht, die atomare Struktur der Materie auf mathematisch formulierte Naturgesetze, d. h. auf mathematische Formen, zurückzuführen. Obwohl man sich damals kaum eine Vorstellung davon bilden konnte, um was für mathematische Formen es sich dabei schließlich handeln würde, so war doch der Atomphysik damit ein Ziel gesetzt. Der Blick der Naturforscher wurde gerichtet auf den noch fernen Gipfel der Atomtheorie, von dem aus nicht nur die Existenz der Elementarteilchen und aller aus ihnen bestehenden atomaren Gebilde, sondern damit indirekt die physikalischen Zusammenhänge der Welt überhaupt als Folge einfacher mathematischer Strukturen erkannt werden konnten. An dieser Stelle trafen sich die Hoffnungen der Atomphysiker mit den Wünschen Albert Einsteins, der in den zwanziger Jahren den Plan entwickelte, von der allgemeinen Relativitätstheorie ausgehend zu einer einheitlichen Feldtheorie vorzustoßen. Das Nebeneinander verschiedener, scheinbar unabhängiger Kraftfeldarten war schon seit dem Entstehen der Einsteinschen Gravitationstheorie als unbefriedigend empfunden worden. Als Kraftfelder waren den Physikern seit langer Zeit eben das Gravitations- oder Schwerefeld und die elektromagnetischen Kräfte bekannt. Dazu kamen in unserem Jahrhundert die Materiewellen, die man auch als Kraftfelder der chemischen Bindung bezeichnen kann, schließlich die vielen verschiedenen Wellenfelder, die den verschiedenen, in den letzten Jahrzehnten entdeckten Elementarteilchen im Sinne der Quantentheorie zugeordnet sind. Einstein hatte die Hoffnung, man werde alle diese Kraftfelder als Aussagen über die von Ort zu Ort variierende geometrische Struktur des Raumes und der Zeit auffassen und durch die Beziehung zwischen Geometrie und Materie auf eine gemeinsame Wurzel zurückführen können.

Bei diesem Versuch betrachtete Einstein die in der allgemeinen Relativitätstheorie versuchte Deutung des Gravitationsfeldes durch eine ortsabhängige Geometrie als grundlegend, während er die von Planck aufgedeckten quantentheoretischen Gesetzmäßigkeiten als sekundär empfand. Die ganz andersartige mathematische Formulierung der Planckschen Quantentheorie, über die nachher noch gesprochen werden muß, konnte Einstein nicht als endgültig anerkennen, da sie seinen philosophischen Vorstellungen von der Aufgabe der exakten Naturwissenschaften nicht entsprach. Er empfand es als unbefriedigend, wenn die Naturgesetze sich nicht auf die objektiven Vorgänge, sondern auf die Möglichkeit, auf die Wahrscheinlichkeit solcher Vorgänge beziehen sollten. Andererseits erschien den Atomphysikern gerade die Plancksche Quantentheorie als der eigentliche Schlüssel zum Verständnis der Zusammenhänge. Daher mußten sie versuchen, zu einer einheitlichen Feldtheorie auf dem Wege über die

Quantentheorie der Elementarteilchen vorzudringen. Der Gegensatz zwischen Kraft und Stoff, der in der Naturphilosophie des 19. Jahrhunderts eine gewisse Rolle gespielt hatte, war ja in der Quantentheorie längst aufgelöst in dem mathematisch analysierten Dualismus zwischen Welle und Korpuskel oder zwischen Kraftfeld und materiellen Elementarteilchen, so daß der Weg von hier aus zu einer einheitlichen Feld- und Materietheorie grundsätzlich offen schien.

Bevor wir diesem Weg, soweit er bisher gegangen werden konnte, und damit der Entwicklung der letzten zehn Jahre folgen, muß aber noch auf die erkenntnistheoretische Situation eingegangen werden, die durch die Plancksche Entdeckung und ihre präzise mathematische Formulierung in den zwanziger Jahren entstanden war. Schon vorhin war die Rede von einem neuen Typus Naturgesetz, bei dem in der Natur gegebene Maßeinheiten auftreten. Vielleicht sollte man richtiger sagen, daß es sich um mathematisch formulierbare Grundstrukturen der Natur handelt; denn schon der Begriff des Gesetzes ist beinahe zu eng, um diese sehr allgemeinen Zusammenhänge zu fassen. Es wurden zwei solche Zusammenhangsbereiche erwähnt: die Quantentheorie und die Relativitätstheorie. Diese beiden Theorien haben einschneidende Veränderungen in unserem Weltbild hervorgebracht, weil sie uns klargemacht haben, daß die anschaulichen Vorstellungen, mit denen wir die Dinge unserer täglichen Erfahrung ergreifen, nur in einem beschränkten Erfahrungsbereich gelten, daß sie also keineswegs etwa zu den unumstößlichen Voraussetzungen der Naturwissenschaft gehören.

In der Quantentheorie handelt es sich speziell um die Frage der objektiven Beschreibung der physikalischen Vorgänge. In der früheren Physik war die Messung der Weg zur Feststellung objektiver, von der Messung unabhängiger Sachverhalte. Diese objektiven Sachverhalte konnten mathematisch beschrieben, ihr Kausalzusammenhang dadurch streng festgelegt werden. In der Quantentheorie ist zwar die Messung selbst auch noch ein objektiver Sachverhalt, ebenso wie in der früheren Physik; aber der Schluß von der Messung auf den objektiven Ablauf des zu messenden atomaren Geschehens wird problematisch, da die Messung in das Geschehen eingreift und sich nicht mehr vom Geschehen selbst vollständig trennen läßt. Eine anschauliche Beschreibung der atomaren Vorgänge, so wie man sie sich in der Physik vor 50 Jahren gewünscht hätte, wird daher unmöglich. Wir können die Naturvorgänge im atomaren Bereich nicht mehr in der gleichen Weise ergreifen wie die Vorgänge im großen. Wenn wir die gewohnten Begriffe verwenden, so wird ihre Anwendbarkeit durch die sog. »Unbestimmtheitsrelationen« eingeschränkt. Für den weiteren Verlauf des atomaren Vorgangs können wir in der Regel nur die Wahrscheinlichkeit voraussagen. Nicht mehr die objektiven Ereignisse, sondern die Wahrscheinlichkeiten für das Eintreten gewisser Ereignisse können in mathematischen Formeln festgelegt werden. Nicht mehr das faktische Geschehen selbst, sondern die Möglichkeit zum Geschehen – die »potentia«, wenn wir diesen Begriff der Philosophie des Aristoteles verwenden wollen – ist strengen Naturgesetzen unterworfen.

Über diese Seite der Quantentheorie ist oft gesprochen worden, und ich möchte dieses Thema hier nicht allzu ausführlich behandeln. Auch möchte ich von der Geschichte dieser Entwicklung, die in erster Linie mit den Namen Bohr, Born, Jordan und Dirac verknüpft ist, hier nicht sprechen; ebenso nicht von der Entwicklung der Wellenmechanik durch de Broglie und Schrödinger.

Wenn man den Schritt von der klassischen Physik zur Quantentheorie als endgültig betrachtet, wenn man also annimmt, daß die exakte Naturwissenschaft auch in Zukunft den Begriff der Wahrscheinlichkeit oder Möglichkeit, der »potentia«, in ihren Grundlagen enthalten wird, so rücken dadurch manche Probleme aus der Philosophie früherer Zeiten in ein neues Licht, und umgekehrt kann das Verständnis der Quantentheorie durch das Studium jener früheren Fragestellungen vertieft werden. Auf die Beziehung zu dem Begriff der »potentia« in der Philosophie des Aristoteles wurde schon hingewiesen. Aber auch zur Philosophie der Neuzeit in ihren verschiedenen Systemen ergeben sich eine Menge von Beziehungen, die hier allerdings nur ganz kurz gestreift werden können; auf eine ausführliche und sorgfältige Behandlung muß verzichtet werden.

In der Philosophie des Descartes spielte der Gegensatz zwischen

der »res cogitans« und der »res extensa« eine entscheidende Rolle,
und die in diesem Begriffspaar ausgedrückte Spaltung der Welt hat
das Denken der folgenden Jahrhunderte aufs stärkste beeinflußt. In
der quantentheoretischen Physik sieht dieser Gegensatz etwas anders aus als früher. Er erscheint als weniger schroff, da diese Physik
uns gezwungen hat, in verschiedenen Zusammenhangsbereichen zu
denken, die zueinander in jenem Verhältnis stehen, das Bohr mit
dem Begriff »Komplementarität« ausgedrückt hat. Die Zusammenhangsbereiche können sich einerseits ausschließen, andererseits aber
doch auch ergänzen, so daß erst durch das Spiel zwischen den verschiedenen Bereichen die volle Einheit sichtbar wird. Wie das ohne
die geringste Unklarheit möglich ist, zeigt die quantentheoretische
Mathematik. Im Vergleich zur klassischen Physik rückt die Quantentheorie daher deutlich ab von jener etwas zu schroffen Zweiteilung der Welt in der Descartesschen Philosophie.

Kant hatte den sogenannten »synthetischen Urteilen a priori«
und den apriorischen Anschauungsformen einen zentralen Platz in
seiner Philosophie eingeräumt. In der neuen Deutung der Quantentheorie werden zwar auch die Grundbegriffe der klassischen Physik
als apriorische Elemente anerkannt; insofern enthält die Quantentheorie einen erheblichen Teil Kantscher Philosophie. Aber es wird
gleichzeitig dem Apriori nur eine relative Bedeutung zugemessen,
da, im Gegensatz zur Kantschen Auffassung, auch die apriorischen
Begriffe nicht mehr als unveränderliche Grundlagen der exakten
Naturwissenschaften gelten.

Auf die positivistischen Elemente in der Relativitätstheorie und
der Quantentheorie ist oft hingewiesen worden. Insbesondere haben
die Gedankengänge Machs zweifellos die Entwicklung der Physik
seit der Planckschen Entdeckung immer wieder befruchtet. Aber
auch dieser Einfluß darf nicht überschätzt werden. Insbesondere betrachtet die Quantentheorie in ihrer heute allgemein angenommenen
Deutung keineswegs die Sinneseindrücke als das primär Gegebene,
wie es der Positivismus tut. Wenn etwas als primär gegeben bezeichnet werden soll, so ist das in der Quantentheorie die Realität, die mit
den Begriffen der klassischen Physik beschrieben werden kann.

Da die Quantentheorie im Zusammenhang mit der Atomlehre entstanden ist, so steht sie auch, trotz ihrer erkenntnistheoretischen Struktur, in enger Beziehung zu jenen Philosophien, die die Materie in den Mittelpunkt ihres Systems rücken. Aber die Entwicklung der letzten Jahre, über die nachher gesprochen werden soll, vollzieht doch sehr deutlich – wenn man überhaupt Vergleiche mit der antiken Philosophie ziehen will – die Wendung von Demokrit zu Plato. Gerade die Plancksche Entdeckung enthält ja schon den Hinweis, daß die atomare Struktur der Materie als Ausdruck mathematischer Gestalten in den Naturgesetzen aufgefaßt werden kann.

Außerdem enthält die erkenntnistheoretische Analyse der Quantentheorie besonders in der Form, die Bohr ihr gegeben hat, manche Züge, die an die Methoden der Hegelschen Philosophie erinnern.

Schließlich sind verschiedene Untersuchungen angestellt worden über die Beziehung der Quantentheorie zur Logik. Ich erinnere besonders an die Untersuchungen v. Weizsäckers. Offenbar kann man die quantentheoretische Interpretation der atomaren Vorgänge mit einer Erweiterung der Logik in Verbindung bringen, die vielleicht in der zukünftigen exakten Naturwissenschaft eine sehr allgemeine Bedeutung erhalten wird. Damit haben wir einen, allerdings nur sehr flüchtigen Blick geworfen auf die mannigfachen Beziehungen zwischen der Quantentheorie und einer Reihe verschiedenartiger philosophischer Fragestellungen, auf die im einzelnen hier leider nicht eingegangen werden kann.

Schließlich muß noch ausführlicher ein mehr physikalisches Problem erwähnt werden, das schon zur Entwicklung der Quantentheorie und Atomtheorie in unserem Jahrhundert überleitet. Die Relativitätstheorie und die Quantentheorie haben gewisse Grundstrukturen der Natur sichtbar gemacht, die früher unbekannt waren. In der Relativitätstheorie handelt es sich um die Struktur von Raum und Zeit, in der Quantentheorie um die Konsequenzen des Umstandes, daß jede Messung im atomaren Bereich einen Akt, einen Eingriff erfordert.

Die in der speziellen Relativitätstheorie aufgedeckte Struktur von Raum und Zeit kann etwa folgendermaßen kurz beschrieben werden: Wir können unter dem Wort »Vergangenheit« alle jene Ereignisse zusammenfassen, von denen wir, wenigstens prinzipiell, etwas erfahren können, unter dem Wort »Zukunft« alle jene anderen Ereignisse, auf die wir, wenigstens grundsätzlich, noch einwirken können. In unserer anschaulichen Vorstellung sind diese beiden Ereignisbereiche nur durch einen unendlich kurzen Zeitmoment getrennt, den wir den »gegenwärtigen Augenblick« nennen. Aus der Einsteinschen Theorie wissen wir aber jetzt, daß dieser Gegenwartsbereich endlich ist, daß er zeitlich um so länger dauert, je weiter der Ort der Ereignisse von dem unseren entfernt ist. Dies liegt daran, daß sich Wirkungen nie schneller als mit Lichtgeschwindigkeit fortpflanzen können. Es gibt also eine scharfe raum-zeitliche Grenze zwischen den Ereignissen, von denen wir erfahren können, und denen, von denen wir nicht mehr erfahren können, und eine andere Grenze zwischen den Ereignissen, auf die wir noch einwirken können, und denen, auf die wir nicht mehr einwirken können.

Die Existenz einer solchen scharfen Grenze paßt aber schlecht zu der Struktur der physikalischen Vorgänge, die sich durch die Quantentheorie enthüllt hat. Aus den Unbestimmtheitsrelationen wissen wir, daß eine Ortsbestimmung einen um so schärferen Eingriff erfordert, je genauer sie vorgenommen werden soll. Eine unendlich scharfe Ortsbestimmung würde sogar einen unendlich großen Eingriff voraussetzen und kann daher gar nicht realisiert werden. So ist es nicht weiter verwunderlich, daß jene von der Relativitätstheorie behauptete scharfe Grenze zu Unzuträglichkeiten beim Versuch der quantentheoretischen Formulierung der physikalischen Vorgänge führt. Auf die Einzelheiten kann hier auch wieder nicht eingegangen werden; aber die theoretische physikalische Literatur der letzten 25 Jahre ist angefüllt von Diskussionen jener Unzuträglichkeiten und scheinbaren Widersprüche, die durch die sog. »Divergenzen«, z. B. die unendliche Selbstenergie des Elektrons, eine befriedigende Beschreibung der Vorgänge bei den Elementarteilchen lange Zeit unmöglich gemacht haben. Quantentheorie und Relativitätstheorie können also offenbar nicht ohne Schwierigkeiten zusammengefügt werden.

Nach den Ergebnissen der letzten Jahre haben wir allen Grund zu der Annahme, daß es erst dann gelingen kann, die beiden Theorien zusammenzufügen, wenn man auch die dritte Grundstruktur, die mit der Existenz einer universellen Länge von der Größenordnung 10^{-13} cm verknüpft ist, in den Kreis der Betrachtungen einbezieht.

Zunächst soll hier kurz besprochen werden, um welche physikalischen Phänomene es sich dabei handelt. Die Chemie hatte ursprünglich den verschiedenen chemischen Elementen je eine Atomsorte zugeordnet. Die Rutherfordschen Experimente und die Bohrsche Theorie hatten dann gezeigt, daß das sogenannte Atom der Chemiker aus einem Kern und einer Hülle von Elektronen besteht. Die Kernphysik der dreißiger Jahre hat uns gelehrt, die Atomkerne als Gebilde von Protonen und Neutronen aufzufassen. So waren schließlich drei wichtigste Sorten von Elementarteilchen, die Protonen, Neutronen und Elektronen, als die letzten Bausteine aller Materie erkannt. Dann aber zeigten spätere Experimente, daß es noch manche andere Arten von Elementarteilchen gibt, die von den vorhergenannten in erster Linie dadurch sich unterscheiden, daß sie nur kurze Zeit existieren können, da sie sehr schnell radioaktiv zerfallen, d. h. sich in andere Teilchen umwandeln. Die Mesonen, die Hyperonen wurden entdeckt, und wir kennen heute etwa 30 verschiedene Sorten von Elementarteilchen, von denen die meisten nur eine sehr kurze Lebensdauer besitzen.

Mit diesen Erfahrungen waren zwei wichtige Fragen gestellt. Erstens: Sind diese Elementarteilchen, insbesondere Protonen, Neutronen, Elektronen, wirklich die letzten, unteilbaren Bausteine der Materie, oder müssen auch sie wieder als zusammengesetzt aus kleineren Teilen aufgefaßt werden? Wenn sie aber schon die kleinsten Bausteine sind, warum lassen sie sich nicht noch weiter teilen? Zweitens: Warum gibt es gerade diese experimentell gefundenen Elementarteilchen, warum haben sie gerade die beobachteten Eigenschaften? Durch welche Naturgesetze sind ihre Massen und Ladungen, die Kräfte, mit denen sie aufeinander wirken, bestimmt?

Auf die erste Frage gibt die heutige Physik die bestimmte Antwort, daß die Elementarteilchen wirklich schon die letzten, kleinsten

Einheiten der Materie darstellen; und sie gibt dafür auch eine zunächst etwas überraschende Begründung. Wie kann man feststellen,
ob sich die Elementarteilchen nicht noch weiter teilen lassen? Die
einzige Methode, dies zu entscheiden, ist doch wohl der Versuch, sie
mit den stärksten Kräften weiter zu zerspalten. Da es natürlich keine Messer oder andere Werkzeuge gibt, mit denen die Teilung versucht werden könnte, bleibt als einzige Möglichkeit, Elementarteilchen mit hoher Geschwindigkeit aufeinanderprallen zu lassen. Man
kann in der Tat Zusammenstöße zwischen Elementarteilchen höchster Energie herbeiführen. Die großen Beschleunigungsmaschinen,
die heute in den verschiedensten Teilen der Welt gebaut werden,
z. B. in Genf als europäische Gemeinschaftsarbeit, in Amerika, in
Rußland, dienen eben diesem Zweck. Auch die in der Natur vor-
kommende kosmische Strahlung bewirkt solche Zusammenstöße.
Dabei werden die Elementarteilchen auch tatsächlich zerlegt, oft in
viele Teile auseinandergeschlagen, aber, und das ist das Überraschende, die Teile sind nicht kleiner oder leichter als die Elementar-
gebilde, die zerschlagen wurden. Denn die hohe kinetische Energie
der zusammenstoßenden Teilchen kann nach der Relativitätstheorie
in Masse verwandelt werden, sie wird tatsächlich dazu benutzt, neue
Elementarteilchen zu erzeugen. In Wirklichkeit findet also nicht eigentlich eine Spaltung der Elementarteilchen statt, sondern eine Erzeugung neuer solcher Teilchen aus der Bewegungsenergie der stoßenden Teilchen. So schafft die Einsteinsche Gleichung: $E = mc^2$
die Möglichkeit dafür, daß die heute bekannten Elementarteilchen
wirklich schon die kleinsten existierenden Gebilde sind.

Gleichzeitig erkennen wir dabei, daß die Elementarteilchen alle
sozusagen aus dem gleichen Stoff gemacht sind, nämlich, wenn Sie
so wollen, aus Energie. Hier kann man Anklänge an die Philosophie
des Heraklit finden, nach dem das Feuer der Grundstoff ist, aus dem
alle Dinge bestehen. Das Feuer ist gleichzeitig die treibende Kraft,
die die Welt in Bewegung erhält, und man kann vielleicht, um zu
unserer heutigen Auffassung zu kommen, Feuer und Energie identi-
fizieren. Die Elementarteilchen der modernen Physik können genau
wie die der platonischen Philosophie ineinander umgewandelt wer-

den. Sie bestehen nicht selbst aus Materie, sondern sie sind die einzig möglichen Formen der Materie. Die Energie wird zur Materie, indem sie sich in die Form eines Elementarteilchens begibt, indem sie sich in dieser Form manifestiert. Hier klingt die Beziehung zwischen Form und Stoff an, die in der Philosophie des Aristoteles eine so zentrale Rolle spielt. Damit sind wir auch schon bei der zweiten Frage angelangt: Warum gibt es gerade diese bestimmten Elementarteilchen und keine anderen?

Diese Frage ist identisch mit der Frage nach dem Naturgesetz, das die Eigenschaften der Elementarteilchen bestimmt; und dieses Naturgesetz muß die dritte natürliche Maßeinheit, die sog. »kleinste Länge«, enthalten. Die hier gestellten Probleme sind zwar noch keineswegs gelöst, aber es kann doch schon ein Vorschlag für eine solche Theorie der Elementarteilchen zur Diskussion gestellt werden, der durch die Forschung der kommenden Jahre nachgeprüft und entwickelt werden muß.

Zunächst muß hier über die Fortschritte in den vergangenen Jahren berichtet werden. Schon vor etwa 15 Jahren hat Dirac in England auf die Möglichkeit hingewiesen, die mathematischen »Divergenzschwierigkeiten« der Quantenfeldtheorie, über die ich vorhin kurz gesprochen habe, dadurch zu lösen, daß man eine neue imaginäre Einheit, eine Quadratwurzel aus -1, in die mathematische Darstellung aufnimmt, oder, um es in einer genaueren mathematischen Sprache auszudrücken, daß man dem Hilbert-Raum der Quantenfeldtheorie eine indefinite Metrik gibt. Freilich bedeutet eine solche Einführung eine tiefgehende Strukturveränderung der Theorie, und kurze Zeit darauf hat Pauli in Zürich zeigen können, daß eine solche Theorie zunächst physikalisch nicht interpretiert werden kann. Denn die Größen, die sonst in der Quantentheorie die Wahrscheinlichkeit für das Eintreten eines Ereignisses bedeuten, können in der Diracschen Formulierung negativ werden, und eine negative Wahrscheinlichkeit ist ein physikalisch sinnloser Begriff. Trotzdem haben wir dann in Göttingen vor etwa fünf Jahren diesen Diracschen Gedanken wieder aufgegriffen in der Hoffnung, daß der mathematische Formalismus sich in folgender Weise entwickeln lassen würde:

Die Grundgleichung für die Materie muß ja, wie schon mehrfach betont wurde, jene Maßeinheit enthalten, die als Länge von der Größenordnung 10^{-13} cm eingeführt wurde. Sollte es nicht möglich sein, die indefinite Metrik in einer solchen Weise zu benutzen, daß die negativen Wahrscheinlichkeiten immer nur dann auftreten, wenn man nach dem physikalischen Verhalten in Raumdimensionen von der Größenordnung 10^{-13} cm fragt, daß aber für Fragen, die sich auf sehr viel größere Räume und Zeitgebiete beziehen, alle berechneten Wahrscheinlichkeiten wieder von selbst positiv werden, so daß die Formeln eine physikalische Interpretation zulassen? Damit wären die Schwierigkeiten beseitigt, denn nach Vorgängen in kleinsten Raumgebieten kann man eben nicht fragen; damit ist gemeint: Vorgänge in kleinsten Raum-Zeit-Gebieten können nicht unmittelbar beobachtet werden, und die Rückschlüsse von den Beobachtungen auf diese Vorgänge können nicht mehr mit den Begriffen der üblichen Physik gezogen werden. Daher entziehen sich diese Vorgänge jeder anschaulichen Beschreibung. Diese Möglichkeit ist dann in einem mathematisch vereinfachten Modell in den Einzelheiten studiert worden – ich erwähne hier Untersuchungen von Mitter, Kortel und Ascoli in Göttingen –, und es hat sich gezeigt, daß eine solche Benutzung der Diracschen Vorschläge tatsächlich widerspruchsfrei möglich ist. Auch stellte sich bei diesen Untersuchungen heraus, daß schon ein solches vereinfachtes Modell sehr wesentliche Züge jener einheitlichen Feldtheorie aufweist, die das Ziel der Untersuchung bilden muß. Z. B. ergaben sich die elektromagnetischen Felder als Folge des Materiefeldes, und das Materiefeld manifestierte sich in Elementarteilchen, die ähnliche Eigenschaften aufwiesen wie die wirklich beobachteten.

Ein sehr wesentlicher Beitrag zum Problem der Materie war dann die durch die beiden chinesischen Physiker Lee und Yang gemachte Entdeckung, daß die elektromagnetischen Felder in einer ganz unerwarteten Weise mit einem den Elementarteilchen innewohnenden Schraubensinn verknüpft sind. Z. B. gibt es positiv geladene, sog. »π-Mesonen«, die radioaktiv zerfallen. Die beim Zerfall entstehenden μ-Mesonen und Elektronen und Neutrinos zeigen eine bestimmte

Polarisation, die in ihrem Sinn etwa einer Rechtsschraube entspricht. Es gibt keine positiv geladenen π-Mesonen, bei deren Zerfall der umgekehrte Schraubensinn ausgezeichnet wäre. Wohl aber gibt es negativ geladene π-Mesonen der gleichen Masse, und bei deren Zerfall bestimmt gerade der umgekehrte Schraubensinn die Polarisation. Durch Spiegelung entsteht also aus einem Teilchen das zugehörige sog. »Antiteilchen«, das gerade die entgegengesetzte Ladung trägt. Diese Entdeckung hatte besonders interessante Konsequenzen für das Verständnis der Eigenschaften eines Elementarteilchens, dessen Existenz vor längerer Zeit von Pauli aus einer Analyse des β-Zerfalls der Elemente vorhergesagt worden war, des sog. Neutrinos. Beim Studium dieser Konsequenzen ist Pauli im vorigen Jahr auf eine besondere Transformationseigenschaft gestoßen, auf eine bis dahin nicht beachtete mathematische Symmetrie der Neutrinowellengleichung. Da nun, wie schon bei der Beschreibung der platonischen Körper betont wurde, die mathematischen Symmetrien in der Theorie der Elementarteilchen eine besonders wichtige Rolle spielen, konnte man darauf vorbereitet sein, daß der eben genannten Symmetrie vielleicht eine über die spezielle Neutrinogleichung hinausgehende Bedeutung zukommt.

Das Erfahrungsmaterial über die Elementarteilchen, das in den vergangenen zwei Jahrzehnten gesammelt worden ist, gibt über die Symmetrieeigenschaften in den Grundgleichungen der Materie dort, wenn auch etwas indirekt, Auskunft, wo es uns die sog. »Auswahlregeln und Erhaltungssätze« liefert. Damit ist folgendes gemeint: Wenn wir aus der Erfahrung wissen, welche Teilchen etwa sich in welche anderen radioaktiv umwandeln können, so kann man daraus Rückschlüsse über die Symmetrieeigenschaften der Teilchen und der ihnen zugrunde liegenden Gesetze ziehen. Bei dem Versuch, das vorhin genannte, in Göttingen entwickelte mathematische Modell einer Theorie der Materie so umzugestalten, daß es den beobachteten Auswahlregeln Rechnung trägt, waren wir auf eine Gleichung gestoßen, von der Pauli zeigen konnte, daß sie auch die von Pauli gefundenen Symmetrieeigenschaften enthält. Ferner hatte der türkische Physiker Gürsey darauf hingewiesen, daß diese Paulische Symmetrie offenbar

eine charakteristische Eigenschaft des Systems der Elementarteilchen
wiedergibt, die schon vor 25 Jahren entdeckt worden war und mit
dem Begriff »Isotopenspin« oder »Isospin«, den ich hier nicht weiter
erklären will, eine mathematische Formulierung gefunden hatte.
Damit konnte man eine Gleichung angeben, die – um es vorsichtig auszudrücken – zum mindesten im ersten Augenblick so aussieht,
als könnte sie alle uns bekannten Eigenschaften der Elementarteilchen darstellen, als könnte sie schon die richtige Gleichung der Materie sein. Die Gleichung lautet:

$$\gamma_v \frac{\partial}{\partial x_v} \psi \pm l^2 \gamma_\mu \gamma_5 \psi \, (\psi^+ \gamma_\mu \gamma_5 \psi) = 0$$

In ihr bedeutet ψ (ein von den Raum- und Zeitkoordinaten abhängi-
ger Feldoperator) die Materie; die γ_μ sind einfache, von Dirac ein-
geführte mathematische Größen aus der Theorie der linearen Transformationen, l ist die natürliche Längeneinheit, von der mehrfach
die Rede war. Daß die Lichtgeschwindigkeit und die Plancksche
Konstante in der Gleichung nicht mehr sichtbar vorkommen, liegt
einfach daran, daß man diese beiden Grundgrößen bereits als Maßeinheit benutzt, also gleich 1 gesetzt hat. Auch die Größe l kann
natürlich in der gleichen Weise als Maßeinheit verwendet und gleich
1 gesetzt werden und tritt dann in der Gleichung nicht mehr auf.
Es muß an dieser Stelle betont werden, daß es sich bei dieser Gleichung zunächst um einen Vorschlag handelt und daß erst die keineswegs einfache mathematische Analyse ihrer Konsequenzen im Vergleich mit den experimentellen Erfahrungen nach einigen Jahren ein
sicheres Urteil darüber erlauben wird, wie weit man mit dieser Gleichung kommt.
Für den Augenblick ist es vielleicht wichtiger, die Denkmöglich-
keiten zu studieren, die, ausgehend von der Planckschen Entdek-
kung, durch die geschilderte Entwicklung bis zu den Fortschritten
der letzten Zeit entstanden sind. Wie sieht die Physik aus, wenn sich
die Hoffnungen der Physiker an dieser Stelle erfüllen? Die erwähnte
Gleichung enthält neben den drei natürlichen Maßeinheiten nur
noch mathematische Symmetrieforderungen. Durch diese Forderun-

gen scheint alles weitere beantwortet zu sein. Man muß eigentlich
die Gleichung nur als eine besonders einfache Darstellung der Symmetrieforderungen, aber diese Forderungen als den eigentlichen
Kern der Theorie betrachten. Ähnlich wie bei Plato sieht es daher so
aus, als liege dieser scheinbar so komplizierten Welt aus Elementarteilchen und Kraftfeldern eine einfache und durchsichtige mathematische Struktur zugrunde. Alle jene Zusammenhänge, die wir sonst
als Naturgesetze in den verschiedenen Bereichen der Physik kennen,
sollten sich aus dieser einen Struktur ableiten lassen.

An dieser Stelle hat natürlich die moderne Auffassung einen Grad
von Strenge, der den griechischen Philosophen völlig ferngelegen
hat, und man muß, um nicht mißverstanden zu werden, auch die
tiefgehenden Unterschiede unserer heutigen Naturwissenschaft von
der antiken betonen. Zunächst besteht ein wesentlicher Unterschied
in der Methode, nämlich darin, daß wir systematisch Experimente
anstellen und Theorien nur dann akzeptieren, wenn sie die Experimente wirklich in allen Einzelheiten darstellen. Dann aber äußert
sich ein weiterer sehr wichtiger Unterschied in der Rolle, die der
Zeitbegriff in der Physik seit Galilei und Newton spielt.

Die Elementarteilchen in der Philosophie Platos erhielten ihre
Symmetrie aus der sog. »Raumgruppe«, der Gruppe der Drehungen
im dreidimensionalen Raum. Es handelt sich also dort um eine statische, unmittelbar anschauliche Symmetrie. Die neuzeitliche Physik
aber bezieht die Zeit von Anfang an in ihre Naturbetrachtung ein.
Seit Newton ist die Physik auf die Dynamik der Erscheinungen gerichtet. Sie geht von der Auffassung aus, daß in dieser sich ständig
verändernden Welt nicht die geometrischen Formen das Bleibende
sein können, sondern die Gesetze. Die Gesetze sind allerdings im
Grunde auch nur abstraktere mathematische Formen, die sich aber
eben auf Raum und Zeit beziehen. Ein Verständnis der Materie erscheint uns daher nur möglich, wenn man aus den Experimenten auf
mathematisch faßbare Strukturen sehließt, die Raum und Zeit in
gleicher Weise betreffen.

Die endgültige Theorie der Materie wird, ähnlich wie bei Plato,
durch eine Reihe von wichtigen Symmetrieforderungen charakteri-

siert sein, die wir heute schon angeben können. Diese Symmetrien
kann man nicht mehr einfach durch Figuren und Bilder erläutern,
wie es bei den platonischen Körpern möglich war, wohl aber durch
Gleichungen, und ich möchte einige der wichtigsten Gleichungen
hier erwähnen, obwohl solche Darstellungen natürlich nur dem Mathematiker verständlich sein können.

Eine erste entscheidende Symmetrieeigenschaft wird die sog. »in-
homogene Lorentz-Gruppe« sein, die, wie Sie wissen, die Grundlage
der speziellen Relativitätstheorie bildet. Eine etwas vereinfachte
Darstellung lautet: .

$$x' - x_0' = \frac{x - vt}{\sqrt{1 - \left(\frac{v}{c}\right)^2}} \ ; \qquad t' - t_0' = \frac{t - \frac{v}{c^2}x}{\sqrt{1 - \left(\frac{v}{c}\right)^2}}$$

Eine zweite, ebenso wichtige Gruppe ist die der Transformationen im Hilbert-Raum, die die Vertauschungsrelationen invariant
lassen. Diese Gruppe ist die Grundlage der Quantentheorie. Eine
ebenfalls etwas vereinfachte Darstellung lautet etwa:

$$\Psi_i \rangle = S_{ik}\Psi_k \rangle$$

Ferner wird die sog. »Isospin-Gruppe« und die mit der Erhaltung
der Baryonenzahl verknüpfte Gruppe eine Rolle spielen, die, wie wir
nach den Untersuchungen von Pauli und Gürsey vermuten, durch
die Paulischen Transformationen

$$\psi' = a\psi + b\gamma_5 C^{-1}\psi^+ \qquad (|a^2| + |b^2| = 1)$$

$$\psi' = e^{i\alpha\gamma_5}\psi$$

dargestellt wird. Schließlich gibt es noch wichtige Spiegelungssym-
metrien, z. B. die Invarianz der Theorie bei Vorzeichenumkehr der
Zeit und bei gleichzeitiger Raumspiegelung und Ladungsumkehr.
Alle diese Symmetrien werden durch die vorhin erwähnte Gleichung
dargestellt – ob schon in der richtigen Form, wird die Zukunft lehren.

Eine Theorie, die aus einer einfachen Grundgleichung für die Materie die Massen und die Eigenschaften der Elementarteilchen richtig wiedergibt, ist auch gleichzeitig eine einheitliche Feldtheorie. Der aus den Experimenten erkannte Umstand, daß alle Elementarteilchen sich ineinander umwandeln können, deutet darauf hin, daß es kaum möglich sein dürfte, etwa nur eine bestimmte Gruppe von Elementarteilchen auszusondern und nur für diese Gruppe eine mathematische Darstellung zu finden. Durch diese Erfahrung und durch die grundlegende Bedeutung der Symmetrieeigenschaften erhält jeder Versuch einer Theorie der Elementarteilchen, wie z. B. der in der obengenannten Gleichung enthaltene, einen eigentümlichen Charakter von Geschlossenheit. Man findet Strukturen, die so ineinander verknüpft und verschlungen sind, daß man eigentlich an keiner Stelle mehr Änderungen vornehmen kann, ohne alle Zusammenhänge in Frage zu stellen.

Man wird hier etwa an die kunstvollen Bandornamente arabischer Moscheen erinnert, in denen so viele Symmetrien gleichzeitig verwirklicht sind, daß man nicht ein einziges Blatt verändern könnte, ohne den Zusammenhang des Ganzen entscheidend zu stören. Und ähnlich wie jene Bandornamente den Geist der Religion ausdrücken, aus der sie entstanden sind, so spiegelt sich auch in den Symmetrieeigenschaften der Quantenfeldtheorie der Geist der naturwissenschaftlichen Epoche, die durch Plancks Entdeckung eingeleitet worden ist.

Aber wir stehen an dieser Stelle mitten in einer Entwicklung, deren Ergebnisse man erst in einigen Jahren übersehen wird. Die Plancksche Entdeckung hat in dem halben Jahrhundert, dessen einzelne Stadien ich Ihnen zu schildern versucht habe, bis zu einer Stelle geführt, an der man das Ziel, nämlich das Verständnis der atomaren Struktur der Materie aus einfachen mathematischen Symmetrieeigenschaften, schon deutlich in den Umrissen zu erkennen glaubt. Selbst wenn man an die Entwicklung der letzten Jahre, von der ich gesprochen habe, mit all der Skepsis herangeht, die zu den obersten Pflichten des Naturwissenschaftlers gehört, so darf man doch wohl aussprechen, daß man hier auf Strukturen von ganz ungewöhnlicher Einfachheit, Geschlossenheit und Schönheit gestoßen

ist, auf Strukturen, die uns deshalb besonders wichtig scheinen, weil
sie nicht mehr ein spezielles Gebiet der Physik, sondern die Welt im
ganzen betreffen.

Der 100. Geburtstag Max Plancks fällt in eine Zeit, die, wenn
man sie mit früheren Epochen vergleicht, in vielen Bereichen, z. B.
denen der Politik, der Kunst, der Wertmaßstäbe, einen sehr chaoti-
schen Eindruck macht. Es ist daher, gerade wenn man an eine so
harmonische Persönlichkeit wie Max Planck denkt, beruhigend, daß
wenigstens in dem einen Bereich, dem Planck seine Lebensarbeit gewidmet hat, nichts Chaotisches zu finden ist, daß vielmehr hier Einfachheit und durchsichtige Klarheit noch ebenso bestimmend sind
wie zur Zeit Platos oder Keplers oder Newtons.

Wolfgang Paulis
philosophische Auffassungen*

Wolfgang Paulis Werk in der theoretischen Physik läßt nur an wenigen Stellen den philosophischen Hintergrund erkennen, auf dem es entstanden ist, und seinen Fachgenossen erscheint Pauli vor allem als der glänzende und stets zu schärfsten Formulierungen neigende Physiker, der durch bedeutende neue Ideen, durch eine bis in die letzten Einzelheiten klare Analyse der bestehenden Kenntnisse und durch schonungslose Kritik jeder Unklarheit und Ungenauigkeit der vorgeschlagenen Theorien die Physik unseres Jahrhunderts entscheidend beeinflußt und bereichert hat. Wenn man aus diesen naturwissenschaftlichen Äußerungen Paulis eine philosophische Grundhaltung konstruieren wollte, so wäre man zunächst geneigt, auf einen extremen Rationalismus und eine im Grundsätzlichen skeptische Einstellung zu schließen. In Wirklichkeit aber verbarg sich hinter dieser zur Schau getragenen Kritik und Skepsis ein tiefes philosophisches Interesse auch für die dunkeln Bereiche der Wirklichkeit oder der menschlichen Seele, die dem Zugriff der Ratio entzogen sind; und die Kraft der Faszination, die von Paulis Analysen physikalischer Probleme ausging, entsprang wohl nur zum Teil der bis ins einzelne durchsichtigen Klarheit seiner Formulierungen, zum anderen aber auch dem ständigen Kontakt mit dem Bereich produktiver geistiger Vorgänge, für die es noch keine rationale Formulierung gibt. Pauli war in der Tat den Weg der auf dem Rationalismus beru-

* Zuerst veröffentlicht in: Die Naturwissenschaften, 46. Jg. 1959, Heft 24, S. 661–663 (Springer-Verlag, Berlin - Göttingen - Heidelberg).

henden Skepsis schon sehr früh bis zu Ende gegangen, nämlich bis zur Skepsis gegen die Skepsis, und er hat dann versucht, den Elementen des Erkenntnisvorgangs nachzuspüren, die der rationalen Durchdringung vorausgehen. Es sind insbesondere zwei Aufsätze, aus denen man Wesentliches über Paulis philosophische Einstellung erfahren kann: eine Abhandlung ›Der Einfluß archetypischer Vorstellungen auf die Bildung naturwissenschaftlicher Theorien bei Kepler‹* und ein Vortrag über ›Die Wissenschaft und das abendländische Denken‹**. Es soll versucht werden, aus diesen beiden Zeugnissen und aus brieflichen und anderen Äußerungen Paulis ein Bild seiner philosophischen Einstellung zu gewinnen.

Ein erstes Zentralproblem des philosophischen Nachdenkens war für Pauli der Vorgang der Erkenntnis selbst, insbesondere der Naturerkenntnis, die schließlich in der Aufstellung von mathematisch formulierten Naturgesetzen ihren rationalen Ausdruck findet. Pauli war nicht befriedigt von der rein empiristischen Auffassung, nach der die Naturgesetze allein aus dem Erfahrungsmaterial entnommen werden können. Er schloß sich vielmehr jenen an, die »die Rolle der Richtung der Aufmerksamkeit und der Intuition bei den im allgemeinen über die bloße Erfahrung weit hinausgehenden, zur Aufstellung eines Systems von Naturgesetzen (d. h. einer wissenschaftlichen Theorie) nötigen Begriffen und Ideen betonen«. Er suchte also nach einem Verbindungsglied zwischen den Sinneswahrnehmungen auf der einen Seite und den Begriffen auf der anderen: »Alle folgerichtigen Denker kamen zu dem Resultat, daß die reine Logik grundsätzlich nicht imstande ist, eine solche Verbindung zu konstruieren. Es scheint am meisten befriedigend, an dieser Stelle das Postulat einer unserer Willkür entzogenen Ordnung des Kosmos einzuführen, die von der Welt der Erscheinungen verschieden ist. Ob man vom ›Teilhaben der Naturdinge an den Ideen‹ oder von einem ›Verhalten der metaphysischen, d. h. an sich realen Dinge‹ spricht, die Beziehung

---

* In: C. G. Jung u. W. Pauli, Naturerklärung und Psyche. Studien aus dem C. G. Jung-Institut, Bd. IV, S. 109. Zürich (Rascher-Verlag) 1952.
** In: Europa - Erbe und Aufgabe. Internat. Gelehrtenkongreß Mainz 1955. Hrsg. v. M. Göhring, Wiesbaden (F. Steiner) 1956, S. 71.

zwischen Sinneswahrnehmung und Idee bleibt eine Folge der Tatsache, daß sowohl die Seele als auch das in der Wahrnehmung Erkannte einer objektiv gedachten Ordnung unterworfen sind.«

Die Brücke, die von dem zunächst ungeordneten Erfahrungsmaterial zu den Ideen führt, sieht Pauli in gewissen, in der Seele präexistenten Urbildern, den Archetypen, wie sie von Kepler und auch von der modernen Psychologie erörtert worden sind. Diese Urbilder dürfen – hier schließt sich Pauli weitgehend an die Gedanken C. G. Jungs an – nicht in das Bewußtsein verlegt oder auf bestimmte rational formulierbare Ideen bezogen werden. Vielmehr handelt es sich um Formen des unbewußten Bereichs der menschlichen Seele, Bilder von stark emotionalem Gehalt, die nicht gedacht, sondern gleichsam malend geschaut werden. Die Beglückung beim Bewußtwerden einer neuen Erkenntnis entspringt dem zur Deckung-Kommen solcher präexistenter Urbilder mit dem Verhalten äußerer Objekte.

Diese Auffassung der Naturerkenntnis geht bekanntlich im wesentlichen auf Plato zurück und ist in das christliche Denken auf dem Weg über den Neuplatonismus (Plotin, Proklus) eingedrungen. Pauli versucht, sie deutlich zu machen durch den Nachweis, daß schon bei Keplers Bekenntnis zur kopernikanischen Lehre, die am Anfang der modernen Naturwissenschaft steht, bestimmte Urbilder, Archetypen, entscheidend mitgewirkt haben. Er zitiert aus Keplers ›Mysterium Cosmographicum‹ den Satz: »Das Abbild des dreieinigen Gottes ist in der Kugel, nämlich des Vaters im Zentrum, des Sohnes in der Oberfläche und des Heiligen Geistes im Gleichmaß der Bezogenheit zwischen Punkt und Zwischenraum oder Umkreis.« Die vom Zentrum zur Oberfläche gerichtete Bewegung ist für Kepler das Sinnbild der Schöpfung. Dieses mit der heiligen Dreizahl aufs engste verknüpfte Symbol – von C. G. Jung als »Mandala« bezeichnet – findet für Kepler eine unvollkommene Verwirklichung in der Körperwelt: die Sonne im Zentrum des Planetensystems umkreist von den (bei Kepler noch beseelt gedachten) Himmelskörpern. Pauli glaubt, daß die Überzeugungskraft des kopernikanischen Systems für Kepler primär aus der Entsprechung zu dem beschriebenen Symbol stammt und erst in zweiter Linie aus dem Erfahrungsmaterial.

Pauli meint darüber hinaus, daß Keplers Symbol ganz allgemein
die Haltung versinnbildlicht, aus der die heutige Naturwissenschaft
entstanden ist. »Von einem inneren Zentrum aus scheint sich die
Psyche im Sinne einer Extraversion nach außen zu bewegen in die
Körperwelt, in der nach Voraussetzung alles Geschehen ein automa-
tisches ist, so daß der Geist diese Körperwelt mit seinen Ideen gleichsam ruhend umspannt.« Es handelt sich bei der Naturwissenschaft
der Neuzeit also um eine christliche Weiterbildung der »lichten Mystik« Platos, in der der einheitliche Grund von Geist und Materie in
den Urbildern gesucht wird und in der das Verstehen in seinen verschiedenen Graden und Arten bis zur Erkenntnis der Heilswahrheit
seinen Platz gefunden hat. Pauli fügt aber warnend hinzu: »Diese
Mystik ist so licht, daß sie über viele Dunkelheiten hinwegsieht, was
wir Heutigen weder dürfen noch können.«

Er stellt daher der Grundhaltung Keplers jene seines Zeitgenossen, des englischen Arztes Fludd gegenüber, mit dem Kepler über die
Anwendung der Mathematik auf die durch quantitative Messungen
verfeinerte Erfahrung in eine heftige Polemik geraten war. Fludd ist
hier der Vertreter einer archaisch-magischen Naturbeschreibung,
wie sie von der mittelalterlichen Alchimie und den aus ihr hervorge-
gangenen Geheimbünden geübt wurde.

Die Weiterbildung der Gedanken Platos hatte im Neuplatonismus und im Christentum dazu geführt, daß die Materie durch das
Fehlen der Ideen charakterisiert und, da das Verstehbare identisch
sei mit dem Guten, mit dem Bösen identifiziert wurde. Die Weltseele
aber war schließlich in der neuzeitlichen Naturwissenschaft ersetzt
worden durch das abstrakte mathematische Naturgesetz. Gegenüber
dieser einseitig spiritualisierenden Tendenz stellt die alchimistische
Philosophie, hier vertreten durch Fludd, ein gewisses Gegengewicht
dar. Nach der alchimistischen Auffassung »wohnt in der Materie ein
Geist, der auf Erlösung harrt. Der alchimistische Laborant ist stets
mit einbezogen in den Naturlauf in einer solchen Weise, daß die
wirklichen oder vermeintlichen chemischen Prozesse in der Retorte
mit den psychischen Vorgängen in ihm selbst mystisch identifiziert
sind und mit denselben Worten bezeichnet werden. Die Erlösung

des Stoffes durch den ihn verwandelnden Menschen, die in der Herstellung des Steins der Weisen gipfelt, ist nach alchimistischer Auffassung zufolge der mystischen Entsprechung von Makrokosmos und Mikrokosmos identisch mit der den Menschen erlösenden Wandlung durch das Opus, das nur ›Deo concedente‹ gelingt.« Für diese magische Naturauffassung ist das beherrschende Symbol die Vierzahl, die sogenannte Tetraktys der Pythagoreer, die aus zwei Polaritäten zusammengefügt ist. Das Teilen ist der dunkeln Seite der Welt (Materie, Teufel) zugeordnet, und die magische Naturauffassung umgreift auch diesen dunkeln Bereich.

Keine dieser beiden Entwicklungslinien, die ihren Ausgang von Plato und der christlichen Philosophie einerseits, von der mittelalterlichen Alchimie andererseits genommen haben, konnte später dem Zerfall in entgegengesetzte Denksysteme entgehen. Das ursprünglich auf die Einheit von Materie und Geist gerichtete platonische Denken führt schließlich zur Spaltung in das wissenschaftliche und das religiöse Weltbild, und die durch Gnosis und Alchimie bestimmte Geistesrichtung bringt auf der einen Seite die wissenschaftliche Chemie, auf der anderen die von den materiellen Vorgängen wieder abgelöste religiöse Mystik (z. B. Jakob Böhme) hervor.

Pauli erkennt in diesen auseinanderstrebenden und doch wieder zusammengehörigen geistigen Entwicklungslinien komplementäre Verhältnisse, die von Anfang an das abendländische Denken bestimmt haben und die uns heute, nachdem uns die logische Möglichkeit solcher Verhältnisse an der Quantenmechanik durchschaubar geworden ist, leichter verständlich sind als früheren Epochen. Im wissenschaftlichen Denken, das im besonderen Maße für das Abendland charakteristisch ist, wendet sich die Seele nach außen, sie fragt nach dem Warum. »Warum spiegelt sich das Eine im Vielen, was ist das Spiegelnde und was das Gespiegelte, warum ist das Eine nicht allein geblieben?« Die Mystik umgekehrt, die im Osten wie im Westen in gleicher Weise zu Hause ist, versucht die Einheit der Dinge zu erleben, indem sie die Vielheit als Illusion zu durchschauen sucht. Das wissenschaftliche Erkenntnisstreben hat im 19. Jahrhundert zur Grenzvorstellung einer objektiven, von aller Beobachtung unabhängigen materiellen Welt geführt, und am Ende des mystischen Erlebnisses steht als Grenzzustand die von allen Objekten völlig abgelöste, mit der Gottheit vereinigte Seele. Zwischen diesen beiden Grenzvorstellungen sieht Pauli das abendländische Denken gleichsam ausgespannt. »In der Seele des Menschen werden immer beide Haltungen wohnen und die eine wird stets die andere als Keim ihres Gegenteils schon in sich tragen. Dadurch entsteht eine Art dialektischer Prozeß, von dem wir nicht wissen, wohin er uns führt. Ich glaube, als Abendländer müssen wir uns diesem Prozeß anvertrauen und das Gegensatzpaar als komplementär anerkennen. – Indem wir die Spannung der Gegensätze bestehen lassen, müssen wir auch anerkennen, daß wir auf jedem Erkenntnis- oder Erlösungsweg von Faktoren abhängen, die außerhalb unserer Kontrolle sind und die die religiöse Sprache stets als Gnade bezeichnet hat.«

Als im Frühjahr 1927 die Überlegungen über die Deutung der Quantenmechanik ihre rationale Gestalt annahmen und Bohr den Begriff der Komplementarität prägte, war Pauli einer der ersten Physiker, die sich rückhaltlos für die neue Deutungsmöglichkeit entschieden. Den charakteristischen Zügen dieser Deutung – daß wir nämlich bei jedem Experiment, bei jedem Eingriff in die Natur die Wahl haben, welche Seite der Natur wir sichtbar machen wollen, daß wir aber gleichzeitig ein Opfer bringen, nämlich auf andere Seiten der Natur verzichten müssen –, diesem Zusammengehören von »Wahl und Opfer« kam Paulis philosophische Einstellung von selbst entgegen. Dabei stand im Zentrum seines philosophischen Denkens stets der Wunsch nach einem einheitlichen Verständnis der Welt – eine Einheit, die die Spannung der Gegensätze in sich aufnimmt –, und er begrüßte die Deutung der Quantentheorie als eine neue Denkmöglichkeit, in der vielleicht die Einheit leichter als bisher ausgedrückt werden kann. In der alchimistischen Philosophie hatte ihn der Versuch gefesselt, über materielle und seelische Vorgänge in der gleichen Sprache zu reden. Pauli kam auf den Gedanken, daß in dem abstrakten Bereich, der von der modernen Atomphysik und der modernen Psychologie betreten wird, eine solche Sprache erneut gesucht werden könnte. »Ich vermute nämlich, daß der alchimistische

Versuch einer psycho-physischen Einheitssprache nur deshalb ge-
scheitert ist, weil diese auf eine sichtbare konkrete Realität bezogen
wurde. Heute haben wir aber in der Physik eine unsichtbare Realität
(der atomaren Objekte), in die der Beobachter mit einer gewissen
Freiheit eingreift (wobei er vor die Alternative ›die Wahl und das
Opfer‹ gestellt ist); wir haben in der Psychologie des Unbewußten
Vorgänge, die nicht immer eindeutig einem bestimmten Subjekt zugeschrieben werden können. Der Versuch eines psycho-physischen
Monismus erscheint mir nun wesentlich aussichtsreicher, wenn die
zugehörige (noch nicht bekannte, in Hinsicht auf das Gegensatzpaar psychisch-physisch neutrale) Einheitssprache auf eine tiefere
unsichtbare Realität bezogen würde. Es würde dann eine die Kausalität der klassischen Physik im Sinne der Korrespondenz (Bohr)
transzendierende Ausdrucksweise für die Einheit alles Seins gefunden, von der die psycho-physischen Zusammenhänge und die Übereinstimmung der apriorischen instinktiven Formen des Vorstellens
mit den äußeren Wahrnehmungen besondere Fälle sind. – Bei dieser
Auffassung wird die traditionelle Ontologie und Metaphysik das
Opfer, aber auf die Einheit des Seins fällt die Wahl.«

Von den Einzelstudien, zu denen Pauli durch die eben besprochenen philosophischen Arbeiten veranlaßt wurde, haben besonders die
über die Symbolik der Alchimisten bleibende Spuren hinterlassen,
die in seinen brieflichen Äußerungen gelegentlich zu erkennen sind.
In der Theorie der Elementarteilchen z. B. begeistern ihn die verschiedenen in sich verschlungenen Vierersymmetrien, die er unmittelbar mit der Tetraktys der Pythagoreer in Beziehung setzt, oder er
schreibt: »Zweiteilung und Symmetrieverminderung, das ist des Pu-
dels Kern. Zweiteilung ist ein sehr altes Attribut des Teufels (das
Wort Zweifel soll ursprünglich Zweiteilung bedeutet haben).« Den
philosophischen Systemen aus der Zeit nach der kartesianischen
Spaltung stand er weniger nahe. Die Kantsche Verwendung des Begriffs »a priori« kritisiert er in sehr bestimmter Form, da Kant
diesen Terminus für rational fixierbare Anschauungsformen oder
Denkformen verwendet hat. Er warnt ausdrücklich, »man solle niemals durch rationale Formulierung festgelegte Thesen als die einzig

möglichen Voraussetzungen der menschlichen Vernunft erklären«.
Die apriorischen Elemente der Naturwissenschaft bringt Pauli vielmehr in engste Verbindung mit den Urbildern, den Archetypen der
Jungschen Psychologie, die nicht notwendig als angeboren aufgefaßt
werden müssen, sondern die langsam veränderlich und relativ zu einer gegebenen Erkenntnissituation sein können. An dieser Stelle unterscheidet sich also die Auffassung Paulis und C. G. Jungs von der
Platos, der die Urbilder als unwandelbar und unabhängig von der
menschlichen Seele existierend ansah. Diese Archetypen sind aber jedenfalls Folgen oder Zeugnisse einer allgemeinen Ordnung des Kosmos, die Materie und Geist in gleicher Weise umfaßt.

Im Hinblick auf diese einstweilen rational nicht formulierbare
einheitliche Ordnung des Kosmos ist Pauli auch skeptisch gegen die
in der modernen Biologie sehr verbreitete Darwinistische Auffassung, nach der die Entwicklung der Arten auf der Erde allein durch
zufällige Mutationen und ihre Auswirkungen nach den Gesetzen
von Physik und Chemie zustande gekommen sein sollen. Er empfindet dieses Schema als zu eng und hält allgemeinere Zusammenhänge
für möglich, die weder in das allgemeine Begriffsschema kausaler
Strukturen eingeordnet noch durch den Begriff »Zufall« richtig beschrieben werden können. Immer wieder begegnen wir bei Pauli dem
Bestreben, die gewohnten Denkgeleise zu verlassen, um auf neuen
Wegen dem Verständnis der einheitlichen Struktur der Welt näher-
zukommen.

Daß Pauli bei dem Ringen um das »Eine« sich auch immer wieder
mit dem Gottesbegriff auseinandersetzen mußte, bedarf keiner Erwähnung, und wenn er in einem Brief schreibt von den »Theologen,
zu denen ich in der archetypischen Beziehung der feindlichen Brüder
stehe«, so ist diese Äußerung sicher auch ernst gemeint. So wenig er
in der Lage war, einfach in der Tradition einer der alten Religionen
zu leben und zu denken, so wenig war er andererseits auch bereit,
auf einen naiv-rationalistisch begründeten Atheismus einzugehen.
Man kann Paulis Einstellung zu diesen allgemeinsten Fragen wohl
nicht besser darstellen, als er es selbst im Schlußabsatz seines Vortrages über Wissenschaft und abendländisches Denken getan hat: »Ich

glaube jedoch, daß demjenigen, für welchen der enge Rationalismus seine Überzeugungskraft verloren hat und dem auch der Zauber einer mystischen Einstellung, welche die äußere Welt in ihrer bedrängenden Vielheit als illusorisch erlebt, nicht wirksam genug ist, nichts übrigbleibt, als sich diesen verschärften Gegensätzen und ihren Konflikten in der einen oder anderen Weise auszusetzen. Eben dadurch kann auch der Forscher mehr oder weniger bewußt einen inneren Heilsweg gehen. Langsam entstehen dann zur äußeren Lage kompensatorisch innere Bilder, Phantasien oder Ideen, welche eine Annäherung der Pole der Gegensatzpaare als möglich aufzeigen. Gewarnt durch den Mißerfolg aller verfrühten Einheitsbestrebungen in der Geistesgeschichte will ich es nicht wagen, über die Zukunft Voraussagen zu machen. Entgegen der strengen Einteilung der Aktivität des menschlichen Geistes in getrennte Departemente seit dem 17. Jahrhundert halte ich aber die Zielvorstellung einer Überwindung der Gegensätze, zu der auch eine sowohl das rationale Verstehen wie das mystische Einheitserlebnis umfassende Synthese gehört, für den ausgesprochenen oder unausgesprochenen Mythos unserer eigenen heutigen Zeit.«

Erinnerungen an Niels Bohr aus den Jahren 1922 - 1927*

Meine erste Begegnung mit Niels Bohr fand im Sommer 1922 in Göttingen statt, als Bohr auf Einladung der dortigen Mathematisch-Naturwissenschaftlichen Fakultät eine Reihe von Vorträgen hielt, über die wir später gern unter dem Namen »Bohr-Festspiele« sprachen. Von meinem Münchner Lehrer Sommerfeld war ich, obwohl damals erst ein zwanzigjähriger Student im 4. Semester, nach Göttingen mitgenommen worden. Sommerfelds Herz war stets bei seinen Studenten, und er hatte gefühlt, wie sehr ich mich für Bohr und seine Atomtheorie interessierte. Der erste Eindruck des Menschen Bohr ist mir noch ganz deutlich in der Erinnerung. Voll jugendlicher Spannung, aber doch etwas verlegen und schüchtern, den Kopf ein wenig zur Seite geneigt, stand der dänische Physiker auf dem hellen Podium des Hörsaals, in den durch die weitgeöffneten Fenster das volle Licht des Göttinger Sommers hereinströmte. Seine Sätze kamen etwas stockend und leise, aber hinter jedem der sorgfältig gewählten Worte wurde eine lange Kette von Gedanken spürbar, die sich irgendwo im Hintergrund einer mich sehr erregenden philosophischen Haltung verlor.

Am Ende des zweiten oder dritten Vortrags dieser Vorlesungsreihe sprach Bohr über eine Berechnung, die sein Mitarbeiter, der Holländer Kramers, über den sogenannten quadratischen Starkeffekt des Wasserstoffatoms angestellt hatte, und Bohr schloß mit dem Hinweis, daß man wohl trotz aller inneren Schwierigkeiten der da-

* Zuerst in dänischer Sprache veröffentlicht in: Niels Bohr, hans liv og virke fortalt af en kreds af venner og medarbejdere. T. J. Schultz Forlag, Köbenhavn 1964.

maligen Atomtheorie annehmen dürfe, daß die Resultate von Kramers genau richtig seien und später vom Experiment bestätigt würden. Die Arbeit von Kramers kannte ich recht gut, da ich über ihren Inhalt im Sommerfeldschen Seminar in München referiert hatte. Daher wagte ich in der kurz darauffolgenden Diskussion einen Einwand. Ich könne mir nicht denken, daß die Kramersschen Resultate exakt richtig seien; denn der quadratische Starkeffekt könne ja als Grenzfall der Streuung von Licht sehr großer Wellenlänge aufgefaßt werden. Da man aber schon wisse, daß eine Berechnung der Streuung am Wasserstoffatom mit den üblichen Methoden der klassischen Physik zu falschen Resultaten führen müsse – der charakteristische Resonanzeffekt würde ja bei der Bahnfrequenz des Elektrons und nicht bei der beobachteten Strahlungsfrequenz des Wasserstoffatoms auftreten –, so könne auch die Rechnung von Kramers kaum das richtige Resultat liefern. Bohr antwortete zunächst, man müsse hier wohl die Rückwirkung der Strahlung auf das Atom mit in Betracht ziehen; aber er war doch durch den Einwand sichtlich etwas beunruhigt. Nach dem Ende der Diskussion sprach Bohr mich an und schlug einen gemeinsamen Spaziergang zu zweit auf den Göttinger Hainberg vor, zu dem ich mich natürlich sehr gern bereit fand. Diese Unterredung, die uns kreuz und quer über die bewaldeten Höhen des Hainbergs führte, war das erste intensive Gespräch über die physikalischen und philosophischen Grundfragen der modernen Atomtheorie, an das ich mich erinnern kann; und es hat sicher meinen späteren Lebensweg entscheidend mitbestimmt. Ich verstand zum erstenmal, daß Bohr seiner eigenen Theorie viel skeptischer gegenüberstand als manche andere Physiker jener Zeit, z. B. Sommerfeld, und daß die Kenntnis der Zusammenhänge für ihn nicht aus einer mathematischen Analyse der zugrunde gelegten Annahmen entsprang, sondern aus einer intensiven Beschäftigung mit den Phänomenen, die es ihm ermöglichte, die Zusammenhänge mehr intuitiv zu erfühlen als abzuleiten. So also entsteht Naturerkenntnis, und erst im zweiten Schritt kann es gelingen, das Erkannte mathematisch zu präzisieren und der vollen rationalen Analyse zugänglich zu machen. Bohr war primär Philosoph, nicht Physiker; aber er wußte,

daß in unserer Zeit Naturphilosophie nur dann Kraft besitzt, wenn
sie sich dem unerbittlichen Richtigkeitskriterium des Experiments in
allen Einzelheiten unterwirft.

Bohr lud mich ein, im nächsten Frühjahr für einige Wochen nach
Kopenhagen zu kommen, vielleicht später sogar aufgrund eines Sti-
pendiums längere Zeit dort zu arbeiten. Damit begann für mich eine
unendlich lehrreiche Zeit enger freundschaftlicher Zusammenarbeit,
und eine glückliche Fügung bewirkte, daß sie eben in dem Augenblick einsetzte, als die Schwierigkeiten der Quantentheorie immer
unverständlicher, ihre inneren Widersprüche immer unerträglicher
zu werden schienen und einer Krise entgegentrieben, die durch eine
fast dramatische Folge überraschender Entdeckungen in wenigen
Jahren zu einer Lösung der grundsätzlichen Probleme führte.

Der Besuch in Kopenhagen fiel, wenn meine Erinnerung mich
nicht trügt, in die Osterferien des Jahres 1924. Mein erster Eintritt
ins Institut und in den Kreis junger Menschen, die Bohr damals um-
gaben, bewirkte bei mir schon nach wenigen Tagen eine tiefe De-
pression. Diese jungen Physiker aus den verschiedensten Ländern
der Erde waren mir weit überlegen. Die meisten von ihnen beherrschten mehrere fremde Sprachen, während ich mich nicht in einer einzigen vernünftig auszudrücken wußte; sie kannten sich in der
Welt draußen, in den Kulturen, in der Dichtung vieler Völker aus,
spielten Musikinstrumente mit hoher Vollendung und verstanden
vor allem von moderner Atomphysik sehr viel mehr als ich. Daß ich
in diesen Kreis hineinpassen sollte, schien mir ziemlich hoffnungslos.
Trotzdem entwickelten sich bald freundschaftliche Beziehungen. Besonders gerne erinnere ich mich an die ersten Diskussionen mit Kramers aus Holland, Urey aus U.S.A. und Rosseland aus Norwegen.
Sie alle schienen Bohr gut zu kennen und zu verehren und waren
voll Optimismus für die Entwicklung der Bohrschen Theorie.

Der größte Gewinn jener Wochen waren natürlich die Gespräche
mit Bohr selbst. Da der Institutsbetrieb schon damals Bohr zu sehr
belastete, schlug er eine mehrtägige Fußwanderung durch Nordsjael-
land vor, bei der wir Zeit hätten, alle physikalischen Fragen ungestört zu zweit zu besprechen. Bohr war offenbar auch selbst glück-

lich, mir damit sein vertrautes Dänemark zeigen zu können: das
Hamlet-Schloß Kronborg am Nordausgang des Sundes zwischen
Dänemark und Schweden, den kunstvollen Renaissancebau des
Wasserschlosses Frederiksborg bei Hilleröd, den großen Wald weiter
nördlich am Esrum-See und die Stranddörfer am Kattegat von Gilleleje bis Tisvildeleje. Am Rande von Tisvildeleje besaß Bohr ein ge-
räumiges Ferienhaus für seine Familie. Bohr erzählte mir auf diesen
Wegen viel über die Geschichte des Landes und seiner Schlösser,
über die Beziehung der frühen Vergangenheit zu dem isländischen
Sagenkreis, der ihm geläufig war, und so erfuhr ich in wenigen Tagen mehr über Skandinavien als in der ganzen Schulzeit vorher. Ich
lernte auch das glückliche und friedliche Land lieben, das von den
großen Katastrophen unseres Jahrhunderts im wesentlichen ver-
schont geblieben war, und mußte umgekehrt Bohr immer wieder
von dem erzählen, was sich in meinem eigenen Land und in meiner
Schulzeit abgespielt hatte, von Krieg, Revolution, Hunger und Not.
Unsere Gespräche bewegten sich also in viel weiteren Bereichen als
nur durch die Gebiete von Physik und Naturwissenschaft, und ich
war glücklich darüber, daß Bohr auch für alle Arten jugendlichen
Übermuts durchaus Sinn hatte. Am Strand versuchten wir oft um
die Wette, Steine so weit wie möglich ins Meer zu werfen oder
schwimmende Balken zu treffen. Bohr erzählte, daß er einmal zusammen mit Kramers am Strand eine aus der Kriegszeit stammende
angetriebene Mine gefunden hätte, und sie hätten dann um die Wette versucht, die Zündkapsel zu treffen. Nach vergeblichen Versuchen sei ihnen aber klar geworden, daß sie ja dabei die Freude, getroffen zu haben, doch nicht mehr ins Bewußtsein hätten aufnehmen
können, da die explodierende Mine ihrem Leben vorher ein Ende gesetzt hätte; und daraufhin hätten sie sich einem anderen Ziel zugewandt. Bohrs Neigung zu philosophischen Verallgemeinerungen
entzündete sich oft gerade an einfachen Spielen. Als ich einmal an
einer einsamen Landstraße einen Stein auf eine sehr weit entfernte
Telegraphenstange warf und sie entgegen aller Wahrscheinlichkeit
traf, meinte er: »Auf ein so weit entferntes Objekt zu zielen und
dann zu treffen, das ist natürlich unmöglich. Aber wenn man die

Unverschämtheit besitzt, ohne zu zielen, in die Richtung zu werfen und sich dabei die absurde Möglichkeit vorzustellen, daß man auch treffen könnte, ja dann kann es vielleicht doch geschehen. Die Vorstellung, daß etwas geschehen könnte, mag stärker sein als Übung und Wille.«

Natürlich nahmen die Schwierigkeiten der Atomphysik doch auch einen breiten Raum in unseren Gesprächen ein; sie wurden mir wohl erst durch Bohrs Analyse in ihrer ganzen Schärfe bewußt, und unsere Diskussionen bestärkten vielleicht bei Bohr die in ihm schon immer lebendige Skepsis gegen den damaligen Stand der Atomtheorie. Von einer Lösung war man noch weit entfernt, und selbst so wichtige Entdeckungen wie die des Compton-Effekts, die im gleichen Jahr bekannt wurde, verschärften zunächst nur die Schwierigkeiten und Widersprüche. Als wir von unserer Fußwanderung nach Kopenhagen zurückgekehrt waren, hatte ich das Gefühl, durch Bohr vom Geist der zukünftigen Atomtheorie sehr viel mehr zu wissen als vorher. Es war, als werde der dichte Nebel, der uns umgab, doch schon irgendwie heller, als könne man ganz undeutlich schon einige Konturen der Berge erkennen, die wir später zu besteigen hätten, um von dort die Zusammenhänge der atomtheoretischen Erscheinungen zu überblicken.

Im Sommersemester 1923 hatte ich in München meine Doktorarbeit geschrieben, deren Problem aus einem ganz anderen Gebiet der Physik, der Hydrodynamik, stammte. Ich beobachtete die Entwicklung der Atomphysik sozusagen nur von ferne. Im Herbst erhielt ich eine Assistentenstelle bei Born an der Universität Göttingen und nahm von da ab im dortigen Kreis an den Diskussionen über die Probleme der Atomtheorie teil. Erst im Wintersemester 1924/25 konnte ich, auf Empfehlung von Bohr als Rockefeller-Stipendiat aufgenommen, wieder in das Institut am Blegdamsvej in Kopenhagen übersiedeln. Dort entwickelte sich fast vom ersten Tage an eine enge wissenschaftliche Zusammenarbeit zwischen Bohr, seinem nächsten Mitarbeiter Kramers und mir, und die Gespräche, die wir zu zweit oder zu dritt führten, wurden schnell eine regelmäßige Einrichtung und gehörten für mich zum wichtigsten Inhalt jedes Tages, wichtiger als Seminare und Vorlesungen.

Im Mittelpunkt unserer Diskussionen stand damals die Dispersionstheorie, d. h. die Streuung von Licht an Atomen, über die Kramers gerade eine sehr wichtige Arbeit veröffentlicht hatte. Die Überlegungen von Kramers sollten gemeinsam auf den Fall des sogenannten Raman-Effekts (Streuung unter Änderung der Farbe) erweitert werden, und es handelte sich offenbar darum, hier die richtigen mathematischen Formeln mit Hilfe von Analogieschlüssen zu erraten, nicht abzuleiten, da ja eine Grundlage für ihre Berechnung einstweilen fehlte. Kramers und ich waren uns im Anfang nicht ganz einig, und für gewisse Sonderfälle glaubten wir an verschiedene Formeln. Es war mir außerordentlich lehrreich zu sehen, wie Bohr immer versuchte, durch eine bis ins einzelne gehende physikalische Interpretation der Formeln weiter zu kommen und so die Entscheidung zu finden, während es mir viel näher lag, formale mathematische Gesichtspunkte, in einem gewissen Sinn also ästhetische Kriterien, zur Entscheidung zu benützen. Zum Glück führten am Schluß beide Arten von Kriterien zur gleichen Antwort, und ich versuchte Bohr davon zu überzeugen, daß das doch wohl auch so sein müsse, wenn die Theorie je einfach und durchsichtig werden sollte. Aber ich bemerkte, daß die mathematische Durchsichtigkeit für Bohr nicht ein selbstverständlicher Wert war. Bohr hatte Angst davor, daß die formale mathematische Struktur den physikalischen Kern des Problems verdecken könnte, und war jedenfalls überzeugt davon, daß die vollständige physikalische Aufklärung der mathematischen Formulierung unbedingt vorangehen müsse. Vielleicht war ich um jene Zeit schon in etwas höherem Maße als Bohr bereit, mich von den anschaulichen Bildern zu lösen und den Schritt in die mathematische Abstraktion zu tun. Jedenfalls spürte ich in den Formeln, die ich zusammen mit Kramers ausgearbeitet hatte, eine Mathematik am Werke, die gewissermaßen entfernt von den physikalischen Vorstellungen schon von selbst funktionierte. Von dieser Mathematik ging für mich eine magische Anziehungskraft aus, und ich war fasziniert von der Vorstellung, daß hier vielleicht die ersten Fäden eines riesigen Netzes von tiefliegenden Zusammenhängen sichtbar geworden seien.

Ähnlich glücklich war ich über den Ausgang einer Diskussion mit Bohr und Kramers, die sich auf die Polarisation des Fluoreszenzlichtes bezog. Bohr hatte darüber, im Zusammenhang mit Experimenten im Franckschen Institut, eine kurze Note entworfen, und ich hatte unter Mißachtung der anschaulichen Bilder meine mehr formalen Gesichtspunkte auf das Bohrsche Problem angewandt und damit quantitative Resultate erhalten, die über Bohrs Arbeit etwas hinausgingen. Es gelang mir zunächst, Bohr und Kramers von meinen Formeln zu überzeugen. Als ich dann aber nach dem Frühstück wieder in Bohrs Zimmer trat, waren Bohr und Kramers einig geworden, daß meine Formeln falsch seien, und versuchten, mir ihren Standpunkt klarzumachen. Daran entzündete sich eine über mehrere Stunden ausgedehnte, fast leidenschaftliche Diskussion, in der meiner Erinnerung nach zum ersten Male die Forderung »Lösung von den anschaulichen Bildern« in aller Schärfe ausgesprochen und zum Leitmotiv der zukünftigen Arbeit erklärt wurde. Bohrs Art zu denken, die in der Geschichte der Physik vielleicht am ehesten durch Gestalten wie Faraday oder Gibbs verkörpert war, genügte, um den Kern des Problems in unübertrefflicher Klarheit herauszuschälen. Aber Bohr zögerte beim Schritt in die mathematische Abstraktion, obwohl er ihm nicht widersprach. Wir einigten uns schließlich auf die Richtigkeit der Formeln, und ich hatte das Gefühl, daß wir der zukünftigen Atomtheorie um ein gutes Stück nähergekommen seien.

Bohr nahm natürlich ebenso auch an der Arbeit vieler anderer Institutsmitglieder regsten Anteil, und da er immer außerordentlich gründlich war, beanspruchte ihn diese Tätigkeit so sehr, daß sie oft mit den eigenen Arbeiten und den Verwaltungspflichten im Institut in Konflikt geriet. So empfand Bohr sich häufig in einer gewissen Bedrängnis, und es wurde ihm daher noch schwerer, eigene Gedanken schriftlich zu formulieren. Wenn er es unternahm, diktierte er mir in der Regel den ersten Entwurf, und ich bewunderte die Sorgfalt, mit der jedes einzelne Wort immer wieder überlegt und geändert wurde.

In diesem wissenschaftlichen Leben spielte auch Bohrs gastliches Landhaus in Tisvilde eine wichtige Rolle. Oft durfte ich die Familie für einige Tage dorthin begleiten. Wir wanderten zusammen durch den Forst zum Strand, genossen den Blick von den hohen bewaldeten Sanddünen auf die hellblaue Ostsee, auf der noch altmodische Segelschiffe ihre Frachten trugen, und schwammen oft weite Strecken ins Meer hinaus. Einmal war Bohr beim Baden sehr weit nach draußen geraten, und als ich ihm nachzukommen suchte, bemerkte ich zu meinem großen Schrecken, daß uns eine Strömung schon von selbst immer weiter vom Land entfernte. Auch Bohr konnte sich, obwohl wir nun mit großer Anstrengung dem Land zustrebten, dem Ufer nicht recht nähern und wurde sichtlich müde. So durchlebte ich einige bange Minuten, da wir völlig allein waren und ich nicht mehr wußte, was ich eigentlich tun könnte. Aber zum Glück gerieten wir durch die Strömung in die Nähe einer kleinen Sandbank, die wir auch schließlich erreichen konnten und auf der Bohr sich dann längere Zeit ausruhte. Die Strecke von der Sandbank zum Ufer war zwar immer noch weit, aber nach der Ruhepause konnten wir, so schnell schwimmend wie möglich, dem Land doch ohne weitere Schwierigkeiten nahekommen und es schließlich erreichen. Bohr und seine Familie besaßen auch ein kleines Pferd und einen Wagen, und da ich mich mit den Kindern gut angefreundet hatte, betrachtete ich es als eine besondere Ehre, wenn ich einmal die Erlaubnis erhielt, mit einem der Kinder allein im Wald herumzukutschieren. Oft kamen auch Besuche aus Kopenhagen oder aus dem Ausland nach Tisvilde und belebten das wissenschaftliche Gespräch über die uns alle so beunruhigenden Schwierigkeiten der Atomtheorie durch eigene Überlegungen oder durch Berichte über neue experimentelle Ergebnisse.

Im Sommersemester 1925 hielt ich wieder Vorlesungen in Göttingen, außerdem arbeitete ich während eines kurzen Krankenurlaubs auf der Insel Helgoland im Juni einen ersten Entwurf für die Quantenmechanik aus, die für mich gewissermaßen die Quintessenz unserer Kopenhagener Gespräche, eine mathematische Formulierung des Bohrschen »Korrespondenzprinzips«, darstellte. Ich hoffte, durch einen neuen und mir selbst noch sehr fremden mathematischen Ansatz einen Zugang zu jenen merkwürdigen Zusammenhängen gewonnen zu haben, die schon in den früheren Gesprächen mit Bohr und Kramers gelegentlich sichtbar geworden waren. Nach einem Besuch in Holland und England und den darauffolgenden Sommerferien ging ich wieder für einige Wochen nach Kopenhagen, um mit Bohr die neue Lage zu besprechen. Bohr war aufs äußerste interessiert und hatte jedenfalls gegen die radikale Abkehr von den anschaulichen Bildern jetzt keinen Einwand mehr. Wie weit sich aber die mathematischen Ansätze zu einer vollständigen Theorie würden ausbauen lassen, war um diese Zeit noch nicht entschieden. Besonders gern erinnere ich mich an einen kurzen Aufenthalt in Bohrs Landhaus in jenen Wochen, zu dem auch die drei Mathematiker Harald Bohr, Hardy aus Cambridge und Bessikovic aus Rußland gekommen waren. Bessikovic war eben erst durch die politischen Wirren aus Rußland vertrieben worden und hoffte nun, in England neue Arbeitsmöglichkeiten zu finden. Das Gespräch kam bald auch auf die neue Entwicklung in der Atomtheorie, und die drei Mathematiker diskutierten in einer für mich äußerst erregenden Weise über die Art der mathematischen Zusammenhänge, die hinter meinem Ansatz stecken könnten. Leider verstand ich viel zu wenig von Mathematik, um ihnen wirklich folgen zu können. Aber es blieb doch bei mir ein deutliches Gefühl zurück, daß hier Teile eines großen Netzes umfassender Zusammenhänge ans Licht gekommen wären. Am späteren Nachmittag wurde vor dem Haus eine Partie Boccia in zwei Parteien gespielt, und da Harald Bohr und Hardy leidenschaftliche Sportler waren, wurde von beiden Seiten erbittert gekämpft. Nur Bessikovic, offenbar völlig unsportlich, hatte leider sehr geringe Erfolge. Das Spiel endete dann sehr ungewöhnlich. Niels Bohrs Partei war um wenige Punkte im Nachteil, hatte aber den letzten Wurf, den Bessikovic auszuführen hatte. Der Aussichtslosigkeit der Situation bewußt, warf Bessikovic die Kugel nach rückwärts über seine Schulter in die Gegend des Spielfeldes. Zu seiner Verblüffung traf die Kugel genau an die richtige Stelle und entschied unter allgemeinem Jubel die Partie zu seinen Gunsten. Ich dachte an Bohrs Äußerung an der Landstraße bei Gilleleje, ohne aber weiter darüber zu philosophieren. Auf dem Heimweg in der Bahn nach Kopenhagen legte mir

Hardy »zur Übung« ein mathematisches Problem vor, die Theorie eines chinesischen Spiels, die exakt ausgearbeitet worden sei. Ich bemühte mich, mit äußerster Anstrengung das Problem zu lösen, bis Harald Bohr plötzlich tadelnd zu Hardy sagte: »Du solltest nicht die mathematische Kraft eines jungen Menschen für solche Spielereien mißbrauchen.« Um diese Zeit hatte ich erst einen Teil der Theorie herausgefunden und erzählte sie Hardy. Der meinte nur trocken: »Na ja, wenigstens für das Wasserstoffatom wird die neue Atomtheorie schon richtig sein.«

Im Wintersemester 1925/26 hatte ich meine Unterrichtsverpflichtung in Göttingen zu erfüllen. Außerdem arbeitete ich zusammen mit Born und Jordan an der mathematischen Ausgestaltung der Quantenmechanik. Born und Jordan hatten entscheidende Fortschritte in der mathematischen Analyse der neuen Mechanik erzielt, und unabhängig davon hatte auch Dirac in Cambridge diese Probleme aufgegriffen und war im wesentlichen zu den gleichen Resultaten gekommen wie Born und Jordan. So waren wir das ganze Wintersemester über voll beschäftigt, das gewonnene mathematische Neuland zu erschließen und begehbar zu machen. Da Kramers inzwischen eine Professur in seinem Heimatland Holland angenommen hatte, bot Bohr mir die Stellung als Lektor für theoretische Physik an der Universität Kopenhagen an, die Kramers innegehabt hatte. So konnte ich von Ostern 1926 ab wieder voll in Kopenhagen mitarbeiten, und die täglichen Gespräche mit Bohr bildeten wie früher den wichtigsten Teil meines wissenschaftlichen Lebens. Die Atomtheorie war nun an vielen Stellen in Bewegung geraten. Die Gedanken, die de Broglie 1924 zum Dualismus zwischen Wellen- und Teilchenvorstellung geäußert hatte, waren von Schrödinger aufgegriffen und zur Wellenmechanik weiterentwickelt worden. Die ersten Arbeiten Schrödingers waren um diese Zeit (Ostern 1926) eben erst erschienen, aber schon hörten wir, daß es Schrödinger wahrscheinlich gelungen sei, die mathematische Äquivalenz seiner Wellenmechanik mit der neu entwickelten Quantenmechanik zu beweisen. Diese Fortschritte standen nun im Mittelpunkt unserer Kopenhagener Diskussionen. Die Untersuchungen Schrödingers schienen Bohr aus

zwei Gründen sehr wichtig: Einerseits stärkten sie das Vertrauen in
die Korrektheit des mathematischen Schemas, das man nun mit
gleichem Recht Quantenmechanik oder Wellenmechanik nennen
konnte. Andererseits warfen sie die Frage auf, ob man nicht zur anschaulichen Interpretation dieses Schemas völlig neue Wege beschreiten müsse, an die man vorher im Kopenhagener Kreis nicht gedacht hatte. Bohr erkannte sofort, daß an dieser Stelle die Entscheidung fallen müßte über die grundlegenden Probleme, mit denen er
seit 1913 eigentlich unablässig gerungen hatte, und Bohr konzen-
trierte nun die ganze Kraft seines Denkens darauf, die Argumente,
die ihn zu Begriffen wie stationärer Zustand, Quantensprünge usw.
geführt hatten, im Lichte der neu gewonnenen Erkenntnisse neu und
kritisch zu überprüfen. Die Interpretation der Quantenmechanik
bildete also von jetzt ab unser wichtigstes Gesprächsthema. Dabei
war ich eigentlich nicht bereit, der Schrödingerschen Theorie Einfluß auf die Deutung der Quantentheorie einzuräumen. Ich betrachtete sie vielmehr als ein außerordentlich wertvolles Werkzeug, um
die mathematischen Probleme der Quantenmechanik zu lösen, aber
nicht als mehr. Bohr schien dagegen geneigt, den Dualismus zwischen Wellen und Teilchen schon in die Grundvoraussetzungen der
Theorie aufzunehmen.

   Dieser Grundhaltung entsprach es, daß ich mich zunächst nur um
die praktische Anwendung der Quantenmechanik auf das Helium-
spektrum bemühte. Dabei spielten auch die schönen Messungen, die
Foster am Starkeffekt des Heliumspektrums vorgenommen hatte,
eine wichtige Rolle. Foster aus Canada war für einige Zeit nach Kopenhagen gekommen, um seine Messungen mit der neuen Theorie zu
vergleichen. Die Diskussionen spielten sich zum größten Teil in dem
hoch über den Klippen Nordsjaellands gelegenen Landhaus der Frau
Maar in Aalsgaarde bei Helsingör ab. Auf den Gartenbänken zwischen den Rosenbeeten, von denen wir so oft, über den Sund hinweg-
blickend, die Berge an der schwedischen Küste gesucht hatten, wurden die Vergrößerungen der Fosterschen Spektralaufnahmen ausgebreitet, und die gemessenen Linienbilder wurden mit den Resultaten
der Theorie verglichen. Die Übereinstimmung war vollkommen,

und es beglückte uns zu sehen, wie viele der kompliziertesten und scheinbar ganz unübersichtlichen Einzelheiten aus den Formeln der Quantenmechanik sozusagen von selbst herauskamen. Auch Bohr freute sich daran, daß noch einmal, ähnlich wie zehn Jahre vorher beim Wasserstoffatom, der Starkeffekt eine der schönsten Bestätigungen dafür lieferte, daß man im Verständnis der Atome auf dem rechten Wege war. Oft diskutierte ich auch mit Bohr über die allgemeine Theorie des Heliumspektrums, die ich unter freier Benützung sowohl der Schrödingerschen wie der Göttinger Methoden in Angriff genommen hatte. Es war für uns beide tief befriedigend, daß die Existenz der beiden Spektren Orthohelium und Parhelium nun aus allgemeinen Prinzipien abgeleitet werden konnte, und die Verknüpfung dieses Sachverhalts mit dem »Pauliprinzip« eröffnete den Zugang zum endgültigen Verständnis des periodischen Systems der Elemente. Im Juni fuhr ich mit der erst halbfertigen Arbeit nach Norwegen, blieb etwa 8 Tage in Lillehammer am Mjösasee, um das Manuskript abzuschließen, und wanderte dann allein, das Manuskript im Rucksack, vom Gudbrandsdal durch die Gebirgswelt des Jotunheims an den Sognefjord, von wo ich mit Schiff und Eisenbahn wieder nach Kopenhagen zurückkehrte. Bohr war mit der Arbeit einverstanden, die daraufhin zum Druck gegeben werden konnte.

Im Juli besuchte ich meine Eltern in München, und bei dieser Gelegenheit hörte ich einen Vortrag, den Schrödinger vor den Münchner Physikern über seine Arbeiten zur Wellenmechanik hielt. So erfuhr ich zum erstenmal von der Interpretation, die Schrödinger seinem mathematischen Schema der Wellenmechanik geben wollte, und ich war völlig verzweifelt über die Begriffsverwirrung, die nach meiner Ansicht damit in die Atomtheorie getragen wurde. Leider hatte ich mit meinem Versuch, in der Diskussion die Begriffe wieder in Ordnung zu bringen, gar keinen Erfolg. Mein Argument, daß man mit der Schrödingerschen Interpretation ja nicht einmal das Plancksche Strahlungsgesetz verstehen könnte, überzeugte niemanden, und Wilhelm Wien, der Experimentalphysiker der Münchner Universität, antwortete ziemlich scharf, daß es jetzt mit den Quantensprüngen und der ganzen Atom-Mystik wirklich ein Ende haben müßte, und die Schwierigkeiten, von denen ich da redete, würden wohl sehr schnell von Schrödinger gelöst werden. Ob ich Bohr von diesen Ereignissen in München brieflich berichtete, weiß ich nicht mehr. Jedenfalls aber lud Bohr schon kurz darauf Schrödinger nach Kopenhagen ein und bat ihn, nicht nur über seine Wellenmechanik vorzutragen, sondern sich etwas länger in Kopenhagen aufzuhalten, damit ausreichend Zeit für Diskussionen über die Interpretation der Quantentheorie bliebe.

Diese Diskussionen, die nach meiner Erinnerung etwa im September 1926 in Kopenhagen stattfanden, haben mir die allerstärksten Eindrücke, insbesondere auch von der Persönlichkeit Bohrs, hinterlassen. Denn obwohl Bohr sicher ein besonders rücksichtsvoller und entgegenkommender Mensch war, so konnte er doch in einer solchen Diskussion, bei der es um die ihm wichtigsten Erkenntnisprobleme ging, mit Fanatismus und mit einer fast erschreckenden Unerbittlichkeit auf letzte Klarheit in allen Argumenten dringen. Er ließ nicht locker, auch wenn über Stunden hinweg gerungen wurde, bis Schrödinger zugeben mußte, daß seine Deutung nicht ausreichte, auch nur das Plancksche Gesetz zu erklären. Jeder Versuch Schrödingers, um diese bittere Folgerung herumzukommen, wurde in unendlich mühsamen Gesprächen langsam Punkt für Punkt widerlegt. Es mag eine Folge der Überanstrengung gewesen sein, daß Schrödinger nach wenigen Tagen krank wurde und als Gast des Bohrschen Hauses das Bett hüten mußte. Aber auch hier wich Bohr kaum von Schrödingers Bett, und immer wieder kam der Satz: »Aber Schrödinger, Sie müssen doch zugeben, daß...«. Einmal rief Schrödinger fast verzweifelt aus: »Wenn es doch bei dieser verdammten Quantenspringerei bleiben soll, dann bedauere ich, mich jemals mit der Atomtheorie abgegeben zu haben!« Und Bohr antwortete nur: »Aber wir anderen sind Ihnen doch so dankbar dafür, daß Sie es getan und damit die Atomtheorie so entscheidend gefördert haben.« Schrödinger fuhr schließlich etwas entmutigt von Kopenhagen ab, während wir im Bohrschen Institut das Gefühl hatten, daß jedenfalls die der klassischen Theorie etwas zu leicht nachgebildete Schrödingersche Interpretation der Quantentheorie jetzt widerlegt sei, daß uns aber doch zum vollen Verständnis der Quantentheorie noch einige wichtige Gesichtspunkte fehlten.

Die Gespräche zwischen Bohr und seinen Kopenhagener Mitarbeitern konzentrierten sich von diesem Zeitpunkt ab immer mehr auf die zentrale Frage der Quantentheorie, wie denn der mathematische Formalismus auf das experimentelle Geschehen im Einzelfall anzuwenden sei und wie dabei die so oft erörterten Paradoxien, z. B. die scheinbaren Widersprüche zwischen Wellenvorstellung und Korpuskularvorstellung, aufgeklärt werden könnten. Immer wieder wurden Gedankenexperimente ersonnen, bei denen die Paradoxien besonders scharf hervortraten, und wir versuchten zu erraten, welche Antwort die Natur in einem solchen Experiment wahrscheinlich geben würde. Dabei strebten Bohr und ich in etwas verschiedene Richtungen. Bohr hatte schon zwei Jahre früher in einer zusammen mit Kramers und Slater verfaßten Arbeit versucht, den Dualismus von Wellen- und Korpuskularvorstellung zum Ausgangspunkt der Deutung der Quantentheorie zu machen. Die Wellen sollten als Wahrscheinlichkeitsfeld gedeutet werden, wodurch man allerdings gezwungen wurde, den Erhaltungssatz der Energie für den Einzelprozeß aufzugeben. Inzwischen hatten aber Bothe und Geiger die Gültigkeit des Energiesatzes auch im Einzelprozeß nachgewiesen. Trotzdem empfand Bohr mit Recht den scheinbaren Dualismus als ein so zentrales Phänomen, daß er ihm als der natürliche Ausgangspunkt für die Deutung erschien. Ich selbst aber setzte mein ganzes Vertrauen in den neu gewonnenen mathematischen Formalismus. Da die Grundannahmen der Quantenmechanik für gewisse Größen die physikalische Interpretation schon festgelegt hatten, glaubte ich, daß man einfach durch konsequente Fortentwicklung dieser Ansätze zwangsläufig zur richtigen allgemeinen Interpretation kommen müßte, daß man also keinerlei Anleihen bei anderen anschaulichen Vorstellungen machen sollte. Durch diese Verschiedenheit der Gesichtspunkte wurden die strittigen Probleme von allen Seiten beleuchtet und untersucht, aber die Paradoxien ließen sich doch nicht leicht beseitigen.

Ich wohnte damals im Dachgeschoß des Instituts am Blegdams-

vej, und Bohr kam oft spät am Abend noch in mein Zimmer, um mit
mir über die Schwierigkeiten der Quantentheorie zu sprechen, die
uns beide quälten. Einerseits hatten wir das Gefühl, daß die Lösung
schon zum Greifen nahe sei, da man ja eine offenbar widerspruchsfreie mathematische Beschreibung besaß, andererseits war es doch
ganz unklar, wie man selbst die einfachsten experimentellen Situationen, z. B. die Bahn eines Elektrons in einer Nebelkammer, in dieser Mathematik ausdrücken sollte. In der Quantenmechanik war
man ja gerade davon ausgegangen, daß es solche Elektronenbahnen
gar nicht gebe, und in der Wellenmechanik war es nicht zu verstehen, warum ein einigermaßen lokalisierter Wellenvorgang, etwa ein
Wellenpaket, nicht nach kurzer Zeit wieder auseinanderfließen solle.

Um diese Zeit entwickelten Dirac und Jordan die Transforma-
tionstheorie, zu der Born und Jordan in früheren Untersuchungen
schon wichtige Vorarbeit geleistet hatten, und auch diese Vervoll-
ständigung des mathematischen Schemas bestätigte uns, daß an der
formalen Gestalt der Quantentheorie wohl nichts mehr zu ändern
sei, daß es nur darauf ankomme, die Verknüpfung der Mathematik
mit den Experimenten in einer widerspruchslosen Weise auszudrük-
ken. Aber wie dies zu geschehen habe, blieb nach wie vor dunkel. So
dauerten unsere abendlichen Diskussionen nicht selten bis nach Mit-
ternacht, und wir trennten uns gelegentlich etwas unzufrieden, weil
die Verschiedenheit der Richtungen, in denen wir nach der Lösung
suchten, der Aufklärung manchmal auch hinderlich schien. Nach einer dieser späten Besprechungen ging ich noch tief beunruhigt in den
hinter dem Institut liegenden Fälledpark, um durch einen Spaziergang in frischer Luft vor dem Schlafengehen zur Ruhe zu kommen.
Auf diesem Weg unter dem nächtlichen Sternhimmel kam mir der
naheliegende Gedanke, daß man doch vielleicht einfach postulieren
dürfe, die Natur ließe nur solche experimentelle Situationen zu, die
auch im mathematischen Schema der Quantenmechanik beschrieben
werden können. Dies bedeutet, so konnte man aus dem mathematischen Formalismus schließen, daß man offenbar Ort und Geschwindigkeit eines Teilchens nicht gleichzeitig genau wissen könne. Zu ei-

ner ausführlichen Besprechung mit Bohr über diese Möglichkeit kam es zunächst nicht, da Bohr eben in diesen Tagen (Ende Februar 1927) zu einem Skiurlaub nach Norwegen reiste. Wahrscheinlich war Bohr auch froh, einige Wochen völlig ungestört seinen eigenen Gedanken über die Interpretation der Quantentheorie nachgehen zu können. Auch ich konnte nun, in Kopenhagen allein gelassen, meinen Gedanken freieren Lauf lassen und beschloß, die eben erwähnte Unbestimmtheitsrelation zum Kernpunkt der Interpretation zu machen. Die Erinnerung an ein Gespräch, das ich vor langer Zeit in Göttingen mit einem Studienfreund geführt hatte, brachte mich auf den Gedanken, die Möglichkeit der Ortsmessung durch ein γ-Strahl-Mikroskop zu untersuchen, und so ergab sich sehr schnell eine Deutung der Quantentheorie, die mir zusammenhängend und widerspruchsfrei schien. Ich schrieb daher einen langen Brief an Pauli, sozusagen einen Vorentwurf einer Arbeit, und Paulis Antwort war ausgesprochen positiv und ermutigend. Als Bohr aus Norwegen zurückkehrte, konnte ich ihm schon eine erste Fassung einer Abhandlung und Paulis Brief vorlegen. Bohr war zunächst ziemlich unzufrieden; er zeigte mir, daß in dieser ersten Fassung einige Behauptungen noch falsch begründet waren, und da er wie immer mit Recht auf unerbittlicher Klarheit auch in allen Einzelheiten bestand, störte ihn dieser Punkt sehr. Auch hatte er sich in Norwegen wohl schon den Begriff der Komplementarität zurecht gelegt, der es ermöglichen sollte, den Dualismus zwischen Wellen- und Teilchenbild zum Ausgangspunkt der Interpretation zu machen. Dieser Begriff der Komplementarität paßte genau zu der philosophischen Grundhaltung, die er eigentlich immer eingenommen hatte und in der die Unzulänglichkeit unserer Ausdrucksmittel als ein zentrales philosophisches Problem angesehen wird. Daher störte es ihn, daß ich nicht vom Dualismus zwischen Wellen und Teilchen ausgehen wollte. Nach einigen Wochen der Diskussionen, die nicht ganz ohne Spannungen blieben, erkannten wir aber bald, insbesondere auch durch die Mitwirkung Oskar Kleins, daß wir im Grunde das gleiche meinten und daß auch die Unbestimmtheitsrelation nur ein spezieller Fall jener allgemeineren Komplimentarität war. Ich schickte also meine

verbesserte Arbeit zum Druck, und Bohr bereitete eine ausführliche
Veröffentlichung über den Begriff der Komplementarität vor.

Wie genau die Interpretation durch den Komplementaritätsbe-
griff mit Bohrs alten philosophischen Intentionen übereinstimmte,
ging mir besonders aus einer Episode hervor, die sich, wenn ich mich
recht erinnere, während einer Segelbootfahrt von Kopenhagen nach
Svendborg auf Fyn ereignete. Bohr besaß damals zusammen mit einigen Kollegen und Freunden ein Segelboot, dessen Kapitän der
tüchtige und menschlich sehr anziehende Physikochemiker Bjerrum
war. Der ausgezeichnete Chirurg Chiewitz sorgte für den Humor
auch bei stürmischem Segelwetter, und die anderen Freunde trugen
jeder in seiner Art zu diesem glücklichen und unbeschwerten Leben
bei. Bohr war erfüllt von der neuen Interpretation der Quantentheorie, und wenn das Boot ohne viel Zutun unsererseits im Sonnen-
schein mit vollen Segeln nach Süden lief, gab es genug Zeit zu Berichten über das, was sich da wissenschaftlich ereignet hatte, und zu
philosophischen Betrachtungen über das Wesen der Atomtheorie.
Bohr begann über die Schwierigkeiten der Sprache zu reden, über
die Unzulänglichkeit aller unserer Ausdrucksmittel, die man von
vornherein in Kauf nehmen müsse, wenn man überhaupt Wissenschaft treiben wolle, und er erklärte, wie befriedigend es sei, daß diese Unzulänglichkeit in einer mathematisch durchsichtigen Weise
schon in den Grundlagen der Atomtheorie zum Ausdruck komme.
Schließlich sagte einer aus dem Freundeskreis trocken: »Aber Niels,
das ist doch wirklich nichts Neues, das hast Du uns doch schon vor
zehn Jahren genauso erzählt.«

Den Abschluß dieser abenteuerlichen Epoche in der Geschichte der
Atomtheorie bildeten die Solvay-Konferenzen in Brüssel im Herbst
1927 und 1930. Hier waren Planck, Einstein, Lorentz, Bohr, de Broglie,
Born, Schrödinger und — von der jüngeren Generation — Kramers,
Pauli, Dirac versammelt, und die Diskussion spitzte sich bald zu einem
Duell zwischen Einstein und Bohr zu über die Frage, ob die Quan-
tentheorie in der nun gewonnenen Form schon als eine endgültige
Lösung der über mehrere Jahrzehnte erörterten Schwierigkeiten an-
gesehen werden könne. Wir trafen uns meist schon am Frühstücks-

tisch im Hotel, und Einstein begann ein Gedankenexperiment zu beschreiben, bei dem, wie er glaubte, die inneren Widersprüche der Kopenhagener Deutung sichtbar würden. Einstein, Bohr und ich gingen dann gemeinsam vom Hotel zum Konferenzgebäude, und ich hörte die lebhaften Diskussionen zwischen den beiden, in ihrer philosophischen Haltung so verschiedenen Menschen und warf gelegentlich eine Bemerkung über die Struktur des mathematischen Formalismus dazwischen. Während der Sitzung und noch mehr während der Pausen gingen auch wir Jüngeren, insbesondere Pauli und ich, daran, das Einsteinsche Experiment zu analysieren; und während der Mittagszeit gab es weitere Diskussionen zwischen Bohr und den anderen Kopenhagenern. Meist hatte Bohr am späten Nachmittag die vollständige Analyse des Gedankenexperiments fertig und trug sie Einstein beim Abendessen vor. Einstein konnte zwar sachlich gegen die Analyse nichts einwenden, aber er war in seinem Herzen nicht überzeugt. Bohrs holländischer Freund Ehrenfest sagte zu ihm: »Einstein, ich schäme mich für Dich; denn Du verhältst Dich jetzt hier bei der Quantentheorie genauso wie die Gegner der Relativitätstheorie bei ihren vergeblichen Versuchen, Deine Relativitätstheorie zu widerlegen.« Am letzten Tag brachte Einstein beim Frühstück das bekannte (in Bohrs Aufsatz zu Einsteins 70. Geburtstag erörterte) Experiment, bei dem die Farbe des Lichtquants durch die Wägung der Lichtquelle vor und nach Aussendung des Quants bestimmt werden sollte. Da hier die Schwerkraft ins Spiel gebracht wurde, mußte man die Theorie der Gravitation, also die allgemeine Relativitätstheorie, zur Analyse heranziehen. Es war ein besonderer Triumph, daß Bohr am Abend gerade unter Benützung der Einsteinschen Formeln der allgemeinen Relativitätstheorie zeigen konnte, daß auch in diesem Experiment die Unbestimmtheitsrelationen gewahrt blieben, daß Einsteins Einwand also unberechtigt war. Damit schien auch die Kopenhagener Interpretation der Quantentheorie von nun an gesichert.

Im späten Herbst des Jahres 1927 mußte ich Kopenhagen verlassen, da ich eine Professur an der Universität Leipzig angenommen hatte. Zwar kehrte ich noch fast jedes Jahr wieder für einige Wochen nach

Kopenhagen zurück und sprach mit Bohr über die uns gemeinsam interessierenden Probleme, aber die Zeit der engen Zusammenarbeit, die bis zum Rand erfüllt war von erregenden wissenschaftlichen Entwicklungen und in der ich unendlich viel von Bohr gelernt hatte, ging leider damit zu Ende.

II Physik
im weiteren Bereich

Wissenschaft als Mittel zur Verständigung unter den Völkern*

Liebe Kommilitonen!

Daß die Wissenschaft eine Brücke sei zwischen den Völkern, daß sie der Verständigung diene, ist oft gesagt worden. Es ist mit Recht immer wieder betont worden, daß Wissenschaft international sei und daß sie das Denken der Menschen auf Fragen lenke, die von vielen Völkern verstanden werden und an deren Lösung Forscher der verschiedensten Sprachen oder Rassen oder Religionen teilnehmen können. Wenn ich heute über diese wichtige Rolle der Wissenschaft zu Ihnen spreche, so wollen wir es uns aber nicht zu leicht machen, und daher muß auch die entgegengesetzte These erörtert werden, die uns noch in den Ohren klingt: Wissenschaft sei national; das Denken der verschiedenen Rassen sei grundsätzlich verschieden, so auch ihre Wissenschaft. Ferner müsse die Wissenschaft in erster Linie dem eigenen Volke dienen, die eigene politische Macht sichern. Denn erstens bilde die Naturwissenschaft die Grundlage der Technik und damit des praktischen Fortschritts und der militärischen Macht, und zweitens sei es die Aufgabe der Geisteswissenschaft, die Weltanschauung, also den Glauben, zu untermauern, der als die Grundlage der politischen Macht im eigenen Volke angesehen wird. Welche dieser beiden Anschauungen ist nun richtig, welches Gewicht haben die Argumente, die für sie vorgebracht werden?

* Rede, gehalten vor Göttinger Studenten am 13. 7. 1946. Zuerst veröffentlicht in: Wandlungen in den Grundlagen der Naturwissenschaft. Stuttgart (S. Hirzel Verlag) 1959.

1. Wenn man über diese Frage Klarheit gewinnen will, so muß man ja wohl vor allem anderen wissen, wie denn eigentlich Wissenschaft gemacht wird und wie der einzelne Mensch in Berührung mit seinem wissenschaftlichen Problem gerät und mit den Menschen, die wie er an diesem Problem Interesse gefunden haben. Da ich nur meine eigene Wissenschaft gut kenne, so werden Sie es mir wohl nicht falsch auslegen, wenn ich zunächst über die Atomphysik spreche und Ihnen berichte, wie ich mich selbst als Student in diesem Gebiet zurechtgefunden habe.

Damals, als ich im Jahre 1920 die Schule verließ, um die Universität München zu besuchen, war die äußere Situation für die Jugend ja ähnlich wie heute. Die Niederlage im Ersten Weltkrieg hatte in uns ein tiefes Mißtrauen wachgerufen gegen die Ideale, mit denen dieser Krieg geführt und verloren worden war und die uns nun irgendwie hohl erschienen, und wir nahmen uns deshalb das Recht, selbst nachzusehen, was in dieser Welt wertvoll und wertlos sei, und nicht unsere Eltern und Lehrer danach zu fragen. Neben vielen anderen Werten entdeckten wir dabei auch die Wissenschaft von neuem; nach dem Studium einiger populärer Bücher begann ich mich dafür zu interessieren, was denn ein Atom sei und was man von den merkwürdigen Behauptungen zu halten habe, die über Raum und Zeit in der Relativitätstheorie ausgesprochen werden. So kam ich in die Vorlesungen meines späteren Lehrers Sommerfeld, der dieses Interesse immer mehr zu wecken verstand und von dem ich im Laufe der Semester lernte, wie sich aus den Forschungen Röntgens und Plancks, Rutherfords und Bohrs ein neues tieferes Verständnis der Atome entwickelt habe. Ich erfuhr, daß der Däne Niels Bohr und der Engländer Lord Rutherford das Atom sich als ein Planetensystem im Kleinen vorstellten und daß es wahrscheinlich einmal gelingen werde, mit Hilfe der Bohrschen Theorie aus den Planetenbahnen der Elektronen die ganzen chemischen Eigenschaften der Elemente herzuleiten; daß das aber einstweilen noch nicht gelungen sei. Dieser letzte Punkt reizte mich natürlich am meisten, und jede neue Arbeit von Bohr wurde im Münchener Seminar mit Eifer und Leidenschaft diskutiert. Daher können Sie sich vorstellen, was es für mich bedeutete, als ich im Sommer 1922 von Sommerfeld eingeladen wurde, ihn nach Göttingen zu begleiten, um eine Vortragsreihe anzuhören, die der Däne Niels Bohr hier im Collegienhaus über seine Atomtheorie halten wollte. Diese Vortragswoche in Göttingen, von der bei uns später immer als den »Bohr-Festspielen« gesprochen wurde, hat für mich in vielen Beziehungen das weitere Verhältnis zur Wissenschaft und besonders zur Atomphysik bestimmt.

Zunächst konnte man in Bohrs Vorträgen die Kraft des Denkens bei einem Menschen spüren, der mit diesen Problemen wirklich gerungen hatte, der die Probleme so gut kannte wie kein anderer in der ganzen Welt. Und dann gab es einige Punkte, zu denen ich mir vorher in München eine andere Meinung gebildet hatte, als ich sie von Bohr vorgetragen hörte, und diese Fragen konnten dann auf gemeinsamen Spaziergängen zum Rohns und auf den Hainberg mit Bohr wirklich ausgefochten werden.

Diese Gespräche haben bei mir den tiefsten Eindruck hinterlassen; denn erstens lernte ich aus ihnen, daß es offenbar für das Verständnis des Atombaus völlig gleichgültig war, ob man Deutscher oder Däne oder Engländer war; und dann lernte ich etwas vielleicht noch Wichtigeres, daß man nämlich in der Wissenschaft schließlich immer entscheiden kann, was richtig und was falsch ist; daß es sich hier nicht um Glauben oder Weltanschauung oder Hypothese handelt, sondern daß schließlich eine bestimmte Behauptung eben einfach richtig ist und die andere unrichtig; und welche richtig ist, darüber entscheidet wieder nicht der Glaube oder die Herkunft oder die Rasse, sondern das entscheidet die Natur oder, wenn Sie so wollen, der liebe Gott, jedenfalls aber nicht die Menschen.

Um diese Erkenntnisse bereichert, kehrte ich dann nach München zurück und setzte unter der Leitung Sommerfelds meine eigenen Versuche, in den Problemen des Atombaues weiterzukommen, fort. Nach dem Doktor-Examen ging ich im Herbst 1924 mit Hilfe eines sogenannten Rockefeller-Stipendiums nach Kopenhagen, um bei Bohr zu arbeiten. Dort geriet ich in einen aus jungen Menschen der verschiedensten Nationen zusammengesetzten Kreis: Engländer, Amerikaner, Schweden, Norweger, Holländer, Japaner, lauter Men-

schen, die an dem gleichen Problem, der Bohrschen Atomtheorie, arbeiten wollten und die im übrigen wie eine große Familie zu Ausflü-
gen und Spielen, zu Geselligkeit und Sport fast immer zusammen
waren. In diesem Kreise der Atomphysiker hatte ich die Gelegenheit,
Angehörige anderer Völker und ihre Art zu denken wirklich kennenzulernen. Der Zwang, fremde Sprachen zu lernen und zu sprechen, war die beste Erziehung, um in anderen Lebensbereichen, in
fremder Literatur und Kunst wirklich heimisch zu werden und dadurch auch die Verhältnisse in der eigenen Heimat besser beurteilen
zu lernen. Auch wurde es mir dabei immer deutlicher, wie wenig die
Verschiedenheit der Völker und Rassen bedeutete, wenn es sich um
die gemeinsame Arbeit an einem schwierigen wissenschaftlichen
Problem handelte; auch die Verschiedenheit des Denkens, die sich ja
besonders etwa in der Kunst äußert, empfand ich eher als eine Be-
reicherung meiner eigenen Möglichkeiten denn als eine Störung.

So kam ich z. B. im Sommer 1925 nach Cambridge in England
und trug in einem College, im Studierzimmer des russischen Physikers Kapitza, über meine damalige Arbeit vor einem kleinen Kreis
von Theoretikern vor. Unter den Teilnehmern saß ein ungewöhnlich
begabter Student von knapp 23 Jahren, Dirac, der meine Probleme
aufgriff und der in wenigen Monaten danach mit seinem überlegenen mathematischen Können eine in sich geschlossene Quantentheorie der Atomhülle aufbaute. Seine Art zu denken war von der meinen weit verschieden, seine mathematischen Methoden waren elegan-
ter und ungewöhnlicher als unsere Göttinger Methoden; aber am Ende
kam er an den entscheidenden Punkten eben zu den gleichen Resultaten wie Born, Jordan und ich hier in Göttingen, oder die Resultate
ergänzten sich in der schönsten Weise, wieder ein Beweis dafür, daß
die Wissenschaft »objektiv« ist, daß sie nicht von Sprache, Rasse
oder Glauben der Forscher abhängt.

Neben Kopenhagen und Cambridge blieb Göttingen ein Zentrum
für diese internationale Familie der Atomphysiker, hier geleitet von
Franck und Born und Pohl, und viele der Männer, von denen Sie
jetzt im Zusammenhang mit der Atombombe in der Zeitung lesen,
etwa Oppenheimer oder Blackett oder Fermi, haben damals hier in

Göttingen studiert.

Aber ich habe von diesen persönlichen Erinnerungen ja nur gesprochen, um Ihnen an einem Beispiel zu zeigen, wie international die Gemeinschaft der Wissenschaft tatsächlich ist. Natürlich ist es in vielen anderen Wissenschaften schon seit Jahrhunderten nicht anders gewesen, diese Familie der Atomphysiker ist nichts Besonderes, und ich könnte Ihnen aus der Geschichte der Wissenschaft viele internationale Gruppen von Gelehrten aufzählen, die durch das gemeinsame Werk an einem neuen Problemkreis über die Grenzen der Völker hinweg verbunden waren.

Vielleicht sollte ich in Erinnerung an Leibniz, der in diesem Jahr besonders gefeiert wird, und an die Gründung der wissenschaftlichen Akademien noch die Gruppe der Forscher nennen, die damals im 17. Jahrhundert die mathematische Naturwissenschaft in Europa begründet haben. Ich zitiere etwa einige Sätze, die Dilthey über diese Epoche schreibt:

»Zwischen den wenigen Personen, welche dieser neuen Wissenschaft ihr Leben widmeten, bestand ein Zusammenhang, der durch keine Grenze von Sprache und Nation eingeschränkt war. Sie bildeten eine neue Aristokratie und fühlten sich als solche. Wie vordem in den Zeiten der Renaissance Humanisten und Künstler sich so gefühlt hatten. Die lateinische und dann die französische Sprache ermöglichten die leichteste gegenseitige Verständigung, und sie wurden das Instrument einer wissenschaftlichen Weltliteratur. Paris war schon um die Mitte des 17. Jahrhunderts der Mittelpunkt des Zusammenwirkens der Denker und Naturforscher. Dort tauschten Gassendi, Mersenne und Hobbes ihre Ideen aus, selbst der stolze Einsiedler Descartes trat zeitweise in diesen Kreis, und seine Anwesenheit in Paris machte Epoche im Leben von Hobbes und dann in dem von Leibniz; denn beide sind dort von dem Geiste der mathematischen Naturwissenschaft ergriffen worden. Dann wurde London ein anderer Mittelpunkt...«

In dieser Weise ist also zu allen Zeiten Wissenschaft getrieben worden, und die »Republik der Gelehrten« hat immer wieder im europäischen Leben eine entscheidende Rolle gespielt. Dabei ist es auch

immer als selbstverständlich angesehen worden, daß die Zugehörig-
keit zu einem solchen internationalen Kreise den einzelnen Forscher
nicht hindert, mit seiner Arbeit dem eigenen Volke mit Hingabe zu
dienen und sich als Angehöriger seines Volkes zu fühlen. Im Gegenteil hat die Erweiterung des Gesichtskreises häufig zur Folge, daß
wir die guten Seiten der eigenen Heimat besonders schätzen und lieben und daß wir uns ihr mehr als andere verpflichtet fühlen.

2. Aber nachdem darüber genug gesagt worden ist, muß ich zu der
Frage kommen, warum all diese wissenschaftliche Zusammenarbeit,
all diese echten menschlichen Beziehungen scheinbar so wenig helfen, wenn es sich darum handeln soll, Feindschaft und Kriege zu verhindern.

Hier ist zunächst hervorzuheben, daß die Wissenschaft ja nur einen ganz kleinen Teil des öffentlichen Lebens bildet, daß nur wenige
Menschen in jedem Volk mit Wissenschaft wirklich zu tun haben.
Die Politik aber wird von stärkeren Kräften gestaltet; hier kommt
das Verhalten großer Volksmassen, ihre wirtschaftliche Lage, das
Machtstreben einzelner etwa durch die Tradition begünstigter Menschengruppen ins Spiel, und diese Kräfte haben sich bisher immer
wieder durchgesetzt gegen die kleinere Zahl der Leute, die bereit wären, die strittigen Fragen im Sinne der Wissenschaft, d. h. objektiv
und sachlich und im Geist der Verständigung, zu erörtern. Der politische Einfluß der Wissenschaft ist stets sehr gering gewesen. Diese
Tatsache an sich ist begreiflich und verständlich genug; aber sie
bringt den Forscher doch oft in eine Lage, die in mancher Beziehung
schwieriger ist als die irgendeiner anderen Menschengruppe. Denn
die Wissenschaft hat durch ihre praktischen Auswirkungen tatsächlich einen größeren Einfluß auf das Leben der Völker; Wohlstand
und politische Macht hängen von dem Stand der Wissenschaft ab,
und an diesen praktischen Konsequenzen kann der Wissenschaftler
auch dann nicht vorbeigehen, wenn sein eigenes Interesse an der
Wissenschaft aus anderen und reineren Quellen fließt. So hat das
Handeln des einzelnen Forschers oft ein viel größeres Gewicht, als er
es wünschen möchte, und es bleibt ihm nicht erspart, sich ganz allein

nach seinem eigenen Gewissen zu entscheiden, welche Sache er für gut und welche er für schlecht hält. Wenn die Gegensätze der Völker unüberbrückbar werden, bleibt ihm daher oft nur die schmerzliche Wahl, sich entweder von den Menschen des eigenen Volkes oder von den Freunden, mit denen ihn die gemeinsame Arbeit verbindet, zu entfernen. Zwar ist die Lage hier in den verschiedenen Wissenschaften etwas verschieden. Der Mediziner, der durch seine Arbeit einfach den anderen Menschen, gleichviel welchen Volkes, hilft, kann in seinem Tun leichter die Forderungen des Staates und die seines eigenen Gewissens in Einklang bringen als etwa der Physiker, dessen Kenntnisse zur Konstruktion vernichtender Waffen führen können. Aber im ganzen bleibt stets die Spannung zwischen der Forderung des Staates: die Wissenschaft habe in erster Linie dem praktischen Nutzen des eigenen Volkes, also auch der Stärkung der eigenen politischen Macht, zu dienen und der Verpflichtung an das mit Menschen anderer Nationen gemeinsam begonnene Werk.

Dabei hat sich die Beziehung des Forschers zum Staat in den vergangenen Jahrzehnten in einer charakteristischen Weise verändert. Während im Ersten Weltkrieg die innere Bindung der Wissenschaftler an ihre Staaten so eng war, daß man vielfach Gelehrte anderer Länder aus den Akademien ausschloß oder Resolutionen zugunsten der eigenen Sache und gegen die Sache des anderen Volkes unterzeichnete, ist dies im Zweiten Weltkrieg kaum geschehen; die Bindung der Forscher untereinander war häufig stärker, und zwar in einem solchen Maße, daß in vielen Ländern eher Schwierigkeiten zwischen den Gelehrten und ihren eigenen Regierungen entstanden. Einerseits nahm der Forscher das Recht für sich in Anspruch, die Politik seiner Regierung unabhängig und ohne weltanschauliche Bindungen zu beurteilen, andererseits stand in manchen Ländern der Staat den internationalen Beziehungen der Forscher mit tiefstem Mißtrauen gegenüber, so daß schließlich Gelehrte gelegentlich wie Gefangene des eigenen Landes behandelt wurden und ihre internationalen Beziehungen beinahe als moralisch angreifbar erschienen. Umgekehrt ist es für die Gelehrten heutzutage fast selbstverständlich geworden, daß man den Gelehrten auch des feindlichen Landes hilft, wo es möglich ist. Vielleicht bedeutet diese Entwicklung eine glückliche Stärkung der internationalen Bindungen gegenüber den nationalen, aber man muß dafür sorgen, daß sie nicht zum Beginn einer gefährlichen Welle des Mißtrauens und der Feindschaft großer Volksmassen gegen den Stand der Gelehrten wird.

Schwierigkeiten von der erwähnten Art hat es ja auch in früheren Jahrhunderten gegeben, in denen die Männer der Wissenschaft im Gegensatz zur politischen Macht den Grundsatz der Toleranz und der Unabhängigkeit von dogmatischen Bindungen vertraten. Wir brauchen etwa nur an Galilei und an Giordano Bruno zu denken. Aber vielleicht haben diese Schwierigkeiten heute ein noch größeres Gewicht als früher, weil die praktischen Auswirkungen der Wissenschaft ein solches Ausmaß angenommen haben, daß das Schicksal von Millionen von Menschen ganz unmittelbar auf dem Spiel steht.

Ich komme damit zu einer sehr unheimlichen Seite des heutigen Lebens, die man klar erkennen muß, um richtig zu handeln. Ich denke hier nicht nur an die Tatsache, daß die Physik im letzten Jahr Energiequellen in ihre Gewalt bekommen hat, die zu unvorstellbaren Zerstörungen führen können. Sondern darüber hinausgehend sind auch an vielen anderen Stellen die Möglichkeiten, in das Naturgeschehen einzugreifen, bedrohlich groß geworden. Zwar sind die chemischen Mittel zur Zerstörung von Leben in diesem Kriege kaum eingesetzt worden. Aber auch im Gebiet der Biologie hat man so tiefe Einblicke in die Vorgänge bei der Vererbung, in die Struktur und die Chemie der großen Eiweißmoleküle gewonnen, daß die künstliche Erzeugung gefährlichster ansteckender Krankheiten oder die Beeinflussung der biologischen Entwicklung beim Menschen im Sinne einer irgendwie gewollten Züchtung durchaus in den Bereich des Möglichen rücken. Schließlich könnte etwa auch die seelische Beeinflussung der Menschen, wenn sie nach wissenschaftlichen Gesichtspunkten betrieben wird, zu folgenreichen seelischen Veränderungen großer Volksmassen führen. Man hat den Eindruck, daß die Wissenschaft sich sozusagen auf breiter Front einem Gebiet nähert, in dem das Leben und Sterben der Menschen im Großen in der unheimlichsten Weise vom Handeln einzelner ganz kleiner Menschengruppen abhängig werden kann. Bisher verhindert wohl noch die journalistische und sensationelle Art, in der über diese Dinge in den Zeitungen gesprochen wird, daß die Menschen die ungeheuere Gefahr erkennen, die von dieser unvermeidbaren Entwicklung droht. Aber es ist wohl gerade wieder die Aufgabe der Wissenschaft, bei den anderen Menschen ein Gefühl dafür zu erwecken, wie gefährlich diese Welt geworden ist und wie wichtig es ist, daß alle Menschen unabhängig von nationalen und weltanschaulichen Bindungen zusammenhalten, um dieser Gefahr zu begegnen. Das ist freilich leichter gesagt als getan, aber jedenfalls ist es eine Aufgabe, der man nicht mehr ausweichen kann.

Der einzelne Forscher aber steht vor der bitteren Notwendigkeit, ganz frei von allen Bindungen nach eigenem Gewissen entscheiden zu müssen, welche Sache gut ist, oder sogar: welche von zwei Sachen weniger schlecht ist. Wir können uns nicht der Tatsache verschließen, daß große Volksmassen und mit ihnen die Mächtigen, die sie regieren, oft, durch Vorurteile geblendet, sinnlos handeln, und wer ihnen die wissenschaftliche Erkenntnis leiht, der kann leicht in die Lage kommen, von der Schiller in den Versen spricht: »Weh' denen, die dem ewig Blinden des Lichtes Himmelsfackel leih'n, sie strahlt ihm nicht, sie kann nur zünden und äschert Städt' und Länder ein.«

Kann nun in dieser Situation die Wissenschaft wirklich zur Verständigung unter den Völkern beitragen? Sie kann große Kräfte entfesseln, größer als sie je in der Hand der Menschen waren, aber die Kräfte führen ins Chaos, wenn sie nicht von einer Mitte aus geordnet werden.

3. Und damit komme ich zur eigensten Aufgabe der Wissenschaft. Die eben geschilderte Entwicklung, bei der die vom Menschen scheinbar beherrschten Naturkräfte sich gegen ihn wenden und zu den größten Zerstörungen führen, steht ja sicher in engem Zusammenhang mit gewissen geistigen Vorgängen unserer Zeit, über die nun gesprochen werden muß.

Gehen wir einige Jahrhunderte in der Geschichte zurück. Beim

Ausgang des Mittelalters hatten die Menschen neben der christlichen Wirklichkeit, in deren Mittelpunkt die göttliche Offenbarung stand, noch die andere Wirklichkeit der materiellen Erfahrung entdeckt, also die »objektive« Wirklichkeit, die man durch seine Sinne oder durch Experimente an der Natur in Erfahrung bringen kann. Aber auch beim Vordringen in diesen neuen Bereich der Wirklichkeit blieben gewisse Grundformen des Denkens unangetastet. Die Welt bestand aus den Dingen im Raum, die sich in der Zeit nach Ursache und Wirkung veränderten, und außerdem gab es den geistigen Bereich, also die Wirklichkeit der eigenen Seele, in der sich die Außenwelt wie in einem mehr oder weniger vollkommenen Spiegel abbildet. So sehr sich also auch diese Wirklichkeit der Neuzeit, deren Bild von der Naturwissenschaft her bestimmt war, von der christlichen Wirklichkeit unterschied, so stellte sie doch auch eine göttliche Weltordnung dar, in der die Menschen mit ihrem Tun und Handeln auf festem Boden standen und nicht am Sinn ihres Lebens zu zweifeln brauchten. Die Welt war im Raum und in der Zeit unendlich, sie war gewissermaßen an die Stelle Gottes getreten oder doch durch ihre Unendlichkeit wenigstens das Symbol des Göttlichen geworden.

Aber auch dieses Weltbild ist im Lauf unseres Jahrhunderts untergraben worden. In dem Maß, in dem das praktische Handeln in den Mittelpunkt des Weltbildes rückte, verloren die grundlegenden Denkschemata ihre absolute Bedeutung; selbst Raum und Zeit wurden zum Gegenstand der Erfahrung und verloren ihren symbolischen Gehalt. In der Wissenschaft wurde man sich mehr und mehr dessen bewußt, daß unser Verständnis der Welt nicht mit irgendeiner sicheren Erkenntnis beginnen kann, daß es nicht auf dem Felsen einer solchen Erkenntnis gegründet werden kann, sondern daß alle Erkenntnis gewissermaßen über einer grundlosen Tiefe schwebt.

Dieser Entwicklung im Bereich der Wissenschaft entspricht wahrscheinlich im Leben der Menschen das wachsende Gefühl für die Relativierung aller Werte, das seit einigen Jahrzehnten zu spüren ist und das sich schließlich leicht in eine skeptische Haltung steigert, an deren Ende die verzweifelte Frage »wozu« steht. So entwickelt sich die Haltung, die man als »Nihilismus« bezeichnet, den Glauben an nichts. Von diesem Standpunkt aus erscheint das Leben als sinnlos, bestenfalls als ein Abenteuer, in das wir ohne unser Zutun hineingeworfen sind. Die unerfreulichste Form, in der diese Haltung uns in großen Teilen der Welt heute entgegentritt, ist, wie v. Weizsäcker es neulich ausgedrückt hat, der illusionäre Nihilismus, d. h. der durch Illusionen und durch Selbstbetrug verhüllte Nihilismus.

Der charakteristische Zug jeder nihilistischen Haltung ist das Fehlen einer ordnenden Mitte, von der aus das Handeln des Einzelnen in jedem Falle seine Richtung und seine Kraft erhält. Das äußert sich schon im Leben des Einzelnen im Fehlen eines untrüglichen Instinkts für das, was Recht und was Unrecht ist, für das, was Illusion und was echt ist, und im Leben der Völker führt es zu der merkwürdigen Erscheinung, daß ungeheure Kräfte, die gesammelt werden, um ein bestimmtes Ziel zu erreichen, ihre Richtung ändern und mit vernichtender Wirkung gerade das Gegenteil dieses Zieles zur Folge haben; wobei die Menschen oft, von Haß geblendet, nur noch mit Achselzucken und mit Zynismus diesem Umschlagen der Kräfte zusehen.

Ich habe vorhin gesagt, daß diese Entwicklung in der Haltung der Menschen vielleicht in einem gewissen Zusammenhang stehe mit Entwicklungen im wissenschaftlichen Denken, und es muß daher die Frage gestellt werden, ob denn etwa auch in der Wissenschaft diese ordnende Mitte verloren gegangen sei, die sich in anderen Lebensbereichen unserem Blick entzogen hat. Es liegt mir nun sehr viel daran, Ihnen klarzumachen, daß davon gar keine Rede ist; daß vielmehr umgekehrt die geistige Situation in der Wissenschaft heute vielleicht das stärkste Argument für eine mehr optimistische Haltung den großen Problemen der Welt gegenüber darstellt, das wir besitzen.

Denn auch in *den* Bereichen der Wissenschaft, in denen wir, wie ich vorhin sagte, daran erinnert werden, daß alle Erkenntnis über einer grundlosen Tiefe schwebt, und *gerade* in diesen Bereichen ist schließlich eine kristallklare Ordnung der Erscheinungen erreicht worden; eine Ordnung, deren Durchsichtigkeit und Überzeugungskraft so groß ist, daß sie von den Forschern der verschiedensten Völker und Rassen als die unbezweifelbare Grundlage des weiteren Nachdenkens und Erkennens angesehen wird. Natürlich gibt es in der Wissenschaft auch den Irrtum, und es kann gelegentlich lange dauern, bis er erkannt und verbessert wird. Aber wir können uns immer noch darauf verlassen, daß schließlich entschieden wird, was richtig und was falsch ist, und daß wir es dann wissen; und diese Entscheidung hängt nicht vom Glauben oder der Rasse oder der Herkunft der Forscher ab, sondern sie wird von einer höheren Macht gefällt und gilt dann für alle Menschen und für alle Zeiten. Während also im politischen Leben der Menschen ein dauernder Wechsel der Werte, der Kampf von Illusionen und unwahren Idealen gegen andere Illusionen und unwahre Ideale gar nicht vermieden werden kann, betreten wir in der Wissenschaft einen Bereich, in dem das, was wir sagen, eben letzten Endes entweder wahr oder falsch ist. Hier gibt es noch eine höhere Macht, die, unbeeinflußt durch unsere Wünsche, endgültig entscheidet und damit wertet. Im Mittelpunkt stehen hier, so scheint es mir, die Gebiete der reinen Wissenschaft, in denen von praktischen Anwendungen nicht mehr die Rede ist, in denen vielmehr, wenn ich so sagen darf, das reine Denken verborgenen Harmonien in der Welt nachspürt. Dieser innerste Bereich, in dem Wissenschaft und Kunst kaum mehr getrennt werden können, ist vielleicht für die heutige Menschheit die Stelle, an der ihr die Wahrheit ganz rein und nicht mehr verhüllt durch menschliche Ideologien und Wünsche gegenübertritt.

Nun können Sie freilich einwenden, daß dieser Bereich doch der großen Masse der Menschen verschlossen sei und daß er eben deswegen wenig für die Haltung der Menschen bedeuten könne. Aber die große Masse der Menschen hat ja auch in früheren Zeiten niemals den unmittelbaren Zugang zum zentralen Bereich besessen, und vielleicht genügt es den Menschen auch heute zu wissen, daß dieses Tor zwar nicht jedem offen steht, daß aber jenseits des Tores nicht betrogen werden *kann*, daß eben dort eine höhere Macht entscheidet und nicht wir. In früheren Zeiten haben die Menschen von diesem zentralen Bereich in verschiedenen Weisen sprechen können. Man hat Begriffe wie »Sinn« oder »Gott« gebraucht, oder man hat in Gleichnissen oder in Tönen oder in Bildern von ihm gesprochen. Auch heute gibt es noch viele Wege zu dieser Mitte, und die Wissenschaft ist nur einer von ihnen. Aber vielleicht gibt es in unserer Zeit keine allgemein anerkannte Sprache mehr, in der allen verständlich von diesem Bereich gesprochen werden könnte; daher ist er für viele nicht mehr sichtbar. Aber er ist ebenso da wie zu allen früheren Zeiten, und die Ordnung der Welt kann nur von diesem Bereich ausgehen und von den Menschen, denen der Blick dorthin nicht versperrt ist.

Wenn also die Wissenschaft zur Verständigung unter den Völkern beitragen soll, so kann sie es nicht durch ihre praktische Wichtigkeit tun, weder durch die Wohltat, die sie etwa einem Kranken erweist, noch durch die Schrecken, mit denen sie einer politischen Macht Anerkennung erzwingt, sondern allein dadurch, daß sie den Blick zu dem zentralen Bereich wendet, von dem aus sich die Welt im ganzen ordnet, vielleicht also einfach dadurch, daß sie schön ist. Wem es zu vermessen erscheint, der Wissenschaft in der heutigen Zeit dieses Gewicht zuzuschreiben, der möge sich daran erinnern, daß wir zwar in vielen Bereichen des Lebens Grund haben, frühere Epochen zu beneiden, die es besser gemacht haben als wir, daß aber unsere Zeit in der wissenschaftlichen Leistung, in der reinen Erkenntnis der Welt, wohl keiner früheren Zeit in der Menschheitsgeschichte nachsteht.

Es wird also, gleichgültig, was auch immer sonst geschehen möge, das Interesse für Erkenntnis in den nächsten Jahrzehnten unter den Menschen wachbleiben. Selbst wenn dieses Interesse für einige Zeit von den praktischen Konsequenzen der Wissenschaft und von dem Streben nach Macht überschattet sein sollte, so wird es sich doch immer wieder durchsetzen und die Menschen der verschiedenen Völker und Rassen verbinden. Immer wieder werden in allen Teilen der Erde Menschen glücklich sein, wenn sie eine neue Erkenntnis gewinnen, und dem dankbar sein, der sie zuerst ausgesprochen hat.

Liebe Kommilitonen, Sie sind hier versammelt, um in Ihrem Kreis beizutragen zum Verstehen zwischen den Völkern; Sie können das nicht besser tun, als daß Sie mit der Freiheit und Unbekümmertheit der Jugend Menschen anderer Völker kennenlernen und ihre Art zu denken und zu empfinden; als daß Sie von der Beschäftigung mit der Wissenschaft her jene ernste und unbestechliche Art des Denkens verbreiten helfen, ohne die jedes Verstehen unmöglich ist, und als daß Sie hinter der Wissenschaft die Dinge spüren und verehren, auf die es eigentlich ankommt und über die so schwer zu sprechen ist.

Der Begriff »abgeschlossene Theorie« in der modernen Naturwissenschaft*

Die physikalische Deutung der modernen Quantentheorie hat gewisse erkenntnistheoretische Grundfragen aufgeworfen, die den Wahrheitsgehalt naturwissenschaftlicher Theorien überhaupt betreffen. Zum Verständnis der Gesichtspunkte, nach denen wir heute den Wahrheitsanspruch einer solchen Theorie beurteilen, ist es zweckmäßig, der historischen Entwicklung nachzugehen und an ihr zu verfolgen, wie sich die Ziele der naturwissenschaftlichen Bestrebungen im Laufe der Jahrhunderte verändert haben. Bevor wir zur Besprechung der prinzipiellen Fragen übergehen, beginnen wir also mit einer kurzen historischen Übersicht.

1. Besinnen wir uns auf den Beginn der neuzeitlichen Naturwissenschaft im 16. und 17. Jahrhundert. Kepler wollte an den Bewegungen der Gestirne, also an einzelnen Phänomenen von besonderer Wichtigkeit und Erhabenheit, die Harmonie der Sphären erkennen; er glaubte damit unmittelbar vor der Erkenntnis des göttlichen Schöpfungsplanes zu stehen. Der Gedanke an eine vollständige mathematische Durchdringung aller einzelnen Vorgänge auf dieser Erde lag ihm völlig fern.

Newton begnügte sich nicht mit der Aufstellung einzelner Gesetze von besonderer mathematischer Schönheit. Er wollte die mechanischen Vorgänge schlechthin erklären; er erkannte auch, daß dies

---

* Der Aufsatz wurde auf Veranlassung von Wolfgang Pauli im Jahr 1948 in der Zeitschrift ›Dialectica‹, Neuchâtel, Schweiz, veröffentlicht.

eine praktisch ganz unübersehbare Aufgabe war. Aber er glaubte, die Grundbegriffe und Gesetze festlegen zu können, nach denen eine solche Erklärung wenigstens in Zukunft möglich sein sollte. Newton verband die Grundbegriffe durch eine Gruppe von Axiomen, die unmittelbar in die Sprache der Mathematik übersetzt werden konnten, und er schuf damit zum erstenmal die Möglichkeit, eine unendliche Fülle von Erscheinungen in einem mathematischen Formalismus nachzubilden. Durch die Rechnung konnte der einzelne komplizierte Vorgang als eine Folge der Grundgesetze verstanden und damit »erklärt« werden. Auch wenn der Vorgang selbst noch gar nicht beobachtet war, so konnte sein Ausgang doch aus den Anfangsbedingungen und den physikalischen Voraussetzungen »vorhergesagt« werden.

Die Ausarbeitung dieser Mechanik durch die nachfolgenden Generationen führte zu solchen Erfolgen, daß die Vorstellung entstand, im Prinzip müßte man alle Vorgänge der Welt auf mechanische, etwa an den kleinsten Teilen der Materie ablaufende Vorgänge zurückführen können. An der Richtigkeit der Newtonschen Mechanik glaubte man nicht mehr zweifeln zu können. Da man aber in dieser Mechanik aus den Anfangsbedingungen die ganze Zukunft des Systems vorausberechnen kann, so würde, schloß man, die genaue Kenntnis aller mechanischen Bestimmungsstücke der Welt auch die vollständige Vorausberechnung der Zukunft im Prinzip ermöglichen. Dieser Gedanke, der von Laplace am klarsten ausgesprochen worden ist, zeigt, daß beim Beginn des 19. Jahrhunderts der von Newton geschaffene Typus des mathematisch formulierten Naturgesetzes schon das naturwissenschaftliche Denken weitgehend umgestaltet hatte.

Für das 19. Jahrhundert war dann die Mechanik zugleich die exakte Naturwissenschaft schlechthin. Ihre Aufgabe und ihr Anwendungsbereich erschienen unbegrenzt. Selbst Boltzmann hat noch die Meinung vertreten, daß man einen physikalischen Vorgang erst dann verstanden habe, wenn man ihn mechanisch erklärt hat.

Die erste Bresche in diese Vorstellungswelt ist durch die Maxwellsche Theorie der elektromagnetischen Erscheinungen geschlagen worden. Diese Theorie gab eine mathematische Darstellung von Vorgängen, ohne sie auf Mechanik zurückzuführen. Es war nur natürlich, daß in der Folge ein heftiger Streit um die Frage entbrannte, ob die Maxwellsche Theorie ohne Mechanik verständlich sei. Viele haben versucht, durch die Annahme einer hypothetischen Substanz Äther seine Theorie mechanisch zu interpretieren. Zur eigentlichen Krise kam dieser Kampf mit der Entdeckung der sogenannten »speziellen« Relativitätstheorie im Jahre 1905 durch Einstein. Durch sie wurde entschieden, daß die Maxwellsche Theorie schon wegen der in ihr implizite enthaltenen Annahmen über Raum und Zeit nicht auf mechanische Vorgänge, die den Newtonschen Gesetzen gehorchen, zurückgeführt werden kann. Der Schluß schien unausweichlich, daß entweder die Newtonsche Mechanik oder die Maxwellsche Theorie falsch sein müßte.

In der Folgezeit haben einige Naturforscher und Philosophen den Standpunkt der Newtonschen Mechanik in der Form des Äther-Modells noch einige Jahrzehnte lang erbittert verteidigt; schließlich ist der Streit sogar, wie manch anderer weltanschaulicher Streit, in der politischen Arena ausgetragen worden. Die meisten Physiker aber haben aufgrund der experimentellen Ergebnisse die spezielle Relativitätstheorie und die Maxwellsche Theorie als richtig erkannt; die Newtonsche Mechanik spielte nur noch die Rolle einer guten Annäherung an die richtige relativistische Mechanik für solche Vorgänge, bei denen alle Geschwindigkeiten klein gegen die Lichtgeschwindigkeit sind. Tatsächlich geht die relativistische Mechanik ja im Grenzfall kleiner Geschwindigkeiten in die Newtonsche über.

Aber eben die Annahme, daß die Newtonsche Theorie im strengen Sinne »falsch« sei, verführte manche Naturforscher dazu, unbewußt eine fundamentale Hypothese aus dem 19. Jahrhundert in die neue Physik zu übernehmen. Obwohl nämlich in jener Zeit die beginnende Quantentheorie schon die innere Geschlossenheit der klassischen Physik von fern bedrohte, hatte doch die Ausgestaltung der Feldtheorie insbesondere in der allgemeinen Relativitätstheorie solche Erfolge zu verzeichnen, daß manche Physiker es als die Aufgabe der zukünftigen Naturwissenschaft ansahen, die Erscheinungen der

Welt mit den Begriffen der Feldtheorie, also mit einem einheitlichen
Begriffssystem zu beschreiben. Sie versuchten, selbst die atomistischen Züge der Natur mathematisch als Singularitäten in den Lösungen der Feldgleichungen zu deuten, und die de Broglie–Schrödingersche Wellenmechanik schien zunächst in dieses Wunschbild einer allgemeinen Feldphysik zu passen. Die Grundbegriffe der relati-
vistischen Feldtheorie waren zwar abstrakter als die der Newtonschen Mechanik und schwerer anschaulich zu vollziehen, aber sie
entsprachen doch noch durchaus unserem Bedürfnis nach einer objektiven und kausalen Beschreibung der Vorgänge und wurden daher als universal empfunden.

2. Die Quantentheorie hat auch diese Illusion zerstört. In ihr
kann der mathematische Formalapparat gar nicht unmittelbar auf
ein objektives Geschehen in Raum und Zeit abgebildet werden. Was
wir mathematisch festlegen, ist nur zum kleinen Teil ein »objektives
Faktum«, zum größeren Teil eine Übersicht über Möglichkeiten.
Die Aussage etwa: »Hier ist ein Wasserstoffatom im Grundzustand«
enthält nicht mehr eine präzise Aussage über die Bahn des Elektrons, aber sie enthält die Aussage: wenn man die Bahn des Elektrons mit einem geeigneten Instrument beobachtet, so wird das Elektron mit einer bestimmten Wahrscheinlichkeit $w(x)$ an dem Orte x
angetroffen. Die klassischen Begriffe können sinnvoll nur angewandt werden, wenn man von vornherein berücksichtigt, daß ihrer
Anwendung durch die Unbestimmtheitsrelationen unüberschreitba-
re Schranken gesetzt sind.

Die so in der Quantenmechanik geschaffene Situation unterscheidet sich nun in zweierlei Weise sehr charakteristisch von der Situation in der Relativitätstheorie. Erstens durch die Unmöglichkeit, den
mathematisch niedergelegten Tatbestand einfach zu objektivieren,
und, was unmittelbar damit zusammenhängt, ihn anschaulich zu
vollziehen. Zweitens, und dieser Unterschied ist vielleicht noch
wichtiger, durch die hieraus folgende Notwendigkeit, die Begriffe
der klassischen Physik weiter zu benutzen. Wir können und müssen
zur Beschreibung des Atoms Begriffe benützen wie: Bahn des Elek-

trons, Dichte der Materiewelle an einem bestimmten Raumpunkt, Dissoziationswärme, Farbe usw., alles Begriffe, die insofern zur klassischen Physik gehören, als sie objektive Vorgänge in Raum und Zeit darstellen sollen. Mit ihnen beschreiben wir das Ergebnis einer Beobachtung. Die verschiedenen Begriffe stehen oft zueinander in einem »komplementären« Verhältnis; aber wir können sie nicht etwa durch andere anschauliche Begriffe ersetzen, deren Gebrauch nicht durch Unbestimmtheitsrelationen oder Komplementarität eingeschränkt wäre.

Daraus folgt, daß wir nicht mehr sagen: Die Newtonsche Mechanik ist falsch und muß durch die richtige Quantenmechanik ersetzt werden. Vielmehr brauchen wir jetzt die Formulierung: »Die klassische Mechanik ist eine in sich geschlossene wissenschaftliche Theorie. Sie ist überall eine streng ›richtige‹ Beschreibung der Natur, wo ihre Begriffe angewendet werden können.« Wir billigen der Newtonschen Mechanik also auch heute noch einen Wahrheitsgehalt, ja sogar strenge und allgemeine Gültigkeit zu, nur deuten wir durch den Zusatz »wo ihre Begriffe angewendet werden können« an, daß wir den Anwendungsbereich der Newtonschen Theorie für beschränkt halten. Der Begriff der »abgeschlossenen wissenschaftlichen Theorie« stammt in dieser Form erst aus der Quantenmechanik. Wir kennen in der heutigen Physik im wesentlichen vier große Disziplinen, die wir in diesem Sinne als abgeschlossene Theorien betrachten können: neben der Newtonschen Mechanik die Maxwellsche Theorie mit der speziellen Relativitätstheorie, dann Wärmelehre und statistische Mechanik und schließlich die (unrelativistische) Quantenmechanik mit Atomphysik und Chemie. Es soll nun etwas genauer erörtert werden, welche Eigenschaften zu einer »geschlossenen Theorie« gehören und was der Wahrheitsgehalt einer solchen Theorie sein kann.

3. Das erste Kriterium einer »geschlossenen Theorie« ist ihre innere Widerspruchsfreiheit. Es muß möglich sein, die zunächst aus der Erfahrung stammenden Begriffe so durch Definitionen und Axiome zu präzisieren, in ihren Relationen festzulegen, daß den Begriffen ma-

thematische Symbole zugeordnet werden können, zwischen denen
ein widerspruchsfreies System von Gleichungen entsteht. Das berühmteste Beispiel für diese Axiomatisierung der Begriffe geben die
ersten Kapitel der Newtonschen ›Principia‹. Die Fülle der möglichen
Erscheinungen in dem betreffenden Erfahrungsgebiet der Natur
spiegelt sich dann in der Fülle der möglichen Lösungen jener Glei-
chungssysteme.

Gleichzeitig muß die Theorie Erfahrungen in einer gewissen Weise »darstellen«; d. h. die Begriffe der Theorie müssen, wie schon gesagt, unmittelbar in der Erfahrung verankert sein, sie müssen etwas
in der Welt der Erscheinungen »bedeuten«. Die Problematik eben
dieser Forderung ist vielleicht bisher noch nicht genügend erörtert
worden. Solange nämlich die Begriffe unmittelbar aus der Erfahrung stammen, wie etwa die des alltäglichen Lebens, bleiben sie fest
mit den Erscheinungen verknüpft und verändern sich mit ihnen; sie
schmiegen sich gewissermaßen der Natur an. Sobald man sie axio-
matisiert, werden sie starr und lösen sich von der Erfahrung. Zwar
paßt das durch Axiome präzisierte Begriffssystem noch sehr gut auf
einen weiten Bereich von Erfahrungen; aber wir können von einem
durch Definitionen und Relationen festgelegten Begriff nie von
vornherein wissen, wie weit wir beim Umgang mit der Natur mit
ihm kommen werden. Daher begrenzt die Axiomatisierung der Begriffe zugleich in entscheidender Weise ihren Anwendungsbereich.

Die Grenzen dieses Bereichs können freilich nie genau bekannt
sein. Erst die Erfahrung, daß gewisse neue Gruppen von Erscheinungen nicht mehr mit den alten Begriffen geordnet werden können,
belehrt uns darüber, daß wir an dieser Stelle die Grenze erreicht haben. Bei der Newtonschen Mechanik zum Beispiel kann man die ersten Anzeichen für das Vorhandensein einer Grenze vielleicht in
dem Werk von Faraday sehen, der empfand, daß der Begriff »Kraftfeld« den elektromagnetischen Erscheinungen besser gerecht wird
als die Begriffe der Mechanik. Wirklich erreicht worden ist die
Grenze aber erst durch die Entdeckung der speziellen Relativitätstheorie, also fast ein Jahrhundert später.

Auch wenn die Grenzen der »geschlossenen Theorie« überschrit-

ten sind, wenn also neue Erfahrungsgebiete mit neuen Begriffen geordnet worden sind, so bildet das Begriffssystem der geschlossenen
Theorie doch einen unentbehrlichen Teil der Sprache, in der wir
über die Natur reden. Die geschlossene Theorie gehört zu den Voraussetzungen der weiteren Forschung; wir können das Ergebnis eines Experiments nur in den Begriffen früherer geschlossener Theorien ausdrücken. Es ist daher gelegentlich versucht worden, die Begriffe älterer abgeschlossener Theorien mit zu den Voraussetzungen
a priori der exakten Naturwissenschaft zu rechnen und ihnen damit
in noch höherem Maße einen absoluten Charakter zu verleihen. Damit ist zwar eine Seite des Verhältnisses richtig beschrieben. Man
wird hier aber zum mindesten einen Gradunterschied gelten lassen
müssen. Solche Grundformen des menschlichen Vorstellungsvermö-
gens oder Denkens wie etwa Raum und Zeit oder das Kausalgesetz,
die in Jahrtausenden geübt und angewandt worden sind, müssen in
einem höheren Grade als a priori gelten denn die schon relativ komplizierten Denkformen abgeschlossener Theorien der letzten Jahrhunderte. Wenn man, wie der Biologe Lorenz es versucht hat, die
Anschauungsformen a priori auffaßt als »angeborene Schemata«, so
ist es klar, daß die festgelegten Begriffe einer abgeschlossenen Theorie der letzten Jahrhunderte nicht oder noch nicht a priori sein können.

Was ist dann schließlich der Wahrheitsgehalt einer abgeschlossenen Theorie? Man kann das bisher Gesagte in folgenden Sätzen kurz
zusammenfassen:

a) Die abgeschlossene Theorie gilt für alle Zeiten; wo immer Erfahrungen mit den Begriffen dieser Theorie beschrieben werden können, und sei es in der fernsten Zukunft, immer werden die Gesetze
dieser Theorie sich als richtig erweisen.

b) Die abgeschlossene Theorie enthält keine völlig sichere Aussage
über die Welt der Erfahrungen. Denn wie weit man mit den Begriffen dieser Theorie die Erscheinungen greifen kann, bleibt im strengen Sinne unsicher und einfach eine Frage des Erfolgs.

c) Trotz dieser Unsicherheit bleibt die geschlossene Theorie ein
Teil unserer naturwissenschaftlichen Sprache und bildet daher einen

integrierenden Bestandteil unseres jeweiligen Verständnisses der
Welt.

Kehren wir nach diesen Erörterungen noch einmal zu den historischen Prozessen zurück, die aus der Veränderung der Wirklichkeitsvorstellung beim Ausgang des Mittelalters schließlich die ganze neuzeitliche Physik haben entstehen lassen. Diese Entwicklung erscheint
uns als eine Folge geistiger Strukturen, »geschlossener Theorien«, die
sich aus einzelnen Fragestellungen über die Erfahrung wie aus einem
Kristallkeim bilden und die sich schließlich, wenn der volle Kristall
entstanden ist, als rein geistige Gebilde wieder von der Erfahrung
ablösen; die aber doch für alle Zeiten die Welt für uns erhellen. Insofern erscheint bei aller Verschiedenheit die Entwicklungsgeschichte
der Physik nicht unähnlich der Geschichte anderer geistiger Bereiche, etwa der Geschichte einer Kunst; denn auch in den anderen Bereichen handelt es sich letzten Endes um kein anderes Ziel als darum, die Welt, und sei es die in unserem Innern, durch geistige Strukturen zu erhellen.

Rede zur 100-Jahrfeier
des Max-Gymnasiums in München
am 13. 7. 1949*

Meine Damen und Herren!
  Die heutige Feier gilt dem 100jährigen Bestehen einer Schule. Ein
ganzes Jahrhundert hindurch ist viel Arbeit und Sorgfalt tüchtiger
Menschen auf diese Schule verwendet worden. Mancher hat als Lehrer seine ganze Lebensarbeit in den Dienst des Max-Gymnasiums
gestellt; andere sind, so wie ich selbst, als Schüler hier zum erstenmal
der Welt des Geistigen begegnet und haben mit Interesse oder wohl
auch gelegentlich ohne viel Interesse, aber doch oft mit Fleiß und
Mühe die Dinge gelernt, die eben in einem humanistischen Gymnasium von einer Generation an die nächste weitergegeben werden. So
liegt es nahe, sich an diesem Tage zu besinnen, ob sich all diese Arbeit und Sorgfalt, die Mühe der Lehrer und der Schüler denn eigentlich gelohnt haben. Das ist nun freilich schon eine falsche Frage,
denn Mühe und Arbeit und Sorgfalt lohnen sich im Grunde immer;
aber es wird ja so oft darüber gesprochen, ob es nicht ein allzu theo
retisches und weltfremdes Wissen sei, das wir uns an einem Gymnasium aneignen, und ob uns nicht in unserer von Technik und Naturwissenschaften bestimmten Zeit eine mehr aufs Praktische gerichtete
Ausbildung sehr viel zweckmäßiger auf das Leben vorbereiten könnte. Damit wird die oft gestellte Frage nach dem Verhältnis der humanistischen Bildung zur heutigen Naturwissenschaft angeschnitten. Ich kann aber diese Frage vor Ihnen nicht in einer grundsätzlichen Weise behandeln; denn ich bin ja kein Pädagoge und habe über

 * Zuerst veröffentlicht in: Das Naturbild der heutigen Physik. rowohlts
deutsche enzyklopädie, Band 8, Hamburg 1955, S. 36–46.

solche Fragen der Erziehung zu wenig nachgedacht. Aber ich kann
versuchen, mich an meine eigenen Erfahrungen zu erinnern; denn
ich bin ja selbst in diesem Gymnasium zur Schule gegangen und
habe dann später den größten Teil meiner Arbeit der Naturwissenschaft gewidmet; und eine 100-Jahrfeier ist ja auch ein Fest der
Erinnerung derer, die hier gemeinsam gelernt haben.

Welche Gründe sind es, die von den Vertretern des humanistischen Gedankens immer wieder für die Beschäftigung mit den alten
Sprachen und der alten Geschichte angeführt werden? Da wird zunächst mit Recht darauf hingewiesen, daß ja unser ganzes kulturel-
les Leben, unser Handeln, Denken und Fühlen, in der geistigen Substanz des Abendlandes wurzelt; also in dem geistigen Wesen, das mit
der Antike begonnen hat, an dessen Anfang griechische Kunst, griechische Dichtung und griechische Philosophie stehen, das dann im
Christentum mit der Bildung der Kirche seine große Wendung erfahren hat und das schließlich beim Ausgang des Mittelalters in einer
großartigen Vereinigung von christlicher Frömmigkeit mit der
geistigen Freiheit der Antike die Welt als die Welt Gottes ergriffen
und durch Entdeckungsfahrten, Naturwissenschaft und Technik
von Grund aus umgestaltet hat. Wir werden also in jedem Bereich
des modernen Lebens immer dann, wenn wir den Dingen auf den
Grund gehen, sei es systematisch oder historisch oder philosophisch,
auf die geistigen Strukturen stoßen, die in der Antike und im Christentum entstanden sind. Daher kann man für das humanistische
Gymnasium anführen, daß es gut sei, diese Strukturen zu kennen,
auch wenn es für das praktische Leben an vielen Stellen gar nicht so
nötig sein mag.

Dann wird etwa als zweites betont, daß die ganze Kraft unserer
abendländischen Kultur herrührt und immer hergerührt hat von der
engen Verbindung zwischen prinzipieller Fragestellung und praktischem Handeln. Im praktischen Handeln sind andere Völker und
andere Kulturkreise ebenso erfahren gewesen wie die Griechen. Das
aber, was das griechische Denken vom ersten Augenblick an unterschieden hat vom Denken anderer Völker, war die Fähigkeit, eine
gestellte Frage ins Prinzipielle zu wenden und damit zu Gesichts-

punkten zu kommen, die das bunte Vielerlei von Erfahrung ordnen und dem menschlichen Denken zugänglich machen können. Diese Verbindung von prinzipieller Fragestellung und praktischem Handeln hat das Griechentum vor allem ausgezeichnet, und sie hat dann noch einmal beim Aufbruch des Abendlandes in der Renaissance im Mittelpunkt unserer Geschichte gestanden und, wie Sie wissen, die moderne Naturwissenschaft und Technik hervorgebracht. Wer sich mit der Philosophie der Griechen beschäftigt, der stößt also auf Schritt und Tritt auf diese Fähigkeit zur prinzipiellen Fragestellung, und er kann sich so beim Lesen der Griechen im Gebrauch des stärksten geistigen Werkzeugs üben, das abendländisches Denken hervorgebracht hat. Insofern kann man also sagen, daß wir auch im humanistischen Gymnasium etwas sehr Nützliches lernen.

Schließlich wird mit Recht als drittes gesagt, daß die Beschäftigung mit der Antike im Menschen einen Wertmaßstab erzeuge, bei dem die geistigen Werte höher gelten als die materiellen. Denn gerade bei den Griechen ist der Primat des Geistigen in allen Spuren, die sie hinterlassen haben, unmittelbar sichtbar. Freilich ist gerade das ein Punkt, bei dem Menschen unserer Zeit einwenden können, unsere heutige Zeit zeige ja eben, daß es auf die materielle Macht, auf Rohstoffe und Industrie, ankomme und daß materielle Macht stärker sei als alle geistige Macht. Es entspreche also wahrhaftig nicht unserer Zeit, wenn man den Kindern eine Überschätzung der geistigen Werte gegenüber den materiellen beibringen wollte. Aber ich muß dabei an ein Gespräch denken, das ich vor ziemlich genau 30 Jahren in einem Hofe dieses Gebäudes geführt habe. Damals spielten sich hier in München Revolutionskämpfe ab, die Innenstadt war noch von Kommunisten besetzt, und ich war mit anderen Schulkameraden als 17jähriger Bursche einer Truppe als Hilfspersonal zugeteilt, die gegenüber im Priesterseminar ihr Quartier hatte. Der Grund ist mir nicht mehr ganz klar; wahrscheinlich empfanden wir diese Wochen des Soldatenspielens als ganz angenehme Unterbrechung unserer Schulzeit im Max-Gymnasium. Auf der Ludwigstraße wurde gelegentlich, wenn auch nicht allzu heftig, geschossen. Jeden Mittag holten wir uns unser Essen aus einer Feldküche hier im Hof der Universität. Dabei kamen wir einmal mit einem Theologiestudenten ins Gespräch über die Frage, ob dieser Kampf um München eigentlich eine sinnvolle Angelegenheit sei, und einer von uns Jungen betonte energisch, man könne eben mit den geistigen Mitteln, mit Reden und Papier keine Machtfragen entscheiden, die wirkliche Entscheidung zwischen uns und den anderen könne nur durch Gewalt erzwungen werden. Da erwiderte der Theologiestudent, daß doch schon die Frage, wer als »wir« und »die anderen« unterschieden werde, offenbar auf eine rein geistige Entscheidung führe und daß doch wahrscheinlich schon viel gewonnen wäre, wenn diese Entscheidung etwas vernünftiger getroffen würde, als es gewöhnlich üblich sei. Dagegen konnten wir eigentlich nichts mehr einwenden. Wenn der Pfeil die Sehne des Bogens verlassen hat, so fliegt er seine Bahn, und nur durch noch stärkere Gewalt könnte er von seinem Weg abgelenkt werden; aber vorher wird seine Richtung ja nur durch den bestimmt, der zielt, und ohne ein geistiges Wesen, das zielt, könnte er überhaupt nicht fliegen. Insofern ist es also vielleicht nicht so schlecht, wenn wir der Jugend beibringen, die geistigen Werte nicht zu gering zu schätzen.

Nun bin ich aber doch zu weit von meinem eigentlichen Thema abgekommen, und ich muß an die Stelle zurückkehren, an der im Rahmen des Max-Gymnasiums mir die Naturwissenschaft zum erstenmal wirklich begegnet ist; denn ich soll ja über das Verhältnis von Naturwissenschaft und humanistischer Bildung sprechen. – Die meisten Schuljungen geraten dadurch in den Bereich von Technik und Naturwissenschaft, daß sie anfangen, mit Apparaten zu spielen. Durch das Beispiel der Kameraden oder durch irgendwelche Weihnachtsgeschenke oder auch gelegentlich durch den Schulunterricht wird der Wunsch wachgerufen, mit kleinen Maschinen umzugehen und sie selbst zu bauen. Das habe ich auch in den ersten 5 Jahren meiner Schulzeit mit großem Eifer getrieben. Aber solche Tätigkeit wäre wohl nur Spiel geblieben und hätte mich gar nicht zur richtigen Naturwissenschaft geführt, wenn nicht ein anderes Erlebnis dazugekommen wäre. Im Schulunterricht wurden uns damals die Anfangsgründe der Geometrie beigebracht. Das schien

mir zunächst ein reichlich trockener Stoff; Dreiecke und Vierecke
regen die Phantasie weniger an als Blumen oder Gedichte. Aber da
tauchte auf einmal aus den Worten unseres ausgezeichneten Mathe-
matiklehrers Wolff der Gedanke auf, daß man über diese Gebilde
allgemein gültige Sätze aufstellen könnte, daß man bestimmte Ergebnisse nicht nur an den Figuren erkennen und ablesen, sondern
auch mathematisch beweisen könne. Diesen Gedanken, daß die Mathematik in irgendeiner Weise auf Gebilde unserer Erfahrung paßt,
empfand ich als außerordentlich merkwürdig und aufregend, und es
ging mir damit so, wie es eben in einigen seltenen Fällen mit dem
Gedankengut geht, das uns die Schule vermittelt: Gewöhnlich läßt
der Schulunterricht die verschiedenen Landschaften der geistigen
Welt an unseren Augen vorbeiziehen, ohne daß wir in ihnen recht
heimisch werden. Er beleuchtet sie je nach den Fähigkeiten des Lehrers mit einem mehr oder weniger hellen Licht, und die Bilder haften
kürzere oder längere Zeit in unserer Erinnerung. Aber in einigen seltenen Fällen fängt ein Gegenstand, der so ins Blickfeld getreten ist,
plötzlich an, im eigenen Licht zu leuchten, zunächst nur dunkel und
undeutlich; dann immer heller, und schließlich füllt das von ihm
ausgestrahlte Licht einen immer größeren Raum in unserem Denken,
greift auf andere Gegenstände über und wird schließlich zu einem
wichtigen Teil unseres eigenen Lebens.

So ging es mir damals mit der Erkenntnis, daß die Mathematik
auf die Dinge unserer Erfahrung paßt; eine Erkenntnis, die, wie ich
in der Schule erfuhr, schon von den Griechen, von Pythagoras und
Euklid, gewonnen worden war. Ich probierte, zunächst angeregt
durch die Stunden bei Herrn Wolff, die Verwendung der Mathematik selbst aus, und ich empfand dieses Spielen zwischen Mathematik
und unmittelbarer Anschauung als mindestens ebenso amüsant wie
die meisten anderen Spiele. Später genügte mir das Feld der Geometrie nicht mehr als Bereich für das mathematische Spiel, an dem ich
so viel Freude hatte. Ich erfuhr durch irgendwelche Bücher, daß
man in der Physik auch dem Verhalten meiner zusammengebastel-
ten Apparate mit Mathematik nachgehen könnte, und ich fing nun
an, aus Göschen-Bändchen und ähnlichen etwas primitiven Lehrbü-

chern die Mathematik zu lernen, die man zur Beschreibung der physikalischen Gesetze braucht, also vor allem Differential- und Integralrechnung. Die Leistungen der neueren Zeit, Newtons und seiner
Nachfolger, empfand ich dabei als die unmittelbare Fortsetzung dessen, was die griechischen Mathematiker und Philosophen erstrebt
hatten, eigentlich als ein und dasselbe, und es wäre mir nicht in den
Sinn gekommen, die Naturwissenschaft und Technik unserer Zeit als
eine grundsätzlich andere Welt als die Philosophie des Pythagoras
oder Euklid anzusehen. Im Grunde war ich mit meiner Freude an
der mathematischen Beschreibung der Natur, ohne es recht zu wissen und in aller schülerhaften Unkenntnis, auf den einen Grundzug
des abendländischen Denkens überhaupt gestoßen, nämlich eben auf
die vorher besprochene Verbindung der prinzipiellen Fragestellung
mit dem praktischen Handeln. Die Mathematik ist sozusagen die
Sprache, in der die Frage prinzipiell gestellt und beantwortet werden
kann, aber die Frage selbst zielt auf einen Vorgang in der praktischen materiellen Welt; die Geometrie z. B. diente der Vermessung
von Ackerland. Durch dieses Erlebnis ist dann für mehrere Schuljah-
re mein Interesse viel mehr bei der Mathematik als bei der Naturwissenschaft oder meinen Apparaten geblieben, und erst in den beiden
oberen Klassen hat sich das Verhältnis wieder mehr zugunsten der
Physik verschoben, merkwürdigerweise durch die etwas zufällige
Begegnung mit einem Stück der modernen Physik.

Wir benützten damals ein sonst recht gutes Physikbuch, in dem
aber begreiflicherweise die modernste Physik noch etwas stiefmüt-
terlich behandelt war. Trotzdem war in dem Buch auf den letzten
Seiten auch einiges über die Atome zu lesen, und ich erinnere mich
deutlich an ein Bild, auf dem eine größere Zahl von Atomen zu sehen war. Das Bild sollte offenbar den Zustand eines Gases im Kleinen wiedergeben. Einige Atome hingen jeweils in Gruppen zusammen, und zwar waren sie durch Haken und Ösen, die wahrscheinlich die chemische Bindung darstellen sollten, miteinander verknüpft. Außerdem war im Text zu lesen, daß die Atome nach der
Ansicht der griechischen Philosophen die kleinsten unteilbaren Bausteine der Materie seien. Dieses Bild hat mich immer zu heftigem

Widerspruch gereizt, und ich war empört darüber, daß so etwas Dummes in einem Physiklehrbuch stehen konnte. Denn ich dachte: Wenn die Atome so grob anschauliche Gebilde sind, wie das Buch uns glauben machen wollte, wenn sie eine so komplizierte Gestalt haben, daß sie sogar Haken und Ösen besitzen, dann können sie unmöglich die kleinsten unteilbaren Bausteine der Materie sein. In dieser Kritik wurde ich von einem Freund bestärkt, mit dem ich in der Jugendbewegung viele Wanderungen gemeinsam unternommen hatte und der sich in viel höherem Maße für Philosophie interessierte als ich. Dieser Kamerad, der einige Aufsätze über die Atomlehre der antiken Philosophen gelesen hatte, war auch einmal auf ein Lehrbuch der modernen Atomphysik gestoßen (ich glaube, es ist Sommerfelds Buch über ›Atombau und Spektrallinien‹ gewesen) und hatte dort anschauliche Zeichnungen von Atomen gesehen. Er war daraus zu der festen Überzeugung gekommen, daß die ganze moderne Atomphysik falsch sein müßte, und versuchte mich davon zu überzeugen. Sie sehen, unsere Urteile waren damals sehr viel schneller und sicherer als heute! Ich mußte meinem Freund auch darin recht geben, daß anschauliche Bilder von Atomen wohl notwendig falsch sein müßten, aber ich behielt mir vor, die Fehler bei den Bilderzeichnern zu suchen. Immerhin blieb also der Wunsch übrig, die eigentlichen Gründe für die Atomphysik näher kennenzulernen, und da kam mir ein anderer Zufall zu Hilfe. Wir hatten um diese Zeit eben mit der Lektüre eines Platonischen Dialogs begonnen. Aber der Schulunterricht war unregelmäßig. Ich habe ja schon vorhin erzählt, daß wir als junge Burschen einmal eine Zeitlang in den Revolutionskämpfen bei einer Truppe Dienst taten, die gegenüber der Universität im Priesterseminar stationiert war. Dort hatten wir keine strenge Arbeit; es war im Gegenteil die Gefahr des Herumlungerns sehr viel größer als die der Überanstrengung. Dazu kam, daß wir auch nachts dort zur Verfügung stehen mußten, also eigentlich ohne jede Kontrolle durch Eltern und Lehrer vergnügt in den Tag hineinlebten. Es war damals, im Juni 1919, ein warmer Sommer, und besonders am frühen Morgen gab es so gut wie keinen Dienst. So kam es, daß ich mich häufig kurz nach Sonnenaufgang auf das Dach des Priesterseminars zu-

rückzog und mit irgendeinem Buch in die Dachrinne legte, um mich
von der Sonne wärmen zu lassen, oder mich auf den Rand der Dachrinne setzte, um dem beginnenden Leben auf der Ludwigstraße
zuzusehen. Bei einer solchen Gelegenheit kam ich auch einmal auf
den Gedanken, mir einen Band Plato mit auf die Dachrinne zu nehmen, vielleicht im Hinblick auf die bald drohende Wiederaufnahme
der Arbeit in der Morawitzkystraße, und ich geriet bei dem Wunsch,
etwas anderes zu lesen als das, was im Schulunterricht drankam,
mit meinen relativ bescheidenen griechischen Kenntnissen an den
Dialog ›Timaios‹, in dem ich zum erstenmal wirklich etwas aus erster Quelle von der griechischen Atomphilosophie erfuhr. Aus dieser
Lektüre wurden mir die Grundgedanken der Atomlehre viel klarer
als früher. Ich glaubte wenigstens so halb die Gründe zu verstehen,
die die griechischen Philosophen veranlaßt hatten, an kleinste unteilbare Bausteine der Materie zu denken. Die Thesen, die Plato im
›Timaios‹ vertritt, daß die Atome reguläre Körper seien, wollten mir
zwar auch noch nicht recht einleuchten, aber es befriedigte mich immerhin, daß sie wenigstens keine Haken und Ösen hatten. Jedenfalls
entstand schon damals in mir die Überzeugung, daß man kaum moderne Atomphysik treiben könne, ohne die griechische Naturphilosophie zu kennen, und ich dachte, der Zeichner jenes Atombildes
hätte ruhig seinen Plato anständig studieren können, bevor er an die
Herstellung seiner Bilder ging; er hätte eben auch am Max-Gymnasium in die Schule gehen sollen!

So war ich, wieder ohne recht zu wissen wie, mit einem großen
Gedanken der griechischen Naturphilosophie bekannt geworden,
der die Brücke vom Altertum zur Neuzeit schlägt und der seine
große Kraft erst seit der Zeit der Renaissance entfaltet hat. Man
pflegt diese Richtung der griechischen Philosophie, die Atomlehre
des Leukipp und Demokrit, als Materialismus zu bezeichnen. Das ist
eine zwar historisch richtige Bezeichnung, aber sie kann heute doch
leicht mißverstanden werden, weil das Wort Materialismus durch
das 19. Jahrhundert eine sehr einseitige Färbung erhalten hat, die
auf die Entwicklung der griechischen Naturphilosophie keineswegs
paßt. Man kann diese falsche Deutung der alten Atomlehre vermei-

den, wenn man sich daran erinnert, daß der erste Forscher der Neuzeit, der die Atomlehre wieder aufgenommen hat, im 17. Jahrhundert der Theologe und Philosoph Gassendi gewesen ist, der damit sicher nicht die Lehren der Kirche bekämpfen wollte, und daß für Demokrit die Atome die Buchstaben waren, mit denen das Geschehen
der Welt aufgezeichnet wird, aber nicht ihr Inhalt. Demgegenüber
hat sich der Materialismus des 19. Jahrhunderts aus Gedanken anderer Art entwickelt, die für die Neuzeit charakteristisch sind und ihre
Wurzel in der erst seit Cartesius vorgenommenen Spaltung der Welt
in materielle und geistige Wirklichkeit haben.

Der große Strom von Naturwissenschaft und Technik, der unsere
Zeit erfüllt, entspringt also aus zwei Quellen, die im Gebiet der antiken Philosophie liegen, und wenn auch inzwischen manche andere
Einflüsse in diesen Strom münden und seine fruchtbaren Wassermas-
sen vergrößern helfen, so ist der Ursprung doch immer wieder deutlich genug zu spüren. Insofern kann also auch der Atomwissen-
schaftler aus der humanistischen Bildung Nutzen ziehen. Freilich
werden die Menschen, denen an einer mehr praktischen Ausbildung
der Jugend für den Lebenskampf gelegen ist, immer einwenden können, daß die Kenntnis jener geistigen Grundlagen trotzdem für das
praktische Leben nicht allzuviel bedeute. Man muß eben, so sagen
sie, die praktischen Fertigkeiten des modernen Lebens: neue Sprachen, technische Methoden, Geschicklichkeit im Handel und Rechnen, erwerben, um im Leben bestehen zu können; und die humanistische Bildung sei gewissermaßen nur ein Schmuck, ein Luxus, den
sich nur wenige leisten können, denen das Schicksal den Lebenskampf mehr als anderen erleichtert hat.

Das mag vielleicht richtig sein für viele Menschen, die später im
Leben eine rein praktische Tätigkeit ausüben und die nicht selbst an
der geistigen Gestaltung unserer Zeit mitwirken wollen. Wer sich
aber damit nicht begnügen will, wer in irgendeinem Fach, sei es
Technik oder Medizin, den Dingen auf den Grund gehen will, der
wird früher oder später auf diese Quellen in der Antike stoßen, und
er wird für seine eigene Arbeit viele Vorteile daraus ziehen, wenn er
von den Griechen das prinzipielle Denken, die prinzipielle Frage-

stellung gelernt hat. Ich glaube, daß man z. B. am Werk von Max
Planck, der ja auch ein Schüler unseres Gymnasiums war, deutlich
erkennen kann, daß sein Denken durch die humanistische Schule be-
einflußt und befruchtet worden ist. Vielleicht darf ich auch hier
noch eine eigene Erfahrung anführen, die nun schon in die Zeit drei
Jahre nach dem Abschluß meiner Schulzeit fällt. Damals war ich
Student in Göttingen und sprach mit einem Mitstudenten über die
Frage nach der Anschaulichkeit der Atome, die mich ja schon auf
der Schule beunruhigt hatte und die offenbar auch als ein ungelöstes
Rätsel hinter den damals noch nicht deutbaren Erscheinungen der
Spektroskopie stand. Dieser Freund verteidigte die anschaulichen
Bilder und meinte, man müsse einfach mit Hilfe der modernen Technik ein Mikroskop sehr großen Auflösungsvermögens konstruieren,
z. B. eins, das mit Gammastrahlen statt mit gewöhnlichem Licht ar-
beite, dann würde man die Gestalt eines Atoms schließlich einfach
sehen können, und dann wären meine Bedenken gegen die anschaulichen Bilder wohl endgültig zerstreut. Dieser Einwand beunruhigte
mich tief. Ich hatte Angst, in diesem gedachten Mikroskop würden
dann doch wieder die Haken und Ösen meines Physiklehrbuches zu
sehen sein, und ich wurde so dazu gezwungen, an dem scheinbaren
Widerspruch dieses Gedankenexperiments mit den Grundvorstel-
lungen der griechischen Philosophie herumzudenken. In dieser Lage
hat mir die Ausbildung im prinzipiellen Denken, die wir auf der
Schule erhalten hatten, außerordentlich viel geholfen, mich jedenfalls veranlaßt, nicht mit halben und Scheinlösungen zufrieden zu sein,
und auch eine gewisse Kenntnis der griechischen Naturphilosophie,
die ich mir damals angeeignet hatte, war mir von großem Nutzen.

Wenn man in der heutigen Zeit über den Wert der humanistischen
Bildung spricht, so kann man wohl auch kaum mehr einwenden,
daß die Beziehung zur Naturphilosophie in der modernen Atomphysik ein einmaliger Fall sei und daß man sonst in Naturwissenschaft, Technik oder Medizin mit solchen prinzipiellen Fragen kaum
in Berührung komme. Das wäre schon deshalb falsch, weil viele naturwissenschaftliche Disziplinen in ihren Grundlagen mit der Atomphysik eng verbunden sind, also schließlich auf ähnliche grundsätz-

liche Fragen führen wie die Atomphysik selbst. Das Gebäude der Chemie erhebt sich auf dem Fundament der Atomphysik, die moderne Astronomie hängt mit ihr aufs engste zusammen und kann ohne Atomphysik kaum gefördert werden, und selbst von der Biologie werden schon Brücken zur Atomphysik geschlagen. In den letzten Jahrzehnten sind in viel höherem Maße als früher die Verbindungen zwischen den verschiedenen Naturwissenschaften sichtbar geworden. An vielen Stellen erkennt man die Zeichen des gemeinsamen Ursprungs, und der gemeinsame Ursprung ist schließlich irgendwo das antike Denken.

Mit dieser Feststellung bin ich nun beinahe wieder zum Ausgangspunkt meines Vortrages zurückgekommen. Am Anfang der abendländischen Kultur steht die enge Verbindung von prinzipieller Fragestellung und praktischem Handeln, die von den Griechen geleistet worden ist. Auf dieser Verbindung beruht die ganze Kraft unserer Kultur auch heute noch. Fast alle Fortschritte leiten sich noch heute aus ihr her, und in diesem Sinne ist ein Bekenntnis zur humanistischen Bildung auch einfach ein Bekenntnis zum Abendland und seiner kulturbildenden Kraft.

Aber kann denn eine Schule wie das humanistische Gymnasium die Aufgabe überhaupt lösen, die wir hier verlangen, nämlich durch das Studium der alten Sprachen und der alten Geschichte den Sinn zu wecken für diese so unendlich schwierige Verbindung von prinzipieller Fragestellung mit praktischem, tatkräftigem Handeln? Kann sie uns diese Verbindung wirklich lebendig machen? Wieviel bleibt denn überhaupt übrig von dem, was wir in der Schule lernen? Ist es nicht doch verzweifelt wenig, gemessen an all der Arbeit und Mühe, die wir darauf verwenden, und wäre insofern nicht eine schnellere Ausbildung in praktischen Fähigkeiten vorzuziehen? Seien wir also ehrlich, und sehen wir einmal nach, welche Bilder in der Erinnerung geblieben sind aus unserem Schulunterricht. Vielleicht ein paar Schlachtenschilderungen aus Cäsars ›Bellum Gallicum‹, die unsere Phantasie in Bewegung versetzt haben, oder Xenophons mühsamer Zug durch Kleinasien. Dann ein paar Bilder aus der mittelalterlichen Geschichte; einer unserer besten Lehrer, Herr Paur, verstand

es, die Jahreszahlen von Kaiserkrönungen, Siegen und Niederlagen
dadurch lebendig zu machen, daß er uns ein Bild des Lebens in jenen
mittelalterlichen Städten zeichnete, in denen die Ereignisse spielten:
Wie die Menschen gingen und sich kleideten, was sie aßen, was sie
dachten. Dann ein paar Stellen aus der griechischen Tragödie, die
leider so schwer zu übersetzen ist, und natürlich die Sagen um Odys-
seus und die griechischen Helden. Auch die ersten geometrischen Beweise haben mir einen großen Eindruck hinterlassen. Aber an tat-
sächlichen Kenntnissen ist im allgemeinen nur dort etwas geblieben,
wo wir später durch unseren Beruf gezwungen wurden, weiterzuler-
nen. Eine bescheidene Ausbeute, so könnte man denken. Aber was
ist humanistische Bildung, und was ist denn Bildung überhaupt? Sie
wissen: Bildung ist das, was übrig bleibt, wenn man alles vergessen
hat, was man gelernt hat. Sie ist, wenn Sie so wollen, der Glanz, der
in unserer Erinnerung über jener Zeit der Schule liegt und der in unserem Leben fortwirkt. Nicht nur der Glanz der Jugend, der natürlich zu dieser ganzen Zeit dazugehört, sondern der Glanz, der herrührt von der Beschäftigung mit den wesentlichen Dingen; die Atmosphäre, in der von griechischen Dichtern und römischen Kaisern
die Rede ist, die Statuen des Phidias im Geschichtsbuch, die Musik
im Schulorchester, die uns Haydn und Mozart lebendig machte, das
Schillersche Gedicht, das der Tüchtigste der Klasse vom Katheder
aufsagen durfte. Natürlich ist der Schulunterricht, das müssen wir
alle zugeben, auch gelegentlich trocken und langweilig; Lehrer sind
keine Idealgestalten und die Schüler erst recht keine Engel. Aber die
Schulzeit ist ja ein Ganzes, und alles, was wir in ihr taten, ist auch
irgendwie durch die geistige Welt des Unterrichts mit bestimmt. Wir
dürfen also gar nicht nur an die Unterrichtsstunden allein, an unsere
Lehrer und das große Gebäude in Schwabing denken, wenn wir vom
Einfluß des humanistischen Gymnasiums sprechen. Dieser Einfluß
wirkt ja viel weiter. Wenn wir etwa in der Zeit der Jugendbewegung
mit Freunden hinauszogen an die Osterseen und uns im Zelt aus
dem ›Hyperion‹ von Hölderlin vorlasen, wenn wir auf einem Gipfel
des Fichtelgebirges die ›Hermannsschlacht‹ von Kleist aufführten,
wenn wir am nächtlichen Lagerfeuer die Chaconne von Bach oder

ein Menuett von Mozart spielten, immer waren wir ganz dicht von
jener geistigen Luft des Abendlandes umgeben, in die uns unsere
Schule geführt hatte und die auch für uns zum Lebenselement geworden war.

Ein Bekenntnis zum humanistischen Gymnasium ist also ein Bekenntnis zum Abendland, zu seinem Denken, seiner Religion, seiner
Geschichte. Aber haben wir dazu noch das Recht, nachdem in den
letzten Jahrzehnten das Abendland an Macht und Ansehen so ent-
setzlich verloren hat? Dazu ist zunächst zu sagen, daß es sich ja gar
nicht um Recht oder dergleichen handelt, sondern darum, was wir
wollen. Die ganze Aktivität des Abendlandes rührt ja nicht von einer theoretischen Einsicht her, aufgrund deren unsere Vorfahren sich
berechtigt gefühlt hätten zu handeln, sondern es war ganz anders:
Am Anfang stand und steht in solchen Fällen immer der Glaube. Ich
meine damit nicht nur den christlichen Glauben an den von Gott gegebenen sinnvollen Zusammenhang der Welt, sondern auch einfach
den Glauben an unsere Aufgabe in dieser Welt. Glauben heißt dabei
natürlich nicht, dies oder jenes für wahr halten, sondern glauben
heißt immer: Dazu entschließe ich mich, darauf stelle ich meine Existenz. Als Columbus zu seiner ersten Reise nach dem Westen auf-
brach, glaubte er, daß die Erde rund sei und klein genug, sie zu um-
fahren. Das hielt er nicht nur theoretisch für richtig, sondern darauf
stellte er seine Existenz. In der Weltgeschichte Europas, wie sie Freyer
jüngst dargestellt hat und in der er von diesen Dingen spricht, ist
mit Recht auch hierauf die alte Formel angewendet worden: »credo
ut intellegam« – »ich glaube, um einzusehen«, und Freyer hat sie bei
dieser Anwendung auf die Entdeckungsfahrten erweitert, indem er
ein Zwischenglied einfügte: »credo ut agam, ago ut intellegam« –
»ich glaube, um zu handeln, ich handle, um einzusehen«. Diese Formel paßt nicht nur auf die ersten Weltumseglungen, sie paßt auch
auf die ganze Naturwissenschaft des Abendlandes, wohl auf die ganze Sendung des Abendlandes. Sie umgreift humanistische Bildung
und Naturwissenschaft; und an dieser Stelle wollen wir nicht allzu
bescheiden sein: Die eine Hälfte der heutigen Welt, der Westen, hat
unvergleichliche Macht gewonnen, indem er einen Gedanken des

Abendlandes, die Beherrschung und Ausnützung der Naturkräfte durch Wissenschaft, in einer bisher nicht gekannten Weise in die Tat umgesetzt hat; die andere Hälfte der Welt, der Osten, wird zusammengehalten durch das Vertrauen auf die wissenschaftlichen Thesen eines europäischen Philosophen und Nationalökonomen. Niemand weiß, was die Zukunft bringen und von welchen geistigen Mächten die Welt regiert wird, aber wir können nur damit anfangen, daß wir etwas glauben und etwas wollen.

Wir wollen, daß hier wieder geistiges Leben blüht, daß hier in Europa auch weiterhin die Gedanken wachsen, die das Gesicht der Welt bestimmen. Wir stellen unsere Existenz darauf, daß im gleichen Maße, in dem wir uns auf unseren Ursprung zurückbesinnen und wieder den Weg zu einem harmonischen Zusammenspiel der Kräfte unseres Erdteils finden, auch die äußeren Bedingungen des europäischen Lebens glücklicher sein werden als in den letzten 50 Jahren. Wir wollen, daß unsere Jugend aller äußeren Wirrnis zum Trotz in der geistigen Luft des Abendlandes aufwächst, um an die Kraftquellen zu gelangen, von denen unser Erdteil durch über zwei Jahrtausende gelebt hat. Wie das im einzelnen geschieht, sei erst in zweiter Linie unsere Sorge. Ob wir uns nun zum humanistischen Gymnasium bekennen oder zu einer anderen Schulart, das ist nicht das Entscheidende. Aber zum Denken des Abendlandes wollen wir uns auf jeden Fall und vor allem anderen bekennen.

Das Naturbild der heutigen Physik*

Die Probleme im Bereich der modernen Kunst, die in unserer Zeit immer wieder leidenschaftlich erörtert werden, zwingen zu einer Besinnung auf die sonst als selbstverständlich angenommenen Grundlagen, die die Voraussetzung für jede Entwicklung der Kunst bilden. In diesem Zusammenhang ist auch die Frage aufgeworfen worden, ob sich etwa die Stellung des modernen Menschen zur Natur so grundsätzlich von der früherer Zeiten unterscheide, daß schon hierdurch ein völlig verschiedener Ausgangspunkt für die bildende Kunst gegeben werde. Die Stellung unserer Zeit zur Natur findet dabei kaum wie in früheren Jahrhunderten ihren Ausdruck in einer entwickelten Naturphilosophie, sondern sie wird sicher weitgehend durch die moderne Naturwissenschaft und Technik bestimmt. Daher liegt es nahe, an dieser Stelle nach dem Naturbild der heutigen Naturwissenschaft, insbesondere der modernen Physik, zu fragen. Freilich muß hier gleich zu Anfang ein Vorbehalt gemacht werden: Es besteht kaum Anlaß zu glauben, daß das Weltbild der heutigen Naturwissenschaft etwa unmittelbar die Entwicklung der modernen Kunst beeinflußt habe oder beeinflussen könnte; wohl aber kann angenommen werden, daß die Veränderungen in den Grundlagen der modernen Naturwissenschaft ein Anzeichen sind für tiefgehende

* Vortrag im Rahmen der Münchner Tagung der Bayerischen Akademie der Schönen Künste am 17. 11. 1953. Zuerst veröffentlicht in: Werner Heisenberg, Das Naturbild der heutigen Physik. rowohlts deutsche enzyklopädie, Band 8, Hamburg 1955, S. 7–23.

Veränderungen in den Fundamenten unseres Daseins, die ihrerseits
sicher auch Rückwirkungen in allen anderen Lebensbereichen hervorrufen. Unter diesem Gesichtspunkt kann es auch für den Künstler wichtig sein, zu fragen, welche Veränderungen sich in den letzten
Jahrzehnten im Naturbild der Naturwissenschaften vollzogen haben.

Wenden wir zunächst den Blick zurück zu den geschichtlichen
Wurzeln der neuzeitlichen Naturwissenschaft. Als diese Wissenschaft im 17. Jahrhundert durch Kepler, Galilei und Newton begründet wurde, stand am Anfang noch das mittelalterliche Natur-
bild, das in der Natur zunächst das von Gott Erschaffene erblickt.
Die Natur wurde als das Werk Gottes gedacht, und es wäre den
Menschen jener Zeit sinnlos erschienen, nach der materiellen Welt
unabhängig von Gott zu fragen. Als ein Dokument jener Zeit möchte ich die Worte zitieren, mit denen Kepler den letzten Band seiner
›Kosmischen Harmonie‹ abgeschlossen hat: »Dir sage ich Dank,
Herrgott unser Schöpfer, daß Du mich die Schönheit schauen läßt in
Deinem Schöpfungswerk, und mit den Werken Deiner Hände froh-
locke ich. Siehe, hier habe ich das Werk vollendet, zu dem ich mich
berufen fühlte; ich habe mit dem Talent gewuchert, das Du mir gegeben hast; ich habe die Herrlichkeit Deiner Werke den Menschen
verkündet, welche diese Beweisgänge lesen werden, soviel ich in der
Beschränktheit meines Geistes davon fassen konnte.«

Aber schon in dem Lauf weniger Jahrzehnte hat sich dann die
Stellung der Menschen zur Natur grundsätzlich geändert. In dem
Maß, in dem der Forscher sich in die Einzelheiten der Naturvorgänge vertiefte, erkannte er, daß man in der Tat, wie Galilei es begonnen hatte, einzelne Naturvorgänge aus dem Zusammenhang heraus-
lösen, mathematisch beschreiben und damit »erklären« kann. Dabei
wurde ihm allerdings auch deutlich, welche unendliche Aufgabe der
beginnenden Naturwissenschaft hierdurch gestellt wird. Schon für
Newton war daher die Welt nicht mehr einfach das nur im ganzen
zu verstehende Werk Gottes. Seine Stellung zur Natur wird am
deutlichsten umschrieben durch seinen bekannten Ausspruch, daß er
sich vorkomme wie ein Kind, das am Meeresstrand spielt und sich

freut, wenn es dann und wann einen glatteren Kiesel oder eine schö-
nere Muschel als gewöhnlich findet, während der große Ozean der
Wahrheit unerforscht vor ihm liegt. Man kann diese Veränderung in
der Stellung des Forschers zur Natur vielleicht dadurch verständlich
machen, daß in der Entwicklung des christlichen Denkens in jener
Epoche Gott so hoch über die Erde in den Himmel entrückt schien,
daß es sinnvoll wurde, die Erde auch unabhängig von Gott zu betrachten. Insofern mag es sogar berechtigt sein, bei der neuzeitlichen
Naturwissenschaft – wie es bei Kamlah anklingt – von einer spezifisch christlichen Form der Gottlosigkeit zu sprechen und damit verständlich zu machen, warum sich eine entsprechende Entwicklung in
anderen Kulturkreisen nicht vollzogen hat. Es ist daher wohl auch
kein Zufall, daß eben um jene Zeit in der bildenden Kunst die Natur
für sich Gegenstand der Darstellung wird, unabhängig vom religiösen Thema. Für die Naturwissenschaft entspricht es auch ganz dieser
Tendenz, wenn die Natur nicht nur unabhängig von Gott, sondern
auch unabhängig vom Menschen betrachtet wird, so daß sich das
Ideal einer »objektiven« Naturbeschreibung oder Naturerklärung
bildet. Immerhin muß hervorgehoben werden, daß auch für Newton
die Muschel deswegen wichtig ist, weil sie aus dem großen Ozean
der Wahrheit stammt, ihre Betrachtung ist noch nicht Selbstzweck,
sondern ihr Studium erhält seinen Sinn durch den Zusammenhang
des Ganzen.

Die Folgezeit hat die Methode der Newtonschen Mechanik auf
immer weitere Bereiche der Natur erfolgreich angewandt. Sie hat
versucht, Einzelheiten im Naturgeschehen durch Experimente herauszuschälen, objektiv zu beobachten und in ihrer Gesetzmäßigkeit
zu verstehen; sie hat danach gestrebt, die Zusammenhänge mathematisch zu formulieren und damit zu »Gesetzen« zu kommen, die
im ganzen Kosmos uneingeschränkt gelten, und es ist ihr schließlich
dadurch möglich geworden, die Kräfte der Natur in der Technik unseren Zwecken dienstbar zu machen. Die großartige Entwicklung
der Mechanik im 18., der Optik, der Wärmetechnik und Wärmelehre im beginnenden 19. Jahrhundert legt Zeugnis ab von der Kraft
dieses Ansatzes.

In dem Maße, in dem solche Art der Naturwissenschaft erfolgreich war, erweiterte sie sich auch über den Bereich der täglichen Erfahrung hinaus in entlegene Gebiete der Natur, die erst durch die im Zusammenhang mit der Naturwissenschaft sich entwickelnde Technik erschlossen werden konnten. Auch bei Newton war der entscheidende Schritt die Erkenntnis gewesen, daß die Gesetze der Mechanik, die das Fallen eines Steins beherrschen, auch die Bewegungen des Mondes um die Erde bestimmen, daß sie also auch in kosmischen Dimensionen angewendet werden können. In der Folgezeit trat die Naturwissenschaft dann in breiter Front ihren Siegeszug an in diese entlegenen Bereiche der Natur, von denen wir nur auf dem Umweg über die Technik, d. h. über mehr oder weniger komplizierte Apparate, Kunde erlangen können. Die Astronomie bemächtigte sich durch die verbesserten Fernrohre immer weiterer kosmischer Räume, die Chemie versuchte aus dem Verhalten der Stoffe bei chemischen Umsetzungen die Vorgänge in atomaren Dimensionen zu erschließen, Experimente mit der Induktionsmaschine und der Voltaschen Säule gaben den ersten Einblick in die dem täglichen Leben jener Zeit noch verborgenen elektrischen Erscheinungen. So verwandelte sich allmählich die Bedeutung des Wortes »Natur« als Forschungsgegenstand der Naturwissenschaft; es wurde zu einem Sammelbegriff für alle jene Erfahrungsbereiche, in die der Mensch mit den Mitteln der Naturwissenschaft und Technik eindringen kann, unabhängig davon, ob sie ihm in der unmittelbaren Erfahrung als »Natur« gegeben sind. Auch das Wort Natur-»Beschreibung« verlor mehr und mehr seine ursprüngliche Bedeutung als Darstellung, die ein möglichst lebendiges, sinnfälliges Bild der Natur vermitteln sollte; vielmehr wurde in steigendem Maße die mathematische Beschreibung der Natur gemeint, d. h. eine möglichst präzise, kurze, aber umfassende Sammlung von Informationen über die gesetzmäßigen Zusammenhänge in der Natur.

Die Erweiterung des Naturbegriffs, die mit dieser Entwicklung halb unbewußt vollzogen wurde, brauchte auch noch nicht als ein grundsätzliches Abgehen von den ursprünglichen Zielen der Naturwissenschaft aufgefaßt zu werden; denn die entscheidenden Grundbegriffe waren für die erweiterte Erfahrung noch die gleichen wie für die natürliche Erfahrung, die Natur erschien dem 19. Jahrhundert als ein gesetzmäßiger Ablauf in Raum und Zeit, bei dessen Beschreibung vom Menschen und seinem Eingriff in die Natur, wenn nicht praktisch, so doch grundsätzlich, abgesehen werden kann.

Als das Bleibende im Wandel der Erscheinungen wurde dabei die in ihrer Masse unveränderliche Materie betrachtet, die durch Kräfte bewegt werden kann. Da die chemischen Erfahrungen seit dem 18. Jahrhundert durch die aus dem Altertum übernommene Atomhypothese erfolgreich geordnet und gedeutet wurden, lag es nahe, im Sinne der antiken Naturphilosophie die Atome als das eigentlich Seiende, als die unveränderlichen Bausteine der Materie anzusehen. Wie schon in der Philosophie des Demokrit erschienen damit die sinnlichen Qualitäten der Materie als Schein; Geruch oder Farbe, Temperatur oder Zähigkeit waren nicht eigentlich Eigenschaften der Materie, sondern entstanden als Wechselwirkungen zwischen der Materie und unseren Sinnen und mußten durch die Anordnung und Bewegung der Atome und durch die Wirkung dieser Anordnung auf unsere Sinne erklärt werden. So ergab sich das allzu einfache Weltbild des Materialismus des 19. Jahrhunderts: Die Atome als das eigentlich unveränderlich Seiende bewegen sich im Raum in der Zeit, und durch ihre gegenseitige Anordnung und Bewegung rufen sie die bunten Erscheinungen unserer Sinnenwelt hervor.

Ein erster, wenn auch noch nicht allzu gefährlicher Einbruch in dieses Weltbild geschah in der zweiten Hälfte des vergangenen Jahrhunderts durch die Entwicklung der Elektrizitätslehre, in der nicht die Materie, sondern das Kraftfeld als das eigentlich Wirkliche gelten mußte. Ein Wechselspiel zwischen Kraftfeldern ohne eine Substanz als Träger der Kräfte war weniger leicht verständlich als die materialistische Realitätsvorstellung der Atomphysik und brachte ein Element von Abstraktheit und Unanschaulichkeit in das sonst scheinbar so einleuchtende Weltbild. Daher hat es nicht an Versuchen gefehlt, auf dem Umweg über einen materiellen Äther, der diese Kraftfelder als elastische Verspannung tragen sollte, wieder zu dem einfachen Materiebegriff der materialistischen Philosophie zurückzukehren; jedoch hatten solche Versuche keinen rechten Erfolg. Immerhin konnte man sich damit trösten, daß auch die Veränderungen der Kraftfelder als Vorgänge in Raum und Zeit gelten konnten, die sich ganz objektiv, d. h. ohne Bezugnahme auf die Art ihrer Beobachtung, beschreiben lassen und die daher dem allgemein akzeptierten Idealbild eines gesetzmäßigen Ablaufs in Raum und Zeit entsprachen. Man konnte ferner die Kraftfelder, die ja nur in ihrer Wechselwirkung mit den Atomen beobachtet werden konnten, als von den Atomen hervorgerufen auffassen und sie gewissermaßen nur zur Erklärung der Bewegung der Atome benutzen. Insofern blieben dann also doch die Atome das eigentlich Seiende, zwischen ihnen der leere Raum, der höchstens als Träger der Kraftfelder und der Geometrie eine gewisse Art von Wirklichkeit besitzt.

Für dieses Weltbild war es auch nicht allzu bedeutsam, daß nach der Entdeckung der Radioaktivität gegen Ende des letzten Jahrhunderts die Atome der Chemie nicht mehr als die letzten unteilbaren Bausteine der Materie aufgefaßt werden konnten, daß diese wieder vielmehr aus drei Sorten von Grundbausteinen zusammengesetzt sind, die wir heute Protonen, Neutronen und Elektronen nennen. Diese Erkenntnis hat in ihren praktischen Konsequenzen zur Umwandlung der Elemente und zur Atomtechnik geführt und ist insofern ungeheuer wichtig geworden. Für die prinzipiellen Fragen aber ändert sich nichts, wenn wir nun Protonen, Neutronen und Elektronen als die kleinsten Bausteine der Materie erkannt haben und als das eigentlich Seiende interpretieren. Wichtig für das materialistische Weltbild ist nur die Möglichkeit, diese kleinsten Bausteine, die Elementarteilchen, als die letzte objektive Realität zu betrachten. Auf dieser Grundlage also ruhte das festgefügte Weltbild des 19. und beginnenden 20. Jahrhunderts, und es hat dank seiner Einfachheit eine Reihe von Jahrzehnten seine volle Überzeugungskraft bewahrt.

Aber eben an dieser Stelle haben sich dann in unserem Jahrhundert tiefgreifende Veränderungen in den Grundlagen der Atomphysik vollzogen, die von der Wirklichkeitsauffassung der antiken Atomphilosophie wegführen. Es hat sich herausgestellt, daß jene er-

hoffte objektive Realität der Elementarteilchen eine zu grobe Vereinfachung des wirklichen Sachverhalts darstellt und viel abstrakte-
ren Vorstellungen weichen muß. Wenn wir uns ein Bild von der Art
der Existenz der Elementarteilchen machen wollen, können wir
nämlich grundsätzlich nicht mehr von den physikalischen Prozessen
absehen, durch die wir von ihnen Kunde erlangen. Wenn wir Gegenstände unserer täglichen Erfahrung beobachten, spielt ja der physikalische Prozeß, der die Beobachtung vermittelt, nur eine untergeordnete Rolle. Bei den kleinsten Bausteinen der Materie aber bewirkt jeder Beobachtungsvorgang eine grobe Störung; man kann
gar nicht mehr vom Verhalten des Teilchens, losgelöst vom Beobachtungsvorgang, sprechen. Dies hat schließlich zur Folge, daß die Naturgesetze, die wir in der Quantentheorie mathematisch formulieren, nicht mehr von den Elementarteilchen an sich handeln, sondern
von unserer Kenntnis der Elementarteilchen. Die Frage, ob diese
Teilchen »an sich« in Raum und Zeit existieren, kann in dieser Form
also nicht mehr gestellt werden, da wir stets nur über die Vorgänge
sprechen können, die sich abspielen, wenn durch die Wechselwirkung des Elementarteilchens mit irgendwelchen anderen physikalischen Systemen, z. B. den Meßapparaten, das Verhalten des Teilchens erschlossen werden soll. Die Vorstellung von der objektiven
Realität der Elementarteilchen hat sich also in einer merkwürdigen
Weise verflüchtigt, nicht in den Nebel irgendeiner neuen, unklaren
oder noch unverstandenen Wirklichkeitsvorstellung, sondern in die
durchsichtige Klarheit einer Mathematik, die nicht mehr das Verhalten des Elementarteilchens, sondern *unsere Kenntnis* dieses Verhaltens darstellt. Der Atomphysiker hat sich damit abfinden müssen,
daß seine Wissenschaft nur ein Glied ist in der endlosen Kette der
Auseinandersetzung des Menschen mit der Natur, daß sie aber nicht
einfach von der Natur »an sich« sprechen kann. Die Naturwissenschaft setzt den Menschen immer schon voraus, und wir müssen uns,
wie Bohr es ausgedrückt hat, dessen bewußt werden, daß wir nicht
nur Zuschauer, sondern stets auch Mitspielende im Schauspiel des
Lebens sind.

Bevor nun über allgemeine Folgerungen aus dieser neuen Situation
in der modernen Physik gesprochen werden kann, soll noch die für
das praktische Leben auf der Erde wichtigere und mit der Entwicklung der Naturwissenschaft Hand in Hand gehende Ausbreitung der Technik erörtert werden; erst diese Technik hat ja die
Naturwissenschaft vom Abendland ausgehend über die ganze Erde
verbreitet und hat ihr zu einer zentralen Stelle im Denken unserer
Zeit verholfen. In diesem Entwicklungsprozeß der letzten 200 Jahre
ist die Technik immer wieder Voraussetzung und Folge der Naturwissenschaft gewesen. Sie ist die Voraussetzung, da eine Erweiterung
und Vertiefung der Naturwissenschaft oft nur durch eine Verfeinerung der Beobachtungsmittel zustande kommen kann; es sei an die
Erfindung des Fernrohrs und des Mikroskops oder an die Entdek-
kung der Röntgenstrahlen erinnert. Technik ist andererseits die Folge der Naturwissenschaft, da die technische Ausnützung der Naturkräfte im allgemeinen erst aufgrund einer eingehenden Kenntnis der
Naturgesetze des betreffenden Erfahrungsbereichs möglich wird.

So hat sich zunächst im 18. und beginnenden 19. Jahrhundert
eine Technik entwickelt, die auf der Ausnutzung mechanischer Vorgänge beruht. Hier ahmt die Maschine oft nur die Tätigkeit der
Hand des Menschen nach, ob es sich etwa um das Spinnen und We-
ben, um das Heben von Lasten oder um das Schmieden großer Ei-
senstücke handelt. Daher ist diese Form der Technik zunächst als
Fortsetzung und Erweiterung des alten Handwerks empfunden worden; sie erschien dem Außenstehenden in der gleichen Weise verständlich und einleuchtend wie das alte Handwerk selbst, dessen
Grundlagen jeder kannte, auch wenn er die Handgriffe im einzelnen
nicht nachmachen konnte. Dieser Charakter der Technik wurde
auch durch die Einführung der Dampfmaschine noch nicht grundsätzlich geändert; wohl aber nahm von diesem Zeitpunkt ab die
Ausdehnung der Technik in einem früher nicht gekannten Maße zu;
denn nun konnten die in der Kohle aufgespeicherten Naturkräfte in
den Dienst des Menschen gestellt werden und seine bisherige Hand-
arbeit verrichten.

Eine entscheidende Veränderung im Charakter der Technik aber hat sich wohl erst mit der Entwicklung der Elektrotechnik in der zweiten Hälfte des vergangenen Jahrhunderts vollzogen. Hier war von einer unmittelbaren Verbindung mit dem alten Handwerk kaum mehr die Rede. Es handelt sich vielmehr nur noch um die Ausnutzung von Naturkräften, die dem Menschen aus unmittelbarer Erfahrung in der Natur kaum bekannt waren. Daher hat die Elektrotechnik für viele Menschen selbst heute noch etwas Unheimliches; zum mindesten empfindet man sie häufig als unverständlich, obwohl sie uns überall umgibt. Die Hochspannungsleitung, der man sich nicht nähern darf, gibt uns zwar einen gewissen Anschauungsunterricht über den Begriff des Kraftfeldes, den die Naturwissenschaft hier verwendet, aber im Grunde bleibt uns dieser Bereich der Natur fremd. Der Blick in das Innere eines komplizierten elektrischen Apparates ist uns manchmal in ähnlicher Weise unangenehm wie das Zusehen bei einem chirurgischen Eingriff.

Die chemische Technik könnte vielleicht wieder als Fortsetzung alter Handwerkszweige angesehen werden; man denke etwa an Färberei, Gerberei und Apotheke. Aber auch hier läßt das Ausmaß der etwa seit der Jahrhundertwende neu entwickelten chemischen Technik keinen Vergleich mit den früheren Zuständen mehr zu.

In der Atomtechnik schließlich handelt es sich ganz um die Ausnutzung von Naturkräften, zu denen jeder Zugang aus der Welt der natürlichen Erfahrung fehlt. Zwar wird uns vielleicht auch diese Technik schließlich ebenso geläufig werden wie dem modernen Menschen die Elektrotechnik, die aus seiner unmittelbaren Umwelt gar nicht mehr weggedacht werden kann. Aber auch die Dinge, die uns täglich umgeben, werden dadurch noch nicht zu einem Stück der Natur im ursprünglichen Sinne des Wortes. Vielleicht werden später die vielen technischen Apparate ebenso unvermeidlich zum Menschen gehören wie das Schneckenhaus zur Schnecke oder das Netz zur Spinne. Aber auch dann wären die Apparate eher Teile unseres menschlichen Organismus als Teile der uns umgebenden Natur.

Dabei greift die Technik tief in das Verhältnis der Natur zum Menschen dadurch ein, daß sie seine Umwelt im großen Maßstab verwandelt und ihm damit den naturwissenschaftlichen Aspekt der

Welt unablässig und unentrinnbar vor Augen führt. Der Anspruch
der Naturwissenschaft, den ganzen Kosmos mit einer Methode um-
greifen zu können, die jeweils das einzelne aussondert und durch-
leuchtet und so von Zusammenhang zu Zusammenhang fortschrei-
tet, spiegelt sich in der Technik, die Schritt für Schritt in immer neue
Gebiete vordringt, unsere Umwelt vor unseren Augen verwandelt
und ihr damit unser Bild aufprägt. So wie sich in der Naturwissenschaft jede Einzelfrage der großen Aufgabe unterordnet, die Natur
im ganzen zu verstehen, so dient auch jeder kleinste technische
Fortschritt dem allgemeinen Ziel, die materielle Macht des Menschen zu erweitern. Der Wert dieses Zieles wird ebensowenig in Frage gestellt wie in der Naturwissenschaft der Wert der Naturerkenntnis, und beide Ziele fließen in eines zusammen in dem banalen
Schlagwort »Wissen ist Macht«. Obwohl die Unterordnung unter
das gemeinsame Ziel wohl für jeden einzelnen technischen Vorgang
nachgewiesen werden kann, ist es doch auch wieder charakteristisch
für die ganze Entwicklung, daß der technische Einzelprozeß oft nur
so indirekt mit dem Gesamtziel verbunden ist, daß man ihn kaum
mehr als Teil eines bewußten Planes zur Erreichung dieses Zieles ansehen kann. An solchen Stellen erscheint dann die Technik fast nicht
mehr als das Produkt bewußter menschlicher Bemühung um die
Ausbreitung der materiellen Macht, sondern eher als ein biologischer
Vorgang im großen, bei dem die im menschlichen Organismus ange-
legten Strukturen in immer weiterem Maße auf die Umwelt des
Menschen übertragen werden; ein biologischer Vorgang also, der
eben als solcher der Kontrolle durch den Menschen entzogen ist;
denn *»der Mensch kann zwar tun, was er will, aber er kann nicht
wollen, was er will«.*

In diesem Zusammenhang ist oft gesagt worden, daß die tiefgreifende Veränderung unserer Umwelt und unserer Lebensweise im
technischen Zeitalter auch unser Denken in einer gefährlichen Weise
umgestaltet habe und daß hier die Wurzel der Krisen zu suchen sei,
von denen unsere Zeit erschüttert werde und die sich z. B. auch in
der modernen Kunst äußern. Dieser Einwand ist nun freilich viel äl-

ter als Technik und Naturwissenschaft der Neuzeit, denn Technik
und Maschinen hat es in primitiver Form schon viel früher gegeben,
so daß die Menschen schon in längst vergangenen Zeiten gezwungen
waren, über solche Fragen nachzudenken. Vor zweieinhalb Jahrtausenden hat z. B. der chinesische Weise Dschuang Dsi schon von den
Gefahren des Maschinengebrauchs für den Menschen gesprochen,
und ich möchte hier eine Stelle aus seinen Schriften vortragen, die für
unser Thema wichtig ist:

»Als Dsi Gung durch die Gegend nördlich des Han-Flusses kam,
sah er einen alten Mann, der in seinem Gemüsegarten beschäftigt
war. Er hatte Gräben gezogen zur Bewässerung. Er stieg selbst in
den Brunnen hinunter und brachte in seinen Armen ein Gefäß voll
Wasser herauf, das er ausgoß. Er mühte sich aufs äußerste ab und
brachte doch wenig zustande.

Dsi Gung sprach: ›Da gibt es eine Einrichtung, mit der man an einem Tag hundert Gräben bewässern kann. Mit wenig Mühe wird
viel erreicht. Möchtet Ihr die nicht verwenden?‹

Der Gärtner richtete sich auf, sah ihn an und sprach: ›Und was
wäre das?‹

Dsi Gung sprach: ›Man nimmt einen hölzernen Hebelarm, der
hinten beschwert und vorne leicht ist. Auf diese Weise kann man das
Wasser schöpfen, daß es nur so sprudelt. Man nennt das einen Zieh-
brunnen.‹

Da stieg dem Alten der Ärger ins Gesicht, und er sagte lachend:
›Ich habe meinen Lehrer sagen hören: ‚Wenn einer Maschinen benutzt, so betreibt er alle seine Geschäfte maschinenmäßig; wer seine
Geschäfte maschinenmäßig betreibt, der bekommt ein Maschinenherz. Wenn einer aber ein Maschinenherz in der Brust hat, dem geht
die reine Einfalt verloren. Bei wem die reine Einfalt hin ist, der wird
ungewiß in den Regungen seines Geistes. Ungewißheit in den Regungen seines Geistes ist etwas, das sich mit dem wahren Sinn nicht
verträgt.‘ Nicht, daß ich solche Dinge nicht kennte, ich schäme
mich, sie anzuwenden.‹«

Daß diese alte Erzählung einen erheblichen Teil der Wahrheit
enthält, wird jeder von uns empfinden, denn »Ungewißheit in den

Regungen des Geistes« ist vielleicht eine der treffendsten Beschrei-
bungen, die wir dem Zustand der Menschen in unserer heutigen Krise geben können. Trotzdem: Die Technik, die Maschine hat sich in
einem Ausmaß über die Welt ausgebreitet, von der jener chinesische
Weise nichts ahnen konnte, und doch sind auch zweitausend Jahre
später noch die schönsten Kunstwerke auf der Erde entstanden, und
die Einfalt der Seele, von der der Philosoph spricht, ist nie ganz verlorengegangen, sondern im Laufe der Jahrhunderte bald schwächer,
bald stärker in Erscheinung getreten und immer wieder fruchtbar
geworden. Schließlich hat sich der Aufstieg des Menschengeschlechts
ja doch durch die Entwicklung der Werkzeuge vollzogen; es kann
also die Technik jedenfalls nicht an sich schon die Ursache dafür
sein, daß in unserer Zeit das Bewußtsein des Zusammenhanges an
vielen Stellen verlorengegangen ist.

Man wird der Wahrheit vielleicht näherkommen, wenn man die
plötzliche und – gemessen an früheren Veränderungen – ungewöhnlich schnelle Ausbreitung der Technik in den letzten 50 Jahren für
viele Schwierigkeiten verantwortlich macht, da diese Schnelligkeit
der Veränderung im Gegensatz zu früheren Jahrhunderten der
Menschheit einfach nicht die Zeit gelassen hat, sich auf die neuen
Lebensbedingungen umzustellen. Aber auch damit ist wohl noch
nicht richtig oder noch nicht vollständig erklärt, warum unsere Zeit
offensichtlich vor einer ganz neuen Situation zu stehen scheint, zu
der es in der Geschichte kaum ein Analogon gibt.

Schon am Anfang war davon die Rede, daß die Wandlungen in
den Grundlagen der modernen Naturwissenschaft vielleicht als
Symptom angesehen werden können für Verschiebungen in den
Fundamenten unseres Daseins, die sich dann an vielen Stellen gleichzeitig äußern, sei es in Veränderungen unserer Lebensweise und unserer Denkgewohnheiten, sei es in äußeren Katastrophen, Kriegen
oder Revolutionen. Wenn man versucht, von der Situation in der
modernen Naturwissenschaft ausgehend sich zu den in Bewegung
geratenen Fundamenten vorzutasten, so hat man den Eindruck, daß
man die Verhältnisse vielleicht nicht allzu grob vereinfacht, wenn
man sagt, *daß zum erstenmal im Laufe der Geschichte der Mensch*

auf dieser Erde nur noch sich selbst gegenüber steht, daß er keine anderen Partner oder Gegner mehr findet. Das gilt zunächst in einer ganz banalen Weise im Kampf des Menschen mit äußeren Gefahren. Früher war der Mensch durch wilde Tiere, durch Krankheiten, Hunger, Kälte und andere Naturgewalten bedroht, und in diesem Streit bedeutete jede Ausweitung der Technik eine Stärkung der Stellung des Menschen, also einen Fortschritt. In unserer Zeit, in der die Erde immer dichter besiedelt wird, kommt die Einschränkung der Lebensmöglichkeit und damit die Bedrohung in erster Linie von den anderen Menschen, die auch ihr Recht auf die Güter der Erde geltend machen. In dieser Auseinandersetzung braucht die Erweiterung der Technik aber kein Fortschritt mehr zu sein. Der Satz, daß der Mensch nur noch sich selbst gegenüberstehe, gilt aber im Zeitalter der Technik noch in einem viel weiteren Sinne. In früheren Epochen sah sich der Mensch der Natur gegenüber; die von Lebewesen aller Art bewohnte Natur war ein Reich, das nach seinen eigenen Gesetzen lebte und in das er sich mit seinem Leben irgendwie einzuordnen hatte. In unserer Zeit aber leben wir in einer vom Menschen so völlig verwandelten Welt, daß wir überall, ob wir nun mit den Apparaten des täglichen Lebens umgehen, ob wir eine mit Maschinen zubereitete Nahrung zu uns nehmen oder die vom Menschen verwandelte Landschaft durchschreiten, *immer wieder auf die vom Menschen hervorgerufenen Strukturen stoßen, daß wir gewissermaßen immer nur uns selbst begegnen.* Sicher gibt es Teile der Erde, wo dieser Prozeß noch lange nicht zum Abschluß gekommen ist, aber früher oder später dürfte in dieser Hinsicht die Herrschaft des Menschen vollständig sein.

Am schärfsten aber tritt uns diese neue Situation eben in der modernen Naturwissenschaft vor Augen, in der sich, wie ich vorhin geschildert habe, herausstellt, daß wir die Bausteine der Materie, die ursprünglich als die letzte objektive Realität gedacht waren, überhaupt nicht mehr »an sich« betrachten können, daß sie sich irgendeiner objektiven Festlegung in Raum und Zeit entziehen und *daß wir im Grunde immer nur unsere Kenntnis dieser Teilchen zum Gegenstand der Wissenschaft machen können.* Das Ziel der Forschung

ist also nicht mehr die Erkenntnis der Atome und ihrer Bewegung
»an sich«, d. h. abgelöst von unserer experimentellen Fragestellung,
vielmehr stehen wir von Anfang an in der Mitte der Auseinandersetzung zwischen Natur und Mensch, von der die Naturwissenschaft ja
nur ein Teil ist, so daß die landläufigen Einteilungen der Welt in
Subjekt und Objekt, Innenwelt und Außenwelt, Körper und Seele
nicht mehr recht passen wollen und zu Schwierigkeiten führen.
Auch in der Naturwissenschaft ist also der Gegenstand Forschung
nicht mehr die Natur an sich, *sondern die der menschlichen Fragestellung ausgesetzte Natur,* und insofern begegnet der Mensch auch
hier wieder sich selbst.

Unserer Zeit ist nun offenbar die Aufgabe gestellt, sich mit dieser
neuen Situation in allen Bereichen des Lebens abzufinden, und erst
wenn das gelungen ist, kann die »Sicherheit in den Regungen des
Geistes«, von der der chinesische Weise spricht, von den Menschen
wiedergefunden werden. Dieser Weg wird lang und mühevoll sein,
und wir wissen nicht, welche Leidensstationen noch auf ihm liegen.
Aber wenn man nach Anzeichen dafür sucht, wie dieser Weg aussehen wird, mag es erlaubt sein, sich noch einmal an das Beispiel der
exakten Naturwissenschaft zu erinnern.

In der Quantentheorie hat man sich mit der geschilderten Situation abgefunden, als es gelungen war, sie mathematisch darzustellen
und damit in jedem Fall klar und ohne Gefahr logischer Widersprüche zu sagen, wie das Ergebnis eines Experiments ausfallen werde.
Man hat sich also mit der neuen Situation abgefunden in dem
Augenblick, in dem die Unklarheiten beseitigt waren. Die mathematischen Formeln bilden dabei allerdings nicht mehr die Natur, sondern unsere Kenntnis von der Natur ab, und insofern hat man auf
eine seit Jahrhunderten übliche Art der Naturbeschreibung verzichtet, die noch vor wenigen Jahrzehnten als das selbstverständliche
Ziel aller exakten Naturwissenschaft gegolten hätte. Man kann auch
einstweilen nur sagen, daß man sich im Bereich der modernen
Atomphysik selbst abgefunden hat, weil man die Erfahrungen richtig darstellen kann. Schon wenn es sich um die philosophische Interpretation der Quantentheorie handelt, gehen die Meinungen noch

auseinander, und man hört gelegentlich die Ansicht, daß diese neue Form der Naturbeschreibung noch unbefriedigend sei, da sie dem früheren Ideal der wissenschaftlichen Wahrheit nicht entspräche und daher selbst nur als Symptom für die Krise unserer Zeit aufzufassen und jedenfalls nicht endgültig sei.

Es wird zweckmäßig sein, in diesem Zusammenhang den Begriff der wissenschaftlichen Wahrheit etwas allgemeiner zu erörtern und nach Kriterien danach zu fragen, wann eine wissenschaftliche Erkenntnis konsequent und endgültig genannt werden kann. Zunächst ein mehr äußerliches Kriterium: Solange sich irgendein Bereich des geistigen Lebens stetig und ohne inneren Bruch fortentwickelt, sind dem einzelnen Menschen, der in diesem Bereich arbeitet, Einzelfragen gestellt, gewissermaßen handwerkliche Probleme, deren Lösung zwar nicht Selbstzweck ist, aber im Interesse des allein wichtigen großen Zusammenhanges wertvoll erscheint. Diese Einzelprobleme sind gestellt, sie brauchen nicht erst gesucht zu werden, und ihre Bearbeitung ist die Voraussetzung für die Mitarbeit am großen Zusammenhang. So haben etwa mittelalterliche Bildhauer sich bemüht, die Falten an den Gewändern möglichst gut wiederzugeben, und die Lösung dieses Einzelproblems war notwendig, weil auch die Falten in den Gewändern der Heiligen in dem großen religiösen Zusammenhang standen, der eigentlich gemeint war. In ähnlicher Weise waren und sind in der modernen Naturwissenschaft stets Einzelfragen gestellt, deren Bearbeitung die Voraussetzung bildet zum Verständnis des großen Zusammenhanges. Diese Fragen waren auch in der Entwicklung der letzten 50 Jahre stets von selbst gestellt, sie mußten nicht gesucht werden, und das Ziel war stets der gleiche große Zusammenhang der Naturgesetze. Insofern ist rein äußerlich kein Grund zu sehen für irgendeinen Bruch in der Kontinuität der exakten Naturwissenschaft.

Hinsichtlich der Endgültigkeit der Ergebnisse aber ist daran zu erinnern, daß es im Bereich der exakten Naturwissenschaft immer wieder endgültige Lösungen gegeben hat für bestimmte umgrenzte Erfahrungsbereiche. Die Fragen z. B., die mit den Begriffen der Newtonschen Mechanik gestellt werden können, fanden auch ihre

für alle Zeiten endgültige Beantwortung durch die Newtonschen
Gesetze und die aus ihnen gezogenen mathematischen Folgerungen.
Diese Lösungen reichen allerdings nicht weiter als die Begriffe der
Newtonschen Mechanik und ihre Fragestellung. Daher war z. B.
schon die Elektrizitätslehre einer Analyse mit diesen Begriffen nicht
mehr zugänglich, und so haben sich bei der Durchforschung dieses
neuen Erfahrungsbereiches wieder neue Begriffssysteme ergeben, mit
deren Hilfe die Naturgesetze der Elektrizitätslehre endgültig mathematisch formuliert werden konnten. Das Wort »endgültig« bedeutet
also im Zusammenhang der exakten Naturwissenschaft offenbar,
*daß es immer wieder in sich geschlossene, mathematisch darstellbare
Systeme von Begriffen und Gesetzen gibt, die auf bestimmte Erfahrungsbereiche passen*, in ihnen überall im Kosmos gelten und keiner
Änderungen oder Verbesserungen fähig sind; daß aber natürlich
nicht erwartet werden kann, daß diese Begriffe und Gesetze auch
geeignet sein werden, später neue Erfahrungsbereiche darzustellen.
Nur in diesem eingeschränkten Sinne also können auch die quantentheoretischen Begriffe und Gesetze als endgültig bezeichnet werden,
und nur in diesem eingeschränkten Sinne kann es überhaupt vorkommen, daß wissenschaftliche Erkenntnis ihre endgültige Fixierung in der mathematischen oder irgendeiner anderen Sprache findet.

Ähnlich wird ja etwa auch in manchen Rechtsphilosophien angenommen, daß es immer Recht gäbe, daß aber im allgemeinen in einem neuen Rechtsfall das Recht neu gefunden werden müsse, daß jedenfalls das schriftlich festgelegte Recht immer nur begrenzte Bereiche des Lebens umfassen und insofern nicht immer verbindlich sein
könne. So geht auch die exakte Naturwissenschaft davon aus, daß es
schließlich immer, auch in jedem neuen Erfahrungsbereich, möglich
sein werde, die Natur zu verstehen; daß aber dabei gar nicht von
vornherein ausgemacht sei, was das Wort »verstehen« bedeutet, und
daß die in mathematischen Formeln fixierte Naturerkenntnis früherer Epochen *zwar »endgültig«, aber keineswegs immer anwendbar
sei*. Es ist dieser Sachverhalt, der es auch unmöglich macht, Glaubensbekenntnisse, die für die Haltung im Leben verbindlich sein sol-

len, allein auf wissenschaftliche Erkenntnis zu begründen. Denn die Begründung könnte ja nur durch die fixierte wissenschaftliche Erkenntnis erfolgen, und die ist nur auf beschränkte Bereiche der Erfahrung anwendbar. Die Behauptung, die häufig am Anfang der in unserer Zeit entstandenen Glaubensbekenntnisse steht, daß es sich bei ihnen nicht um Glauben, sondern um wissenschaftlich fundiertes Wissen handele, enthält daher einen inneren Widerspruch und beruht auf einer Selbsttäuschung.

Trotzdem darf diese Erkenntnis nicht dazu verführen, die Festigkeit des Grundes zu unterschätzen, auf dem das Gebäude der exakten Naturwissenschaft errichtet ist. Der Begriff von wissenschaftlicher Wahrheit, der der Naturwissenschaft zugrunde liegt, kann sehr verschiedene Arten von Naturverständnis tragen. So ruht außer der Naturwissenschaft der vergangenen Jahrhunderte auch die moderne Atomphysik in ihm, und daraus geht hervor, daß man sich auch mit der Erkenntnissituation, in der eine vollständige Objektivierung des Naturvorganges nicht mehr möglich ist, abfinden und in ihr unsere Beziehung zur Natur ordnen kann.

Wenn von einem Naturbild der exakten Naturwissenschaft in unserer Zeit gesprochen werden kann, so handelt es sich also eigentlich nicht mehr um ein Bild der Natur, sondern um ein Bild unserer Beziehungen zur Natur. Die alte Einteilung der Welt in einen objektiven Ablauf in Raum und Zeit auf der einen Seite und die Seele, in der sich dieser Ablauf spiegelt, auf der anderen, also die Descartessche Unterscheidung von *res cogitans* und *res extensa,* eignet sich nicht mehr als Ausgangspunkt zum Verständnis der modernen Naturwissenschaft. Im Blickfeld dieser Wissenschaft steht vielmehr vor allem das Netz der Beziehungen zwischen Mensch und Natur, der Zusammenhänge, durch die wir als körperliche Lebewesen abhängige Teile der Natur sind und sie gleichzeitig als Menschen zum Gegenstand unseres Denkens und Handelns machen. Die Naturwissenschaft steht nicht mehr als Beschauer vor der Natur, sondern erkennt sich selbst als Teil dieses Wechselspiels zwischen Mensch und Natur. Die wissenschaftliche Methode des Aussonderns, Erklärens und Ordnens wird sich der Grenzen bewußt, die ihr dadurch gesetzt

sind, *daß der Zugriff der Methode ihren Gegenstand verändert und
umgestaltet, daß sich die Methode also nicht mehr vom Gegenstand
distanzieren kann.* Das naturwissenschaftliche Weltbild hört damit
auf, ein eigentlich naturwissenschaftliches zu sein.

Mit der Klärung dieser Paradoxien in einem engen wissenschaftlichen Bereich ist freilich noch wenig gewonnen für die allgemeine Situation unserer Zeit, in der wir, um eine vorhin gebrauchte Vereinfachung zu wiederholen, plötzlich in erster Linie uns selbst gegen-
überstehen. Die Hoffnung, daß die Ausbreitung der materiellen und
geistigen Macht des Menschen immer ein Fortschritt sei, findet ja
durch diese Situation eine wenn auch erst undeutlich sichtbare Grenze, und die Gefahren werden um so größer, je stärker die Welle des
vom Fortschrittsglauben getragenen Optimismus gegen diese Grenze
brandet. Vielleicht kann man die Art der Gefahr, um die es sich hier
handelt, noch durch ein anderes Bild deutlicher machen. Mit der
scheinbar unbegrenzten Ausbreitung ihrer materiellen Macht
kommt die Menschheit in die Lage eines Kapitäns, dessen Schiff so
stark aus Stahl und Eisen gebaut ist, daß die Magnetnadel seines
Kompasses nur noch auf die Eisenmasse des Schiffes zeigt, nicht
mehr nach Norden. Mit einem solchen Schiff kann man kein Ziel
mehr erreichen; es wird nur noch im Kreise fahren und daneben dem
Wind und der Strömung ausgeliefert sein. Aber um wieder an die Situation in der modernen Physik zu erinnern: Die Gefahr besteht eigentlich nur, solange der Kapitän nicht weiß, daß sein Kompaß
nicht mehr auf die magnetischen Kräfte der Erde reagiert. In dem
Augenblick, in dem Klarheit geschaffen ist, kann die Gefahr schon
halb als beseitigt gelten. Denn der Kapitän, der nicht im Kreise fahren, sondern ein bekanntes oder unbekanntes Ziel erreichen will,
wird Mittel und Wege finden, die Richtung seines Schiffes zu bestimmen. Er mag neue, moderne Kompaßarten in Gebrauch nehmen, die
nicht auf die Eisenmasse des Schiffes reagieren, oder er mag sich, wie
in alten Zeiten, an den Sternen orientieren; freilich können wir nicht
darüber verfügen, ob die Sterne sichtbar sind oder nicht, und in unserer Zeit sind sie vielleicht nur selten zu sehen. Aber jedenfalls
schließt schon das Bewußtsein, daß die Hoffnung des Fortschritts-

glaubens eine Grenze findet, den Wunsch ein, nicht im Kreise zu fahren, sondern ein Ziel zu erreichen. In dem Maße, in dem Klarheit über diese Grenze erreicht wird, kann sie selbst als der erste Halt gelten, an dem wir uns neu orientieren können. Vielleicht kann man also aus dem Vergleich mit der modernen Naturwissenschaft die Hoffnung schöpfen, daß es sich hier wohl um eine Grenze für bestimmte Formen der Ausbreitung des menschlichen Lebensbereiches handeln mag, nicht aber um eine Grenze für diesen Lebensbereich schlechthin. Der Raum, in dem der Mensch als geistiges Wesen sich entwickelt, hat mehr Dimensionen als nur die eine, in der er sich in den letzten Jahrhunderten ausgebreitet hat. Daraus würde folgen, daß in längeren Zeiträumen die bewußte Hinnahme dieser Grenze vielleicht zu einer gewissen Stabilisierung führen wird, in der sich die Gedanken der Menschen wieder von selbst um eine gemeinsame Mitte ordnen. Eine solche Ordnung würde vielleicht auch eine neue Grundlage für die Entwicklung der Kunst bilden, aber darüber zu sprechen kann nicht mehr Sache des Naturwissenschaftlers sein.

Atomforschung und Kausalgesetz*

Zu den interessantesten allgemeinen Wirkungen der modernen
Atomphysik gehören die Veränderungen, die sich unter ihrem Einfluß am Begriff der Naturgesetzlichkeit vollzogen haben.

Es ist in den letzten Jahren oft davon gesprochen worden, daß die
moderne Atomphysik das Gesetz von Ursache und Wirkung aufhe-
be oder wenigstens teilweise außer Kraft setze, daß man also nicht
mehr von einer naturgesetzlichen *Bestimmtheit* der Vorgänge im eigentlichen Sinne reden könne. Gelegentlich wird auch einfach gesagt, das Prinzip der Kausalität sei mit der modernen Atomlehre
nicht vereinbar. Nun sind solche Formulierungen stets unklar, solange die Begriffe Kausalität oder Gesetzlichkeit nicht genügend geklärt sind. Ich möchte daher im folgenden zunächst kurz über die
historische Entwicklung dieser Begriffe sprechen. Dann will ich auf
die Beziehungen eingehen, die sich zwischen der Atomphysik und
dem Prinzip der Kausalität schon lange vor der Quantentheorie ergeben haben. Anschließend will ich die Folgen der Quantentheorie
erörtern und von der Entwicklung der Atomphysik in den allerletzten Jahren sprechen. Von dieser Entwicklung ist bisher wenig in die
Öffentlichkeit gedrungen, aber es sieht doch so aus, als ob auch von
ihr Rückwirkungen ins philosophische Gebiet zu erwarten wären.

Die Verwendung des Begriffs Kausalität für die Regel von Ursa-

* Vortrag, gehalten am 12. 2. 1952 in St. Gallen. Zuerst veröffentlicht in: Universitas, 9. Jg. 1954, Heft 3, S. 225–236 (Wissenschaftliche Verlagsgesellschaft
m.b.H., Stuttgart).

che und Wirkung ist historisch noch relativ jung. In der früheren
Philosophie hatte das Wort »causa« eine viel allgemeinere Bedeutung als jetzt. Zum Beispiel wurde in der Scholastik im Anschluß an
Aristoteles von vier Formen der »Ursache« gesprochen. Dort wird
die »causa formalis« genannt, die man etwa heute als Struktur oder
als den geistigen Gehalt einer Sache bezeichnen würde; die »causa
materialis«, d. h. der Stoff, aus dem eine Sache besteht; die »causa
finalis«, der Zweck, zu dem eine Sache geschaffen ist, und schließlich
die »causa efficiens«. Nur die »causa efficiens« entspricht etwa dem,
was wir heute mit dem Worte Ursache meinen.

Die Veränderung des Begriffs »causa« zu dem heutigen Begriff
Ursache hat sich im Laufe der Jahrhunderte vollzogen, im inneren
Zusammenhang mit der Veränderung der ganzen von den Menschen
erfaßten Wirklichkeit und mit der Entstehung der Naturwissenschaft beim Beginn der Neuzeit. In demselben Maße, in dem der materielle Vorgang an Wirklichkeit gewann, bezog sich auch das Wort
»causa« auf dasjenige materielle Geschehen, das dem zu erklärenden
Geschehen vorherging und dies irgendwie bewirkt hat. Daher wird
auch bei Kant, der ja im Grunde doch an vielen Stellen einfach die
philosophischen Konsequenzen aus der Entwicklung der Naturwissenschaften seit Newton zieht, das Wort Kausalität schon so formuliert, wie wir es aus dem 19. Jahrhundert gewohnt sind: »Wenn wir
erfahren, daß etwas geschieht, so setzen wir dabei jederzeit voraus,
daß etwas vorhergehe, woraus es nach einer Regel folgt.«

So wurde allmählich der Satz von der Kausalität eingeengt und
schließlich gleichbedeutend mit der Erwartung, daß das Geschehen
in der Natur eindeutig bestimmt sei, daß also die genaue Kenntnis
der Natur oder eines bestimmten Ausschnittes aus ihr wenigstens im
Prinzip genüge, die Zukunft vorauszubestimmen. So war eben die
Newtonsche Physik geartet, daß man aus dem Zustand eines Systems zu einer bestimmten Zeit die zukünftige Bewegung des Systems vorausberechnen konnte. Die Anschauung, daß dies in der
Natur grundsätzlich so sei, wurde vielleicht am allgemeinsten und
verständlichsten von Laplace ausgesprochen in der Fiktion eines Dä-
mons, der zu einer gegebenen Zeit die Lage und Bewegung aller

Atome kennt und dann in der Lage sein müßte, die gesamte Zukunft
der Welt vorauszuberechnen. Wenn man das Wort Kausalität so eng
interpretiert, spricht man auch von »Determinismus« und meint damit, daß es feste Naturgesetze gibt, die den zukünftigen Zustand eines Systems aus dem gegenwärtigen eindeutig festlegen.

Die Atomphysik hat von Anfang an Vorstellungen entwickelt, die
eigentlich *nicht* zu diesem Bild passen. Sie widersprechen ihm zwar
nicht grundsätzlich, aber die Denkweise der Atomlehre mußte sich
von Anfang an von der des Determinismus unterscheiden. Schon in
der antiken Atomlehre von Demokrit und Leukipp wird ja angenommen, daß die Vorgänge im großen dadurch zustande kommen,
daß viele unregelmäßige Vorgänge im kleinen geschehen. Dafür,
daß dies grundsätzlich so sein kann, gibt es unzählige Beispiele aus
dem täglichen Leben. Es genügt etwa für den Landwirt festzustellen,
daß eine Wolke sich niederschlägt und den Boden bewässert, und
niemand braucht dabei zu wissen, wie die Wassertropfen im einzelnen gefallen sind. Oder ein anderes Beispiel: Wir wissen genau, was
wir mit dem Wort Granit meinen, auch wenn die Form und die chemische Zusammensetzung der einzelnen kleinen Kristalle, ihr Mischungsverhältnis und ihre Farbe nicht genau bekannt sind. Wir benutzen also immer wieder Begriffe, die sich auf das Verhalten im
großen beziehen, ohne uns dabei für die Einzelvorgänge im kleinen
zu interessieren.

Dieser Gedanke des statistischen Zusammenwirkens vieler kleiner
Einzelereignisse ist schon in der antiken Atomlehre die Grundlage
ihrer Erklärung der Welt gewesen und zu der Vorstellung verallge-
meinert worden, daß alle sinnlichen Qualitäten der Stoffe indirekt
hervorgerufen würden durch die Lagerung und Bewegung der Atome.
Schon bei Demokrit steht der Satz: »Nur scheinbar ist ein Ding
süß oder bitter, nur scheinbar hat es eine Farbe, in Wirklichkeit gibt
es nur die Atome und den leeren Raum.« Wenn man die sinnlich
wahrnehmbaren Vorgänge in dieser Weise durch das Zusammenwirken sehr vieler Einzelvorgänge im kleinen erklärt, so folgt fast
zwangsläufig, daß man die Gesetzmäßigkeiten in der Natur auch
nur als statistische Gesetzmäßigkeiten betrachtet. Zwar können

auch statistische Gesetzmäßigkeiten zu Aussagen führen, deren Grad von Wahrscheinlichkeit so hoch ist, daß er an Sicherheit grenzt. Aber im Prinzip kann es stets Ausnahmen geben.

Der Begriff der statistischen Gesetzmäßigkeit wird häufig als widerspruchsvoll empfunden. Man sagt etwa, man könne sich vorstellen, daß die Vorgänge in der Natur gesetzmäßig bestimmt seien, oder auch, daß sie völlig ungeordnet abliefen, aber unter statistischer Gesetzmäßigkeit könne man sich nichts vorstellen. Demgegenüber muß man daran erinnern, daß wir im täglichen Leben auf Schritt und Tritt mit statistischen Gesetzmäßigkeiten zu tun haben, die wir zur Grundlage unseres *praktischen* Handelns machen. Wenn etwa der Techniker ein Kraftwerk baut, so rechnet er mit einer mittleren jährlichen Niederschlagsmenge, obwohl er keine Ahnung davon haben kann, wann es regnen wird und wieviel.

Statistische Gesetzmäßigkeiten bedeuten in der Regel, daß man das betreffende physikalische System nur unvollständig kennt. Das bekannteste Beispiel ist das Würfelspiel. Da keine Seite des Würfels vor einer anderen ausgezeichnet ist und wir daher in keiner Weise vorhersagen können, auf welche Seite er fallen wird, kann man annehmen, daß unter einer sehr großen Zahl von Würfen gerade der sechste Teil etwa fünf Augen hat.

Mit dem Beginn der Neuzeit hat man schon früh versucht, das Verhalten der Stoffe durch das statistische Verhalten ihrer Atome nicht nur qualitativ, sondern auch quantitativ zu erklären. Schon Robert Boyle hat gezeigt, daß die Beziehungen zwischen Druck und Volumen in einem Gas verstanden werden können, wenn man den Druck durch die vielen Stöße der einzelnen Atome auf die Wand des Gefäßes erklärt. In ähnlicher Weise hat man die thermodynamischen Erscheinungen erklärt, indem man annahm, daß die Atome sich in einem heißen Körper heftiger bewegen als in einem kalten. Es ist gelungen, dieser Aussage eine mathematisch quantitative Form zu geben und damit die Gesetze der Wärmelehre verständlich zu machen.

Ihre endgültige Form hat diese Verwendung statistischer Gesetzmäßigkeiten in der zweiten Hälfte des vorigen Jahrhunderts durch

die sogenannte statistische Mechanik erhalten. In dieser Theorie, die
ja in den Grundgesetzen einfach von der Newtonschen Mechanik
ausgeht, untersuchte man die Folgerungen, die sich aus einer unvollständigen Kenntnis eines komplizierten mechanischen Systems ergeben. Man gab also prinzipiell den reinen Determinismus nicht auf
und stellte sich vor, daß im einzelnen das Geschehen nach der Newtonschen Mechanik vollständig bestimmt sei. Aber man fügte den
Gedanken hinzu, daß die mechanischen Eigenschaften des Systems
nicht vollständig bekannt seien. Es ist Gibbs und Boltzmann gelungen, die Art der unvollständigen Kenntnis sachgemäß in mathematische Formeln zu fassen, und insbesondere konnte Gibbs zeigen, daß
der Temperaturbegriff gerade mit der Unvollständigkeit der Kenntnis eng verknüpft ist.

Wenn wir von einem System die Temperatur kennen, so bedeutet
dies, daß das System eines ist aus einer Gruppe von gleichberechtig-
ten Systemen. Diese Gruppe von Systemen kann man mathematisch
genau beschreiben, nicht aber das spezielle System, um das es sich
handelt. Damit hatte Gibbs eigentlich schon halb unbewußt einen
Schritt getan, der später die wichtigsten Konsequenzen nach sich gezogen hat. Gibbs hat zum erstenmal einen physikalischen Begriff
eingeführt, der nur dann auf einen Gegenstand in der Natur angewendet werden kann, wenn unsere Kenntnis des Gegenstands unvollständig ist. Wenn z. B. die Bewegung und Lage aller Moleküle in
einem Gas bekannt wären, so hätte es keinen Sinn mehr, von der
Temperatur des Gases zu sprechen. Der Temperaturbegriff kann nur
verwendet werden, wenn das System unvollständig bekannt ist und
man aus dieser unvollständigen Kenntnis statistische Schlüsse zu ziehen wünscht.

Obwohl man in dieser Weise seit den Entdeckungen von Gibbs
und Boltzmann die unvollständige Kenntnis eines Systems in die
Formulierung der physikalischen Gesetze einbezog, hat man doch
grundsätzlich am Determinismus festgehalten bis zur berühmten
Entdeckung von Max Planck, mit der die »Quantentheorie« begonnen hat. Planck hatte zunächst in seiner Arbeit über die Strahlungstheorie nur ein Element von Unstetigkeit in den Strahlungserschei-

nungen gefunden. Er hatte gezeigt, daß ein strahlendes Atom seine Energie nicht kontinuierlich, sondern unstetig, in Stößen, abgibt. Diese unstetige und stoßweise Energieabgabe führt wieder, wie die ganzen Vorstellungen der Atomtheorie, zu der Annahme, daß die Aussendung von Strahlung ein statistisches Phänomen sei. Aber erst im Laufe von zweieinhalb Jahrzehnten hat sich herausgestellt, daß die Quantentheorie tatsächlich sogar dazu zwingt, die Gesetze eben als statistische Gesetze zu formulieren und vom Determinismus auch *grundsätzlich* abzugehen.

Die Plancksche Theorie hatte sich seit den Arbeiten von Einstein, Bohr und Sommerfeld als der Schlüssel erwiesen, mit dem man das Tor zu dem Gesamtgebiet der Atomphysik öffnen kann. Mit Hilfe des Rutherford-Bohrschen Atommodells hat man die chemischen Vorgänge erklären können, und seit dieser Zeit sind Chemie, Physik und Astrophysik zu einer Einheit verschmolzen. Bei der mathematischen Formulierung der quantentheoretischen Gesetze hat man sich aber gezwungen gesehen, vom reinen Determinismus abzugehen. Da ich von diesen mathematischen Ansätzen hier nicht sprechen kann, will ich nur verschiedene Formulierungen angeben, in denen man die merkwürdige Situation ausgedrückt hat, vor die der Physiker sich in der Atomphysik gestellt sah.

Einmal kann man die Abweichung von der früheren Physik in den sogenannten »Unbestimmtheitsrelationen« ausdrücken. Man stellt fest, daß es nicht möglich ist, den Ort und die Geschwindigkeit eines atomaren Teilchens gleichzeitig mit beliebiger Genauigkeit anzugeben. Man kann entweder den Ort sehr genau messen, dann verwischt sich dabei durch den Eingriff des Beobachtungsinstruments die Kenntnis der Geschwindigkeit bis zu einem gewissen Grad; umgekehrt verwischt sich die Ortskenntnis durch eine genaue Geschwindigkeitsmessung, so daß für das Produkt der beiden Ungenauigkeiten durch die Plancksche Konstante eine untere Grenze gegeben wird. Diese Formulierung macht jedenfalls klar, daß man mit den Begriffen der Newtonschen Mechanik nicht sehr viel weiter kommen kann; denn für die Berechnung eines mechanischen Ablaufs muß man gerade Ort und Geschwindigkeit zu einem bestimmten Zeitpunkt gleichzeitig genau kennen; aber eben dies soll nach der Quantentheorie unmöglich sein.

Eine andere Formulierung ist von Niels Bohr geprägt worden, der den Begriff der »Komplementarität« eingeführt hat. Er meint damit, daß verschiedene anschauliche Bilder, mit denen wir atomare Systeme beschreiben, zwar für bestimmte Experimente durchaus angemessen sind, aber sich doch gegenseitig ausschließen. So kann man z. B. das Bohrsche Atom als ein Planetensystem im kleinen beschreiben: in der Mitte ein Atomkern und außen Elektronen, die diesen Kern umkreisen. Für andere Experimente aber mag es zweckmäßig sein, sich vorzustellen, daß der Atomkern von einem System stehender Wellen umgeben ist, wobei die Frequenz der Wellen maßgebend ist für die vom Atom ausgesandte Strahlung. Schließlich kann man das Atom auch ansehen als einen Gegenstand der Chemie, man kann seine Reaktionswärmen beim Zusammenschluß mit anderen Atomen berechnen, aber dann nicht gleichzeitig etwas über die Bewegung der Elektronen aussagen. Diese verschiedenen Bilder sind also richtig, wenn man sie an der richtigen Stelle verwendet, aber sie widersprechen einander, und man bezeichnet sie daher als komplementär zueinander. Die Unbestimmtheit, mit der jedes einzelne dieser Bilder behaftet ist und die durch die Unbestimmtheitsrelation ausgedrückt wird, genügt eben, um logische Widersprüche zwischen den verschiedenen Bildern zu vermeiden.

Es ist aus diesen Andeutungen wohl auch ohne Eingehen auf die Mathematik der Quantentheorie verständlich, daß die unvollständige Kenntnis eines Systems ein wesentlicher Bestandteil jeder Formulierung der Quantentheorie sein muß. Die quantentheoretischen Gesetze müssen statistischer Art sein. Um ein Beispiel zu nennen: Wir wissen, daß ein Radiumatom α-Strahlen aussenden kann. Die Quantentheorie kann angeben, mit welcher Wahrscheinlichkeit pro Zeiteinheit das α-Teilchen den Kern verläßt; aber den genauen Zeitpunkt kann sie nicht vorhersagen, der ist prinzipiell unbestimmt. Man kann auch nicht etwa annehmen, daß später noch einmal neue Gesetzmäßigkeiten gefunden werden, die uns dann erlauben, diesen genauen Zeitpunkt zu bestimmen; denn wenn das der Fall wäre, so

könnte man nicht verstehen, wieso das α-Teilchen auch noch aufgefaßt werden kann als eine Welle, die den Atomkern verläßt; es kann
ja auch als solche experimentell nachgewiesen werden.

Die verschiedenen Experimente, die sowohl die Wellennatur als
auch die Teilchennatur der atomaren Materie beweisen, zwingen uns
durch ihre Paradoxie zur Formulierung von statistischen Gesetzmäßigkeiten. Bei Vorgängen im großen spielt dieses statistische Element der Atomphysik im allgemeinen keine Rolle, weil aus den statistischen Gesetzen für den Vorgang im großen eine so große Wahrscheinlichkeit folgt, daß man sagen kann, praktisch sei der Vorgang
determiniert. Es gibt allerdings auch immer wieder Fälle, in denen
das Geschehen im großen abhängt vom Verhalten eines oder einiger
weniger Atome; dann kann man auch den Vorgang im großen nur
statistisch vorhersagen. Ich möchte das an einem bekannten, aber
unerfreulichen Beispiel erläutern, nämlich am Beispiel der Atombombe.

Bei einer gewöhnlichen Bombe kann aus dem Gewicht des Explo-
sionsstoffes und seiner chemischen Zusammensetzung die Stärke der
Explosion vorherberechnet werden. Bei der Atombombe kann man
zwar auch noch eine obere und eine untere Grenze für die Stärke der
Explosion angeben, aber eine genaue Vorausberechnung dieser Stärke ist prinzipiell unmöglich, da sie von dem Verhalten einiger weniger Atome beim Zündungsvorgang abhängt. In ähnlicher Weise gibt
es wahrscheinlich auch in der Biologie – worauf Jordan besonders
hingewiesen hat – Vorgänge, bei denen Entwicklungen im großen
durch Prozesse an einzelnen Atomen gesteuert werden; insbesondere
scheint dies bei den Mutationen der Gene im Vererbungsvorgang der
Fall zu sein. Diese beiden Beispiele sollten die praktischen Konsequenzen des statistischen Charakters der Quantentheorie erläutern; auch diese Entwicklung ist seit über zwei Jahrzehnten abgeschlossen, und man wird nicht annehmen können, daß sich in Zukunft an dieser Stelle noch grundsätzlich etwas ändern kann.

Trotzdem ist in den allerletzten Jahren zum Problemkreis der
Kausalität noch ein neuer Gesichtspunkt hinzugekommen, der, wie
ich schon zu Anfang sagte, aus der jüngsten Entwicklung der Atom-

physik stammt. Die Fragen, die jetzt im Mittelpunkt des Interesses
der Atomphysik stehen, haben sich in logischer Folge aus ihrem
Fortschritt in den letzten 200 Jahren ergeben; ich muß daher noch
einmal kurz auf die Geschichte der neueren Atomphysik eingehen.

Beim Beginn der Neuzeit hatte sich der Atombegriff verbunden
mit dem des chemischen Elements. Ein Grundstoff wurde dadurch
charakterisiert, daß er sich chemisch nicht weiter zerlegen läßt. Zu
jedem Element gehört daher eine bestimmte Atomsorte. Ein Stück
des Elements Kohlenstoff besteht etwa aus lauter Kohlenstoffatomen, ein Stück des Elements Eisen aus lauter Eisenatomen. Man war
daher gezwungen, genausoviele Atomsorten anzunehmen, als es
chemische Elemente gibt. Da man schließlich 92 verschiedene chemische Elemente kannte, mußte man auch 92 Atomsorten annehmen. Eine solche Vorstellung ist aber von den Grundvoraussetzungen der Atomlehre her sehr unbefriedigend. Ursprünglich sollten
doch die Atome durch ihre Lagerung und Bewegung die Qualitäten
der Stoffe erklären. Diese Vorstellung hat nur dann einen wirklichen
Erklärungswert, wenn die Atome alle gleich sind oder es nur ganz
wenige Sorten von Atomen gibt, wenn also die Atome selbst keine
Qualitäten besitzen. Wenn man aber gezwungen ist, 92 qualitativ
verschiedene Atome anzunehmen, so hat man nicht allzuviel gewonnen gegenüber der Aussage, daß es eben qualitativ verschiedene
Dinge gibt.

Die Annahme von 92 grundsätzlich verschiedenen kleinsten Teilchen ist daher seit langer Zeit als unbefriedigend empfunden worden, und man hat vermutet, es müsse möglich sein, von diesen 92
Atomsorten zu einer kleineren Anzahl elementarer Bestandteile zu
kommen. Man hat also früh versucht, die chemischen Atome selbst
als zusammengesetzt aus wenigen Grundbausteinen aufzufassen.
Die ältesten Versuche, die chemischen Stoffe in andere zu verwandeln, gingen immer von der Voraussetzung aus, daß letzten Endes
die Materie einheitlich sei. Tatsächlich hat sich in den vergangenen
50 Jahren herausgestellt, daß die chemischen Atome zusammengesetzt sind, und zwar aus nur drei Grundbausteinen, die wir Protonen, Neutronen und Elektronen nennen.

Der Atomkern besteht aus Protonen und Neutronen, und dieser Atomkern wird von einer Anzahl von Elektronen umkreist. So besteht etwa der Kern des Kohlenstoffatoms aus sechs Protonen und sechs Neutronen, und er wird in relativ weitem Abstand von sechs Elektronen umkreist. An die Stelle der 92 verschiedenen Atomsorten sind also seit der Entwicklung der Kernphysik in den dreißiger Jahren nur drei verschiedene kleinste Teilchen getreten; insofern hat die Atomlehre genau den Weg genommen, der ihr durch ihre Grundvoraussetzungen vorgezeichnet war. Nachdem die Zusammensetzung aller chemischen Atome aus den drei Grundbausteinen klargestellt war, mußte es auch möglich sein, die chemischen Elemente praktisch ineinander umzuwandeln. Bekanntlich ist der physikalischen Aufklärung auch bald die technische Verwirklichung gefolgt. Seit der Entdeckung der Uranspaltung durch Otto Hahn im Jahre 1938 und der an sie anschließenden technischen Entwicklung können Element-Umwandlungen auch im großen vollzogen werden.

Nun hat sich in den letzten beiden Jahrzehnten das Bild wieder etwas verwirrt. Neben den genannten drei Elementarteilchen: Proton, Neutron und Elektron hat man schon in den dreißiger Jahren noch weitere entdeckt, und in den allerletzten Jahren ist die Anzahl dieser neuen Teilchen erschreckend angewachsen. Es handelt sich dabei stets um Elementarteilchen, die im Gegensatz zu den drei Grundbausteinen unstabil, d. h. nur ganz kurze Zeit existenzfähig sind. Von diesen Teilchen, die wir Mesonen nennen, hat eine Sorte eine Lebensdauer von etwa dem millionsten Teil einer Sekunde, eine andere lebt nur den hundertsten Teil dieser Zeit, eine dritte, elektrisch ungeladene Sorte sogar nur den hundertbillionsten Teil einer Sekunde lang. Bis auf diese Unstabilität verhalten sich die neuen Elementarteilchen aber ganz ähnlich wie die drei stabilen Grundbausteine der Materie.

Im ersten Augenblick sieht es so aus, als sei man nun wieder gezwungen, eine große Anzahl qualitativ verschiedener Elementarteilchen anzunehmen, und das wäre im Hinblick auf die Grundvoraussetzungen der Atomphysik sehr unbefriedigend. Es hat sich aber in den Experimenten der letzten Jahre herausgestellt, daß die Elementarteilchen sich bei Zusammenstößen mit großer Energieumsetzung ineinander verwandeln können. Wenn zwei Elementarteilchen mit großer Bewegungsenergie aufeinandertreffen, so entstehen beim Stoß neue Elementarteilchen, die ursprünglichen Teilchen und ihre Energie verwandeln sich in neue Materie. Diesen Sachverhalt kann man am einfachsten beschreiben, wenn man sagt, alle Teilchen bestehen im Grunde aus dem gleichen Stoff, sie sind nur verschiedene stationäre Zustände ein und derselben Materie. Auch die Zahl 3 der Grundbausteine wird daher noch einmal reduziert auf die Zahl 1. Es gibt nur eine einheitliche Materie, aber sie kann in verschiedenen diskreten stationären Zuständen existieren. Einige dieser Zustände sind stabil, das sind Proton, Neutron und Elektron, und viele andere sind unstabil.

Obwohl man aufgrund der experimentellen Ergebnisse der vergangenen Jahre kaum mehr daran zweifeln kann, daß die Atomphysik sich in dieser Richtung entwickeln wird, ist es bisher noch nicht gelungen, die Gesetzmäßigkeiten mathematisch zu erfassen, nach denen die Elementarteilchen gebildet sind. Das ist eben das Problem, an dem die Atomphysiker im Augenblick arbeiten, sowohl experimentell, indem sie neue Teilchen entdecken und deren Eigenschaften untersuchen, als auch theoretisch, indem sie sich bemühen, die Eigenschaften der Elementarteilchen gesetzmäßig zu verknüpfen und sie in mathematischen Formeln niederzuschreiben.

Bei diesen Bemühungen sind die Schwierigkeiten mit dem Zeitbegriff aufgetaucht, von denen ich vorher sprach. Wenn man sich mit den Zusammenstößen der Elementarteilchen höchster Energien beschäftigt, muß man auf die Raum-Zeit-Struktur der speziellen Relativitätstheorie Rücksicht nehmen. In der Quantentheorie der Atomhülle spielte diese Raum-Zeit-Struktur keine sehr wichtige Rolle, da sich die Elektronen der Atomhülle verhältnismäßig langsam bewegen. Jetzt aber hat man es mit Elementarteilchen zu tun, die sich nahezu mit Lichtgeschwindigkeit bewegen, deren Verhalten also nur mit Hilfe der Relativitätstheorie beschrieben werden kann. Einstein hat vor 50 Jahren gefunden, daß die Struktur von Raum und Zeit nicht ganz so einfach ist, wie wir sie uns zunächst im täglichen Leben vorstellen. Wenn wir als vergangen alle jene Ereignisse bezeichnen, von denen wir, wenigstens im Prinzip, etwas erfahren können, und als zukünftig alle Ereignisse, auf die wir, wenigstens im Prinzip, noch einwirken können, so entspricht es unserer naiven Vorstellung zu glauben, daß zwischen diesen beiden Gruppen von Ereignissen nur ein unendlich kurzer Moment liegt, den wir den gegenwärtigen Zeitpunkt nennen können. Das war auch die Vorstellung, die Newton seiner Mechanik zugrunde gelegt hatte.

Seit Einsteins Entdeckung im Jahre 1905 aber weiß man, daß zwischen dem, was ich eben zukünftig, und dem, was ich vergangen genannt habe, ein endlicher Zeitabstand liegt, dessen zeitliche Ausdehnung abhängt von dem räumlichen Abstand zwischen dem Ereignis und dem Beobachter. Der Bereich der Gegenwart ist also nicht auf einen unendlich kurzen Zeitmoment beschränkt. Die Relativitätstheorie nimmt an, daß Wirkungen sich grundsätzlich nicht schneller als mit Lichtgeschwindigkeit ausbreiten können. Dieser Zug der Relativitätstheorie führt nun im Zusammenhang mit den Unbestimmtheitsrelationen der Quantentheorie zu Schwierigkeiten. Nach der Relativitätstheorie können Wirkungen sich nur erstrecken auf das Raum-Zeit-Gebiet, das scharf begrenzt ist durch den sogenannten Lichtkegel, d. h. durch die Raum-Zeit-Punkte, die von einer von dem wirkenden Punkt ausgehenden Lichtwelle erreicht werden. Dieses Raum-Zeit-Gebiet ist also, das muß besonders betont werden, scharf begrenzt. Andererseits hat sich in der Quantentheorie herausgestellt, daß eine scharfe Festlegung des Ortes, also auch eine scharfe räumliche Begrenzung, eine unendliche Unbestimmtheit der Geschwindigkeit und damit auch des Impulses und der Energie zur Folge hat. Dieser Sachverhalt wirkt sich praktisch in der Weise aus, daß bei dem Versuch einer mathematischen Formulierung der Wechselwirkung der Elementarteilchen stets unendliche Werte für Energie und Impuls auftreten, die eine befriedigende mathematische Formulierung verhindern.

Über diese Schwierigkeiten sind in den letzten Jahren viele Untersuchungen angestellt worden. Es ist aber noch nicht gelungen, eine ganz befriedigende Lösung anzugeben. Als einzige Abhilfe scheint

sich einstweilen die Annahme darzubieten, daß in ganz kleinen
Raum-Zeit-Bereichen, also in Bereichen von der Größenordnung
der Elementarteilchen, Raum und Zeit in einer eigentümlichen Weise verwischt sind, nämlich derart, daß man in so kleinen Zeiten
selbst die Begriffe früher oder später nicht mehr richtig definieren
kann. Im großen würde sich an der Raum-Zeit-Struktur natürlich
nichts ändern können, aber man müßte mit der Möglichkeit rechnen, daß Experimente über die Vorgänge in ganz kleinen Raum-
Zeit-Bereichen zeigen werden, daß gewisse Prozesse scheinbar zeitlich umgekehrt ablaufen, als es ihrer kausalen Reihenfolge entspricht.

An dieser Stelle hängen also die neuesten Entwicklungen der
Atomphysik wieder mit der Frage des Kausalgesetzes zusammen.
Ob freilich hier noch einmal neue Paradoxien, neue Abweichungen
vom Kausalgesetz auftreten, ist im Augenblick noch nicht zu entscheiden. Es mag sein, daß sich bei dem Versuch zur mathematischen Formulierung der Gesetze der Elementarteilchen doch noch
neue Möglichkeiten ergeben werden, um die genannten Schwierigkeiten zu umgehen. Aber man kann doch schon jetzt kaum daran
zweifeln, daß die Entwicklung der neuesten Atomphysik an dieser
Stelle noch einmal in den philosophischen Bereich übergreifen wird.
Die endgültige Antwort auf die eben gestellten Fragen wird man erst
geben können, wenn es gelungen ist, die Naturgesetze im Bereich der
Elementarteilchen mathematisch festzulegen; wenn wir also z. B.
wissen, warum etwa das Proton gerade 1836mal schwerer ist als das
Elektron.

Man erkennt daraus, daß die Atomphysik sich von den Vorstellungen des Determinismus immer weiter entfernt hat. Zunächst
schon seit den Anfängen der Atomlehre dadurch, daß man die für
die Vorgänge im großen maßgebenden Gesetze als statistische Gesetze aufgefaßt hat. Man hat damals zwar prinzipiell den Determinismus aufrechterhalten, aber praktisch mit unserer unvollständigen
Kenntnis der physikalischen Systeme gerechnet. Dann in der ersten
Hälfte unseres Jahrhunderts dadurch, daß die unvollständige Kenntnis atomarer Systeme als ein prinzipieller Bestandteil der Theorie er-

kannt worden ist. Schließlich in den allerletzten Jahren noch dadurch, daß in den kleinsten Räumen und Zeiten der Begriff der zeitlichen Reihenfolge problematisch zu werden scheint, obwohl wir noch nicht sagen können, wie sich hier die Rätsel einmal lösen werden.

Festrede zur 800-Jahrfeier der Stadt München (1958)*

Wir feiern heute das 800jährige Bestehen der Stadt München. Eigentlich finde ich es schade, daß der Glückwunsch zur heutigen Festsitzung von einem Naturwissenschaftler ausgesprochen wird. Denn wenn der Name München erklingt, wer dächte da an die Nüchternheit der Naturwissenschaften? Bei diesem Namen kommen andere Bilder in unseren Sinn. Die Ludwigstraße, vom Siegestor zur Feldherrnhalle vom Sonnenlicht übergossen, der Blick vom Monopteros über die blumenübersäten Wiesen des Englischen Gartens hin zur Frauenkirche, ›Figaros Hochzeit‹ im Residenztheater, die Dürerbilder in der Pinakothek, der mit Skiern überfüllte Zug nach Schliersee und Bayrischzell, und schließlich das Bierzelt auf der Oktoberfestwiese, das mit dem bayerischen Löwen gekrönt ist. Das alles ist München. Aber was hat das mit den Naturwissenschaften zu tun?

Doch hier ist wohl ein anderer Gedanke maßgebend gewesen. 800 Jahre sind noch kein Alter für eine Stadt; und besonders München ist eine durchaus junge Stadt. Manche meinen, es sei eigentlich erst vor etwa 100 Jahren gegründet worden, jedenfalls als die heitere Kunststadt, die von allen geliebt wird. Bei dem Geburtstag eines so jugendlichen Jubilars aber ziemt es sich, zuerst an Gegenwart und Zukunft zu denken und erst in zweiter Linie an die Vergangenheit: also zunächst an das Bild, das uns die Stadt heute bietet, und an die Hoffnungen und Wünsche, mit denen wir ihren zukünftigen

---

* Rede, gehalten am 14. Juni 1958 in München. Zuerst veröffentlicht im Münchner Zeitungsverlag, München 1958.

Lebensweg begleiten. Gegenwart und Zukunft aber werden, so wird allgemein gesagt, durch die Naturwissenschaften und die Technik bestimmt. Daran mag etwas Wahres sein; und wenn München heute schon eine Millionenstadt ist, in der der Verkehr wie ein reißender Gebirgsstrom durch die Straßen braust, so ist dies sicher die Folge des technischen Fleißes ihrer Bevölkerung. Versuchen wir also zuerst, das liebgewordene Bild aus der Vergangenheit für kurze Zeit zu vergessen und uns die Stadt anzusehen, so wie sie sich uns heute darbietet. Wer sich der Stadt, etwa von Norden her, nähert — wir wollen dabei an einen klaren Föhntag denken, der die Berge nahe an die Stadt heranrückt —, der findet vor diesem so wohlbekannten Hintergrund in der Silhouette der Stadt neben den alten Wahrzeichen neue Gestalten: hohe Verwaltungsbauten, die den Charakter Münchens als Hauptstadt unterstreichen, moderne Wohnblöcke, die wie Türme in den Himmel ragen, großangelegte Industriesiedlungen, die von Wohlstand und Fleiß der in ihnen Tätigen zeugen. Schon mit diesem ersten Blick tritt dem, der das alte München gekannt hat, ein neues München entgegen; eine Industrie- und Weltstadt, die vom Geist unserer Zeit gestaltet wird. Während wir auf der Autobahn die letzten Kilometer der breiten Ebene durchmessen, die das Hügelland an der Amper von der Stadt trennt, gleitet links die Aluminiumkuppel des Garchinger Atomreaktors vorbei, der von der Technischen Hochschule erbaut und in diesem Jahr in Betrieb genommen worden ist. Schon in der äußeren Form drückt dieser Bau aus, daß hier die Wege unserer Zeit beschritten werden, daß hier in einem der neuesten Wissenschaftsgebiete geforscht und unterrichtet werden soll. In der Stadt, in der man auch die ernsten Dinge gerne von ihrer heiteren Seite nimmt, hat dieser Bau längst den Namen ›Atom-Ei‹ erhalten. Dort, wo die Autobahn in die nördlichen Vorstädte einmündet, entsteht, nur durch den Schwabinger Bach von den ersten Baumgruppen des Englischen Gartens getrennt, ein anderer moderner Bau, der auch der Atomforschung dienen wird und in den das Max-Planck-Institut für Physik und Astrophysik noch im Herbst dieses Jahres einziehen wird. Hier wird experimentell und theoretisch über Fragen der neuesten Kernphysik und Astrophysik gearbeitet werden. Es wird also dort versucht werden, die Naturgesetze zu ergründen, die die Eigenschaften und das Verhalten der kleinsten Teile der Materie regeln. Was man über die Atome dabei gelernt hat, wird angewandt werden zum Verständnis der kosmischen Vorgänge, die sich an den Oberflächen der Sterne und im Raum zwischen den Sternen abspielen. Aus diesen rein wissenschaftlichen Untersuchungen soll ferner die technische Nutzanwendung gezogen werden, indem man den thermonuklearen Reaktionen nachgeht, die vielleicht später einmal eine entscheidende Rolle in der Energieerzeugung spielen werden. Wenn es nämlich einmal gelingt, Kraftwerke auf dieser Grundlage zu bauen, so werden diese Kraftwerke sehr viel ungefährlicher sein als die bisherigen Atomkraftwerke, und sie würden auch sehr viel billigeren Brennstoff verbrauchen. Die neuesten Zweige der Kernphysik können also auch wirtschaftlich sehr wichtig werden. Das Hauptgebäude des neuen Instituts ist ein moderner Stahlfachwerkbau, ähnlich wie viele mächtige Verwaltungsbauten in der Innenstadt, deren breite Glasflächen das Licht voll in die Gebäude einströmen lassen. Wenn uns von der Stelle des Instituts aus der dichte Verkehrsstrom aufgenommen und in das Innere der Stadt getragen hat, begegnen wir an vielen Stellen diesen Stahlfachwerkbauten, etwa am Oskar-von-Miller-Ring oder an der Maxburg oder an anderen Stellen des die Innenstadt umschließenden Rings; und diese hellen, weiten, manchmal vielleicht etwas harten, aber doch freundlichen Glasfassaden scheinen von einem optimistischen Geist gestaltet zu sein. Sie scheinen sagen zu wollen, daß wir in einer hellen, wachen und offenen Zeit leben und daß das einzige, was sicher nie mehr passieren kann, ein auch nur kleinster Luftangriff ist.

In diesen Bauten kommt auch schon ein anderer Zug Münchens zur Geltung, der nicht nur die heutige Stadt kennzeichnet, sondern der schon im alten München immer wieder sichtbar geworden ist: die Verbindung des wirtschaftlich Wichtigen oder Nützlichen mit dem Künstlerischen. Diese Bauten sind von Architekten gestaltet, die auch schön bauen können. Bei den Bauten der alten Zeit hatten wir uns immer wieder daran gefreut, daß sie nicht nur in ihren eigenen Proportionen uns unmittelbar wie ein Kunstwerk ansprechen, sondern daß sie auch in ihre Umgebung gewissermaßen hineingewachsen schienen, als hätten sie nirgends anders stehen können. Diese Harmonie des Alten ist durch den Krieg an vielen Stellen zerstört worden; aber auch die neuen Bauten geben sich Mühe, sich in ihre Umgebung einzufügen, sie so zu ergänzen, daß ein großer Zusammenhang, ein Rhythmus der Straßenzüge sichtbar wird. Das ist nicht überall gleich gut gelungen; aber die künstlerische Gesinnung, die sich in den breiten Straßenzügen der bayerischen Könige, in der Ludwigstraße und der Maximilianstraße, ausdrückte, ist auch im heutigen München noch an vielen Stellen zu spüren.

Eine entscheidende Veränderung allerdings hat die neue Zeit als Folge von Naturwissenschaft und Technik hervorgebracht, über die zunächst niemand glücklich sein kann: Die Ruhe ist von den Straßen verschwunden. Durch viele der wichtigsten Verkehrsadern lärmt der Verkehr Tag und Nacht. Die anliegenden Häuser sind als Wohnquartiere fast unbrauchbar geworden. In dieser Beziehung geht es unserer Stadt um nichts besser als anderen modernen Großstädten. Im Gegenteil: Der verhältnismäßig hohe Wohlstand, den die Ausdehnung der Industrie Münchens hervorgebracht hat, wirkt sich in der Zahl der Autos zum Nachteil der einstigen Gemütlichkeit aus. Wenn man versucht, hier etwas in die Zukunft vorauszuschauen – und es sollte ja von der Zukunft unserer noch so jungen Stadt gesprochen werden –, so kann man sich denken, daß die moderne Technik, die ja diese wirklich ernsten Schwierigkeiten hervorgebracht hat, doch auf die lange Sicht auch Heilmittel für diese Schwierigkeiten bereithält. Der letzte Krieg hat nur eine Entwicklung beschleunigt, die auch ohne den Krieg schon eingetreten wäre: Die eigentlichen Wohnviertel werden nach außen verlagert in die weiten Grünflächen und Waldstücke der Umgebung, während der eigentliche Stadtkern nur noch dem Handel, der Verwaltung – ganz allgemein: der Arbeit – dient. Wenn dieser Prozeß noch weiter fortgeschritten sein wird, könnte es in natürlicher Weise folgen, daß der Kraftwagen nur noch zum Transport von den Vorstädten bis zum Ring um die Innenstadt benutzt wird und daß dieser Verkehr sich auf einige wenige große Adern konzentriert, an deren Enden dann riesige Garagenbauten die Kraftwagen aufnehmen; daß aber die eigentliche Innenstadt für Kraftwagen überhaupt gesperrt wird und nur für Fußgänger vom Ring oder von einigen Untergrundbahnhöfen zugänglich wird. In einigen Großstädten hat sich eine ähnliche Entwicklung schon vollzogen, vielleicht kann also die weitere Entwicklung der Technik den Verkehr in München zwar nicht verringern, aber doch in ruhigere und geordnetere Bahnen lenken. Aber dazu Vorschläge zu machen, ist zum Glück nicht Sache des Naturwissenschaftlers, sondern der Verkehrsplaner, denen in München wahrhaftig keine leichte Aufgabe gestellt ist.

Wenn man auf diesem Gebiet die Entwicklung der Nachkriegsjahre überblickt, hat man den Eindruck, daß hier das Wachstum vielleicht etwas zu schnell gegangen ist, daß der ganz ungewöhnliche wirtschaftliche Ausdehnungsprozeß nach dem Kriege an manchen Stellen zu Notlösungen gezwungen hat, die nicht die endgültigen Lösungen bleiben dürfen. Damit kommt man auch schon auf die Frage, wie weit das Neue im Bild der Stadt, das gerade besprochen wurde, nur seinen eigenen Gesetzen genügt und wie weit es doch noch als eine natürliche Fortsetzung der Vergangenheit, als eine Weiterbildung alter Traditionen gelten kann. Ist das neue München, von dem bisher die Rede war, überhaupt noch die gleiche Stadt wie das alte? Hier kann man zunächst wohl feststellen, daß das neue München mit seiner Ausdehnung von Gewerbe und Handel an vielen Stellen ganz von selbst, etwa durch seine geographische Lage, an die alten Traditionen anknüpft, die das Gesicht der Stadt schon bestimmt haben, bevor die kunstsinnigen bayerischen Könige der Stadt ihr besonderes Gepräge gegeben haben. Daß zum Beispiel der Holzhandel seit Jahrhunderten in München heimisch war, ist eine natürliche Folge der Lage am Fuß der Alpen. Die Bierbrauerei war mit dem ausgedehnten Hopfenanbau in dem nach der Donau zu gelegenen Teile Oberbayerns schon immer verbunden. Aber auch das Kunsthandwerk war früh vertreten, insbesondere die Goldschmiedekunst, die Erzgießerei, die Glasmalerei; Buchdruckerei und Vervielfältigungstechnik spielten schon Anfang des 19. Jahrhunderts eine wichtige Rolle. Die erste Lokomotive wurde 1841 gebaut; und die wissenschaftlichen Entdeckungen und technischen Fortschritte Fraunhofers und später Steinheils schufen vor über 100 Jahren die Grundlage für eine optische Industrie. Dabei hat das Fehlen von industriellen Rohstoffen viel dazu beigetragen, daß die wirtschaftliche Entwicklung der Stadt München ein anderes Gesicht gegeben hat und anders abgelaufen ist als etwa in den großen wirtschaftlichen Zentren des Ruhrgebiets. Dieser Mangel führte einerseits dazu, daß das Hauptgewicht in früherer Zeit beim Handel, in neuerer bei der Veredelungsarbeit lag, und andererseits bewirkte er von vornherein ein anderes Wirtschaftsklima. Das reine Gewinnstreben hat immer wenig in München gegolten. Der Gewinn diente zum Erlangen einer behaglichen Daseinsfreude, und der Reichtum trat, wie es in einem Bericht heißt, »im soliden Bürgergewand auf die Straße«. Die wirtschaftliche Bedeutung der Veredelungsarbeit war vielleicht auch der erste Grund für das Interesse, das die Stadt im vergangenen Jahrhundert der Entwicklung der Naturwissenschaften entgegenbrachte.

Es hat eine Zeitlang gedauert, bis dieses Interesse sich wirklich durchsetzen konnte. Die Arbeiten Fraunhofers zum Beispiel blieben zunächst ziemlich unbeachtet. Aber mit dem Einzug der sogenannten »Nordlichter« in München, insbesondere mit der Berufung Justus von Liebigs durch König Maximilian II., war das Eis gebrochen. Der Name und der Einfluß Liebigs genügten, um in München ein bedeutendes Zentrum der chemischen Forschung zu begründen, von dem für viele Jahre die stärksten Wirkungen in Wissenschaft und Technik ausgingen. Die im Jahr 1883 von Adolph von Bayer gefundene Indigosynthese wurde der Ausgangspunkt der ganzen deutschen Farbenindustrie. In der Nachfolge Adolph von Bayers verzeichnen die Münchner Hochschulen eine Reihe der glänzendsten Namen: Willstätter, Wieland, Hans Fischer und viele andere, die von der geistigen Lebendigkeit dieses wissenschaftlichen Zentrums zeugten. Damit also hatte die Naturwissenschaft in München Einzug gehalten; und es ist charakteristisch für die damalige Zeit, daß der Aufschwung der Naturwissenschaft zunächst vor allem in un-

mittelbarem Zusammenhang mit dem wirtschaftlichen Fortschritt,
mit der Verbesserung der Lebenshaltung gesehen wurde. Der uns
heute etwas romantisch anmutende Fortschrittsglauben jener Epoche ergriff im ausgehenden 19. Jahrhundert das geistige Leben Münchens; aber unter der Wirkung der übrigen geistigen Strukturen unserer Stadt erhielt er auch eine besondere, für München charakteristische Färbung.

Den stärksten und bleibenden Ausdruck hat diese spezifisch
münchnerische Art des Fortschrittsglaubens im Deutschen Museum
gefunden, dem Lebenswerk einer der kräftigsten Gestalten unserer
Stadt, Oskar von Millers. Das Deutsche Museum verdankt seine
Entstehung einer merkwürdigen Mischung von Bestrebungen recht
verschiedener Art. Zunächst soll es wohl einfach das Interesse für
den Fortschritt der Technik wecken, und diese Aufgabe hat es, besonders bei der heranwachsenden Jugend, mit dem größten Erfolg
erfüllt. Welcher Junge hätte nicht mit Begeisterung einmal an den
verschiedenen Maschinenmodellen gespielt - nicht immer zur Freude der Museumswärter. Dann will das Museum uns diesen Fortschritt verständlich machen, indem es die historische Entwicklung
vorführt und den Beschauer ermuntert, sich selbst einmal mit den
Apparaten abzugeben oder gar ihre Verbesserung zu versuchen.
Schließlich aber greift es ein in die erst unserer Zeit ganz bewußte
Auseinandersetzung zwischen dem Menschen und der von ihm geschaffenen Technik. Als in der Mitte des 19. Jahrhunderts die Ausbreitung des Maschinenwesens begann, ist nur einzelnen, insbesondere den Künstlern, Malern und Dichtern, der beginnende Einbruch
sehr gefährlicher, dämonischer Mächte in das menschliche Leben
sichtbar geworden. Einige haben der kommenden Zeit mit Schau-
dern entgegengesehen, andere haben versucht, auch dieser Entwicklung mit frohem Mut zu begegnen und ihr die beste Seite abzugewinnen. Man kann hier etwa an das poetische Gespräch erinnern
zwischen Gottfried Keller, dessen Münchner Zeit ja im ›Grünen
Heinrich‹ ihren bleibenden Niederschlag gefunden hat, und dem
schwäbischen Romantiker Justinus Kerner, der sich über die Zerstörung der Natur durch die Technik in einem Gedicht bitter beklagt

hatte. Keller hatte ihm in derselben Form geantwortet, indem er
über die Dampfmaschinen dichtete:

> Ich seh' sie keuchend glüh'n und sprühen,
> stahlschimmernd bauen Land und Stadt,
> indes das Menschenkind zu blühen
> und singen wieder Muße hat.
>
> Und wenn vielleicht in hundert Jahren
> ein Luftschiff hoch mit Griechenwein
> durchs Morgenrot käm' hergefahren,
> wer möchte da nicht Fährmann sein?

Aber mit solchem Optimismus allein ließ sich das Problem wohl
noch nicht meistern. Das Deutsche Museum versucht, vielleicht nur
unbewußt, hier einzugreifen, indem es gerade die menschliche Seite
der Entwicklung in den Vordergrund rückt. Die Technik als das
geistige Abenteuer von Menschen: An dieser Stelle berühren sich
Technik und Kunst, und deshalb entsprach eben diese Antwort oder
dieser Versuch einer Antwort dem Geiste der Kunststadt an der Isar.
Die Verbindung von Kunst und Technik als Aufgabe, fast noch
mehr als die von Kunst und Wissenschaft, ist in der Stadt München
die ganzen letzten hundert Jahre über lebendig geblieben. Daher hat
es auch stets den regsten geistigen Austausch gegeben zwischen der
Technischen Hochschule und der Kunstakademie. Gemeinsame Aufgaben waren ja besonders in der Architektur, zum Beispiel bei der
künstlerischen Ausgestaltung des von der Technik veränderten
Stadtbildes, in Hülle und Fülle gestellt. Man kann vielleicht mit einem gewissen Recht sagen, daß die Stadt München sich mehr als
irgendeine andere Industriestadt der Welt darum bemüht habe, der
Technik ihre menschliche Seite abzugewinnen, die Seite, an der sie
auch die Kunst berührt. So gehört es eben zum Geiste dieser Stadt,
daß eine Vortragsreihe über die Künste im technischen Zeitalter, die
vor einigen Jahren in der Technischen Hochschule abgehalten wurde, mehrere Tausend junger Menschen eine Woche lang in die überfüllten Hörsäle zog.

Auch das wissenschaftliche Leben an der Universität München
war von Anfang an durch die Beziehung zur Kunst und zu den
Kräften, die aus den Herzen der Menschen kommen, geprägt. Das
akademische Leben war hier in einer schwer zu beschreibenden Weise anders als an den übrigen deutschen Universitäten. Als die älteste
bayerische Universität im Jahre 1826 von Ingolstadt über Landshut
nach München verpflanzt worden war, schien es zunächst zweifelhaft, ob sie überhaupt in diesem, der strengen Wissenschaft zunächst
fremden Boden würde gedeihen können. Und selbst, als an diesem
Gedeihen nicht mehr gezweifelt werden konnte, insbesondere seit
der Berufung der sogenannten »Nordlichter« durch Maximilian II.,
stand die Universität stets in einem gewissen Sinne im Schatten der
Kunst; denn wenn die akademische Jugend nach München kam, um
hier zu studieren, so waren es wohl doch vor allem der Glanz und die
Offenheit der Kunststadt, Richard Wagner und sein romantischer
König, daneben die Schönheit der Landschaft und die Nähe der Ber-
ge, aber erst in zweiter Linie die strenge Wissenschaft, die nach
München lockten. Und doch hat auch das wissenschaftliche Leben
Münchens von dieser Nähe der Kunst, von der Lebendigkeit des
Münchner Geistes die stärksten Impulse empfangen. Man braucht
hier nur an die Namen Schelling, Thiersch, Riehl und in späterer
Zeit etwa an den Kunsthistoriker Wölfflin, den Romanisten Voßler
zu erinnern. Ebenso spürbar ist diese Beziehung zu den historischen
Wissenschaften, die durch eine Reihe bedeutender Gelehrter in der
Münchner Universität vertreten waren. Nur einige Namen seien genannt: Sybel, Heigel, Riezler und Oncken. Selbst die Naturwissenschaftler und Mediziner, die von Maximilian II., dem ehemaligen
Göttinger Studenten, nach München geholt worden waren, konnten
bald eine weite akademische Tätigkeit entfalten, der die lebendige
Atmosphäre der Stadt durchaus förderlich war. Von Justus von Lie-
big, der München zu einem Zentrum der chemischen Forschung gemacht hatte, wurde schon gesprochen. Die Physiker Ohm und Stein-
heil begründeten eine wissenschaftliche Tradition, an der später Gelehrte von Weltruf wie Röntgen, Planck, Boltzmann, Wien, Sommerfeld weitergestaltet haben. In der Medizin hatte München Jahr-

zehnte hindurch eine bedeutende Stellung. Zwei führende Köpfe der neueren Zeit sind weit über die Fachkreise hinaus bekanntgeworden: der Internist Friedrich von Müller und der temperamentvolle Chirurg Sauerbruch. Aber damit möchte ich die Liste glänzender Namen schließen, die noch lange fortgesetzt werden könnte. Wenn andere Universitäten etwa als Stätten des soliden Fachwissens oder als Ausgangspunkt neuer Entwicklungslinien in der Forschung berühmt wurden, so zeichnete sich die Wissenschaft in München vor allem durch eine menschliche Unmittelbarkeit und Lebendigkeit aus, die auf dem Nährboden einer sehr konservativen, im Katholizismus der heimischen Bevölkerung wurzelnden Geistigkeit erstaunlich gut gedeihen konnte. Die Sinnenfreude der bayerischen Barockkirchen hatte sozusagen ihr weltliches Gegenstück in der Freudigkeit, man kann fast sagen Heiterkeit der wissenschaftlichen Arbeit an den Hochschulen, und beide hingen in irgendeiner Weise zusammen mit dem Licht, das an Sonnentagen die Wiesen und Bergketten des südlichen Bayern überflutet. Diese Verbundenheit mit dem Land und mit den Bergen wirkte sich bis in das Leben an den Instituten und Seminaren hinein aus. So etwa, wenn mein Lehrer Sommerfeld mit einigen seiner jungen Physiker auf die Institutsskihütte am Sudelfeld zog, um dort Skilauf und wissenschaftliches Gespräch zu verbinden, oder wenn der oberste Raum im mächtigen Turm des physikalischen Instituts gelegentlich einer Faschingsfeier zur Skihütte erklärt wurde und der Turm daher von den Alpinisten nur von außen bestiegen werden durfte. Da nun schon von Fasching und Skifahren die Rede ist: Es gehörte auch immer zum Münchner Universitätsleben, daß man sich hier nicht vom Tun der größeren Gemeinschaft der Stadt abschließt, sondern daß man die Verbindung, die Geselligkeit sucht. Bei den Jüngeren mögen hier Skilauf und Fasching an erster Stelle stehen, bei den Älteren sorgen verschiedene Kreise und Vereinigungen ohne alle äußeren Formen dafür, daß die Verbindung zwischen dem wissenschaftlichen und künstlerischen Leben der Stadt und denen, die die Verantwortung für ihre Geschicke tragen, möglichst eng bleibe.

An dieser Stelle muß auch des einen Elements im Leben unserer Stadt gedacht werden, dem das Interesse ihrer Besucher immer in be-

sonders hohem Maße gegolten hat. Der soviel besprochene Stadtteil
Schwabing, der im Süden bis zur Akademie der bildenden Künste
und zu den beiden Hochschulen, im Norden etwa bis zu den Industriesiedlungen bei Freimann reicht, gilt als die Heimat der Künstler, der Literaten und der Weltverbesserer. Ich weiß nicht, ob das
jetzt noch so ganz zutrifft. Von dem Leben der Künstler, das wir aus
Gottfried Kellers ›Grünem Heinrich‹ kennen, von den Protesten gegen Spießbürgerei und Philistertum, von den Dichtern und ihren
Kreisen: Ibsen, Wedekind, Stefan George, von dem Wagemut der
Neuerer in der Malerei: Kandinsky, Franz Marc und Macke, sind
zwar die Wirkungen noch überall zu spüren; diese Aktivität selbst
aber hat nur zum Teil die Zerstörungen des Zweiten Weltkriegs
überdauert. Zwar bezeugen die Atelierfenster im Dachgeschoß manches alten Mietshauses, daß in Schwabing noch gemalt wird, aber in
den neuen modernen Wohnblöcken sind die Ateliers seltener geworden. Noch versuchen viele kleine Gaststätten, alte und neue, in
Schwabing die Tradition der früheren Künstlerkneipen fortzusetzen
und das, was an Boheme hier übriggeblieben sein mag, in ihren Räumen einzufangen. Aber es gelingt nicht immer, und manchmal
mischt sich schon ein bedenklicher Schuß New Yorker Broadway in
die Schwabinger Atmosphäre. Trotz allem wird Schwabing auch
im zukünftigen München, über das heute ja vor allem gesprochen
werden sollte, eine entscheidende Rolle spielen; denn es verkörpert
eine Komponente im geistigen Leben der Stadt, ohne die München
eben nicht München, nicht die von so vielen geliebte Stadt sein
könnte. Es verkörpert, ebenso wie in den vergangenen hundert Jahren, den Geist der Toleranz. Die alteingesessenen Handwerker oder
Verwaltungsleute in Schwabing, die zur Untermiete Maler oder Literaten bei sich wohnen hatten, wußten ja sehr gut, was sie wollten.
Sie standen mit beiden Füßen fest auf ihrer Münchner Erde und hatten fürs Neue nicht allzuviel übrig. Aber sie ließen aus einer Mischung von Neugierde, Bewunderung, Verachtung und einem sehr
erheblichen Quantum natürlicher Freundlichkeit das Andersartige
gelten. Sie nahmen es nicht allzu ernst, oft fiel wohl auch ein derbes
Wort, das dann auch nicht ganz ernst gemeint war, aber sie gaben

dem Neuen und Ungewöhnlichen den Raum, den es brauchte. So konnten nicht nur Künstler, sondern auch Fanatiker und Weltverbesserer in Schwabing leben. Man belächelte sie, aber es war ein freundliches Lächeln, und daher waren sie ungefährlich. Wenn in Schwabing von einem Menschen gesagt wurde: »der spinnt«, so war das noch keine Ablehnung. Es wurde freundlich gesagt, und das Spinnen gilt gewissermaßen als eine in Schwabing anerkannte Lebensform. Auch im heutigen Schwabing ist dieser Geist der Toleranz lebendig. Er wirkt zurück auf die Hochschulen und die Kunstakademien und bildet das unentbehrliche Gegengewicht gegen die konservative Grundhaltung des alten Münchens.

So wie die geistige Beweglichkeit und der allem Neuen zugewandte Sinn der Schwabinger Künstler das Leben an den Hochschulen und in der ganzen Stadt befruchtet und bereichert hat, so hat auch dieses gegenseitige Sich-gelten-Lassen in Schwabing den versöhnlichen Charakter der Stadt im ganzen bestimmt und damit die Voraussetzungen für ein harmonisches Wechselspiel aller Kräfte geschaffen. Freilich, Schwabing war auch noch mehr als lebendig und tolerant. Wer den Anfang der zwanziger Jahre dort erlebt hat, dem ist es in der Erinnerung geblieben als der Ort überschäumender jugendlicher Begeisterung und Lebensfreude, erfüllt von Musik und Dichtung bis zum Rand und getragen von der Kraft einiger ungewöhnlicher Menschen, die eben hier die Jugend verzaubern konnten. Aber solche Jahre sind Festzeiten, die nicht andauern können. Was man hoffen darf, das ist, daß Schwabing auch in Zukunft dem geistigen Wagnis zugewandt bleiben möge, aufgeschlossen allem Neuen, ohne es doch allzu ernst zu nehmen, aufgeschlossen der Kunst und der Dichtung, ohne allzuviel Feierlichkeit. Es möge sich weiter wandeln, aber dabei seine freiheitliche Gesinnung und seine Toleranz bewahren.

Der Rundgang, mit dem wir begonnen hatten durch das heutige, das moderne München, hat unversehens auch in die Vergangenheit geführt. Nicht in die ganzen acht Jahrhunderte, deren Bilder gestern abend im Festzug an uns vorübergezogen sind, aber doch in die Zeit, deren Spuren wir im heutigen München noch auf Schritt und Tritt

entdecken, jene relativ junge Vergangenheit, deren Geist sich mit
dem Geist unserer Epoche noch mischt, um eben dieses Bild der
Stadt hervorzubringen, das wir kennen.

Was ist nun eigentlich das Wesen dieser Stadt? Sicher ist die
Grundlage dieses sehr vielschichtigen Wesens immer noch der konservative katholische Geist der einheimischen Bevölkerung, trotz der
vielen Deutschen aus anderen Gauen des früheren Reichs, die hier
Unterkunft und Arbeit gefunden haben. Dieser derbe, gesunde
Schlag der alten Bayern, der viele Jahrhunderte hindurch die Stadt
allein gestaltet hat, bestimmt auch jetzt noch ihren Grundcharakter.
Und wenn auch Neulinge unter ihren Besuchern gelegentlich meinen, daß der Bayer die Liebenswürdigkeit des Preußen mit der Genauigkeit und Pünktlichkeit des Österreichers in sich vereinige, so
können wir doch diesen Schlag nicht anders wünschen, als er ist.
Schon in ihm ist der Sinn für alles Musische lebendig. Das beweisen
das über ganz Oberbayern ausgebreitete Kunsthandwerk, die Volks-
musik und die Orgeln in den Kirchen; die Freude am schönen
Schein, am äußeren Glanz, von dem so viele herrliche Barockkirchen Zeugnis ablegen. Die Freude am Schönen schließt auch die
Freude am Theater, an Spiel und Fest ein, und die Farbenpracht jedes Schützenzuges in einem bayerischen Gebirgsdorf kann als Vorbereitung für die großen und reicheren Festlichkeiten in der Landes-
hauptstadt gelten. Ludwig II., der in Winternächten in einem präch-
tigen Schlittengespann mit Fackelbeleuchtung durch die oberbayeri-
schen Dörfer fuhr, war der König der Bauern. Seine Schlösser waren
Märchenschlösser, und eben deshalb liebte das märchenfreudige Volk
seinen König.

Die Derbheit andererseits sorgt dafür, daß am Alten nicht zuviel
geändert werde, daß nichts Falsches sich einschleichen kann. Der
Bayer besteht auf seinem alten Recht, aber wenn das gewahrt
scheint, ist er zur Versöhnung schnell bereit. Meinungsverschieden-
heiten, wenn sie wirklich einmal auftreten, werden lieber mit dem
Maßkrug als mit dem feststehenden Messer ausgetragen. Im Leben
der Stadt hat die Freude an der lauten Geselligkeit, an derber Lu-
stigkeit ihren Platz im Oktoberfest gefunden, das alljährlich im Sep-

tember abgehalten wird. Auch im zukünftigen München wird dieses Fest, ebenso wie der Fasching, noch für lange Zeit zum festen Bestand des Jahreslaufs gehören.

Die Neigung, das gute Alte zu bewahren, bestimmt wohl letzten Endes auch das politische Leben unserer Stadt, auch wenn es nicht immer so aussieht; auch wenn die Versammlungen, die natürlich mit Vorliebe wieder in den Bräukellern Münchens stattfinden, zum Ausgangspunkt politischer Temperamentsausbrüche werden. München ist eine bewegte Stadt, das ist eine ihrer wichtigsten und besten Eigenschaften. Aber es geht den Städten so wie den Menschen: Ihre Tugenden sind zugleich ihre Schwächen und Laster. Aus einer bewegten Stadt ist auch einmal eine »Hauptstadt der Bewegung« geworden. Doch wer würde an der Geburtstagsfeier von den Schwächen des Jubilars sprechen wollen! Das Vergangene kann uns mahnen, daran zu denken, daß auch eine blühende Stadt durch politische Unvernunft sehr schnell zerstört werden kann. Aber die Gefahren kommen jetzt aus weit entfernten Teilen der Welt, nicht aus München. Seien wir also für die Zukunft hier nicht allzu besorgt. Auch im zukünftigen München werden die Kräfte stark sein, die das gute Alte bewahren wollen, wo es sich bewahren läßt.

Über diesen Grund konservativer Gesinnung lagert sich nun die Schicht geistiger Beweglichkeit, als deren Repräsentanten man gewöhnlich Schwabing nennt. Diese geistige Beweglichkeit kommt zu einem erheblichen Teil aus dem Norden. Die von Ludwig I. und Maximilian II. berufenen »Nordlichter« haben tatsächlich das geistige Leben der Stadt aufs nachhaltigste beeinflußt, und auch bis in die jüngste Vergangenheit hinein sind es oft die »Zugereisten«, Deutsche aus anderen Gauen oder auch Ausländer, gewesen, die das kulturelle Leben Münchens befruchtet haben. Dies gilt für die Kunst ebenso wie für die Wissenschaft. Der für das geistige Klima von München charakteristische Zug aber besteht darin, daß die beiden Schichten sich verbunden haben. Die neuen geistigen Interessen, die aus dem Norden oder aus weiteren Bereichen Europas nach München eindrangen, fanden hier fruchtbaren Boden vor, sie konnten sich in einer fast unerwarteten Weise ausbreiten und entfalten. Und die Bayern, die hier lebten, fanden das Neue, das sie im ersten Moment als fremd abgelehnt hatten, doch so anregend und verlockend, daß bald auch bedeutende einheimische Begabungen auftauchten, die es den »Nordlichtern« gleichtaten und nun gemeinsam mit ihnen das Wagnis des Vordringens in neue geistige Bereiche unternahmen. So hat etwa der Russe Kandinsky neue Möglichkeiten der Malerei in München entdeckt, aber schon der in München geborene Franz Marc hat die neue Richtung mitentwickelt und weitergetrieben. Diese Verbindung der beiden Schichten, des konservativen Bayerntums mit der von weither angeregten Schwabinger Beweglichkeit, die in München so reiche Früchte getragen hat, ist nur dadurch möglich gewesen, daß die Träger des Neuen sich gern in den bayerischen Lebensstil einfügten. Sie statteten ihren Dank ab für die von Grund aus tolerante und freundschaftliche Haltung der Bayern, indem sie mit Freude versuchten, an deren Leben ganz und ohne Vorbehalt teilzunehmen. So erwuchs aus der gegenseitigen Duldung bald eine gegenseitige Achtung und Freundschaft, die eben in der Folge so viel Wertvolles hervorgebracht hat. Vielleicht sollte man das, was hier in München gelungen ist, sogar als Beispiel dafür auffassen, was in unserer Zeit in sehr viel weiteren Bereichen in Europa und der ganzen Welt geschehen sollte. Es kommt eben sehr viel Gutes heraus, wenn man versucht, trotz der anfänglich so unüberwindlich scheinenden Verschiedenheiten irgendwie mit gutem Willen zusammenzuleben und vielleicht gerade durch das Zusammenwirken recht verschiedenartiger Kräfte etwas Neues zustande zu bringen. Aber kommen wir zu München zurück. Das Leben der Künstler habe ich, als ich als junger Mensch in München aufwuchs, nur in einem engen Kreis kennengelernt. Aber als Student der Universität habe ich doch am wissenschaftlichen Leben schon ein wenig teilnehmen können, und es ist mir von der damaligen Zeit – dem Anfang der zwanziger Jahre – aufs deutlichste in der Erinnerung, wie sehr sich das Leben auch der Universität und der doch oft aus dem Norden kommenden Professoren im eigentlichen München, im Kontakt mit den wirklichen Münchnern abspielte. Diese Professoren lebten nicht im Elfenbeinturm, sondern sie lebten als Münchner unter ihren Mitbürgern. Zum

Beispiel war es für meinen Lehrer Sommerfeld, der ebenso wie der Maler Corinth aus Ostpreußen stammte, längst zur Gewohnheit geworden, vor den physikalischen Kolloquien mit jüngeren oder älteren Physikern zusammen im Hofgarten zu sitzen und dort Kaffee zu trinken, wie so viele andere Münchner. Dabei wurden die physikalischen und mathematischen Probleme diskutiert, die gerade im Mittelpunkt des Interesses standen, und gelegentlich bedeckte sich der Marmortisch, auf dem der Kaffee serviert worden war, mit langen mathematischen Formeln. Es wurde mir damals erzählt, einmal habe Sommerfeld seine Rechnungen auf dem Marmortisch mit einem komplizierten Integral abbrechen müssen, das nun nicht mehr ausgerechnet werden konnte, da nur noch wenige Minuten bis zum Beginn des Kolloquiums in der Universität blieben. Als Sommerfeld einige Tage später mit seinen Schülern wieder dort Kaffee trank und zufällig an den gleichen Marmortisch geraten war, stand die Rechnung mit dem komplizierten Integral noch dort, aber die Lösung war in einigen Zeilen daruntergeschrieben. Inzwischen hatte ein anderer Mathematiker der Münchner Universität – ich glaube, es soll Herglotz gewesen sein – am gleichen Tisch seinen Kaffee getrunken und sich die Zeit mit der Auflösung des Integrals vertrieben. In der gleichen Weise wird auch in Zukunft in München Wissenschaft getrieben werden. Als vor einigen Monaten der Atomreaktor der Technischen Hochschule bei Garching eingeweiht wurde, waren nicht etwa nur einige Würdenträger des Staates, der Stadt und der Hochschulen versammelt. Es war im Gegenteil ein Volksfest, an dem auch die Einwohnerschaft Garchings voll beteiligt war und an dem die bayerischen Nationalgerichte zu den Klängen einer mit Lederhose und Gamsbart ausgeführten Musik verzehrt wurden. So wird es also auch in Zukunft sein; auch dann, wenn an die Stelle von Handel und Gewerbe der alten Zeit die modernste Technik, Atomkraftwerke und Fusionsreaktoren getreten sind, und sogar dann, wenn – was wir nicht hoffen wollen – die Münchner Verkehrsprobleme einmal durch Raketentransporte gelöst werden sollten.

Man könnte befürchten, daß in einem kulturellen Leben, in dem die heitere Geselligkeit eine so wichtige Rolle spielt, etwas zu wenig

Raum bliebe für die eigentliche geistige Arbeit, für die höchste Konzentration der Kräfte, die nun einmal notwendig ist, um in der Kunst oder in der Wissenschaft etwas Neues hervorzubringen. Die Unruhe unserer Zeit macht ja nicht vor den Toren Münchens halt. Sie bedroht hier wie in allen anderen Großstädten die Stille und Einsamkeit der Studierstube, in der wirklich mit den Problemen gerungen wird. Doch wer das geistige Leben der Stadt genauer kennt, der weiß, nicht nur aus dem Geschaffenen, daß es diese Einsamkeit durchaus gibt, daß hier die wirkliche Stille der Arbeit immer wieder gefunden wird. Aber es ist oft nicht die Einsamkeit der Studierstube, sondern die einer Baumgruppe auf einem Moränenhügel im Voralpenland oder eines Badeplatzes an einem der Osterseen. Eine Einsamkeit, in die man sich zwar für eine Zeitlang vor den Menschen zurückziehen muß, in der man aber doch den vollen Kontakt mit der Natur und ihren Geheimnissen, mit der ganzen Schönheit des Landes um München, behält. Daher haben Wissenschaft und Kunst in München immer ein Element von Romantik bewahrt, und das wird wohl auch in Zukunft so bleiben. Auch die abstrakteste Malerei in München hat noch Licht und Farbe von den Wiesen und Seen des durchsonnten Voralpenlands empfangen. Als Arnold Sommerfeld, der mit der mathematischen Strenge der klassischen Physik so wohl vertraut war, auf die neuen und noch ungeklärten Zusammenhänge der Quantentheorie stieß, begeisterte er sich so an den geheimnisvollen ganzzahligen Beziehungen in den Experimenten über die Spektrallinien, daß seine Vorlesungen an die hymnischen Äußerungen Keplers zur Harmonie der Sphären erinnerten. Auch als seine Kritiker ihm Zahlenmystik und Schwärmerei vorwarfen, als von ihm gesagt wurde: »Sind's ganze Zahlen, geh' zu Sommerfeld«, konnte das seine Freude nicht stören; denn in München nehmen wir die Dinge nie ganz ernst, und doch wieder ganz ernst, und am Schluß hat Sommerfeld sehr viel mehr recht behalten als seine Kritiker. Auch die Biologie, die hier in München getrieben wird, enthält immer wieder dieses romantische Element; sei es, daß es sich um den Orientierungssinn der Bienen handelt oder um die Verhaltensweisen und die Psychologie höherer Tiere, um Gespräche mit den Enten, Gänsen und Hunden, die im neuen Max-Planck-Institut für Verhaltensphysiologie am Eß-See zwischen Starnberger See und Ammersee gepflogen werden.

Aus solchem Zusammenwirken von Altem und Neuem, von Tradition und Wagnis also ist München entstanden, die Stadt, die nicht nur im Herzen Europas liegt, sondern sich auch im Herzen aller Europäer einen Platz erobert hat. Wir brauchen am 800. Geburtstag dieser Stadt nicht um ihre Zukunft besorgt zu sein. Die konservative und fromme Stadt wird weiterhin allem Neuen aufgeschlossen bleiben, sie wird die Früchte der Toleranz ernten, die immer eine ihrer Haupttugenden gewesen ist; und wenn sich das neue Bild auch immer wieder wandeln kann, wenn Naturwissenschaft und Technik das Leben in ihr umgestalten, so wird doch in anderer Weise auch alles beim Alten bleiben. Es wird auch für das zukünftige München gelten, was Stefan George einmal, vielleicht wieder um eine Nuance zu feierlich, vom damaligen München gesagt hat:

> Mauern wo geister noch zu wandern wagen,
> Boden vom doppelgift noch nicht verseucht:
> Du stadt von volk und jugend! heimat deucht
> Uns erst wo Unsrer Frauen türme ragen.

Sprache und Wirklichkeit
in der modernen Physik*

Es ist lange Zeit angenommen worden, daß das Problem der Sprache in der Naturwissenschaft nur eine untergeordnete Rolle spiele. In den Naturwissenschaften geht es ja darum, die Natur in ihren verschiedenen Bereichen möglichst genau zu beobachten und daraus ihr Wirken zu verstehen. Die Schwierigkeiten, mit denen z. B. der Physiker oder Chemiker zu ringen hat, beruhen etwa auf Unzulänglichkeiten seiner Sinnesorgane oder der Apparaturen, mit denen beobachtet werden soll, oder sie sind durch die große Kompliziertheit der Zusammenhänge in der Natur bedingt, deren Ordnung uns zunächst nicht verständlich erscheint. Es sah aber immer so aus, als könnte man leicht über die Ergebnisse sprechen, wenn sie einmal gewonnen waren, und als brauche man die Sprache selbst nicht besonders zu diskutieren. Zwar hat es sich in der Entwicklung der Wissenschaft oft als zweckmäßig oder sogar als notwendig erwiesen, Kunstwörter zusätzlich in die Sprache einzuführen, mit denen sich früher unbekannte Objekte oder Zusammenhänge bequem bezeichnen ließen. Aber eine in dieser Weise ergänzte Sprache schien im allgemeinen ausreichend, um die gefundenen Zusammenhänge in der Natur zu beschreiben.

An dieser Stelle aber hat sich die Situation von Grund auf geändert, seitdem in der modernen Physik die experimentellen Entdeckungen der vergangenen Jahrzehnte, deren theoretische Analyse in

* Vortrag im Rahmen der Tagung der Bayer. Akademie der Schönen Künste im Jahre 1960. Zuerst veröffentlicht in: Werner Heisenberg, Physik und Philosophie. Stuttgart (S. Hirzel Verlag) 1960.

Relativitätstheorie und Quantentheorie gelungen ist, zu einer Revision der Grundlagen der Physik geführt haben. Schon die leidenschaftlichen Diskussionen, die über gewisse grundsätzliche Fragen der genannten Theorien geführt worden sind und die weit in das philosophische Gebiet hineinreichten, beweisen, daß auch das Sprechen über die neu untersuchten Bereiche der Natur problematisch geworden ist. Dies ist nicht weiter verwunderlich, wenn man bedenkt, daß sich unsere natürliche Sprache aus dem Umgang mit der sinnlich erfahrbaren Welt gebildet hat, daß aber moderne Naturwissenschaft mit den Mitteln einer höchst entwickelten Technik, mit äußerst feinen und komplizierten Apparaturen in Gebiete der Welt eingedrungen ist, die unseren Sinnen verschlossen sind. Man kann nicht erwarten, daß sich unsere gewöhnliche Sprache in solchen neuen Bereichen noch bewährt, und daher ist der Physiker in unserer Zeit gezwungen, zugleich mit den Naturzusammenhängen, die er verstehen will, auch über die Sprache nachzudenken, in der er über diese Zusammenhänge sprechen kann.

Dieses Nachdenken über die Sprache kann mit einigen einfachen Feststellungen beginnen, zu denen man von der Geisteswissenschaft her leichter veranlaßt wird als im Bereich der Naturwissenschaft. Wir lernen als Kinder die Wörter und Begriffe der Sprache nicht dadurch, daß sie uns erklärt werden, sondern dadurch, daß wir sie gebrauchen. Die Wörter sind gewissermaßen Werkzeuge, um sich in der Umgebung zurechtzufinden, um mit ihr in Kontakt zu treten, und die sich beim Gebrauch als mehr oder weniger zweckmäßig erweisen können. Wenn wir ein Wort hinreichend oft gehört und selbst verwendet haben, glauben wir zu wissen, was es bedeutet. Freilich stellen sich beim Gebrauch dieser sprachlichen Werkzeuge auch bald mancherlei Schwierigkeiten heraus; wir bemerken etwa, daß ein Wort nicht recht paßt oder daß wir nicht wissen, was es an dieser Stelle eigentlich bedeuten soll. Wir empfinden es als unklar, oder wir erkennen, daß es im Laufe der Zeit mehrere verschiedene Bedeutungen gehabt hat. So sprechen wir, um ein beliebiges Beispiel zu nennen, etwa auf einem Ausflug von einem See, während unser Begleiter meint, daß es sich doch nur um einen Tümpel handele. Wir finden ein Zimmer warm, während ein anderer, der gerade von der heißen Straße kommt, sich darüber freut, daß das Zimmer kühl sei. Wir gebrauchen im Deutschen das Wort »entleihen« und stellen, wenn wir Englisch lernen, zu unserem Erstaunen fest, daß es dafür im Englischen zwei ganz verschiedene Wörter, nämlich »to borrow« und »to lend«, gibt, die den gleichen Vorgang einmal von der Seite des Nehmenden, ein anderes Mal von der des Gebenden bezeichnen. Oder: Die Wörter »rot« und »grün« werden auch von Farbenblinden verwendet, obwohl sich für sie mit diesen Begriffen fast der gleiche Sinneseindruck verbindet. Die Zahl solcher Beispiele ließe sich beliebig vermehren.

Diese Schwierigkeiten beim Gebrauch der Sprache sind natürlich schon früh bemerkt worden und haben von selbst zu Versuchen zur Abhilfe geführt. Man kann etwa daran denken, bestimmte Grenzen für die Bedeutung eines Wortes durch Vereinbarung festzulegen, also, was dasselbe sagt, »Definitionen« zu geben, durch die der Sinn eines Wortes präzisiert wird. Man kann auch durch erklärende Zusätze die Bedeutung eines Wortes verschärfen, also, um ein Beispiel zu geben, etwa den Begriff »Bedingung« aufgliedern in »hinreichende Bedingung« und »notwendige Bedingung«. Wenn etwa eine kriegführende Partei der unterliegenden anderen Partei mitteilt, sie werde über den Waffenstillstand nur verhandeln, wenn die unterliegende Partei ein gewisses Gelände geräumt habe, so kann die Räumung eine »notwendige« oder schon eine »hinreichende« Bedingung für Verhandlungen sein. Notwendig ist sie, wenn ohne die Räumung sicher nicht verhandelt wird. Hinreichend ist sie, wenn nach der Räumung sicher verhandelt werden soll. Aber man muß sich bei allen solchen Versuchen zur Präzisierung der Begriffe klar machen, daß man bei der Definition oder Erklärung schließlich Begriffe verwenden muß, deren Sinn als bekannt vorausgesetzt werden muß, die also unanalysiert hingenommen werden; daß daher das Gebäude der Sprache letztlich immer auf unsicherem Grund errichtet werden muß.

Schon in der griechischen Philosophie ist die Begrenzung unserer sprachlichen Ausdrucksmittel ein zentrales Thema gewesen seit Sokrates, der, wenn wir uns an die Darstellung seiner Gedanken in den von Plato niedergeschriebenen Dialogen halten, unablässig um die Klärung der sprachlichen Begriffe und der hinter ihnen stehenden Vorstellungen gerungen hat. Sein Schüler Aristoteles ist noch um einen entscheidenden Schritt weitergegangen, indem er die formale Struktur der Sprache, die Formen des Schließens, unabhängig vom Inhalt der Sätze untersucht und damit die erste wissenschaftliche Logik geschaffen hat. In dieser Weise hat er in der Analyse der Sprache einen Grad von Genauigkeit und Abstraktion erreicht, der bis dahin in der griechischen Philosophie unbekannt war, und er hat dadurch in höchstem Maße zur Aufrichtung einer Ordnung in unserer Methode des Sprechens und Denkens beigetragen. Wenn man davon ausgeht, daß es in der Wissenschaft darauf ankommt, den Inhalt eines Satzes oder eines Schlusses eindeutig mit größter Genauigkeit festzulegen, so hat Aristoteles die Grundlage für die wissenschaftliche Sprache geschaffen.

Andererseits bringt die logische Analyse der Sprache auch die Gefahr einer zu großen Vereinfachung und einer Einseitigkeit in der Beurteilung sprachlicher Möglichkeiten mit sich. Wenn auch die Logik die Voraussetzung für eine wissenschaftliche Sprache schafft, in der es auf Eindeutigkeit und Präzision der Schlüsse ankommt, so gibt sie doch keine angemessene Beschreibung der lebendigen Sprache, die über sehr viel reichere Ausdrucksmittel verfügt. Jedes gesprochene Wort ruft in unserem Denken ja nicht nur eine bestimmte Bewegung hervor, die uns voll bewußt wird und die man als die gemeinte Bedeutung des Wortes bezeichnen kann, sondern es gleiten mit dem aufgenommenen Wort noch viele Nebenbedeutungen und Assoziationen durch das Halbdunkel unseres Bewußtseins, die, obwohl sie kaum wahrgenommen werden, doch für den Sinn des gehörten Satzes wesentlich sein können. Unter Umständen kann gerade dieses Gewebe von nur halbbewußten Vorstellungen, das durch die Sprache hervorgerufen werden kann, den Sinn dessen, was ausgesprochen werden soll, besser wiedergeben als ein scharfes logisches Schlußverfahren. Daher haben sich besonders die Dichter oft gegen die übertriebene Betonung der logischen Strukturen der Sprache gewandt und haben mit Recht jene anderen Strukturen hervorgehoben, die besonders für die künstlerische Benützung der Sprache die Grundlage bilden. Vielleicht darf ich hier eine Stelle aus Goethes ›Faust‹ zitieren, die aus dem Gespräch zwischen Mephisto und dem Schüler entnommen ist:

> Zwar ist es mit der Gedankenfabrik
> wie mit einem Webermeisterstück,
> wo ein Tritt tausend Fäden regt,
> die Schifflein herüber-, hinüberschießen,
> die Fäden ungesehen fließen,
> ein Schlag tausend Verbindungen schlägt.

Dies ist sicher eine richtige Beschreibung der lebendigen Sprache, und wenn wir in der Wissenschaft auch die logische Struktur der Sprache zur Grundlage unseres Denkens machen müssen, so dürfen wir die anderen, reicheren Möglichkeiten doch nicht aus dem Auge verlieren.

An dieser Stelle kann auch die Frage aufgeworfen werden, woher es eigentlich kommt, daß man in der Naturwissenschaft die äußerste Eindeutigkeit und Präzision des Sprechens fordern muß, während man die anderen reicheren Ausdrucksmöglichkeiten der Sprache kaum auszunützen vermag. Der Grund dafür liegt in der gestellten Aufgabe. Wir müssen in der Naturwissenschaft versuchen, in der unendlichen Fülle verschiedenartiger Erscheinungen der uns umgebenden Welt gewisse Ordnungen zu erkennen, diese verschiedenartigen Erscheinungen also dadurch zu verstehen, daß wir sie auf einfache Prinzipien zurückführen. Wir müssen uns darum bemühen, das Spezielle aus dem Allgemeinen herzuleiten, das einzelne Phänomen als Folge einfacher allgemeiner Gesetze zu verstehen. Die allgemeinen Gesetze können, wenn sie sprachlich formuliert werden, nur einige wenige Begriffe enthalten, denn sonst wäre das Gesetz nicht einfach und allgemein. Aus diesen Begriffen muß nun eine unendliche Vielfalt von möglichen Erscheinungen hergeleitet werden, und zwar nicht nur qualitativ und ungenau, sondern mit größter Genauigkeit hinsichtlich jeder Einzelfrage. Es ist unmittelbar einzusehen, daß die Begriffe der gewöhnlichen Sprache, ungenau und unscharf definiert, wie sie sind, niemals solche Ableitung zulassen können. Wenn aus gegebenen Voraussetzungen eine Kette von Schlüssen hergeleitet werden soll, so hängt die Anzahl der möglichen Glieder in der Kette von der Genauigkeit der Voraussetzungen ab. In der Naturwissenschaft müssen daher die Grundbegriffe in den allgemeinen Gesetzen mit äußerster Präzision definiert werden, und das ist nur im Rahmen einer exakten Logik und schließlich nur mit Hilfe der mathematischen Abstraktion möglich.

In der theoretischen Physik ergänzen und verschärfen wir daher die natürliche Sprache, indem wir den für den betreffenden Erfahrungsbereich grundlegenden Begriffen mathematische Symbole zuordnen, die zu den Tatsachen, d. h. zu den gemessenen Beobachtungsergebnissen, in Beziehung gesetzt werden können. Seit Isaac Newton vor dreihundert Jahren sein berühmtes Werk, die ›Philosophiae naturalis principia mathematica‹ geschrieben hat, ist diese Ergänzung und Präzisierung der gewöhnlichen Sprache durch ein mathematisches Schema immer als Grundlage für eine exakte Naturwissenschaft im eigentlichen Sinn angesehen worden. Man kann dieses Schema als eine mathematische Kunstsprache bezeichnen. Die Grundbegriffe und die ihnen zugeordneten mathematischen Symbole werden durch ein System von Definitionen und Axiomen in ihrer Bedeutung festgelegt. Die Symbole werden durch mathematische Gleichungen verbunden, die dann als der exakte Ausdruck von sogenannten Naturgesetzen gelten können. Die Richtigkeit dieser Gleichungen und der durch sie ausgedrückten Naturgesetze erweist sich schließlich dadurch, daß es gelingt, eine unendliche Fülle einzelner Erscheinungen als mögliche Lösungen der Gleichungen aus den Naturgesetzen herzuleiten, also z. B. den Zeitpunkt einer Mondfinsternis oder die Bahn eines in den Raum geschossenen Satelliten aus den Anfangsbedingungen mit größter Genauigkeit vorherzuberechnen.

In der Folgezeit hat es sich als zweckmäßig erwiesen, Teile dieser mathematischen Kunstsprache wieder in die gewöhnliche Sprache zu übernehmen, indem man etwa Namen für bestimmte mathematische Symbole einführt, denen man auch in gewissem Umfang einen anschaulichen Inhalt in den Erscheinungen geben kann. So sind Begriffe wie Energie, Impuls, Entropie, elektrisches Feld als Fachausdrücke in die gewöhnliche Sprache eingegangen. Aber mehr als eine derartige Ergänzung schien auch nicht notwendig. Wenn diese Erweiterung der Sprache vorgenommen wurde, so schien die so erweiterte Sprache völlig ausreichend, um die Vorgänge in der Natur zu beschreiben und zu verstehen.

Erst in der modernen Physik hat sich hier ein in gewissem Sinne unheimlicher Wandel vollzogen. Mit dem Vordringen in Bereiche der Natur, die unseren Sinnen nicht mehr unmittelbar zugänglich sind, beginnt auch unsere Sprache an einigen Stellen zu versagen. Ihre Begriffe erweisen sich teilweise als stumpfe Werkzeuge, die in dem neuen Erfahrungsbereich nicht mehr richtig zu gebrauchen sind, die in ihm nicht mehr angreifen. Daß so etwas passieren kann, ist im Grunde schon vor Jahrhunderten bemerkt worden. Im täglichen Leben z. B. weiß jeder, was mit den Begriffen »oben« und »unten« gemeint ist. Die Körper fallen nach unten, und oben ist der blaue Himmel. Aber als man sich von der Kugelgestalt der Erde überzeugt hatte, bemerkte man, daß die Bewohner von Neuseeland offenbar im Raume umgekehrt stehen wie wir, daß sie von uns aus gesehen also gewissermaßen mit dem Kopf nach unten hängen. Freilich konnte man sich schnell damit trösten, daß mit »unten« und »oben« eben einfach die Richtungen zum Erdmittelpunkt hin oder von ihm weg bezeichnet werden, und damit schien die Schwierigkeit beseitigt. In unserer Zeit jedoch können Raketen von der Erde weg in den Raum geschossen werden, und es ist durchaus möglich, daß in einigen Jahren auch Menschen in solchen Raumschiffen für kürzere oder längere Zeit die Erde verlassen. Man kann einsehen, daß für die Besatzung eines Raumschiffes die Begriffe »oben« und »unten« überhaupt keinen Sinn mehr haben können. Aber es ist doch anschaulich schwer vorzustellen, mit welchen Gefühlen man sich in einer Welt bewegen und wie man über diese Welt sprechen oder denken würde, in der Begriffe wie »oben« und »unten« gar nicht mehr existieren. Daß es äußerst unangenehm wäre, in einer solchen Welt auch nur für kurze Zeit zu leben, versteht sich von selbst.

Man kann also begreifen, daß das Vordringen in neue Bereiche der Natur unter Umständen auch Veränderungen in der Sprache zur Folge hat. Aber es war doch in den ersten Jahrzehnten unseres Jahrhunderts eine große und bestürzende Überraschung zu erkennen, daß in den Bereichen der Natur, in die die Menschen erst durch die Hilfsmittel der modernen Technik eingedrungen sind, selbst die einfachsten und grundlegenden Begriffe der bisherigen Naturwissenschaft, wie Raum, Zeit, Ort, Geschwindigkeit, problematisch werden und neu durchdacht werden müssen.

Die Problematik des Zeitbegriffs, die in der Einsteinschen Relativitätstheorie aufgedeckt worden ist, kann wieder am Beispiel des Raumschiffs deutlich gemacht werden. Nehmen wir an, daß ein Raumschiff die Erde mit großer Geschwindigkeit verläßt und in den Weltraum wandert, und nehmen wir weiter an, daß die telegraphische Verbindung des Raumschiffs mit der Erde für lange Zeit aufrecht erhalten werden kann. Auch soll es auf dem Raumschiff eine Uhr geben, die ebenso gebaut und an reproduzierbaren physikalischen Prozessen genau geeicht ist wie die entsprechende Uhr auf der Erde. Dann kann der Beobachter auf der Erde aufgrund der Mitteilungen vom Raumschiff kontrollieren, ob die Uhr auf dem Raumschiff richtig geht, und er wird feststellen, daß sie etwas langsamer läuft als die Uhr auf der Erde. Der Weltraumfahrer aber, der durch die bei ihm ankommenden Signale von der Erde auch die Möglichkeit besitzt, den Gang seiner Uhr mit dem Gang der Uhr auf der Erde zu vergleichen, kommt zu dem umgekehrten Schluß, daß die Uhr auf der Erde langsamer läuft als die in seinem Raumschiff. Wir können nach den uns bekannten Naturgesetzen nicht daran zweifeln, daß dies tatsächlich das Ergebnis der Beobachtungen wäre. Wie soll man aber dann die Zeiten auf der Erde und auf dem Raumschiff überhaupt vernünftig vergleichen? Wann soll man zwei Ereignisse, von denen das eine auf der Erde, das andere in weitem Abstand von ihr auf dem Raumschiff stattfindet, »gleichzeitig« nennen? Wenn wir etwa auf der Erde den Zeitpunkt ins Auge fassen, an dem ein Signal vom Raumschiff ankommt, so wird der Zeitpunkt auf dem Raumschiff, der mit diesem »gleichzeitig« genannt werden soll, jedenfalls später liegen müssen als jener Zeitpunkt, an dem das Signal vom Raumschiff ausgesandt wurde. Er muß auch früher liegen als jener andere Zeitpunkt, an dem ein sofort zurückgesandtes Signal beim Raumschiff wieder ankommt. Aber wo in diesem Intervall der Punkt der Gleichzeitigkeit liegen soll, kann zunächst nicht entschieden werden. Auf die inhaltliche Frage nach der Neudefinition des Zeitbegriffs, die in der Relativitätstheorie ihre Antwort gefunden hat, kann hier nicht eingegangen werden. Für unsere Betrachtung genügt es aber festzustellen, daß in dem neuen Erfahrungsbereich das Wort »gleichzeitig« seinen Sinn zunächst verloren hat, ähnlich wie die Begriffe »oben« und »unten« im Raumschiff, daß also hier wichtige sprachliche Begriffe nicht mehr verwendet werden können.

Bei dieser Sachlage scheint es im ersten Augenblick verwunderlich, daß der Physiker überhaupt über die Experimente sprechen und sie theoretisch interpretieren kann, da ja grundlegende Begriffe seiner Sprache und damit seines Denkens versagen. Zum Glück ist an dieser Stelle aber die Schwierigkeit geringer, als es zunächst den Anschein hat; denn, um beim Beispiel des Weltraumschiffes zu bleiben: Der Physiker, der etwa auf der Erde mit dem Raumschiff in Verbindung steht – oder auch der Weltraumfahrer selbst –, braucht für die Beschreibung seiner Experimente gar nicht zu wissen, was das Wort »gleichzeitig« in bezug auf so weit entfernte Systeme bedeutet. Für jeden von ihnen spielen sich ja die Experimente in ihrem eigenen kleinen Bereich ab, und für die Beschreibung dieser Vorgänge reicht die gewöhnliche Sprache – oder genauer gesagt die Sprache der klassischen Physik – völlig aus. Daher kann auch die Verbindung zwischen den mathematischen Symbolen der theoretischen Physik und den Erfahrungen im kleinen Bereich ohne Schwierigkeit – nämlich ebenso wie in der früheren Physik – hergestellt werden, und eben dadurch kann auch experimentell festgestellt werden, ob der mathematische Formalismus der Relativitätstheorie die Naturgesetze richtig beschreibt oder nicht. So konnten die hier geltenden

Naturgesetze überhaupt erst gefunden werden. Die Schwierigkeit beginnt erst dort, wo wir versuchen, nach Kenntnis der exakten, in der Relativitätstheorie formulierten Naturgesetze über die Raum-Zeit-Verhältnisse im großen zu sprechen. Dazu reicht die gewöhnliche Sprache dann nicht mehr aus.

Da seit der Entdeckung der Relativitätstheorie mehr als ein halbes Jahrhundert vergangen ist, kann man die Frage nach der Sprache einfach historisch stellen. Welche Sprache hat sich unter den Physikern aus dem Umgang mit den Raum-Zeit-Verhältnissen im großen wirklich entwickelt? Hat sich die Sprache, in der wir über die Experimente reden, einfach der mathematischen Kunstsprache angepaßt, von der wir wissen, daß sie die wirklichen Verhältnisse richtig beschreibt, oder hat sie sich von ihr losgelöst, so daß wir uns etwa im allgemeinen mit ungenauen sprachlichen Andeutungen begnügen und uns immer dann, wenn wir gezwungen werden, uns präzise auszudrücken, in die mathematische Kunstsprache zurückziehen?

In der Relativitätstheorie hat sich die gesprochene Sprache tatsächlich der mathematischen Kunstsprache angepaßt. Aber ich möchte vorwegnehmen, daß es in der Quantentheorie, die nachher erörtert werden soll, nicht so gegangen ist. In der Relativitätstheorie haben wir uns nach einem Vorschlag Einsteins daran gewöhnt, das Wort »gleichzeitig« immer mit dem Zusatz »relativ zu einem bestimmten Bezugssystem« zu versehen und dadurch dem Begriff »gleichzeitig« wieder einen präzisen Sinn zu geben. Damit wird die früher heftig diskutierte Frage, ob die Uhr im Raumschiff wirklich oder nur scheinbar langsamer geht als die Uhr auf der Erde, gegenstandslos; sie ist in den letzten Jahrzehnten tatsächlich aus der Diskussion verschwunden. Ebenso braucht nicht entschieden zu werden, ob bewegte Körper sich in ihrer Bewegungsrichtung wirklich oder nur scheinbar zusammenziehen, wie es die Formel von Lorentz behauptet; auch diese Frage konnte vergessen werden. Wir haben uns jetzt daran gewöhnt, daß die Welt nicht »wirklich« so ist, wie es uns die gewöhnlichen Begriffe glauben machen, daß wir uns also in neuen Erfahrungsbereichen auf Paradoxien gefaßt machen müssen.

Bei der Erweiterung der Relativitätstheorie zur sogenannten all-

gemeinen Relativitätstheorie, die Einstein im Jahr 1916 vorgenommen hat, ist auch die Geometrie noch einer Revision unterzogen
worden, und es hat sich herausgestellt, daß die Geometrie vom Gra-
vitationsfeld, vom Schwerefeld abhängt, daß also die wirklichen
geometrischen Verhältnisse der Welt nur durch eine nicht-euklidische Geometrie vom Riemannschen Typus, d. h. durch eine recht unanschauliche Geometrie, richtig beschrieben werden können.

Auch gegen diesen Schluß ist zunächst von philosophischer Seite
heftig polemisiert worden; z. B. hat Dingler in München hervorgehoben, daß wir schon durch unser praktisches Verhalten beim Bau
der Apparaturen dafür sorgen, daß dort die Euklidische Geometrie
gilt. Dingler hat in folgender Weise argumentiert: Wenn ein Mechaniker versucht, eine vollständig ebene Oberfläche herzustellen, so
kann er das in der folgenden Weise tun: Er stellt zunächst drei solcher Flächen her, ungefähr von gleicher Größe, die ungefähr eben
sind. Dann legt er je zwei dieser Oberflächen in verschiedenen relativen Lagen aufeinander. Der Grad, bis zu dem nun eine Berührung
an allen Stellen der Fläche möglich ist, kann als Maß für die Genauigkeit gelten, mit der die Flächen als eben betrachtet werden können.
Der Mechaniker wird mit den drei Flächen nur dann zufrieden sein,
wenn die Berührung zwischen je zweien von ihnen an allen Punkten
gleichzeitig stattfindet. Wenn dies gelungen ist, so kann man mathematisch beweisen, daß auf den Ebenen die Euklidische Geometrie
gelten muß. In dieser Weise wird also schon durch unsere eigenen
Maßnahmen dafür gesorgt, daß die Euklidische Geometrie gilt und
daß eine von ihr abweichende Geometrie falsch wäre. Vom Standpunkt der allgemeinen Relativitätstheorie aus kann man natürlich
hier antworten, daß das erörterte Argument nur die Gültigkeit der
Euklidischen Geometrie in kleinen Dimensionen beweist, nämlich in
den Dimensionen unserer experimentellen Ausrüstung. Die Genauigkeit, mit der hier die Euklidische Geometrie gilt, ist in der Tat so
hoch, daß der oben beschriebene Prozeß zur Herstellung ebener
Oberflächen immer ausgeführt werden kann. Die außerordentlich
kleinen Abweichungen von der Euklidischen Geometrie, die es auch
in diesem Gebiet noch gibt, werden nicht bemerkt werden, da die

Oberflächen aus einem Material gemacht sind, das nicht absolut starr ist, sondern kleine Deformationen zuläßt, und da auch der Begriff »Berührung« nicht mit vollständiger Genauigkeit definiert werden kann. Für Flächen von kosmischer Größenordnung würde der beschriebene Prozeß eben gar nicht ausgeführt werden können. Aber das ist auch nicht ein Problem der experimentellen Physik.

Die Gültigkeit der Euklidischen Geometrie im kleinen genügt auch in der allgemeinen Relativitätstheorie, um die Verbindung zwischen den Begriffen der klassischen Physik und den Symbolen der mathematischen Kunstsprache herzustellen. Der Physiker empfindet keine Schwierigkeit, wenn er über seine Versuche sprechen will; denn diese Versuche spielen sich ja immer in kleinen Räumen und Zeiten ab, selbst wenn er etwa weit entfernte Sterne oder extrem schnell bewegte Elementarteilchen beobachtet. Und schließlich hat sich die Sprache der experimentierenden Physiker auch hier der mathematischen Kunstsprache angepaßt. Im Endergebnis hat sich also aufgrund der Relativitätstheorie eine Redeweise entwickelt, in der wir uns auch über die Raum-Zeit-Verhältnisse im großen verständigen können, und damit können die am Anfang erwähnten Schwierigkeiten hier in gewisser Weise als überwunden gelten.

Sehr viel ernstere Schwierigkeiten für die Sprache aber ergeben sich im Bereich der Atomphysik. Bei der Beschreibung der Vorgänge im kleinsten Bereich, jener Zusammenhänge, die in der Quantentheorie analysiert und mathematisch dargestellt worden sind, versagt die gewöhnliche Sprache oder die Sprache der klassischen Physik in einem solchen Ausmaß, daß selbst Physiker vom Range Einsteins bis zum Ende ihres Lebens nicht bereit waren, sich mit dieser neuen Situation abzufinden.

Wir beobachten z. B. die Elektronen in einer Nebelkammer; wir sehen ihre Spuren als Kondensstreifen, so wie wir die Bahnen sehr hoch fliegender Flugzeuge als Kondensstreifen am Himmel wahrnehmen können, und wir zweifeln daher nicht daran, daß es sich bei den Elektronen um schnell fliegende elektrisch geladene Teilchen handelt. Aber diese selben Gebilde erscheinen in anderen Experimenten als Wellen, die Beugung und Interferenzerscheinungen hervorrufen können; sie können also gar keine Teilchen sein, die nur eine geringe Ausdehnung besitzen, sie müssen vielmehr zugleich Vorgänge sein, die sich über größere Raumgebiete erstrecken. Aber wie soll man über solche Gebilde sprechen, wenn jeder Vergleich mit den anschaulichen Gebilden unserer sinnlich erfaßbaren Welt versagt oder wenigstens nur als Andeutung brauchbar und auf bestimmte Experimente beschränkt bleibt. Auch hier kann auf den Inhalt der Quantentheorie und auf das Wesen der durch sie beschriebenen Erscheinungen nicht eingegangen werden; wohl aber kann wieder die Frage nach der Sprache gestellt werden, in der wir über die Atome und Elementarteilchen tatsächlich reden. Wir müssen über sie reden, denn sonst könnten wir unsere Experimente nicht verstehen.

Historisch hat sich die Entwicklung der Quantentheorie nach der Planckschen Entdeckung vom Jahr 1900 ähnlich vollzogen wie die der Relativitätstheorie, doch hat die Entwicklung im ganzen sehr viel länger gedauert. Das wichtigste Erfahrungsmaterial ist um die Jahrhundertwende und in den ersten beiden Jahrzehnten unseres Jahrhunderts durch die Beobachtung der von den Atomen ausgesandten Strahlung und in der Chemie gesammelt worden. Dann ist aufgrund dieses sehr reichen Materials in den zwanziger Jahren die Quanten- oder Wellenmechanik mathematisch formuliert und schließlich in dieser Weise ein vollständiges Verständnis der quantentheoretischen Erscheinungen erreicht worden. In den dreißig Jahren, die seitdem vergangen sind, hat sich auch unter den Physikern eine Sprache entwickelt, in der über die atomaren Erscheinungen gesprochen wird. Aber in diesem Fall hat sich die Sprache nicht der mathematischen Kunstsprache angepaßt. Vielmehr hat sich eine Redeweise herausgebildet, in der man zur Beschreibung der kleinsten Teile der Materie abwechselnd verschiedene, einander widersprechende anschauliche Bilder verwendet. Je nachdem, wie es sich bei dem betreffenden Experiment gerade als zweckmäßig erweist, spricht man von Wellen oder von Teilchen, von Elektronenbahnen oder von stationären Zuständen, aber man bleibt sich dabei stets bewußt, daß diese Bilder nur ungenaue Analogien sind, daß es sich gewissermaßen nur um Wortgemälde handelt, mit denen man dem wirklichen Geschehen nahe zu kommen sucht. Wenn man gezwungen wird, präzise Aussagen zu machen, muß man sich oft in die mathematische Kunstsprache zurückziehen.

Daß die Entwicklung der Sprache sich so vollzogen hat, beruht zunächst auf einem grundlegenden Paradoxon der Quantentheorie. Jedes physikalische Experiment, gleichgültig ob es sich auf Erscheinungen des täglichen Lebens oder auf Atomphysik bezieht, muß in den Begriffen der klassischen Physik beschrieben werden. Diese Begriffe der klassischen Physik bilden fürs erste die Sprache, in der wir die Anordnung unserer Versuche angeben und die Ergebnisse festlegen. Wir können sie nicht durch andere ersetzen. Trotzdem ist die Anwendbarkeit dieser Begriffe aufgrund der bestehenden Naturgesetze begrenzt durch die sogenannten Unbestimmtheitsrelationen. Wir können z. B. nicht gleichzeitig den Ort und die Geschwindigkeit eines Elementarteilchens genau kennen. Je genauer wir den Ort messen, um so geringer wird die Genauigkeit unserer Kenntnis der Geschwindigkeit, und umgekehrt. Das Produkt der beiden Ungenauigkeiten ist durch den Quotienten aus der Planckschen Konstante und der Masse des betreffenden Teilchens gegeben. Bohr hat von einer Komplementarität der beiden Begriffe Ort und Geschwindigkeit gesprochen, und er hat allgemein darauf hingewiesen, daß wir in der Atomphysik verschiedene Beschreibungsweisen verwenden müssen, die sich zwar gegenseitig ausschließen, aber doch auch ergänzen, so daß erst durch das Spielen mit den verschiedenen Bildern schließlich eine angemessene Beschreibung des Vorgangs erreicht wird. Dieser Sachverhalt der Komplementarität hat also dazu geführt, daß die Physiker, wenn sie über das atomare Geschehen reden, sich oft mit einer ungenauen und gleichnishaften Sprache begnügen, daß sie nur wie die Dichter versuchen, im Geist des Hörenden durch Bild und Gleichnis gewisse Bewegungen hervorzurufen, die in die gewollte Richtung weisen, ohne ihn durch eindeutige Formulierung zum präzisen Nachvollziehen eines bestimmten Gedankengangs zwingen zu wollen. Eindeutig wird die Redeweise erst, wenn man sich der mathematischen Kunstsprache bedient, an deren Kor-

rektheit man nach den vorliegenden Erfahrungen nicht mehr zweifeln kann.

Nun muß es aber auch grundsätzlich möglich sein, das gesprochene Wort der mathematischen Kunstsprache völlig anzupassen, und man
kann sich fragen, warum dies hier nicht von selbst geschehen ist, während doch in der Relativitätstheorie die Angleichung der gesproche-
nen an die mathematisch formulierte Sprache sich von selbst vollzogen hat. Der eigentliche Grund für diese verschiedenartige Entwicklung ist wohl die merkwürdige Tatsache, daß in einer Sprache, die
dem mathematischen Formalismus der Quantentheorie entspricht,
nicht mehr die klassische aristotelische Logik gelten könnte; sie
müßte durch eine andersartige Logik ersetzt werden. Zum Glück
haben die Mathematiker schon vor längerer Zeit solche andersartigen Logiken als möglich erkannt und untersucht und damit die
grundsätzlichen Fragen, die bei Benützung anderer Logiken auftreten, geklärt. Trotzdem ist eine nichtaristotelische Logik doch dem
menschlichen Denken so ungewohnt, daß die Physiker kaum in der
Lage wären, sie zu benützen. Daher hat sich die Sprache der Physiker tatsächlich anders entwickelt. Aber es ist doch lehrreich, sich einmal die Logik der Sprache anzusehen, die dem mathematischen
Schema der Quantentheorie angepaßt wäre.

Diese Quantenlogik, wie sie genannt wird, ist schon in den dreißiger Jahren von Birkhoff und von Neumann und neuerdings wieder
ausführlich durch v. Weizsäcker untersucht worden. In ihr muß zunächst ein grundlegendes Axiom der aristotelischen Logik oder der
Logik des täglichen Lebens außer Kraft gesetzt werden. Es handelt
sich um den Satz, daß von einer Aussage entweder die Aussage selbst
oder die Negation der Aussage richtig sein muß. Von den beiden
Sätzen etwa: »Hier steht ein Tisch« oder: »Hier steht kein Tisch«
muß der eine richtig und der andere falsch sein; ein drittes gibt es
nicht – »tertium non datur«. In der Quantenlogik tritt an die Stelle
dieses Axioms nach v. Weizsäcker die Feststellung, daß es in einer
einfachen Alternative der eben bezeichneten Art zu einer Aussage einen Wahrheitsgehalt gebe, der durch zwei komplexe Zahlen charakterisiert werden kann. Aus diesen Zahlen läßt sich – auf Einzelheiten

soll hier natürlich nicht eingegangen werden – eine dritte bilden, die man den Wahrheitswert nennen kann und die 1 beträgt, wenn die Aussage richtig ist, o beträgt, wenn sie falsch ist. Es kann aber Zwischenwerte geben, z. B. den Wert 1/2, bei dem die Aussage mit gleicher Wahrscheinlichkeit richtig oder falsch sein kann. Es existieren also Zwischensituationen, bei denen es nicht entschieden ist, ob die Aussage falsch oder richtig ist, und dieses Wort »nicht entschieden« darf keineswegs einfach als eine Unkenntnis über den wahren Sachverhalt interpretiert werden. Man kann also eine Aussage, die einem Zwischenwert entspricht, nicht einfach in der Weise deuten, daß zwar »in Wirklichkeit« die eine oder die entgegengesetzte Aussage der Alternative richtig sei, daß aber nicht bekannt sei, welche Aussage zutreffe. Vielmehr läßt sich die dem Zwischenwert entsprechende Aussage eben in einer gewöhnlichen Sprache nicht mehr ausdrücken. v. Weizsäcker bezeichnet eine durch eine solche Zwischensituation charakterisierte Aussage als komplementär zu den einfachen Aussagen der Alternative.

Gegen eine derartige Erweiterung der Logik kann sofort ein naheliegender Einwand erhoben werden. Wenn wir über diese Logik sprechen oder schreiben, so verwenden wir dabei, ohne daran besonders zu denken, die gewöhnliche, die aristotelische Logik. Wir benützen immer wieder bewußt oder unbewußt z. B. das Axiom »tertium non datur«. Also enthält, so scheint es, die geplante Erweiterung der Logik einen inneren Widerspruch. Diesem Einwand gegenüber hat v. Weizsäcker aber mit Recht geltend gemacht, daß man verschiedene Stufen der Sprache unterscheiden kann; eine erste Stufe handelt von den Objekten, z. B. von Atomen und Elektronen, oder wohl auch von Objekten des täglichen Lebens, Tischen oder Stühlen. Eine zweite Stufe bezieht sich auf die Aussagen über Objekte, sie enthält also z. B. Aussagen über Aussagen über Elektronen oder Aussagen über die Theorie der Elektronen. Eine dritte kann sich beziehen auf Aussagen über Aussagen über Objekte usw. Es wäre dann grundsätzlich möglich, in den verschiedenen Stufen der Sprache verschiedene Logiken zu verwenden, nur müßte man im Grenzfall der obersten Stufe wieder auf die gewöhnliche Logik zurückkommen.

Dann wäre gegen die Benützung der aristotelischen Logik bei der Beschreibung der allgemeineren Logik der verschiedenen Stufen nichts einzuwenden. Die Situation wäre in der Logik also ähnlich wie in der Quantentheorie. Obwohl wir behaupten müssen, daß die Naturgesetze der Quantentheorie überall gelten, auch für die Erscheinungen des täglichen Lebens, so ist die klassische Physik doch in solcher Weise als Grenzfall in der Quantentheorie enthalten, daß bei der Beschreibung größerer Objekte die quantenmechanischen Züge des Geschehens nur eine untergeordnete Rolle spielen und schließlich im täglichen Leben praktisch ganz vernachlässigt werden können. In ähnlicher Weise wäre die klassische, die aristotelische Logik als Grenzfall in der Quantenlogik enthalten, so daß es für viele Erörterungen grundsätzlich zulässig ist, sich der klassischen Logik zu bedienen.

Der Umstand, daß die klassische Physik als Grenzfall in der Quantentheorie enthalten ist, stellt ja sogar die Voraussetzung für die Beschreibung und theoretische Interpretation der Experimente im Bereiche der Atomphysik dar. Denn die Apparaturen werden auch in der Atomphysik in den Begriffen der klassischen Physik beschrieben, die gewonnenen Ergebnisse in diesen Begriffen mitgeteilt. Nur weil dies möglich ist, behält die Atomphysik den Charakter von Eindeutigkeit und Reproduzierbarkeit, der allgemein als Voraussetzung für eine objektive und exakte Naturwissenschaft angesehen wird. In ähnlicher Weise ist es für das Verständnis der Quantenlogik wesentlich, daß wir über ihre Struktur in einer Sprache reden können, die sich der klassischen Logik bedient.

Kehren wir nun wieder zur untersten Stufe der Sprache, zur Sprache über die Objekte, und damit zur Quantenlogik zurück, so können wir die charakteristischen Unterschiede dieser Logik von der üblichen Logik an folgendem Beispiel deutlich machen: Wir denken etwa an ein Atom, das sich in einem geschlossenen Kasten bewegt, der durch eine Wand in zwei gleiche Teile geteilt sei. In der Wand sei ein sehr kleines Loch, so daß das Atom gelegentlich hindurchfliegen kann. Nach der klassischen Logik kann dann das Atom entweder in der linken oder in der rechten Hälfte des Kastens sein. Es gibt keine

dritte Möglichkeit: »tertium non datur«. In der Quantentheorie
aber müssen wir zugeben, sofern wir die Wörter »Atom« und »Kasten« überhaupt verwenden wollen, daß es noch andere Möglichkeiten gibt, die in einer merkwürdigen Weise Mischungen aus den beiden früheren Möglichkeiten darstellen. Dies ist notwendig, um die
Ergebnisse gewisser Versuche zu erklären. Wir könnten z. B. Licht
beobachten, das von dem Atom gestreut worden ist. Wir könnten
etwa 3 Versuche ausführen. Im ersten ist das Atom – z. B. dadurch,
daß das Loch in der Wand geschlossen wird – auf die linke Hälfte
des Kastens beschränkt, und die Intensitätsverteilung des Streu-
lichtes wird gemessen. Im zweiten wird das Atom auf die rechte Hälfte
des Kastens beschränkt und wieder das Streulicht gemessen. Schließlich im dritten kann sich das Atom frei im ganzen Kasten hin- und
herbewegen, und wieder wird die Intensitätsverteilung des Streu-
lichtes messend untersucht. Wenn nun das Atom immer entweder in der
linken oder in der rechten Hälfte des Kastens gewesen wäre, so müßte die Intensitätsverteilung im dritten Versuch eine Mischung – je
nach dem Bruchteil der Zeit, der vom Atom in der einen der beiden
Hälften verbracht wird – der beiden früheren Intensitätsverteilun-
gen sein. Aber das ist nach den Experimenten im allgemeinen nicht
richtig. Die wirkliche Intensitätsverteilung wird vielmehr in der Regel verändert durch die sogenannte Interferenz der Wahrscheinlichkeiten, die in der Quantentheorie eine wichtige Rolle spielt, aber
hier nicht weiter erklärt werden soll. In dem eben besprochenen dritten Fall liegt also eine Situation vor, die durch eine Aussage charakterisiert wird, die komplementär zu einer der beiden Alternativen
genannt worden ist.

Betrachtet man nun in diesem Beispiel die verschiedenen Stufen
der Sprache, so wäre in der klassischen Logik die Beziehung zwischen den verschiedenen Stufen die einer eindeutigen Entsprechung.
Die beiden Aussagen: »Das Atom befindet sich in der linken Hälfte«
oder: »Es ist wahr, daß das Atom in der linken Hälfte ist«, gehören
logisch zu verschiedenen Stufen. In der klassischen Logik sind diese
Aussagen aber völlig äquivalent, d. h. sie sind entweder beide richtig oder beide falsch. Es ist nicht möglich, daß die eine richtig ist und

die andere falsch. Aber in dem logischen Schema der Komplementarität ist diese Beziehung verwickelter. Die Richtigkeit oder Falschheit der ersten Aussage schließt in der Tat die Richtigkeit oder Falschheit der zweiten Aussage ein; aber die Falschheit der zweiten Aussage schließt nicht notwendig die Falschheit der ersten Aussage ein. Wenn die zweite Aussage falsch ist, so kann es noch unentschieden sein, ob das Atom sich in der linken Hälfte befindet. Das Atom muß nicht unbedingt in der rechten Hälfte sein. Es besteht noch völlige Äquivalenz der beiden Stufen der Sprache hinsichtlich der Richtigkeit einer Aussage, aber nicht mehr hinsichtlich der Falschheit einer Aussage. Von hier aus kann man auch jenes Verhalten verstehen, das man die »Persistenz der klassischen Gesetze« in der Quantentheorie genannt hat. Wo immer bei einem gegebenen Experiment die Anwendung der klassischen physikalischen Gesetze zu einem bestimmten Schluß führt, wird das gleiche Ergebnis auch aus der Quantentheorie folgen, und es wird sich auch experimentell gerade so verhalten.

Die modifizierte Logik der Quantentheorie, die eben angedeutet worden ist, führt auch zwangsläufig zu einer modifizierten Ontologie; denn jeder Aussage über die Atome, bei der nicht entschieden ist, ob das Atom sich in der rechten oder linken Hälfte des Kastens befindet, entspricht ja auch eine Situation in der Natur, die nicht identisch ist mit einer der beiden Situationen, bei denen das Atom in der linken oder rechten Hälfte des Kastens ist. v. Weizsäcker hat solche Zustände, die komplementären Aussagen entsprechen, koexistierende Zustände genannt, um anzudeuten, daß es Zustände sind, die die beiden Alternativen als Möglichkeiten enthalten. Dieser Zustandsbegriff würde dann hinsichtlich einer Ontologie der Quantentheorie eine erste Definition bilden. Man erkennt sofort, daß dieser Gebrauch des Wortes »Zustand«, besonders des Ausdrucks »koexistierender Zustand«, so verschieden ist von dem der gewöhnlichen materialistischen Ontologie, daß man zweifeln kann, ob man hier noch eine zweckmäßige Terminologie benützt. Wenn man andererseits das Wort »Zustand« so auffaßt, daß es eher eine Möglichkeit als eine Wirklichkeit bezeichnet — man kann sogar einfach das Wort

»Zustand« durch das Wort »Möglichkeit« ersetzen –, so ist der Begriff der »koexistierenden Möglichkeit« ganz plausibel, da eine Möglichkeit eine andere einschließen oder sich mit anderen Möglichkeiten überschneiden kann.

Man erkennt hieraus auch, daß in der modernen Physik der Begriff der Möglichkeit, der in der Philosophie des Aristoteles eine so entscheidende Rolle gespielt hat, wieder an eine zentrale Stelle gerückt worden ist. Man kann die mathematischen Gesetze der Quantentheorie geradezu als eine quantitative Fassung dieses aristotelischen Begriffs der »dynamis« oder »potentia« auffassen. Allerdings hat Aristoteles nicht daran gedacht, diesen Begriff zu einer Erweiterung seiner Logik zu benützen. Wohl aber steht dieser Begriff der »Möglichkeit« in der richtigen Weise in der Mitte zwischen dem Begriff der objektiven materiellen Realität auf der einen, dem der nur geistigen und damit subjektiven Wirklichkeit auf der anderen Seite. Die quantentheoretische »Wahrscheinlichkeit« hat wenigstens zum Teil einen objektiven Charakter, obwohl sie, wenn man sie als Häufigkeit interpretieren will, doch nur die Häufigkeit in einer gedachten Gesamtheit bedeutet.

Wenn man diese Schwierigkeiten bei der sprachlichen Beschreibung atomarer Vorgänge erörtert, so hört man oft die Ansicht vertreten, daß es sich hier vielleicht um interessante, aber sehr spezielle und subtile Diskussionspunkte für ein Gespräch zwischen Physikern und Philosophen handelte, daß aber der Praktiker, der mit den Atomen experimentiere, der Atomtechniker oder Chemiker, zum Glück diese ganze Problematik vergessen könne, da sie für seine praktischen Aufgaben keine Rolle spiele.

Diese Ansicht ist aber nur dann berechtigt, wenn der Praktiker wirklich darauf verzichtet, über die Atome selbst zu reden. Er kann in der Tat über seine Experimente und ihre Ergebnisse berichten, ohne sich um die Regeln der Quantenlogik zu kümmern. Aber sobald er über die Atome oder Moleküle selbst sprechen, z. B. als Chemiker eine Formel für seine chemischen Verbindungen anschreiben will – und das tut er ja doch, da er seine Experimente verstehen will –, so muß er damit rechnen, vor die Schwierigkeiten der Quantenlogik gestellt zu werden. Daß er diesen Schwierigkeiten nicht immer ausweichen kann, soll noch an einem Beispiel aus der Chemie ausgeführt werden.

Seit der Entdeckung des Chemikers Kekulé vor hundert Jahren weiß man, daß das Benzolmolekül eine ringförmige Struktur besitzt, daß es aus 6 Kohlenstoffatomen besteht, die in einem regulären Sechseck angeordnet sind und an die jeweils ein Wasserstoffatom angelagert ist. Ein Bild dieses Moleküls kann man in vielen Lehrbüchern der Chemie finden. Fragt man den Chemiker, wie die Valenzbindungen in diesem Molekül angeordnet seien, so erhält man zur Antwort, daß das Molekül durch drei Einfach- und drei Doppelbindungen zusammengehalten werde. Der Chemiker wird sie in ein Bild der Molekel, bei dem die sechs Kohlenstoffatome auf dem Ring etwa von 1 bis 6 durchnumeriert sind, in der Weise anzeichnen, daß er z. B. die Atome 1 und 2, 3 und 4, 5 und 6 jeweils durch zwei Valenzstriche verbindet. Man kann dann weiter fragen, ob es nicht auch vorkommen könne, daß die Doppelbindungen statt dessen zwischen den Atomen 2 und 3, 4 und 5, und schließlich 6 und 1 liegen. Man erhält zur Antwort, daß diese zweite Möglichkeit in der Tat ebensogut sei wie die erste, daß sie ihr völlig äquivalent sei und daß man nicht wissen könne, welche wirklich realisiert sei. Da es aber nicht zwei zwar gleichartige, aber doch verschiedene Benzolmoleküle gibt, ist diese Antwort noch nicht ganz befriedigend. Bei weiterem Fragen wird der Chemiker vielleicht sagen, daß das Molekül zwischen den beiden Möglichkeiten irgendwie hin- und herschwanke. Da er aber doch zugeben muß, daß bei hinreichend tiefen Temperaturen keine wirkliche Bewegung, keine zeitliche Veränderung im Molekül mehr stattfinden kann, wird er sich schließlich zu der Formulierung gedrängt fühlen, daß die wirkliche Bindung wohl als eine Art von Mischung zwischen den beiden genannten Möglichkeiten aufgefaßt werden müsse. Der Chemiker weicht also halb unbewußt von selbst in die Quantenlogik aus. Denn im täglichen Leben könnten wir uns schlechterdings nicht vorstellen, was eine Mischung zwischen dem Fall, daß hier ein Tisch steht, oder dem anderen, daß hier kein Tisch steht, überhaupt bedeuten solle. Man erkennt also, daß dann, wenn man über die atomaren Vorgänge selbst sprechen und sich nicht nur mit vagen Andeutungen begnügen will, man der Quantenlogik nicht ausweichen kann. Wer sich mit seinen Gedanken in den atomaren Bereich begibt, kann also mit der klassischen aristotelischen Logik ebensowenig anfangen wie der Weltraumfahrer mit den Begriffen »oben« und »unten«. Aber es ist doch auch begreiflich, daß der Physiker bisher die Quantenlogik nicht systematisch benützt, daß er sich vielmehr oft mit Bildern und Gleichnissen begnügt, durch die er die Gedanken des Hörenden in die gemeinte Richtung lenken kann.

Es hat lange Zeit so ausgesehen, als ob das Problem der Sprache in der Naturwissenschaft nur eine untergeordnete Rolle spielte. Das ist in der modernen Physik sicher nicht mehr richtig. Die Menschen dringen in unserer Zeit in entlegene Bereiche der Natur vor, die unseren Sinnen nicht mehr unmittelbar zugänglich sind, die nur auf dem Umweg über komplizierte technische Apparaturen erschlossen werden können. Damit verlassen wir nicht nur den unmittelbar sinnlich erfahrbaren Bereich, wir verlassen auch den Raum, in dem sich unsere gewöhnliche Sprache gebildet hat und für den sie brauchbar ist. Wir sind daher gezwungen, eine neue Sprache zu lernen, die der gewöhnlichen Sprache an vielen Stellen sehr fremd ist. Eine neue Sprache bedeutet aber auch eine neue Art zu denken, und damit wird in der Naturwissenschaft in aller Schärfe die Forderung erhoben, die sich in unserer Zeit so sichtbar in so vielen Bereichen des Lebens stellt.

Naturwissenschaft und Technik im politischen Geschehen unserer Zeit*

In einem Vortrag über das Wort im politischen Geschehen spricht Carl J. Burckhardt den Gedanken aus, daß in einer Zeit, in der die großen Leitworte und Leitbilder der Vergangenheit durch unendlichen Mißbrauch entwertet und ihrer ordnenden Kraft beraubt zu sein scheinen, der Naturwissenschaft und der Technik trotz aller Gefahren die Rolle einer ordnenden Kraft zukommen könnte. Diesem Gedanken soll hier in einigen Zeilen nachgegangen werden.

Der erste Anschein spricht wohl gegen die von Burckhardt ausgesprochene Hoffnung. Wenn Naturwissenschaft und Technik heute den stärksten Einfluß auf die Gestaltung der Welt ausüben und in ihre entlegensten Gebiete oft mehr zerstörend als ordnend vordringen, so steht ja zunächst das materielle Interesse im Vordergrund, das seiner Natur nach in beiden Richtungen wirken kann. Es mag ebenso zur alle Ordnung vernichtenden Auseinandersetzung zwischen feindlichen Machtgruppen wie zur Bildung geordneter Wirtschaftsräume führen. Die Naturwissenschaft verspricht die Linderung materieller Not, die Heilung von Krankheiten, den Sieg über die Feinde, sie überzeugt durch ihr Leitwort »Zweckmäßigkeit«. Aber auch die Zweckmäßigkeit kann ins Chaos führen, wenn die Zwecke nicht selbst als Teile eines großen Zusammenhangs, einer höheren Ordnung verstanden werden. »Zweckmäßigkeit ist der Tod der Menschlichkeit.« Dieser gelegentlich ausgesprochene Satz weist

* Zuerst veröffentlicht in: Dauer im Wandel. Festschrift zum 70sten Geburtstag von Carl J. Burckhardt. München (Verlag Georg D. W. Callwey) 1960, S. 194–197.

darauf hin, daß jeder aus seinem Zusammenhang herausgelöste vereinzelte Zweck zu Entwicklungen führen kann, die mit dem eigentlich Menschlichen, nämlich jenem behutsamen Nachspüren gegebener, über den menschlichen Bereich hinausgehender Zusammenhänge in Widerspruch geraten. Der Satz gilt nur dann nicht, wenn die Zwecke selbst Teile eines größeren Zusammenhangs sind, den man in früheren Epochen als göttliche Ordnung bezeichnet hätte.

Wenn auch die Naturwissenschaft hier vorerst in beiden Richtungen wirken kann, so weist Burckhardt doch schon selbst auf die erzieherische Seite des Umgangs mit Naturwissenschaft und Technik hin. Die moderne Entwicklung veranlaßt unzählige Menschen in allen Gebieten der Erde, sich sorgfältig und gewissenhaft der Lösung einer ihnen gestellten technischen oder wissenschaftlichen Aufgabe zu widmen. Ob es sich um den Straßenbauer, den Feinmechaniker oder den Flugzeugkonstrukteur handelt, ob chemische Vorgänge im menschlichen Organismus untersucht oder neue Nutzpflanzen gezüchtet werden sollen, immer muß der Einzelne, dem die Aufgabe gestellt wird, nüchtern und sorgfältig zu Werke gehen; er darf sich nicht durch Vorurteile oder Illusionen blenden lassen, er muß auf alle jene im politischen Leben oft so gefährlichen Vereinfachungen verzichten, wenn er der ihm übertragenen Verantwortung wirklich gerecht werden, in ihr Erfolg haben will. Schon dieser Zwang zur Sorgfalt und Nüchternheit gehört zu den ordnenden Kräften unserer Zeit. Er würde aber kaum ausreichen, wenn die Naturwissenschaft nicht auch unmittelbar ein Gefühl für jene größeren Zusammenhänge wachrufen könnte, in denen die Ordnung unserer Welt sich ausspricht.

Dem oberflächlichen Betrachter mag es zunächst so scheinen, als lösten sich Naturwissenschaft und Technik in ein immer unübersichtlicher werdendes Getriebe spezieller Disziplinen auf, in denen der Einzelne zwar noch erfolgreich mitwirken, deren Zusammenhang er aber nicht mehr überschauen könnte. Bei näherem Zusehen aber erkennt man dahinter eine Bewegung in der entgegengesetzten Richtung. Durch den Prozeß einer sich immer weiter steigernden Abstraktion, der sich vor unseren Augen in der exakten Naturwis-

senschaft vollzieht und der auch allmählich weitere geistige Bereiche
ergreift, werden innerhalb einer Wissenschaft, aber auch schon zwischen verschiedenen Wissenschaften sehr weite Zusammenhänge
sichtbar, die bisher dem menschlichen Bewußtsein verschlossen waren. Als Beispiel mag die Entwicklung der modernen Mathematik
gelten. Schon der Zahlbegriff war durch eine Abstraktion aus den
sinnlich erfahrbaren Dingen gebildet worden; die geometrischen Figuren entstehen durch Abstraktion aus den Verhältnissen, die man
etwa bei der Vermessung von Land vorfindet. Das Rechnen mit
Buchstaben statt mit Zahlen, die Einführung der imaginären Einheit, das Studium von Funktionen bezeichnet höhere Stufen der Abstraktion. Je nach den speziellen abstrakten Gebilden, mit denen
man sich beschäftigte, unterschied man verschiedene Zweige der
Mathematik als Arithmetik, Algebra, Funktionentheorie, Topologie
usw. In unserer Zeit aber erreicht die Mathematik einen noch wesentlich höheren Grad von Abstraktion, indem sie übergeordnete
Begriffe bildet, von denen aus die verschiedenen Gegenstände der
Mathematik nur als spezielle Anwendungsbeispiele erscheinen, in
denen also sehr allgemeine Zusammenhänge, logische Strukturen
sich spiegeln, die in allen speziellen Disziplinen der Mathematik
wirksam sind. Von Begriffen wie Menge, Gruppe, Verband, Opera-
tor geht eine verbindende Kraft aus, die die Mathematik in einem
viel höheren Sinne als früher als eine Einheit erscheinen läßt.

Ähnliche Entwicklungen werden auch in der modernen Atomphysik sichtbar. Früher waren Chemie und Physik getrennte Wissenschaften, die sich auf ganz verschiedene Seiten der Natur bezogen, und die Physik selbst zerfiel in eine Reihe verschiedener Disziplinen – Mechanik, Optik, Elektrizitätslehre, Wärmelehre usw. –,
die wiederum verschiedene Arten von Vorgängen und Gesetzmäßigkeiten zum Gegenstand hatten. Unsere Zeit hat verstanden, daß alle
diese Erscheinungen gesetzmäßig zusammenhängen, daß man aber,
um die größeren Zusammenhänge zu erkennen, in Bereiche der Natur vordringen muß, die nicht unmittelbar sinnlich erfahren werden
können. Mit dem Verständnis der Physik der Atomhülle wurde die
Vereinigung von Chemie und Physik vollzogen; bei den heute mit

den größten technischen Mitteln durchgeführten Experimenten über die Elementarteilchen kommt der Zusammenhang zwischen allen Arten von Kräften in der Natur zum Vorschein, und die Formulierung ihrer Gesetze erfordert ein Maß von Abstraktion, das früher in der Naturwissenschaft unbekannt war.

In der Biologie fängt man an zu verstehen, daß die Steuerung von biologischen Vorgängen im Organismus oft mit besonderen atomphysikalischen Eigenschaften gewisser komplizierter Substanzen zusammenhängt. Auch hier muß man also den Bereich der unmittelbar wahrnehmbaren lebendigen Vorgänge verlassen, um die wirksamen Zusammenhänge zu erkennen. Die Entwicklung scheint daher in vielen verschiedenen Gebieten von Naturwissenschaft und Technik in der gleichen Richtung zu verlaufen; von der unmittelbar sinnlichen Gegenwart weg in eine zunächst unheimliche Leere und Ferne, von der aus die großen Zusammenhänge der Welt erkennbar werden.

Es muß aber an dieser Stelle betont werden, daß der Verzicht auf den lebendigen Kontakt mit der Natur, der mit dem Eindringen in die neuen Bereiche verbunden ist, und der damit verknüpfte Zug zur Abstraktion in der Naturwissenschaft kein selbstgewähltes Ziel bedeutet, sondern daß es sich im Gegenteil um ein sehr schmerzliches Opfer handelt, das seine Rechtfertigung allein in der Erkenntnis der weiten Zusammenhänge findet. Diese allgemeinen Ordnungen sind in der Naturwissenschaft unserer Zeit auch wirklich sichtbar geworden. Daher soll hier kein Vergleich mit der modernen Kunst gezogen werden, obwohl in ihr das Streben nach Abstraktion sehr deutlich in Erscheinung tritt. Die weiten Zusammenhänge, von denen in der heutigen Naturwissenschaft die Rede ist, können ja einstweilen nur dem engen Kreis der in ihr Tätigen bewußt werden.

Trotzdem mögen auch von hier schon Einflüsse auf das Denken der Menschen im großen ausgehen. Zum Beispiel wird allmählich ein Gefühl dafür erwachen, daß das Leben auf der Erde eine Einheit darstellt, daß ein Schaden an einer Stelle sich an allen anderen Stellen auswirken kann und daß wir für die Ordnung des Lebens auf dieser unserer Erde mitverantwortlich sind. Aus der Ferne des Welt-

raums, in die der Mensch mit den Mitteln moderner Technik vordringen kann, erkennt man vielleicht noch deutlicher als von der
Erde selbst die einheitlichen Gesetze, nach denen alles Leben auf unserem Planeten geordnet ist. Daß sich an dieser Stelle die Möglichkeit eröffnet, in die zunächst unheimliche Leere und Ferne, in die
uns Technik und Naturwissenschaft geführt haben, nicht nur mit
dem Geist, sondern auch mit dem Herzen einzudringen, zeigt vielleicht am schönsten die Dichtung des französischen Fliegers Saint-
Exupéry. Sein kleiner Prinz, der für seinen Planeten sorgt, die Vul-
kane kehrt und die eine Rose begießt, lebt in jener Ferne, aber er lernt
doch: »On ne voit bien qu'avec le cœur, l'essentiel est invisible pour
les yeux.«

Wenn man die Frage aufwirft, ob von Naturwissenschaft und
Technik in unserem heutigen Leben ordnende Kräfte ausgehen, die
vielleicht wie die großen Leitbilder der Vergangenheit das Leben auf
der Erde gestalten können, so muß man also vor allem wohl an die
weiten Zusammenhänge denken, die uns erst in dieser jüngsten Entwicklung sichtbar geworden sind. Im Hinblick auf die großen politischen Gefahren unserer Zeit kann man hoffen, daß sich das Gefühl
ausbreitet, das ein russischer Physiker kürzlich auf einem internationalen Kongreß in dem Satz ausgesprochen hat. »Wir reisen zusammen auf einem Raumschiff, das sich, schon seit undenklichen Zeiten
um die Sonne kreisend, mit ihr, dem großen Stern, durch unendliche
Räume bewegt. Woher und wohin, wissen wir nicht; aber wir reisen
gemeinsam auf dem gleichen Schiff.«

Die Abstraktion in der modernen Naturwissenschaft*

Wenn die Naturwissenschaft unserer Zeit mit der früherer Epochen verglichen wird, so wird oft festgestellt, daß diese Wissenschaft im Laufe ihrer Entwicklung immer abstrakter geworden sei und daß sie in unserer Zeit an vielen Stellen einen geradezu befremdenden Charakter von Abstraktheit erreicht habe, der nur gewissermaßen ausgeglichen werde durch die großen praktischen Erfolge, die die Naturwissenschaft mit ihrer Anwendung in der Technik aufzuweisen hat. Ich möchte hier nicht auf die Wertfrage eingehen, die an dieser Stelle oft aufgeworfen wird. Es soll also nicht gefragt werden, ob die Naturwissenschaft früherer Zeit erfreulicher war, die aus dem liebevollen Eingehen auf die Einzelheiten der Naturerscheinungen Zusammenhänge der Natur lebendig und damit sichtbar gemacht hat, oder ob im Gegenteil die enorme Ausweitung der technischen Möglichkeiten, die auf der modernen Forschung beruhen, die Überlegenheit eben unseres Begriffs von Naturwissenschaft unwiderlegbar bewiesen habe. Diese Wertfrage soll also zunächst völlig beiseite gelassen werden. Statt dessen soll der Versuch gemacht werden, den Vorgang der Abstraktion in der Entwicklung der Wissenschaft selbst unter die Lupe zu nehmen. Es soll — soweit dies im Rahmen einer kurzen historischen Betrachtung möglich ist — nachgesehen werden, was dabei eigentlich geschieht, wenn die Wissenschaft, offenbar ei-

* Vortrag, gehalten im Rahmen der Tagung des Ordens Pour le mérite für Wissenschaften und Künste, Bonn 1960. Zuerst veröffentlicht in: Reden und Gedenkworte, Band 4. Heidelberg (Verlag Lambert Schneider) 1962, S. 141–164.

nem inneren Zwang gehorchend, von einer Stufe der Abstraktion zur nächsthöheren aufsteigt; um welcher Erkenntniswerte willen dieser mühevolle Weg des Aufstieges überhaupt beschritten wird. Dabei wird sich herausstellen, daß in den verschiedenen Disziplinen des naturwissenschaftlichen Bereichs jedenfalls sehr ähnliche Vorgänge ablaufen, die gerade durch ihren Vergleich verständlicher werden. Wenn der Biologe Stoffwechsel und Fortpflanzung der lebendigen Organismen auf chemische Reaktionen zurückführt, wenn der Chemiker die anschauliche Beschreibung der Qualitäten seiner Stoffe durch eine mehr oder weniger komplizierte Konstitutionsformel ersetzt, wenn der Physiker die Naturgesetze schließlich in mathematischen Gleichungen ausdrückt, immer vollzieht sich hier eine Entwicklung, deren Grundtypus vielleicht am deutlichsten in der Entwicklung der Mathematik selbst zu erkennen ist und nach deren Zwangsläufigkeit gefragt werden muß.

Man kann mit der Frage beginnen: Was ist Abstraktion, und welche Rolle spielt sie im begrifflichen Denken? Als Antwort kann man etwa formulieren: Abstraktion bezeichnet die Möglichkeit, einen Gegenstand oder eine Gruppe von Gegenständen unter *einem* Gesichtspunkt unter Absehen von allen anderen Gegenstandseigenschaften zu betrachten. Das Herausheben eines Merkmals, das in diesem Zusammenhang als besonders wichtig betrachtet wird gegenüber allen anderen Eigenschaften, macht das Wesen der Abstraktion aus. Alle Begriffsbildung beruht, wie man leicht einsieht, auf diesem Prozeß der Abstraktion. Denn Begriffsbildung setzt voraus, daß man Gleichartiges erkennen kann. Da völlige Gleichheit aber in den Erscheinungen praktisch nie vorkommt, entsteht die Gleichartigkeit nur durch den Vorgang der Abstraktion, durch das Herausheben eines Merkmals unter Weglassung aller anderen. Um etwa den Begriff ›Baum‹ bilden zu können, muß man einsehen, daß es bei Birke und Tanne gewisse gemeinsame Züge gibt, die man abstrahierend herausheben und damit ergreifen kann.

Das Aufspüren gemeinsamer Züge kann unter Umständen ein Erkenntnisakt von größter Bedeutung sein. Zum Beispiel muß schon sehr früh in der Geschichte der Menschheit erkannt worden sein, daß es beim Vergleich etwa von drei Kühen und drei Äpfeln einen gemeinsamen Zug gibt, der eben mit dem Wort ›drei‹ ausgedrückt wird. Die Bildung des Zahlbegriffs ist bereits ein entscheidender Schritt aus dem Bereich der uns unmittelbar sinnlich gegebenen Welt heraus und in ein Gewebe rational erfaßbarer gedanklicher Strukturen hinein. Der Satz, daß zwei Nüsse und zwei Nüsse zusammen vier Nüsse ergeben, bleibt auch richtig, wenn man das Wort ›Nüsse‹ durch ›Brote‹ oder die Bezeichnung irgendwelcher anderer Gegenstände ersetzt. Man konnte ihn also verallgemeinern und in die abstrakte Form kleiden: Zwei und zwei ist vier. Das war eine bedeutende Entdeckung. Wahrscheinlich ist auch schon sehr früh die eigentümlich ordnende Kraft dieses Zahlbegriffs erkannt worden und hat mit dazu beigetragen, daß einzelne Zahlen als Symbole empfunden oder gedeutet wurden. Vom Standpunkt der heutigen Mathematik aus ist allerdings die einzelne Zahl weniger wichtig als die Grundoperation des Zählens. Es ist diese Operation, die die nicht abbrechende Reihe der natürlichen Zahlen entstehen läßt und mit ihr schon implizite alle die Sachverhalte hervorbringt, die etwa in der Zahlentheorie studiert werden. Mit dem Zählen ist offenbar ein entscheidender Schritt in die Abstraktion getan, mit ihm kann der Weg in die Mathematik und in die mathematische Naturwissenschaft betreten werden.

An dieser Stelle kann nun schon ein Phänomen studiert werden, das uns später auf den verschiedenen Stufen der Abstraktion in der Mathematik oder der neuzeitlichen Naturwissenschaft immer wieder begegnen wird und das für die Entwicklung des abstrakten Denkens in der Naturwissenschaft beinahe als eine Art »Urphänomen« bezeichnet werden könnte – obwohl Goethe seinen Ausdruck »Urphänomen« an dieser Stelle sicher nicht gebraucht hätte. Man kann es etwa die »Entfaltung abstrakter Strukturen« nennen. Die Begriffe, die zunächst durch Abstraktion aus einzelnen Sachverhalten oder Erfahrungskomplexen gebildet werden, gewinnen ein eigenes Leben. Sie erweisen sich als viel reichhaltiger und fruchtbarer, als man ihnen zunächst ansehen kann. Sie zeigen in der späteren Entwicklung eine selbständig ordnende Kraft, indem sie zur Bildung neuer For-

men und Begriffe Anlaß geben, Erkenntnisse über deren Zusammenhang vermitteln und sich auch bei dem Versuch, die Welt der Erscheinungen zu verstehen, in irgendeinem Sinne bewähren.

Aus dem Begriff des Zählens und den mit ihm verknüpften einfachen Rechenoperationen z. B. ist später teils in der Antike, teils in
der Neuzeit eine komplizierte Arithmetik und Zahlentheorie entwickelt worden, die eigentlich nur das aufdeckt, was mit dem Zahlbegriff von Anfang an gesetzt worden war. Ferner gaben die Zahl
und die aus ihr entwickelte Lehre von den Zahlenverhältnissen die
Möglichkeit, Strecken messend zu vergleichen. Von hier aus konnte
eine wissenschaftliche Geometrie entwickelt werden, die begrifflich
bereits über die Zahlenlehre hinausgeht. Bei dem Versuch, in dieser
Weise die Geometrie auf die Zahlenlehre zu begründen, sind schon
die Pythagoreer auf die Schwierigkeit mit den irrationalen Strecken-
verhältnissen gestoßen und so zur Erweiterung ihres Zahlkörpers gedrängt worden; sie *mußten* gewissermaßen den Begriff der Irratio-
nalzahl erfinden. Von hier weiterschreitend gelangten die Griechen
zum Begriff des Kontinuums und zu den bekannten, später vom
Philosophen Zenon studierten Paradoxien. Auf die Schwierigkeiten
in dieser Entwicklung der Mathematik soll aber hier nicht eingegangen, es sollte nur auf den Reichtum an Formen hingewiesen werden,
der im Zahlbegriff implizite steckt und aus ihm entfaltet werden
konnte.

Dies kann also beim Vorgang der Abstraktion geschehen: Der im
Prozeß der Abstraktion gebildete Begriff gewinnt ein eigenes Leben,
er läßt eine unerwartete Fülle von Formen oder ordnenden Strukturen aus sich entstehen, die sich später auch beim Verständnis der uns
umgebenden Erscheinungen in irgendeiner Weise bewähren können.

An diesem Grundphänomen hat sich bekanntlich die Problematik
entzündet, was denn eigentlich das Objekt der Mathematik sei. Daß
es sich in der Mathematik um echte Erkenntnis handelt, kann ja
wohl kaum bezweifelt werden. Aber Erkenntnis wovon? Beschreiben
wir in der Mathematik etwas objektiv Wirkliches, also etwas, das
auch unabhängig vom Menschen in irgendeinem Sinne existiert,

oder ist die Mathematik nur eine Fähigkeit des menschlichen Denkens? Sind die Gesetze, die wir in ihr ableiten, nur Aussagen über die Struktur dieses menschlichen Denkens? Ich will diese schwierige Problematik hier nicht wirklich aufrollen, sondern nur eine Bemerkung machen, die den objektiven Charakter der Mathematik unterstreicht.

Es ist nicht unwahrscheinlich, daß es auf anderen Planeten, sagen wir auf dem Mars, jedenfalls aber in anderen Sternsystemen, auch so etwas wie Leben gibt; und es muß durchaus mit der Möglichkeit gerechnet werden, daß es auf irgendwelchen anderen Weltkörpern auch Lebewesen gibt, in denen die Fähigkeit, abstrakt zu denken, so weit ausgebildet ist, daß sie den Zahlbegriff geprägt haben. Wenn dies so ist und wenn diese Lebewesen an ihren Zahlbegriff eine wissenschaftliche Mathematik anschließen, so werden sie zu genau denselben zahlentheoretischen Sätzen kommen wie wir Menschen. Arithmetik und Zahlentheorie können grundsätzlich bei ihnen nicht anders aussehen als bei uns, sie müssen in ihren Resultaten mit den unsrigen übereinstimmen. Wenn die Mathematik als Aussage über das menschliche Denken gelten soll, dann also jedenfalls: über das Denken an sich, nicht nur das menschliche Denken. Sofern es überhaupt Denken gibt, muß die Mathematik in ihm die gleiche sein. Man kann diese Feststellung mit einer anderen, naturwissenschaftlichen Feststellung vergleichen. Auf den anderen Planeten oder weiter entfernt liegenden Weltkörpern gelten sicher genau die gleichen Naturgesetze wie bei uns. Das ist nicht nur eine theoretische Vermutung, vielmehr können wir in unseren Fernrohren sehen, daß es dort die gleichen chemischen Elemente gibt wie bei uns, daß sie die gleichen chemischen Verbindungen eingehen und Licht von der gleichen spektralen Zusammensetzung aussenden. Ob aber diese naturwissenschaftliche Aussage, die auf Erfahrung begründet ist, mit der anderen zuerst gemachten Aussage über die Mathematik etwas zu tun hat und was sie damit zu tun hat, das soll an dieser Stelle nicht untersucht werden.

Kehren wir für einen Augenblick wieder zur Mathematik zurück, bevor wir uns die Entwicklung der Naturwissenschaften ansehen.

Die Mathematik hat im Lauf ihrer Geschichte immer wieder neue und umfassendere Begriffe gebildet und ist so zu immer höheren Stufen der Abstraktion aufgestiegen. Der Zahlbereich wurde erweitert um die irrationalen Zahlen und um die komplexen Zahlen. Der Begriff der Funktion eröffnete den Zugang zum Reich der höheren Analysis, Differential- und Integralrechnung. Der Begriff der Gruppe erwies sich als gleich fruchtbar in der Algebra, der Geometrie, der Funktionentheorie und legte den Gedanken nahe, daß es möglich sein sollte, auf einer höheren Stufe der Abstraktion die ganze Mathematik mit ihren vielen verschiedenen Disziplinen unter einheitlichen Gesichtspunkten zu ordnen und zu verstehen. Die Mengenlehre wurde als ein derartiger abstrakter Unterbau der ganzen Mathematik entwickelt. Die Schwierigkeiten der Mengenlehre erzwangen schließlich den Schritt von der Mathematik in die mathematische Logik, der in den zwanziger Jahren besonders von Hilbert und seinen Mitarbeitern in Göttingen vollzogen wurde. Jedesmal mußte der Schritt von der einen Stufe zur nächsten getan werden, weil die Probleme in dem engen Bereich, in dem sie zunächst gestellt waren, nicht wirklich gelöst und jedenfalls nicht wirklich verstanden werden konnten. Erst die Verknüpfung mit anderen Problemen in weiteren Bereichen eröffnete die Möglichkeit zu einer neuen Art des Verständnisses und veranlaßte daher das Bilden von weiteren umfassenderen Begriffen. Als man z. B. eingesehen hatte, daß sich das Parallelenaxiom der Euklidischen Geometrie nicht beweisen läßt, wurde die Nicht-Euklidische Geometrie entwickelt. Aber ein wirkliches Verständnis wurde erst erreicht, als man die sehr viel allgemeinere Frage stellte: Läßt sich innerhalb eines Axiomensystems beweisen, daß dieses System keine Widersprüche enthält? Erst als man so fragte, hatte man den Kern des Problems getroffen. Am Ende dieser Entwicklung steht in unserer Zeit eine Mathematik, über deren Grundlagen nur in außerordentlich abstrakten Begriffen gesprochen werden kann, bei denen die Beziehung zu irgendwelchen Dingen der Erfahrung völlig verloren zu sein scheint. Von dem Mathematiker und Philosophen Bertrand Russell soll der Satz stammen: »Die Mathematik handelt von Dingen, von denen sie nicht weiß, was sie sind, und sie besteht aus Sätzen, von denen man nicht weiß, ob sie wahr oder falsch sind.« (Zur Erläuterung des zweiten Teils dieser Äußerung: Man weiß nämlich nur, daß sie formal richtig sind, aber nicht, ob es Objekte in der Wirklichkeit gibt, auf die sie bezogen werden könnten.) Aber die Geschichte der Mathematik sollte hier ja auch nur als Beispiel dienen, an dem man die Zwangsläufigkeit der Entwicklung zur Abstraktion und zur Vereinheitlichung erkennen kann. Es soll nun gefragt werden, ob sich in der Naturwissenschaft etwas Ähnliches vollzogen hat.

Dabei möchte ich mit der Wissenschaft beginnen, die nach ihrem Gegenstand dem Leben am nächsten und insofern vielleicht am wenigsten abstrakt sein sollte, der Biologie. In ihrer alten Einteilung in Zoologie und Botanik war sie in weitem Umfang eine Beschreibung der vielen Formen, in der das Leben uns auf der Erde entgegentritt. Die Wissenschaft verglich diese Formen mit dem Ziel, Ordnung in die zunächst fast unübersehbare Fülle von Lebenserscheinungen zu bringen und nach Regelmäßigkeiten oder Gesetzmäßigkeiten im Bereich des Lebendigen zu suchen. Dabei entstand von selbst die Frage, nach welchen Gesichtspunkten verschiedene Lebewesen verglichen werden können, was also etwa die gemeinsamen Merkmale seien, die als Grundlage des Vergleichs dienen könnten. Schon z. B. Goethes Untersuchungen über die Metamorphose der Pflanzen sind eben auf ein solches Ziel gerichtet. An dieser Stelle mußte also der erste Schritt zur Abstraktion erfolgen. Man fragte nicht mehr primär nach den einzelnen Lebewesen, sondern nach den biologischen Funktionen, wie Wachstum, Stoffwechsel, Fortpflanzung, Atmung, Kreislauf usw., die das Leben charakterisieren. Diese Funktionen lieferten die Gesichtspunkte, nach denen man auch sehr verschiedenartige Lebewesen gut vergleichen konnte. Sie erwiesen sich ähnlich wie die abstrakten Begriffe der Mathematik als unerwartet fruchtbar. Sie entwickelten gewissermaßen eine eigene Kraft zum Ordnen sehr weiter Bereiche der Biologie. So entstand aus dem Studium der Vorgänge bei der Vererbung die Darwinsche Lehre von der Evolution, die zum ersten Male die Fülle verschiedener Formen des organischen Lebens auf der Erde unter einem großen einheitlichen Gesichtspunkt zu deuten versprach. Die Untersuchungen über Atmung und Stoff-wechsel andererseits führten von selbst zu der Frage nach den chemischen Vorgängen im lebendigen Organismus; sie gaben den Anlaß, diese Vorgänge mit chemischen Prozessen in der Retorte zu vergleichen. Damit wurde die Brücke von der Biologie zur Chemie geschlagen und zugleich die Frage aufgeworfen, ob die chemischen Vorgänge im Organismus und in der unbelebten Materie nach den gleichen Naturgesetzen ablaufen. So verschob sich die Frage nach den biologischen Funktionen zu der anderen Frage, wie diese biologischen Funktionen materiell in der Natur verwirklicht werden. Solange das Augenmerk auf die biologischen Funktionen selbst gerichtet war, paßte die Betrachtungsweise noch ganz in die geistige Welt etwa des mit Goethe befreundeten Arztes und Philosophen Carus, der auf den engen Zusammenhang des funktionalen Geschehens im Organismus mit unbewußten seelischen Vorgängen hingewiesen hatte. Mit der Frage nach der materiellen Verwirklichung der Funktionen aber wurde der Rahmen der Biologie im eigentlichen Sinn gesprengt. Denn nun wurde offenbar, daß man die biologischen Vorgänge nur dann wirklich verstehen kann, wenn man auch die ihnen entsprechenden Vorgänge chemischer und physikalischer Art wissenschaftlich analysiert und gedeutet hat. In dieser nächsten Stufe der Abstraktion wird also von allen biologischen Sinnzusammenhängen zunächst abgesehen und nur gefragt, welche physikalisch-chemischen Vorgänge als Korrelate zu biologischen Prozessen sich in einem Organismus tatsächlich abspielen. In der Verfolgung dieses Weges ist man in unserer Zeit zur Erkenntnis sehr allgemeiner Zusammenhänge gekommen, die ganz einheitlich alle Lebensvorgänge auf der Erde zu bestimmen scheinen und die man am einfachsten in der Sprache der Atomphysik ausdrücken kann. Als spezielles Beispiel seien die Erbfaktoren genannt, deren Weitergabe von Organismus zu Organismus durch die bekannten Mendelschen Gesetze geregelt wird. Diese Erbfaktoren sind offenbar materiell durch die Anordnung einer größeren Anzahl von vier charakteristischen Molekülbruchstücken auf den zwei Fäden eines Fadenmoleküls gegeben, das Desoxyribonukleinsäure (DNS) genannt wird und beim Aufbau der

Zellkerne eine entscheidende Rolle spielt. Die Erweiterung der Biologie in Chemie und Atomphysik hinein gestattet also die einheitliche Deutung gewisser biologischer Grundphänomene für die ganze Welt des Lebendigen auf der Erde. Ob ein etwa auf anderen Planeten bestehendes Leben dieselben atomphysikalischen und chemischen Strukturen benutzt, läßt sich im Augenblick noch nicht entscheiden, aber möglicherweise wird man die Antwort auf diese Frage auch in nicht allzu ferner Zeit wissen.

In der Chemie hat sich eine ähnliche Entwicklung vollzogen wie in der Biologie, und ich möchte aus der Geschichte der Chemie nur eine Episode herausgreifen, die für das Phänomen »Abstraktion und Vereinheitlichung« charakteristisch ist, nämlich die Entwicklung des Valenzbegriffs. Die Chemie hat mit den Qualitäten der Stoffe zu tun und untersucht die Frage, wie man Stoffe mit gegebenen Qualitäten in solche mit anderen Qualitäten umwandeln, wie man Stoffe verbinden, trennen, verändern kann. Als man anfing, die Verbindungen der Stoffe quantitativ zu analysieren, also zu fragen, wieviel von den verschiedenen chemischen Elementen in der betreffenden Verbindung vorhanden sei, entdeckte man ganzzahlige Verhältnisse. Nun hatte man schon vorher die Atomvorstellung als ein zweckmäßiges Bild verwendet, unter dem die Verbindung der Elemente gedacht werden kann. Man ging dabei von dem bekannten Vergleich aus: Wenn man etwa weißen Sand und roten Sand mischt, so entsteht Sand, dessen rötliche Farbe je nach dem Mischungsverhältnis heller oder dunkler ist. So stellte man sich auch die chemische Verbindung zweier Elemente vor, statt der Sandkörner dachte man sich die Atome. Da die chemische Verbindung in ihren Eigenschaften von den sie bildenden Elementen verschiedener ist als der gemischte Sand von den beiden Sandsorten, konnte man das Bild ausgestalten und annehmen, daß sich verschiedene Atome zunächst zu Atomgruppen zusammenordnen, die dann als Moleküle die kleinsten Einheiten der Verbindung abgeben. Die ganzzahligen Verhältnisse der Grundstoffe in verschiedenen Verbindungen konnten durch die Anzahl der Atome im Molekül gedeutet werden. Die Experimente ließen tatsächlich eine solche anschauliche Interpretation zu und

erlaubten darüber hinaus, dem einzelnen Atom eine Anzahl von sogenannten »Valenzen« zuzuordnen, die die Möglichkeit der Bindung an andere Atome symbolisierten. Dabei blieb allerdings – und
das ist der Punkt, auf den es uns hier ankommt – zunächst völlig unklar, ob man sich die Valenz als eine gerichtete Kraft oder als geometrische Eigenschaft des Atoms oder sonst irgendwie vorstellen
sollte. Lange Zeit mußte es sogar unentschieden bleiben, ob die Atome selbst materiell wirkliche Gebilde oder nur geometrische Hilfs-
vorstellungen seien, geeignet, das chemische Geschehen mathematisch abzubilden. Unter »mathematischer Abbildung« wird hier verstanden, daß die Symbole und ihre Verknüpfungsregeln, also hier
z. B. die Valenzen und die Valenzregeln, den Erscheinungen »isomorph« sind in demselben Sinn, in dem etwa, wenn man es in der
mathematischen Sprache der Gruppentheorie ausdrückt, die linearen Transformationen eines »Vektors« den Drehungen im dreidimensionalen Raum isomorph sind. Ins Praktische gewendet und
ohne die Sprache der Mathematik bedeutet das: Man kann die Va-
lenzvorstellung dazu benutzen, um vorherzusehen, welche chemischen Verbindungen zwischen den betreffenden Elementen möglich
sein werden. Ob aber daneben die Valenz noch etwas Wirkliches ist
in demselben Sinn, in dem etwa eine Kraft oder eine geometrische
Form als wirklich gelten kann, diese Frage konnte lange Zeit unbe-
antwortet bleiben, ihre Entscheidung war für die Chemie nicht besonders wichtig. Indem man bei dem komplizierten Vorgang der
chemischen Reaktion den Blick vor allem auf die quantitativen Mi-
schungsverhältnisse gerichtet hatte, unter Absehen von allem anderen, d. h. durch den Vorgang der Abstraktion, hatte man einen Begriff gewonnen, der es gestattete, die verschiedensten chemischen
Reaktionen einheitlich zu interpretieren und teilweise zu verstehen.
Erst viel später, nämlich in der modernen Atomphysik, hat man gelernt, welche Art von Wirklichkeit hinter dem Valenzbegriff steht.
Wir können zwar auch heute noch nicht recht sagen, ob die Valenz
eigentlich eine Kraft oder eine Elektronenbahn oder eine Einbuch-
tung in der elektrischen Ladungsdichte des Atoms oder auch nur die
Möglichkeit zu etwas Derartigem ist, aber die Unsicherheit bezieht

sich für die heutige Physik gar nicht mehr auf die Sache selbst, sondern nur noch auf ihren sprachlichen Ausdruck, dessen Unvollkommenheit wir grundsätzlich nicht beseitigen können.

Vom Valenzbegriff ist dann nur noch ein kurzer Weg zur abstrakten Formelsprache der heutigen Chemie, die dem Chemiker in allen Gebieten seiner Wissenschaft die Verständigung über Inhalt und Ergebnis seiner Arbeit ermöglicht.

Die Ströme von Informationen, die der beobachtende und experimentierende Biologe oder Chemiker sammelt, münden also durch das Gefälle der Fragestellung, die das einheitliche Verständnis anstrebt und dabei zu abstrakten Begriffen geführt wird, schließlich von selbst im weiten Bereich der Atomphysik. Es sieht danach so aus, als müsse die Atomphysik schon durch ihre zentrale Lage umfassend genug sein, um für alle Erscheinungen in der Natur eine Grundstruktur anzugeben, auf die man die Erscheinungen beziehen, von der aus man die Phänomene ordnen kann. Aber selbst für die Physik, die hier als gemeinsame Grundlage für Biologie und Chemie erscheint, ist dies keineswegs selbstverständlich, da es sehr viele verschiedenartige physikalische Erscheinungen gibt, deren innerer Zusammenhang zunächst nicht zu erkennen ist. Daher soll nun auch noch auf die Entwicklung der Physik eingegangen werden; und zwar wollen wir zunächst einen Blick auf ihre frühesten Anfänge werfen.

Am Beginn der antiken Naturwissenschaft stand bekanntlich die Erkenntnis der Pythagoreer, daß, wie Aristoteles es überliefert, die »Dinge Zahlen seien«. Wenn man die Schilderung der pythagoreischen Lehre durch Aristoteles modern interpretiert, so ist damit wohl gemeint, daß man die Dinge, d. h. die Erscheinungen, ordnen und insofern verstehen kann, indem man sie mit mathematischen Formen verknüpft. Aber diese Verknüpfung wird nicht als willkürlicher Akt unseres Erkenntnisvermögens gedacht, sondern als etwas Objektives. Es wird z. B. gesagt, die »Zahlen seien das substantielle Wesen der Dinge« oder »der ganze Himmel sei Harmonie und Zahl«. Damit ist zunächst wohl nur die Ordnung der Welt schlechthin gemeint. Die Welt ist für die antike Philosophie Kosmos und nicht Chaos. Das so gewonnene Weltverständnis scheint auch noch nicht allzu abstrakt; so werden z. B. die astronomischen Beobachtungen von dem Begriff der Kreisbahn her gedeutet. Die Gestirne bewegen sich auf Kreisen. Der Kreis ist wegen seiner hohen Symmetrie eine besonders vollkommene Figur; die Kreisbewegung leuchtet als solche ein. Für die kompliziertere Bewegung der Planeten mußte man allerdings schon mehrere Kreisbewegungen, Zyklen und Epizyklen, zusammenfügen, um die Beobachtungen richtig darzustellen. Aber das genügte dann auch völlig für den damals erreichbaren Genauigkeitsgrad. Sonnen- und Mondfinsternisse konnten mit der Astronomie des Ptolemäus sehr genau vorhergesagt werden.

Dieser antiken Auffassung trat nun die beginnende Neuzeit in der Newtonschen Physik mit einer Frage entgegen: Hat nicht die Bewegung des Mondes um die Erde mit der Bewegung des fallenden oder geworfenen Steins etwas gemeinsam? Die Entdeckung, daß hier etwas Gemeinsames vorliegt, auf das man unter Absehen von allen anderen tiefer gehenden Unterschieden den Blick richten konnte, gehört zu den folgenschwersten Ereignissen in der Geschichte der Naturwissenschaft. Das Gemeinsame wurde aufgedeckt durch die Bildung des Begriffs der »Kraft«, die die Änderung der »Bewegungsgröße« eines Körpers bewirkt, hier insbesondere der Schwerkraft. Obwohl dieser Begriff der Kraft noch aus der sinnlichen Erfahrung stammt, etwa aus den Empfindungen beim Heben einer schweren Last, so wird er doch in der Newtonschen Axiomatik schon abstrakt, nämlich durch die Änderung der Bewegungsgröße, und ohne Bezugnahme auf diese Empfindungen definiert. Mit einigen wenigen Begriffen wie Masse, Geschwindigkeit, Bewegungsgröße, Kraft wird bei Newton ein geschlossenes System von Axiomen aufgebaut, das nun unter Absehen von allen anderen Eigenschaften der Körper zur Behandlung aller mechanischen Bewegungsvorgänge ausreichen soll. Bekanntlich hat sich dieses Axiomensystem, ähnlich wie der Zahlbegriff in der Geschichte der Mathematik, in der Folgezeit als außerordentlich fruchtbar erwiesen. Über zwei Jahrhunderte lang haben die Mathematiker und Physiker aus dem Newtonschen Ansatz, den wir in der Schule in der einfachen Form »Masse $\times$ Beschleunigung = Kraft«

lernen, neue und interessante Folgerungen gezogen. Die Theorie der Planetenbewegungen wurde noch von Newton selbst begonnen, von der späteren Astronomie entwickelt und verfeinert. Die Kreiselbewegung wurde studiert und erklärt, die Mechanik der Flüssigkeiten und elastischen Körper entwickelt, die Analogien zwischen Mechanik und Optik mathematisch herausgearbeitet. Dabei müssen zwei Gesichtspunkte besonders hervorgehoben werden. Erstens: Wenn man nur nach der pragmatischen Seite der Wissenschaft fragt, also etwa die Newtonsche Mechanik in ihrer Leistung bei astronomischen Vorhersagen mit der antiken Astronomie vergleicht, so wird sich, jedenfalls in ihren Anfängen, die Newtonsche Physik kaum vor der antiken Astronomie ausgezeichnet haben. Grundsätzlich konnte man durch eine Überlagerung von Zyklen und Epizyklen die Bewegungen der Planeten beliebig genau darstellen. Die Überzeugungskraft der Newtonschen Physik stammte also nicht primär aus ihrer praktischen Anwendbarkeit, sondern beruhte auf dem Zusammenschauen, dem einheitlichen Erklären sehr verschiedenartiger Erscheinungen; auf der Kraft zum Zusammenfassen, die vom Newtonschen Ansatz ausging. Zweitens: Wenn aus diesem Ansatz in den folgenden Jahrhunderten neue Gebiete der Mechanik, der Astronomie, der Physik erschlossen wurden, so waren dazu zwar bedeutende wissenschaftliche Leistungen einer Reihe von Forschern notwendig, aber das Ergebnis steckte, wenn auch zunächst nicht erkennbar, schon in Newtons Ansatz; genauso wie der Zahlbegriff implizite bereits die ganze Zahlentheorie enthält. Auch wenn vernunftbegabte Wesen auf anderen Planeten den Newtonschen Ansatz zum Ausgangspunkt wissenschaftlicher Überlegungen machen würden, so könnten sie auf die gleichen Fragen nur die gleichen Antworten erhalten. Insofern handelt es sich auch bei der Entwicklung der Newtonschen Physik um jene »Entfaltung abstrakter Begriffe«, von der schon am Anfang dieses Vortrages die Rede war.

Erst im 19. Jahrhundert zeigte sich dann allerdings, daß der Newtonsche Ansatz doch nicht reichhaltig genug war, um für alle beobachtbaren Erscheinungen entsprechende mathematische Formen hervorzubringen. Die elektrischen Phänomene z. B., die besonders seit den Entdeckungen von Galvani, Volta und Faraday im Mittelpunkt des Interesses der Physiker standen, paßten nicht recht in das Begriffssystem der Mechanik. Faraday prägte daher unter Anlehnung an die Theorie der elastischen Körper den Begriff des Kraftfeldes, dessen zeitliche Veränderungen unabhängig von den Bewegungen der Körper zu untersuchen und zu erklären waren. Aus solchen Ansätzen entwickelte sich später die Maxwellsche Theorie der elektromagnetischen Erscheinungen, aus ihr die Relativitätstheorie Einsteins und schließlich die allgemeine Feldphysik, von der Einstein hoffte, daß sie sich zum Fundament der ganzen Physik ausbauen ließe. Auf die Einzelheiten dieser Entwicklung soll hier nicht eingegangen werden. Wichtig für unsere Überlegungen hier ist nur der Umstand, daß die Physik als Folge solcher Entwicklungen noch beim Beginn unseres Jahrhunderts keineswegs einheitlich war. Den materiellen Körpern, deren Bewegungen in der Mechanik studiert wurden, standen die sie bewegenden Kräfte gegenüber, die als Kraftfelder nun eine eigene Wirklichkeit mit eigenen Naturgesetzen darstellten. Die verschiedenen Kraftfelder standen unverbunden nebeneinander. Zu den elektromagnetischen Kräften und der Gravitation, die schon seit langer Zeit bekannt waren, und zu den chemischen Valenzkräften gesellten sich in den letzten Jahrzehnten noch die Kräfte im Atomkern und die Wechselwirkungen, die für den radioaktiven Zerfall maßgebend sind.

Durch dieses Nebeneinander verschiedener anschaulicher Bilder und getrennter Kraftarten war eine Frage gestellt, die die Wissenschaft nicht umgehen konnte. Denn wir sind ja überzeugt, daß die Natur letzten Endes einheitlich geordnet ist, daß alle Erscheinungen schließlich nach einheitlichen Naturgesetzen ablaufen. Also mußte es am Ende auch möglich sein, die in den verschiedenen physikalischen Bereichen gemeinsam zugrunde liegende Struktur aufzudecken.

Diesem Ziel hat sich die moderne Atomphysik wieder durch das Mittel der Abstraktion und durch die Bildung umfassenderer Begriffe genähert. Die einander scheinbar widersprechenden Bilder, die sich in der Deutung atomphysikalischer Experimente ergaben, führten zunächst dazu, den Begriff der »Möglichkeit«, der nur »potentiellen Wirklichkeit« zum Kern der theoretischen Interpretation zu machen. Damit wurde der Gegensatz zwischen dem materiellen Teilchen der Newtonschen Physik und dem Kraftfeld der Faraday-Maxwellschen Physik aufgelöst; beide sind mögliche Erscheinungsformen der gleichen physikalischen Realität. Der Gegensatz zwischen Kraft und Stoff hat seine prinzipielle Bedeutung verloren. Auch der reichlich abstrakte Begriff der nur potentiellen Wirklichkeit hat sich als außerordentlich fruchtbar erwiesen; die atomphysikalische Interpretation der biologischen und chemischen Erscheinungen ist erst durch ihn möglich geworden. Die gesuchte Verbindung zwischen den verschiedenen Arten von Kraftfeldern aber ergab sich in den letzten Jahrzehnten einfach aus neuen Experimenten. Jeder Art von Kraftfeld entspricht ja im Sinne jener potentiellen Wirklichkeit eine bestimmte Sorte von Elementarteilchen: Dem elektromagnetischen Feld entspricht das Lichtquant oder Photon, den Kräften der Chemie entsprechen in einem gewissen Umfang die Elektronen, den Atomkernkräften entsprechen die Mesonen usw. Beim Experimentieren mit den Elementarteilchen stellte sich heraus, daß beim Zusammenstoß sehr schnell bewegter Elementarteilchen neue derartige Teilchen entstehen, und zwar scheint es, daß, wenn nur beim Stoß genügend Energie zur Bildung neuer Teilchen zur Verfügung steht, Elementarteilchen jeder beliebigen Art erzeugt werden können. Die verschiedenen Elementarteilchen sind also sozusagen alle aus dem gleichen Stoff gemacht – man kann diesen Stoff einfach Energie oder Materie nennen –, sie können ineinander umgewandelt werden. Damit können auch die Kraftfelder ineinander übergeführt werden; ihr innerer Zusammenhang ist im Experiment unmittelbar zu erkennen. Es bleibt dann für den Physiker noch die Aufgabe, die Naturgesetze zu formulieren, nach denen die Umwandlungen der Elementarteilchen sich vollziehen. Diese Gesetze sollen in einer präzisen und damit notwendig abstrakten mathematischen Sprache das darstellen oder abbilden, was im Experiment zu sehen ist. Daher sollte die Lösung dieser Aufgabe mit der wachsenden Menge von Informationen, die uns eine mit den größten techni-

schen Mitteln arbeitende Experimentalphysik liefert, nicht allzu
schwierig sein. Neben dem Begriff einer auf Raum und Zeit bezoge-
nen »potentiellen Wirklichkeit« scheint dabei besonders die Forderung eine Rolle zu spielen, daß Wirkungen sich nicht schneller als
mit Lichtgeschwindigkeit fortpflanzen können. Für die mathematische Formulierung bleibt schließlich eine gruppentheoretische Struktur übrig, eine Gesamtheit von Symmetrieforderungen, die schon
durch ziemlich einfache mathematische Ansätze abgebildet werden
kann; ob diese Struktur zur Darstellung der Erfahrung ausreicht,
kann sich wieder erst durch den Prozeß der »Entfaltung« herausstellen, von dem mehrfach gesprochen worden ist. Aber die Einzelheiten
sind für die hier beabsichtigten Überlegungen nicht wichtig; grundsätzlich scheint der Zusammenhang der verschiedenen physikalischen Bereiche schon durch die Experimente der letzten zehn Jahre
geklärt zu sein; wir glauben, die einheitliche physikalische Struktur
der Natur in ihren Umrissen zu erkennen.

An dieser Stelle muß nun allerdings auch auf die im Wesen der
Abstraktion begründete Begrenztheit des in dieser Weise erreichbaren Naturverständnisses hingewiesen werden. Wenn zunächst von
vielen wichtigen Einzelheiten abgesehen wird zugunsten des einen
Merkmals, an dem die Ordnung der Erscheinungen gelingt, so beschränkt man sich von selbst auf das Herausarbeiten einer Grundstruktur, einer Art von Skelett, das erst durch das Hinzufügen einer
großen Fülle weiterer Einzelheiten zu einem wirklichen Bild werden
könnte. Der Zusammenhang zwischen der Erscheinung und der
Grundstruktur ist im allgemeinen so verwickelt, daß er kaum im
einzelnen verfolgt werden kann. Nur in der Physik ist wenigstens
die Beziehung zwischen den Begriffen, mit denen wir die Erscheinungen unmittelbar beschreiben, und jenen, die in der Formulierung
der Naturgesetze vorkommen, weitgehend geklärt. In der Chemie
ist dies nur in erheblich geringerem Ausmaß gelungen, und die Biologie fängt erst an einigen wenigen Stellen an zu verstehen, wie die
aus unserer unmittelbaren Kenntnis des Lebens stammenden Begriffe, die ja ihren Wert uneingeschränkt behalten, mit jenen Grundstrukturen zusammenpassen können. Immerhin vermittelt die durch

die Abstraktion gewonnene Einsicht gewissermaßen ein natürliches Koordinatennetz, auf das die Erscheinungen bezogen, von dem aus sie geordnet werden können. Das in dieser Weise gewonnene Verständnis der Welt verhält sich zu dem ursprünglich erhofften und immer wieder erstrebten Wissen wie der von einem sehr hoch fliegenden Flugzeug aus erkennbare Plan einer Landschaft zu dem Bild, das man durch Wandern und Leben in dieser Landschaft gewinnen kann.

Kehren wir zu der am Anfang gestellten Frage zurück. Der Zug zur Abstraktion in der Naturwissenschaft beruht also letzten Endes auf der Notwendigkeit, weiterzufragen, auf dem Streben nach einem einheitlichen Verständnis. Goethe beklagt dies einmal im Zusammenhang mit dem von ihm geprägten Begriff des »Urphänomens«. Er schreibt in der Farbenlehre: »Wäre denn aber auch ein solches Urphänomen gefunden, so bleibt immer noch das Übel, daß man es nicht als ein solches anerkennen will, daß wir hinter ihm und über ihm noch etwas Weiteres aufsuchen, da wir doch hier die Grenze des Schauens eingestehen sollten.« Goethe hat deutlich gespürt, daß man dem Schritt in die Abstraktion nicht entgehen kann, wenn man weiterfragt. Was er mit dem Wort »über ihm« andeutet, ist eben die nächsthöhere Stufe der Abstraktion. Goethe will sie vermeiden; wir sollen die Grenze des Schauens eingestehen, sie nicht überschreiten, weil hinter dieser Grenze das Schauen unmöglich wird und der Raum des von der sinnlichen Erfahrung abgelösten konstruktiven Denkens beginnt. Dieser Raum ist Goethe immer fremd und unheimlich geblieben, wohl vor allem, weil ihn das Grenzenlose dieses Raumes schreckte. Von der hier sichtbaren grenzenlosen Weite konnten nur Denker ganz anderer Struktur als Goethe angezogen werden. Von Nietzsche stammt der Satz: »Das Abstrakte ist für Viele eine Mühsal, — für mich an guten Tagen ein Fest und ein Rausch.« Aber die Menschen, die über die Natur nachdenken, fragen weiter, weil sie die Welt als Einheit begreifen, ihren einheitlichen Bau verstehen wollen. Sie bilden zu diesem Zweck immer umfassendere Begriffe, deren Zusammenhang mit dem unmittelbaren sinnlichen Erlebnis nur schwer zu erkennen ist — wobei aber das Bestehen eines solchen Zusammenhangs unabdingbare Voraussetzung dafür ist, daß die Abstraktion überhaupt noch Verständnis der Welt vermittelt.

Nachdem man diesen Vorgang im Bereich der Naturwissenschaft heute über so weite Strecken zu überschauen vermag, kann man am Schluß einer solchen Betrachtung nur schwer der Versuchung widerstehen, einen kurzen Blick auf andere Bereiche des geistigen Lebens, auf Kunst und Religion, zu werfen und zu fragen, ob sich dort ähnliche Vorgänge abgespielt haben oder noch abspielen.

Im Gebiet der bildenden Kunst z. B. fällt eine gewisse Ähnlichkeit auf zwischen dem, was bei der Entwicklung eines Kunststiles aus einfachen Grundformen geschieht, und dem, was hier Entfaltung abstrakter Strukturen genannt wurde. Wie in der Naturwissenschaft hat man den Eindruck, daß mit den Grundformen – z. B. in der romanischen Baukunst mit Quadrat und Halbkreis – die Möglichkeiten für die Ausgestaltung und Verfeinerung, für die reicheren Formen der späteren Zeit schon weitgehend mitbestimmt seien, daß es sich bei der Entwicklung des Stils also mehr um Entfaltung als um Neuschöpfung handle. Ein sehr wichtiger gemeinsamer Zug besteht auch darin, daß man solche Grundformen nicht erfinden, sondern nur entdecken kann. Die Grundformen besitzen eine echte Objektivität. In der Naturwissenschaft müssen sie die Wirklichkeit darstellen, in der Kunst den Lebensinhalt der betreffenden Epoche aussprechen. Man kann unter günstigen Umständen entdecken, daß es Formen gibt, die dies leisten; aber man kann solche Formen nicht einfach konstruieren.

Schwieriger zu beurteilen ist die gelegentlich ausgesprochene Vermutung, daß die Abstraktheit der modernen Kunst ähnliche Ursachen habe wie die Abstraktheit der modernen Naturwissenschaft, daß sie mit ihr irgendwie inhaltlich verwandt sei. Wenn der Vergleich an dieser Stelle berechtigt ist, so bedeutet er: Die moderne Kunst hat nur dadurch, daß sie auf die unmittelbare Verbindung zum sinnlichen Erlebnis verzichtet, die Möglichkeit gewonnen, weitere umfassende Zusammenhänge darzustellen und sichtbar zu machen, die von der früheren Kunst nicht ausgedrückt werden konnten. Die moderne Kunst kann die Einheit der Welt besser wiedergeben als die ältere. Ob diese Deutung richtig ist, vermag ich nicht zu entscheiden. Oft wird die Entwicklung der modernen Kunst auch anders interpretiert: Die Auflösung alter Ordnungen, z. B. religiöser Bindungen in unserer Zeit spiegele sich in der Kunst in der Auflösung traditioneller Formen, von denen dann nur einzelne abstrakte Elemente übrigblieben. Wenn dies die richtige Interpretation ist, so besteht kein Zusammenhang mit der Abstraktheit der modernen Naturwissenschaft. Denn für die Abstraktheit in der Naturwissenschaft ist wirklich die Einsicht in sehr weite Zusammenhänge gewonnen worden.

Vielleicht ist es erlaubt, hier auch noch einen Vergleich aus dem Bereich der Geschichte zu erwähnen. Daß die Abstraktion aus dem Weiterfragen, aus dem Streben nach der Einheit entsteht, kann man deutlich aus einem der bedeutendsten Ereignisse in der Geschichte der Religion erkennen. Der Gottesbegriff der jüdischen Religion stellt eine höhere Stufe der Abstraktion dar gegenüber der Vorstellung von vielen verschiedenen Naturgöttern, deren Wirken in der Welt unmittelbar erlebt werden kann. Nur auf dieser höheren Stufe ist die Einheit des göttlichen Wirkens zu erkennen. Der Kampf der Vertreter der jüdischen Religion gegen Christus war, wenn man hier Martin Buber folgen darf, ein Kampf um die Reinhaltung der Abstraktion, um die Behauptung der einmal gewonnenen höheren Stufe. Ihm gegenüber mußte Christus aber auf der Forderung bestehen, daß die Abstraktion sich nicht vom Leben lösen dürfe, daß die Menschen sich dem Wirken der Gottheit in der Welt unmittelbar stellen müssen, auch wenn es keine verständlichen Bilder Gottes mehr gibt. Daß damit die Hauptschwierigkeit aller Abstraktion bezeichnet wird, ist uns auch aus der Geschichte der Wissenschaft nur allzu geläufig. Jede Naturwissenschaft wäre wertlos, deren Behauptungen nicht an der Natur beobachtend nachgeprüft werden könnten; jede Kunst wäre wertlos, die die Menschen nicht mehr zu bewegen, ihnen den Sinn des Daseins nicht mehr zu erhellen vermöchte. Aber es wäre wohl nicht vernünftig, den Blick an dieser Stelle in so weite Fernen schweifen zu lassen, wo es sich doch nur darum handeln soll-

te, die Entwicklung zur Abstraktion in der modernen Naturwissenschaft verständlich zu machen. Wir müssen uns hier also wohl mit
der Feststellung bescheiden, daß sich die moderne Naturwissenschaft
in natürlicher Weise in einen großen Sinnzusammenhang einordnet,
der dadurch entsteht, daß die Menschen weiterfragen, daß das Weiterfragen die Form ist, in der sich die Menschen mit der sie umgebenden Welt auseinandersetzen, um ihren einheitlichen Zusammenhang zu erkennen und in ihm zu leben.

Heutige Aufgaben und Probleme bei der Förderung wissenschaftlicher Forschung in Deutschland*

Den Bericht über Probleme der wissenschaftlichen Forschung, den ich hier zu geben habe, möchte ich mit zwei Episoden beginnen, die ein vielleicht etwas beunruhigendes Licht auf die hier zu stellenden Fragen werfen.

Ich hatte Besuch von führenden Mitgliedern des Japanischen Forschungsrates, die mit mir über zweckmäßige Maßnahmen der Forschungsförderung beraten wollten. Nach der etwa zweistündigen, sehr harmonisch verlaufenen Besprechung nahm mich der Leiter dieser Delegation, ein führender Naturwissenschaftler Japans, noch auf die Seite und fragte mich, nach vielen Entschuldigungen, ob er mir unter vier Augen noch eine ihm sehr wichtige Frage stellen dürfte. Als ich dies bejaht hatte, sagte er: »Nach dem Ersten Weltkrieg war Deutschland wirtschaftlich in einem fast hoffnungslosen Zustand. Aber schon wenige Jahre danach, etwa von 1920 ab, hatte Deutschland trotz der wirtschaftlichen Not eine der ganzen Welt gegenüber führende Stellung in der wissenschaftlichen Forschung. Nach dem Zweiten Weltkrieg hat sich Deutschland sehr viel rascher wirtschaftlich erholt als nach dem Ersten. Schon von 1950 ab waren die wirtschaftlichen Verhältnisse Deutschlands viel besser, als man erwarten konnte. Aber in der wissenschaftlichen Forschung spielt

* Diese Rede, die aus ihrem besonderen Zeitbezug verstanden werden muß, wurde gehalten am 5. 11. 1963 vor Abgeordneten des Deutschen Bundestages in der Interparlamentarischen Arbeitsgemeinschaft, Bonn. Zuerst veröffentlicht in: Universitas, 19. Jg., 1964, Heft 10, S. 1009–1022 (Wissenschaftliche Verlagsgesellschaft m.b.H., Stuttgart).

Deutschland selbst jetzt, noch 18 Jahre nach dem Kriege, nur eine ganz untergeordnete Rolle. Woher kommt das?«

Die zweite Episode, die ich erzählen wollte, spielte sich im Institut für Plasmaphysik in München-Garching ab. Wir brauchen dort für unsere experimentellen Arbeiten eine größere Zahl elektrischer Kondensatoren, die sehr hohen technischen Anforderungen genügen müssen. Wir wußten, daß eine Firma in England Kondensatoren herstellt, die unsere Bedingungen erfüllten. Da es sich aber um einen größeren Auftrag, 3000 Kondensatoren für mehrere Millionen Mark, handelte, wurden wir gebeten, doch den Auftrag an eine deutsche Firma zu geben. Nachdem die technischen Bedingungen und Prüfungsverfahren genau festgelegt waren und sich eine angesehene deutsche Firma bereit gefunden hatte, den Auftrag zu übernehmen, wurde die Bestellung aufgegeben. Nach einer angemessenen Lieferfrist kamen die ersten etwa 300 Kondensatoren an. Von ihnen waren bereits bei der Anlieferung 4 % undicht und versagten. Ein Kondensator wurde zerlegt, und es stellten sich als Ursache des Fehlers Mängel der Konstruktion und der Fertigung heraus; kurz, es entspann sich eine unerfreuliche Folge von Prüfungen und Briefen und Änderungsvorschlägen usw. Nach einigen Monaten erhielten wir von der Firma einen Brief, in dem sie mitteilte, sie habe nun eingesehen, daß sie die vertraglich festgesetzten technischen Bedingungen nicht erfüllen könnte, der Vertrag müßte also annulliert werden. Damit war viel Zeit vertan. Wir waren enttäuscht und nahmen Verbindung mit der englischen Firma auf. Inzwischen waren schon die Gestelle für die Kondensatoren in Garching geliefert worden, und die Kondensatoren der englischen Firma paßten nicht in die Garchinger Gestelle. Die englische Firma erbot sich aber ohne Zögern, eine Sonderanfertigung zu versuchen und uns Kondensatoren der richtigen Größe zu bauen; unser leitender Ingenieur fuhr zur Besprechung nach England. Schon nach drei Tagen traf ein Probeexemplar auf dem Flugplatz in Riem ein; es wurde den gleichen Prüfungen unterzogen wie früher die deutschen Kondensatoren, und es funktionierte einwandfrei. Inzwischen sind alle englischen Kondensatoren in Garching eingebaut und arbeiten einstweilen voll zufriedenstellend.

Ich habe meinen Bericht mit diesen beiden Episoden begonnen, weil ich glaube, daß sie uns zum Nachdenken veranlassen sollten. Aber ich möchte sie nicht zu voreiligen Schlüssen mißbrauchen. Als Wissenschaftler ist man zur Skepsis und zur Ehrlichkeit verpflichtet. Die Skepsis zwingt mich zu sagen, daß man aus zwei solchen zufällig herausgegriffenen Episoden noch keinen begründeten Schluß über den Stand der deutschen Forschung ziehen kann. Andererseits kann ich mich dafür verbürgen, daß die Episoden sich wirklich so zugetragen haben, wie ich sie berichtet habe.

Beginnen wir mit der Frage: Was bedeutet die Wissenschaft im modernen Leben? In früherer Zeit waren Kunst und Wissenschaft der kulturelle Schmuck des Lebens, ein Schmuck, den man sich in guten Zeiten leisten kann, auf den man aber in schlechten Zeiten verzichten muß, da andere Pflichten und Sorgen den Vorrang beanspruchen. Glänzende kulturelle Leistungen und materieller Wohlstand waren die äußeren Zeichen für das Glück eines Volkes. Aber heute ist das alles von Grund auf anders. Unser ganzes Leben hängt, ob wir es billigen oder nicht, in einem Ausmaß von der Wissenschaft ab, wie man es sich früher niemals hätte vorstellen können.

Auf diese Seite des modernen Lebens werden wir uns also einstellen müssen, wenn wir die Frage nach den Erfordernissen der wissenschaftlichen Forschung richtig beantworten wollen. Die wissenschaftliche Forschung ist nicht mehr der kulturelle Schmuck des Lebens – obwohl sie das auch sein kann –, sondern sie ist jeweils das Saatgut, aus dem später der wirtschaftliche Wohlstand, die richtige Organisation des Staatswesens, die Volksgesundheit und vieles andere erwachsen sollen. Vielleicht lautet also eine erste Teilantwort auf die zu Anfang erwähnte Frage des japanischen Gelehrten: »Wir Deutschen sind in Nachteil geraten, weil wir in den letzten Jahrzehnten diese Seite des modernen Lebens, die zentrale Stellung der Wissenschaft in unserer Welt, weniger als andere Nationen beachtet haben.«

Aber nicht nur das Gewicht der wissenschaftlichen Forschung ist größer geworden; auch die Gegenstände und die Art der wissenschaftlichen Arbeit haben sich geändert. Zu den alten, traditionellen großen Wissenschaftsgebieten, zu denen wir Deutschen immer wieder wertvollste Beiträge geleistet haben, sind neue getreten, die sich häufig von der Grenze zwischen zwei alten Gebieten aus entwickelt haben. An der Grenze z. B. zwischen Biologie, Chemie und Physik hat sich die Molekularbiologie entwickelt, in der im letzten Jahrzehnt die allerbedeutendsten Entdeckungen gemacht worden sind. Die Anwendung naturwissenschaftlicher oder mathematischer Methoden auf Gebiete der Geisteswissenschaft, z. B. auf die Wirtschaftswissenschaften oder auf die Wissenschaft von der Politik, hat zu interessanten neuen Gedankengängen geführt, über deren Bedeutung erst die weitere Entwicklung entscheiden wird. Die Technik der elektronischen Rechenmaschinen hat die Wissenschaft Kybernetik entstehen lassen, die sich auch in der Biologie für das Studium der Nervensysteme einfacher Organismen als außerordentlich fruchtbar erwiesen hat. In diese neuen Gebiete haben wir Deutschen uns weniger leicht hereingefunden als andere Wissenschaft treibende Nationen.

Denn die wissenschaftliche Jugend, die naturgemäß die Aktivität im Neuen entfalten muß, war bei uns durch den Krieg fast völlig aufgerieben; der wissenschaftliche Betrieb an den Hochschulen und den Forschungsinstituten mußte 1945 zunächst durch die Alten wieder aufgenommen werden, und die Alten haben begreiflicherweise oft die Gebiete der Forschung wieder bearbeitet, auf denen sie vor der Katastrophe von 1933 viel geleistet hatten. Die wissenschaftliche Jugend, die jetzt heranwächst, will aber in den neuen, noch unerschlossenen Gebieten arbeiten. In der Welt draußen hat sich auch der Stil der Forschungsarbeit stark gewandelt. In Anbetracht der Wichtigkeit, die der Forschung beigemessen wird, haben die Regierungen viel größere Mittel für Forschung bereitgestellt. Die Forschungsarbeit wird nicht mehr von einem einzelnen Gelehrten, sondern oft von ganzen Mannschaften junger Wissenschaftler ausgeführt, und an einigen Stellen wird ohne Rücksicht auf die Kosten das ganze Arsenal der modernen Technik aufgeboten, um gewisse Forschungsziele zu erreichen. Für diese Art von Forschung sind unsere Hochschulen nicht eingerichtet, und selbst an den flexibleren Max-

Planck-Instituten ist die Umstellung auf diesen Forschungsstil nicht leicht durchzuführen. Daß auch unsere Verwaltung die größten Schwierigkeiten hat, sich auf die Bedürfnisse dieser neuen Forschung umzustellen, davon wird später noch die Rede sein.

Dieser neue Forschungsstil bringt es auch mit sich, daß man nicht mehr überall alles treiben kann, daß z. B. nicht an allen Hochschulen alle Forschungsrichtungen vertreten sein können. Man muß Schwerpunkte bilden, die Spezialisten in geeigneten Zentren zusammenfassen, das Wichtige betreiben und weniger Wichtiges unterlassen. Diese Schwerpunktsbildung erfordert sorgfältige Vorarbeit in geeigneten Verwaltungsorganen, in denen die Wissenschaft selbst entscheidenden Einfluß haben muß. Eine andere Methode als sorgfältige Beratung zwischen Fachleuten und Verwaltung wird es zur Schwerpunktsbildung kaum geben. Die verschiedenen Kommissionen im Wissenschaftsministerium, in der Deutschen Forschungsgemeinschaft und im Wissenschaftsrat haben in den vergangenen Jahren ausgezeichnete Arbeit geleistet; ich sehe keinen Grund, hier an den bestehenden Organisationsformen viel zu ändern. Wenn in Zukunft noch höhere Anforderungen an uns herantreten, z. B. durch internationale Vereinbarungen, so wird man in diesen Kommissionen bei den kostspieligen Forschungen vielleicht noch schärfer als bisher auswählen müssen. Man wird die Gebiete und die Forschungsstellen besonders fördern, bei denen die Aussichten auf Erfolg am günstigsten sind oder die aus anderen Gründen als besonders wichtig gelten müssen, und man wird andere, weniger wichtige zurückstellen.

Ich könnte es im ganzen nicht für ein Unglück halten, wenn hier in Zukunft ein ziemlich scharfer Wind wehte. Auslese trägt auch häufig zur Qualitätsverbesserung bei. Insbesondere wird man dabei folgendes bedenken müssen: Wenn man neue Gebiete der Wissenschaft in Angriff nehmen oder wenn man neue Methoden verwenden will, so muß man, da ja nie unbegrenzte finanzielle Mittel und unbegrenzt viele Arbeitskräfte zur Verfügung stehen können, notgedrungen Altes aufgeben. Dies fällt uns Deutschen heute schwerer als anderen Nationen. Denn unser Selbstbewußtsein kann sich nicht auf die Zeit nach 1933 gründen. Daher muß es sich auf das vor dieser Zeit Geleistete gründen, und das sind eben die alten Wissenschaften und die alten Verwaltungsformen. Eine zweite Teilantwort auf die am Anfang gestellte Frage lautet also: Wir Deutschen sind einstweilen noch zu wenig bereit, Altes aufzugeben, um Neues zu ermöglichen. Wir müssen an dieser Stelle lernen, sozusagen ein höheres Risiko einzugehen. Wissenschaftlicher Wagemut hat sich in Deutschland in der Vergangenheit stets bewährt; wir müssen ihn wieder lernen, müssen Neues ergreifen und scharfe Entscheidungen darüber treffen, was uns wichtig oder unwichtig scheint.

Da nun eben schon von der Verwaltungsseite die Rede war, komme ich zu einem besonders der Kritik ausgesetzten Teil meines Berichtes: Was können Parlament und Regierung tun, um die Verhältnisse zu bessern? Da gibt es zwei recht umstrittene Hauptfragen: die Höhe der öffentlichen Mittel für die Forschung und die Modernisierung der Verwaltung.

Zunächst einige Zahlen, von denen ich glaube, daß sie einigermaßen zuverlässig sind. Der Bruchteil des Staatshaushalts, der für nichtmilitärische wissenschaftliche Forschung ausgegeben wird, beträgt in anderen Industrieländern wie Amerika, England, Frankreich zur Zeit etwa 4 %. In der Bundesrepublik etwa 1,7 % bis 2 %, also ungefähr die Hälfte. Solche Zahlen sind, wie jeder weiß, problematisch, weil es schwer ist, genau entsprechende Posten in den verschiedenen Ländern zusammenzuzählen und dann zu vergleichen. Zum Beispiel könnte man in der Bundesrepublik sagen, man sollte nicht vom Bundeshaushalt, sondern von der Summe von Bundes- und Länderhaushalten ausgehen. Dadurch ändert sich aber nicht allzuviel. Wenn man dabei nur die Ausgaben für wissenschaftliche Forschung in Betracht zieht, also wie bei den anderen Ländern berücksichtigt, daß ein Hauptteil der Hochschulausgaben für Unterricht, wissenschaftliche Ausbildung, Studentenförderung usw. ausgegeben wird und daß nur ein kleiner Bruchteil der Hochschulausgaben für Forschung im eigentlichen Sinne gerechnet werden kann, so kommt man doch ungefähr wieder auf die gleiche Zahl von 1,7 bis 2 % für die Bundesrepublik. Ich glaube also, daß man mit gutem Gewissen von diesen Zahlen ausgehen kann.

Wenn man über diese Zahlen mit sachverständigen Mitgliedern des Bundestages oder der Bundesverwaltung spricht, so bekommt man oft den Einwand zu hören: »Solche Zahlen haben für uns keine rechte Überzeugungskraft. Wir wollen, daß uns einzelne wohlbegründete wissenschaftliche Projekte vorgelegt werden, aber nicht solche allgemeinen Betrachtungen, die man schwer kontrollieren kann. Gerade wo es sich um Schwerpunktsbildung handelt, wo ausgewählt werden muß, wollen wir informiert werden und mitentscheiden können.« Diese Forderung ist grundsätzlich durchaus berechtigt, und tatsächlich werden ja auch etwa im Haushaltsvoranschlag des Wissenschaftsministeriums einzelne Projekte vorgelegt, die durch verschiedene Ausschüsse sehr sorgfältig vorgeprüft sind. Aber man darf bei solchen Forderungen auch nicht von Illusionen ausgehen. Im allgemeinen wird es bei der Aufstellung und Aufteilung des Bundeshaushalts ähnlich gehen müssen, wie es einem Institutsdirektor, also z. B. mir, geht, wenn ich zusammen mit meinen Mitarbeitern den Haushaltsplan des Instituts entwerfe. Viele der vorgeschlagenen Arbeiten kann ich nicht selbst wirklich beurteilen. Ich muß mich dabei auf die Angaben meiner Mitarbeiter verlassen; das kann ich tun, denn ich habe mir ja auch zuverlässige Mitarbeiter ausgewählt. Es bleiben mir aber daneben nur noch zwei Kriterien, von denen ich meine Entscheidung abhängig machen kann, wenn ich, wie es oft der Fall ist, in der Sache zu wenig Bescheid weiß. Das erste Kriterium ist der wissenschaftliche Erfolg der betreffenden Abteilung. Ich werde einer Abteilung in der Regel dann einen höheren Anteil im Institutshaushalt zubilligen, wenn diese Abteilung im Mittel über einen längeren Zeitabschnitt besonders erfolgreich ist; einen geringeren, wenn die Arbeit wenig aussichtsreich scheint. Das zweite Kriterium ist der Vergleich mit anderen, erfolgreich arbeitenden Instituten des Auslandes. Wenn ich also z. B. feststelle, daß im Ausland im allgemeinen in vergleichbaren Forschungsinstituten für einen Wissenschaftler drei technische Hilfskräfte eingestellt sind, so werde ich annehmen, wenn ich keine sehr triftigen Gegengründe höre, daß wir in unserem Institut das gleiche Verhältnis anstreben sollten.

Ich erwähnte schon, daß die öffentlichen Ausgaben für wissenschaftliche Forschung und Entwicklung in anderen Industrieländern, England, Frankreich, Vereinigte Staaten, etwa doppelt so hoch zu sein scheinen wie in der Bundesrepublik. Natürlich könnte es im Prinzip sein, daß es die anderen hier falsch machen und daß nur wir es richtig machen; aber die Erfolge in den letzten dreißig Jahren sprechen nicht für diese Ansicht; und vorher bestanden wohl nicht so große Unterschiede. Ein Einwand, den man in solchen Diskussionen gelegentlich hört, lautet: »Wir können beim Bundeshaushalt nicht von solchen Verhältniszahlen ausgehen, sondern von bestimmten Summen in DM, um unsere Pläne vorzubereiten. Wenn das Steueraufkommen und damit der Staatshaushalt höher wird, so können wir noch zusätzliche Aufgaben übernehmen, sonst aber müssen wir sie eben einschränken.« Mit diesem Einwand wird im Grunde die Frage gestellt: Wie sollen die Verhältniszahlen sich ändern, wenn etwa der Gesamt-Bundeshaushalt höher oder niedriger wird? Wenn eine solche Veränderung der zahlenmäßigen Höhe des Bundeshaushalts nur durch Änderungen im Geldwert, das heißt in der Kaufkraft des Geldes, bedingt ist, so sollte dies natürlich gar keinen Einfluß auf die Aufteilung des Bundeshaushalts ausüben. Wenn es sich aber um echte wertmäßige Änderung handelt, wenn also z. B. infolge des Absinkens der technischen Leistungen tatsächlich die gesamten Steuereinnahmen wertmäßig, vielleicht nicht zahlenmäßig, geringer werden sollten, so kann man diese einfache Antwort nicht geben. Man wird dann vielleicht einen Vergleich mit einer bekannten Situation in der Landwirtschaft ziehen dürfen. Wenn die Ernte schlecht gewesen ist, wird dann der Bauer den Bruchteil seines Ernteertrages, den er gewöhnlich als Saatgut fürs nächste Jahr abzweigt, erhöhen oder erniedrigen? Ich nehme an, er wird ihn erhöhen, obwohl er dann weniger Brot backen oder weniger Getreide verkaufen kann. Aber er will ja doch wenigstens im nächsten Jahr eine bessere Ernte erzielen. Die wissenschaftliche Forschung ist in diesem Vergleich das Saatgut, aus dem der wirtschaftliche Wohlstand späterer Jahre, ein höheres Steueraufkommen, eine zweckmäßige Organisation des Staatswesens und manches andere erwachsen sollen und in der Vergangenheit doch auch an vielen Stellen erwachsen sind.

Eine Teilantwort auf die am Anfang gestellte Frage lautet also vielleicht: Wir haben im vergangenen Jahrzehnt für die wissenschaftliche Forschung nur etwa die Hälfte der öffentlichen Mittel ausgegeben, die im vergleichbaren Ausland gegeben worden sind, daher haben wir auch entsprechend weniger geleistet. Diese Antwort ist wahrscheinlich etwas zu einfach. Ich glaube nicht, daß die wissenschaftliche Leistung eines Volkes so unmittelbar den aufgewendeten finanziellen Mitteln proportional ist. Das zeigt ja auch das Beispiel Deutschlands nach dem Ersten Weltkrieg. Aber indirekt besteht der Zusammenhang vielleicht doch. Der Bruchteil des Staatshaushalts, der für die Forschungsförderung verwendet wird, ist ein Maß für die Bedeutung, die der wissenschaftlichen Forschung in der Öffentlichkeit beigemessen wird. Diese öffentliche Geltung der Wissenschaft ist wahrscheinlich ein sehr wichtiger Anreiz für die junge Generation, in der Wissenschaft etwas zu leisten, und sie war in den zwanziger Jahren sehr hoch.

Ich habe vorhin schon erwähnt, daß sich der Stil der Forschung geändert hat und daß unsere Verwaltung große Schwierigkeiten hat, sich diesem Stil anzupassen. Ich möchte hier zwei Probleme herausgreifen, die mir besonders charakteristisch zu sein scheinen: die Organisation der Großinstitute und die Freizügigkeit der Wissenschaftler. Großinstitute, auch manchmal etwas abwertend »Forschungsfabriken« genannt, sind Institute, in denen unter Einsatz sehr großer und kostspieliger technischer Mittel ein bestimmtes Forschungsziel verfolgt wird. Sie sind erst nach dem Zweiten Weltkrieg in dieser Form in verschiedenen Ländern entstanden und müssen aus öffentlichen Mitteln finanziert werden, da sie keinen unmittelbaren wirtschaftlichen Ertrag abwerfen. In der Bundesrepublik erwähne ich als Beispiel die Reaktorstationen Karlsruhe und Jülich, den Großbeschleuniger Desy in Hamburg, das Institut für Plasmaphysik in München-Garching. Eine wirklich befriedigende Rechtsform für diese Institute ist noch nicht gefunden. Die früheren Rechtsformen, insbesondere auch die Organisationsform der Bundesanstalt, sind hier nicht besonders geeignet. Auch dort nicht, wo die Bundesregierung allein finanziert. Die Form der Bundesanstalt paßt dort, wo es sich um die stetige Durchführung wissenschaftlicher Routinearbeiten handelt, die durch sorgfältige, zuverlässige Beamte geleistet werden können. Aber sie paßt nicht, wo immer wieder wissenschaftlich neue Wege beschritten werden sollen, wo der scharfe Wind internationaler Konkurrenz zu ständiger Anpassung an neue wissenschaftliche Erkenntnisse und Methoden zwingt, wo durch einen häufigen Austausch auch von Wissenschaftlern mit anderen Forschungsinstituten im Ausland dafür gesorgt werden muß, daß man stets an der vordersten Front der Wissenschaft mitarbeitet. Ich halte es für sehr wichtig, daß wir uns hier zu neuen Organisationsformen durchringen. Vielleicht kann man die jetzt eben schwebenden Verhandlungen über das Institut in München-Garching dazu benützen, hier neue und bessere Wege ausfindig zu machen. In den führenden Stellungen solcher Institute müssen Wissenschaftler von internationalem Rang tätig sein, das heißt aber: Wissenschaftler, denen auch vom Ausland gute Angebote gemacht werden. Hier wird also eine gewisse Angleichung an die Verhältnisse im Ausland, in Amerika, bei Euratom usw., unvermeidlich sein. Wir können unsere bisherigen deutschen Verwaltungsformen nicht mehr ohne weiteres anwenden, weil wir dann die am besten qualifizierten Leute nicht mehr gewinnen können.

Zum Beispiel sind wir bisher gehalten, mit den Wissenschaftlern Tarifverträge abzuschließen, die mit einem relativ bescheidenen Anfangsgehalt beginnen, alle zwei Jahre Steigerungen vorsehen und eine gute Sicherung für lange Zeiträume, manchmal bis ins hohe Alter gewährleisten. In Amerika werden Verträge in der Regel nur für drei bis fünf Jahre abgeschlossen; von Steigerung ist keine Rede, dafür ist das Anfangsgehalt mindestens 50 % höher. Die Tüchtigsten werden gern das Risiko des Dreijahresvertrags eingehen; sie glauben, in drei Jahren so viel leisten zu können, daß sie dann weiter angestellt werden. Die weniger Tüchtigen werden die Sicherung für später vorziehen. Unser Tarifsystem bewirkt also, daß immer die Tüchtigsten nach Amerika gehen und die weniger Leistungsfähigen bei uns bleiben. Aber es handelt sich keineswegs nur um die materielle Stellung, das heißt um das Einkommen der betreffenden Wissen-

schaftler. Eine ebenso wichtige Rolle spielt die verantwortliche Beteiligung an modernster Forschungsarbeit oder die Möglichkeit einer
gewissen Freizügigkeit in der Wahl der Mitarbeiter, in der Zusammenarbeit mit ausländischen Instituten, in Reisen zu solchen Instituten oder Kongressen usw. Wir erleben immer wieder, daß die alten
und in früherer Zeit bewährten Verwaltungsformen hier das Leben
zu sehr einengen und daß junge Deutsche, die eine Zeitlang in Amerika gearbeitet haben, gerade aus Furcht vor dieser Enge nicht mehr
nach Deutschland zurückkehren wollen. Hier müssen wir also unsere Verwaltungsformen denen in der Welt draußen anpassen. Die
starre Anwendung der bestehenden Verwaltungsgrundsätze würde
einen modernen, dem internationalen Leben angepaßten Stil der
wissenschaftlichen Forschungsarbeit unmöglich machen.

Wahrscheinlich würde es schon zur Besserung der Lage beitragen,
wenn sich bei uns ein Brauch einbürgerte, der in den angelsächsi-
schen Ländern längst selbstverständlich ist. Dort treten häufig Menschen, die in Wissenschaft, Technik oder Wirtschaft aufgewachsen
sind und Erfahrungen gesammelt haben, später in die staatliche Verwaltung ein, und umgekehrt wechseln Menschen, die in der staatlichen Verwaltung tätig waren, etwa in verantwortliche Verwaltungs-
stellen an Forschungsinstituten über. Eine solche Flexibilität wäre
auch bei uns in der Bundesrepublik dringend zu wünschen. Auf dem
Gebiet der Verwaltung muß also wahrscheinlich noch eine Zeitlang
experimentiert werden. Starrheit wäre hier die größte Gefahr. Wir
haben Schwierigkeiten mit der wissenschaftlichen Forschung in
Deutschland, weil unsere alten Verwaltungsformen nicht mehr zum
neuen Stil der Wissenschaft passen.

In den strittigen Kompetenzfragen müssen, wie der Herr Bundes-
kanzler in seiner Regierungserklärung betont hat, Vereinbarungen
zwischen Bund und Ländern getroffen werden, die die Zuständig-
keiten klar und sachlich vernünftig regeln; darüber ist also hier kein
Wort zu verlieren. Tatsächlich aber hat es in der Vergangenheit
selbst dort gelegentlich Schwierigkeiten gegeben, wo die Bundesregierung nach dem Grundgesetz die oberste Verantwortung trägt,
nämlich eben in der wissenschaftlichen Forschung. Ich denke in die-

sem Zusammenhang vor allem an den oft besprochenen Titel 950 im Bundeshaushalt »Förderung der Atomforschung durch Zuwendungen für die Modernisierung und Erweiterung wissenschaftlicher Institute und Einrichtungen«. Von diesem Titel hängt die Atomforschung an den Hochschulen weitgehend ab. Dieser Titel ist im vergangenen Jahr zu einem relativ späten Zeitpunkt scharf gekürzt worden, und es hieß, man erwarte, daß hier die Länder in Anbetracht ihrer Kulturhoheit einspringen würden. Was dabei geschehen ist, kann ich am einfachsten am Beispiel des Münchner Max-Planck-Instituts für Physik und Astrophysik erläutern, obwohl die Folgen bei manchen Hochschulinstituten noch schlimmer waren.

Von den schon bewilligten Mitteln wurde plötzlich infolge jener Anordnung die für unser Institut sehr hohe Summe von 700 000 DM gesperrt. Ich habe mich natürlich noch am gleichen Tag, an dem ich diese Mitteilung erhielt, an das Bayerische Kultusministerium gewandt mit der Frage, ob uns von dort die fehlenden Mittel zur Verfügung gestellt werden könnten. Die Antwort lautete begreiflicherweise, das sei leider unmöglich, denn über die Mittel des Bayerischen Kultusministeriums sei schon vollständig verfügt. So geht es also nicht. Wenn man eine Maßnahme für notwendig hält und glaubt, daß das Land sie durchführen könne, muß man sich vorher vergewissern, daß sie von dort auch wirklich durchgeführt wird. Wenn man sie nicht für notwendig hält, muß man das zum frühest möglichen Zeitpunkt klar sagen; denn man kann ja auch ein Institut nur dann vernünftig leiten, wenn man einigermaßen genau weiß, über welche Mittel man disponieren kann.

Nun möchte ich noch kurz auf einige besondere Gebiete der wissenschaftlichen Forschung eingehen, die eine Sonderstellung deswegen einnehmen, weil in ihnen im Hinblick auf die Verteidigung von den Großmächten riesige Anstrengungen unternommen werden und weil hier die internationale Verflechtung noch viel enger ist als in anderen Bereichen. Ich meine vor allem Atom- und Weltraumforschung. Die Großmächte investieren in diesen Gebieten enorme Mittel, weil sie – zu Recht oder zu Unrecht – fürchten, sonst im technischen Wettkampf, der die Grundlage aller Rüstung bildet, zu unterliegen. Für die kleinen Länder wie die Bundesrepublik fällt dieser letztere Grund zunächst weg, da die Verteidigung primär Sache der Großmächte ist, die ihre Bundesgenossen nur in einem beschränkten Ausmaß zu den Verteidigungslasten mit heranziehen. Aber es gibt zwei triftige Gründe dafür, daß auch Industrieländer wie die Bundesrepublik sich an diesen Arbeiten energisch beteiligen müssen. Die enormen technischen Anstrengungen bei den Großmächten, die von der öffentlichen Hand finanziert werden, bewirken eine ständige Vermehrung des technischen Wissens; neue Materialien werden entwickelt, neue Methoden ersonnen, neue technische Möglichkeiten entdeckt; denken wir etwa an die Entwicklung kleinster elektronischer Geräte, Rechenmaschinen, Steuerungselemente usw. im Zusammenhang mit der Raketenforschung. Ein Land, das auf den genannten Gebieten nicht mitarbeitet, wird also auf die Dauer technisch zurückbleiben. Ich erinnere an das Beispiel aus dem Münchner Institut, das ich ganz am Anfang erwähnte; und ein solches Zurückbleiben mag auf die lange Sicht ernste Konsequenzen für die wirtschaftliche Lage haben.

Ein unmittelbarer wirtschaftlicher Nutzen ist zwar mit diesen Arbeiten zunächst nicht verbunden, aber indirekt mag das bekannte Gleichnis vom Acker zutreffen: Ein Vater vermacht seinen Söhnen vor seinem Tode einen Acker und sagt ihnen, es läge ein großer Schatz in diesem Acker verborgen, sie sollten nach seinem Tode danach graben. Das tun sie auch und finden zu ihrer Enttäuschung trotz sorgfältigstem und immer wiederholtem Umgraben nichts. Aber im Sommer darauf trägt der Acker mehr Früchte als je zuvor, und allmählich begreifen sie, welchen Schatz der Vater gemeint hatte. Also dieser indirekte Nutzen großer technischer Anstrengungen kann durchaus wichtig sein.

Der zweite und vielleicht noch triftigere Grund besteht in der Aufforderung zur internationalen Zusammenarbeit. Diese Gebiete der Forschung werden ja gerade wegen der in ihnen aufzuwendenden riesigen Mittel von vielen Staaten gemeinsam betrieben. Die Bundesrepublik ist aufgefordert worden, sich an internationalen Projekten wie dem Forschungsvorhaben von Euratom, an Cern,

Esro, Eldo, das heißt also Atomenergieausnützung, Hochenergiephysik, Weltraum- und Raketenforschung, zu beteiligen, und tatsächlich hat die Bundesrepublik in einem gewissen Umfang schon in den vergangenen zehn Jahren z. B. an der internationalen Institution Cern in Genf mitgearbeitet. Wenn die Frage gestellt wird, inwieweit die Bundesrepublik sich an solchen Unternehmungen beteiligen soll, so muß man sich von vornherein darüber im klaren sein, daß hier eine Begrenzung durch die zur Verfügung stehenden Mittel unvermeidlich sein wird. Denn einerseits sind schon die Beiträge zu den internationalen Organisationen erheblich, andererseits hat die Beteiligung überhaupt nur dann einen Sinn, wenn man bereit ist, im eigenen Land die betreffende Forschung mit großer Energie zu betreiben, das heißt, im eigenen Land noch erheblich höhere Mittel für solche Forschung einzusetzen als für die internationalen Organisationen. Denn der internationale Mitgliedsbeitrag wäre völlig umsonst gegeben, wenn er nicht zu einer fruchtbaren Entwicklung des betreffenden Forschungsgebiets im eigenen Land führte, und das kann er natürlich nur tun, wenn im eigenen Land große Anstrengungen unternommen werden. So hat z. B. die Bundesrepublik bisher noch zu wenig Nutzen aus ihrer Beteiligung an der Cern-Organisation gezogen, weil die deutschen Anstrengungen auf dem Gebiet der Hochenergiephysik zu gering waren. Wir hoffen, daß das Ingangkommen der großen Beschleunigungsmaschine Desy in Hamburg diese Verhältnisse bald bessern wird.

In Anbetracht der hohen und steigenden Kosten, die jede derartige Mitarbeit an internationalen Projekten mit sich bringt, besonders auch im eigenen Land, wird man also sehr vorsichtig abwägen müssen, wo man mitwirken will. Es wird sicher nicht möglich sein, überall mitzutun. Die Entscheidung darüber, welche Projekte ausgewählt werden sollen, kann ähnlich wie bei der Schwerpunktsbildung nur nach sorgfältiger Beratung in Kommissionen getroffen werden, die aus Vertretern der beteiligten Ministerien und der Wissenschaft und Technik bestehen. Auch die internationalen Verhandlungen kann man kaum ohne Beteiligung der wissenschaftlichen Fachvertreter befriedigend führen. Aber dort, wo man sich beteiligt, sollte man sich mit voller Kraft beteiligen, also auch im eigenen Land große Anstrengungen machen. Nichts ist unerfreulicher, auch im internationalen Bereich, als eine Mitarbeit, die zwar zugesagt, aber nur mit halbem Herzen gewährt wird.

Gerade bei diesen großen und außerordentlich kostspieligen internationalen Projekten, die ja eigentlich Menschheitsunternehmungen sind, wird sich mancher fragen, ob sie unbedingt notwendig sind, ob man die großen Mittel nicht besser anders verwenden könnte. Ich glaube, es ist wichtig, sich hier zunächst daran zu erinnern, daß wir in der Bundesrepublik darüber nur wenig zu entscheiden haben. Diese großen Projekte werden durchgeführt werden, gleichgültig, ob wir mittun oder nicht. Wir haben nur die Wahl, dabeizusein oder nicht dabeizusein. Wir sind also etwa in der gleichen Lage wie ein Schüler, dessen Schulklasse beschlossen hat, im Sommer eine gemeinsame Wanderfahrt nach, sagen wir, Skandinavien zu unternehmen. Alle sammeln Geld, steuern Ausrüstungsgegenstände, Zeltplanen, Rucksäcke bei und freuen sich auf die Fahrt. Aber der Schüler weiß nicht, ob er mittun soll. Er scheut die Kosten, Skandinavien interessiert ihn nicht so besonders, auch waren seine Beziehungen zu den anderen Mitschülern nicht immer die allerbesten. Soll er mittun? Ich glaube, er sollte sich jedenfalls nicht damit begnügen, als Zeugnis seines guten Willens 20 DM zur Fahrtenkasse beizusteuern. Das hätte keinen Sinn. Aber wahrscheinlich wäre es eben doch gut, dabeizusein, mit ins unbekannte Land zu wandern und sich am Neuen zu freuen.

Auf unsere heutige Situation angewendet: Ganz sicher werden wir die Begabtesten unserer wissenschaftlichen Jugend in Deutschland leichter in unserem Lande halten können und ihre Kräfte für uns gewinnen, wenn wir mittun, wenn wir uns mit am Gelingen der großen Menschheitsprojekte freuen dürfen. Ich möchte glauben, daß das sogar noch für viel weitere Kreise als nur für unsere wissenschaftliche Jugend gilt. Die Beteiligung an großen Zielen, selbst wenn ihre Verwirklichung Mühe und Arbeit kostet, selbst wenn man ihres Wertes nicht so ganz sicher sein mag, ist für die meisten befriedigender als nur materieller Wohlstand und Bequemlichkeit. Ich kann die pessimistische Meinung über unsere Mitbürger nicht teilen, die oft ausgesprochen wird in den Worten, es könne nur der sich etwa bei einer Wahl politisch durchsetzen, der weniger Arbeit, mehr Freizeit und Bequemlichkeit und höhere Löhne verspricht. So sind die Menschen bei uns nicht. Vielleicht wird doch eher der die Herzen der Menschen gewinnen, der hohe Ziele setzt und der sich wirklich am gemeinsamen Aufbau dieser merkwürdigen modernen Welt beteiligen will. Denn nur wer mittut, kann auch die Richtung dieser Welt in dem Sinne beeinflussen, den er selbst für wünschenswert hält.

Das Naturgesetz
und die Struktur der Materie*

Hier, in diesem Teil der Welt, an der Küste des Ägäischen Meeres, haben die Philosophen Leukipp und Demokrit über die Struktur der Materie nachgedacht, und da drunten, auf dem Marktplatz, auf den sich jetzt die Dämmerung senkt, hat Sokrates über die grundsätzlichen Schwierigkeiten unserer Ausdrucksmittel diskutiert; dort hat Plato gelehrt, daß die Idee, das Bild, die eigentlich fundamentale Struktur hinter den Phänomenen sei. Die Fragen, die zum erstenmal vor zweieinhalb Jahrtausenden in diesem Land ausgesprochen worden sind, haben seitdem das menschliche Denken fast unablässig beschäftigt, sie sind im Lauf der Geschichte immer wieder und wieder erörtert worden, sobald sich durch neue Entwicklungen das Licht veränderte, in dem die alten Gedankenwege erschienen.

Wenn ich heute versuchen will, einige der alten Probleme, die Frage nach der Struktur der Materie und nach dem Begriff des Naturgesetzes wieder aufzugreifen, so geschieht es, weil die Entwicklung der Atomphysik in unserer Zeit unsere Vorstellungen von der Natur und von der Struktur der Materie radikal verändert hat. Es ist vielleicht keine unangemessene Übertreibung zu behaupten, daß einige der alten Probleme in der jüngsten Zeit ihre klare und endgültige Lösung gefunden haben. So mag also heute über diese neue und vielleicht endgültige Antwort auf Fragen gesprochen werden, die vor einigen Jahrtausenden hier formuliert worden sind.

* Rede, gehalten auf dem Pnyx-Hügel gegenüber der Akropolis in Athen am 3. Juni 1964. Zuerst veröffentlicht in einer bibliophilen Ausgabe (in Deutsch und Englisch) in der Sammlung BELSER-PRESSE, ›Meilensteine des Denkens und Forschens‹, Stuttgart 1967.

Es gibt aber noch einen weiteren Grund, diese Probleme zum Gegenstand erneuter Betrachtungen zu machen. Die Philosophie des Materialismus, die im Altertum durch Leukipp und Demokrit entwickelt worden war, hat seit der Entfaltung der neuzeitlichen Naturwissenschaft im 17. Jahrhundert im Mittelpunkt vieler Erörterungen gestanden, und sie ist – in der neuen Form des dialektischen Materialismus – eine der treibenden Kräfte in den politischen Veränderungen des 19. und 20. Jahrhunderts gewesen. Wenn philosophische Vorstellungen über die Struktur der Materie eine solche Rolle im menschlichen Leben spielen können, wenn sie in der europäischen Gesellschaft fast wie ein Sprengstoff gewirkt haben und vielleicht in anderen Teilen der Welt noch ebenso wirken werden, so ist es um so wichtiger zu wissen, was unsere gegenwärtigen naturwissenschaftlichen Kenntnisse über diese Philosophie zu sagen haben. Um es etwas allgemeiner und richtiger auszudrücken: Man darf hoffen, daß eine philosophische Analyse der jüngsten naturwissenschaftlichen Entwicklung dazu beitragen kann, die widerstreitenden dogmatischen Lehrmeinungen über die angeschnittenen grundsätzlichen Fragen zu ersetzen durch eine nüchterne Anpassung an eine neue Situation, die schon für sich allein als eine Revolution des menschlichen Lebens auf der Erde betrachtet werden kann. Aber auch abgesehen von der Einwirkung der Naturwissenschaft auf unsere Zeit mag es von Interesse sein, die philosophischen Diskussionen im alten Griechenland mit den Ergebnissen der experimentellen Naturwissenschaft und der modernen Atomphysik zu vergleichen. Vielleicht sollte ich das Ergebnis eines solchen Vergleichs schon hier vorwegnehmen. Es scheint, daß in der Frage nach der Struktur der Materie Plato der Wahrheit sehr viel näher gekommen ist als Leukipp oder Demokrit, trotz des enormen Erfolges, den der Atombegriff in der modernen Naturwissenschaft errungen hat. Aber es ist wohl nötig, zunächst einige der wichtigsten Argumente zu wiederholen, die in den antiken Diskussionen über die Materie und das Leben, über Sein und Werden, angeführt worden sind, bevor wir auf die Ergebnisse der modernen Wissenschaft eingehen können.

1. Der Begriff der Materie in der antiken Philosophie

Am Anfang der griechischen Philosophie stand das Dilemma des
»Einen« und des »Vielen«. Wir wissen: Es gibt eine stets sich wan-
delnde Vielfalt von Erscheinungen vor unseren Sinnen. Aber wir
glauben doch, daß es letzten Endes möglich sein müsse, sie irgendwie
auf ein einheitliches Prinzip zurückzuführen. Wir versuchen ja, die
Erscheinungen zu verstehen, und indem wir dies tun, erkennen wir,
daß alles Verständnis damit beginnt, Ähnlichkeiten und Regelmäßigkeiten in den Erscheinungen wahrzunehmen. Die Regelmäßigkeiten werden dann aufgefaßt als spezielle Folgen von etwas, das
den verschiedenen Erscheinungen gemeinsam ist und das deshalb ein
zugrunde liegendes Prinzip genannt werden kann. In dieser Weise
muß jede Bemühung, die veränderliche Vielfalt der Erscheinungen
zu verstehen, zu einem Suchen nach einem zugrunde liegenden Prinzip werden. Es war ein charakteristischer Zug des Denkens im antiken Griechenland, daß die ersten Philosophen nach einer »materiellen Ursache« aller Dinge suchten. Das erscheint zunächst als ein
sehr natürlicher Ausgangspunkt für eine Welt, die ja aus Materie besteht. Aber von hier gerät man doch auch sogleich in ein Dilemma,
nämlich zu der Frage, ob diese materielle Ursache alles Geschehens
mit einer der existierenden Formen der Materie, wie »Wasser« in der
Philosophie des Thales oder »Feuer« in der Lehre Heraklits, identifiziert werden sollte oder ob eine Grundsubstanz angenommen werden sollte, von der die wirkliche Materie nur die vergänglichen Formen darbietet. Diese beiden Möglichkeiten sind in der antiken Philosophie ausgearbeitet worden, aber sie sollen hier nicht im einzelnen erörtert werden.

Wenn man solchen Gedanken folgt, so wird das zugrunde liegende
Prinzip, die Hoffnung auf Einfachheit in den Erscheinungen, mit einer »Grundsubstanz« verknüpft. Es ergibt sich dann die Frage, an
welcher Stelle oder in welcher Weise die Einfachheit im Verhalten
der Grundsubstanz formuliert werden kann. Die Einfachheit ist ja
unmittelbar an den Erscheinungen nicht zu erkennen. Das Wasser
kann sich in Eis verwandeln, oder es kann die Blumen aus der Erde

sprießen lassen. Aber die kleinsten Teile des Wassers, die vielleicht
im Eis oder im Dampf oder in den Blumen identisch sind, sie könnten das Einfache sein. Ihr Verhalten könnte durch einfache Gesetze
bestimmt sein, und diese Gesetze könnten dann formuliert werden.

In dieser Weise ist der Begriff der »kleinsten Teile der Materie«
eine natürliche Folge des Strebens nach Einfachheit, wenn die Aufmerksamkeit vor allem auf die Materie, auf die materielle Ursache
aller Dinge gerichtet wird.

Andererseits führt dieser Begriff der kleinsten Teile der Materie,
deren Gesetzmäßigkeiten einfach verstanden werden sollen, sofort
zu den bekannten Schwierigkeiten, die mit dem Begriff der Unendlichkeit zusammenhängen. Ein Stück Stoff kann zerteilt werden, die
Teile können in noch kleinere Stücke zerlegt, diese Stücke noch weiter zerschnitten werden usw., aber wir können uns doch nur schwer
vorstellen, daß diese Teilbarkeit immer weiter gehen sollte bis ins
Unendliche. Es erscheint uns irgendwie natürlicher anzunehmen,
daß es kleinste Teile gebe, die nicht weiter zerlegt werden können.
Andererseits können wir uns auch nicht vorstellen, daß es prinzipiell
unmöglich sein sollte, diese kleinsten Teile noch weiter zu teilen. Wir
können uns wenigstens immer in Gedanken noch kleinere Teile vorstellen, wir können uns denken, daß wir in viel kleinerem Maßstab
die gleichen Verhältnisse antreffen wie im gewöhnlichen Maßstab.
Wir werden also offenbar von unserem eigenen Vorstellungsvermö-
gen in die Irre geführt, wenn wir uns den Prozeß des immer weiteren
Teilens vergegenwärtigen wollen. Dies ist auch von den griechischen
Philosophen empfunden worden, und die »Atomhypothese«, die
Vorstellung kleinster unzerlegbarer Teile, kann als ein erster und natürlicher Weg aus der Schwierigkeit heraus aufgefaßt werden.

Die Begründer der Atomlehre, Leukipp und Demokrit, haben
versucht, die Schwierigkeit durch die Annahme zu vermeiden, das
Atom sei ewig und unzerstörbar, es sei das eigentlich Existierende.
Alle anderen Dinge existierten nur, weil sie aus Atomen zusammengesetzt sind. Die Antithese zwischen »Sein« und »Nichtsein« in der
Philosophie des Parmenides wird hier vergröbert zu der Antithese
zwischen dem »Vollen« und dem »Leeren«. Das Sein ist nicht nur

Eines, es kann unendlich oft wiederholt werden. Das Sein ist unzerstörbar, daher ist auch das Atom unzerstörbar. Das Leere, der leere Raum zwischen den Atomen, ermöglicht Lage und Bewegung, ermöglicht Eigenschaften des Atoms, während das reine Sein sozusagen durch Definition keine andere Eigenschaft als die der Existenz haben könnte.

Dieser letztere Teil der Lehre von Leukipp und Demokrit ist gleichzeitig ihre Stärke und ihre Schwäche. Auf der einen Seite gibt er eine unmittelbare Erklärung für die verschiedenen Aggregatzustände der Materie, wie Eis, Wasser und Wasserdampf, da die Atome dicht gepackt und geordnet beieinander liegen können oder ungeordnet und in unregelmäßiger Bewegung begriffen oder schließlich in ziemlich weiten relativen Abständen im Raum verteilt sein können. Deshalb hat sich dieser Teil der Atomhypothese später als äußerst erfolgreich erwiesen. Andererseits wird das Atom in solcher Weise einfach ein Baustein der Materie; seine Eigenschaften, Lage und Bewegung im Raum, machen es zu etwas ganz anderem, als der ursprüngliche Begriff »Sein« andeutete. Die Atome können sogar eine endliche Ausdehnung besitzen, und damit hat man schließlich das einzig überzeugende Argument für ihre Unteilbarkeit verloren. Wenn das Atom räumliche Eigenschaften hat, warum sollte es nicht geteilt werden können; zum mindesten wird seine Unteilbarkeit dann eine physikalische, keine fundamentale Eigenschaft. Man kann nun wieder Fragen über die Struktur des Atoms stellen, und man läuft Gefahr, all die Einfachheit zu verlieren, die man bei den kleinsten Teilen der Materie zu finden gehofft hatte. Man hat daher den Eindruck, daß die Atomhypothese in ihrer ursprünglichen Form noch nicht subtil genug ist, um das zu erklären, was die Philosophen wirklich verstehen wollten: das Einfache in den Erscheinungen und in der Struktur der Materie.

Aber die Atomhypothese geht doch ein weites Stück Weges in der richtigen Richtung. Die ganze Vielfalt der verschiedenen Erscheinungen, die vielen beobachteten Eigenschaften der Materie können auf die Lage und die Bewegung der Atome reduziert werden. Eigenschaften wie Geruch oder Farbe oder Geschmack gibt es bei den

Atomen nicht. Lage und Bewegung der Atome können diese Eigenschaften indirekt hervorrufen. Lage und Bewegung scheinen viel einfachere Begriffe zu sein als die empirischen Qualitäten Geschmack oder Geruch oder Farbe. Aber es bleibt natürlich dann die Frage, wodurch die Lage und die Bewegung der Atome bestimmt seien. Die griechischen Philosophen haben nicht versucht, an dieser Stelle ein Naturgesetz zu formulieren; der moderne Begriff des Naturgesetzes paßte nicht in ihre Denkweise. Immerhin scheinen sie an irgendeine Art von ursächlicher Beschreibung, von Determinismus, gedacht zu haben, da sie über die Notwendigkeit, über Ursache und Wirkung sprachen.

Die Atomhypothese war mit der Absicht aufgestellt worden, den Weg vom »Vielen« zum »Einen« zu weisen, das zugrunde liegende Prinzip zu formulieren, die materielle Ursache, aufgrund deren alle Erscheinungen verstanden werden können. Die Atome konnten als die materielle Ursache angesehen werden; aber nur ein allgemeines Gesetz, das ihre Lage und Geschwindigkeit bestimmt, könnte tatsächlich die Rolle des grundlegenden Prinzips spielen. Wenn die griechischen Philosophen das Gesetzmäßige in der Natur erörterten, waren ihre Gedanken aber auf statische Formen gerichtet, auf geometrische Symmetrien, nicht auf Vorgänge in Raum und Zeit. Die Kreisbahnen der Planeten, die regulären geometrischen Körper erschienen als die unvergänglichen Strukturen der Welt. Die neuzeitliche Idee, daß Lage und Geschwindigkeit des Atoms zu einer gegebenen Zeit mit ihrer Lage und Geschwindigkeit zu einer späteren Zeit durch ein mathematisches Gesetz eindeutig verknüpft sein könnten, paßte nicht in die Gedankenrichtung jener Periode, da sie den Zeitbegriff in einer Weise verwendet, die sich erst aus dem Denken einer sehr viel späteren Epoche ergab.

Als Plato die von Leukipp und Demokrit aufgeworfenen Probleme selbst aufgriff, übernahm er die Vorstellung von den kleinsten Teilen der Materie; aber er widersprach aufs schärfste der Tendenz jener Philosophie, die Atome als die Grundlage alles Seienden, als die einzig wirklich existierenden materiellen Objekte zu nehmen. Platos Atome waren nicht eigentlich Materie, sie wurden als geometrische Formen gedacht, als die regulären Körper der Mathematiker. Diese Körper waren, im Einklang mit dem Ausgangspunkt seiner idealistischen Philosophie, in gewisser Weise die Ideen, die der Struktur der Materie zugrunde lagen und die das physikalische Verhalten der Elemente charakterisierten, zu denen sie gehörten. Der Würfel zum Beispiel war das kleinste Teilchen des Elements Erde und symbolisierte damit zugleich die Stabilität der Erde. Das Tetraeder mit seinen scharfen Spitzen stellte das kleinste Teilchen des Elements Feuer dar. Das Ikosaeder, das unter den regulären Körpern einer Kugel am nächsten kommt, repräsentiert die Beweglichkeit des Elements Wasser. In dieser Weise konnten die regulären Körper als Symbole für gewisse Tendenzen im physikalischen Verhalten der Materie gelten.

Aber sie waren doch nicht eigentlich Atome, nicht unteilbare Grundeinheiten im Sinne der materialistischen Philosophie. Plato betrachtete sie als zusammengesetzt aus den Dreiecken, die ihre Oberfläche bilden; und daher konnten diese kleinsten Teile durch den Austausch von Dreiecken ineinander umgewandelt werden. Zum Beispiel konnten zwei Atome Luft und ein Atom Feuer zu einem Atom Wasser zusammengesetzt werden. In dieser Weise konnte Plato dem Problem von der unendlichen Teilbarkeit der Materie entgehen. Denn die Dreiecke waren als zweidimensionale Flächen nicht Körper, nicht mehr Materie; daher konnte die Materie nicht in Unendlichkeit weiter geteilt werden. Der Begriff der Materie wird also am unteren Ende, das heißt im Gebiet kleinster Raumdimensionen, aufgelöst in den Begriff der mathematischen Form. Diese Form ist maßgebend für das Verhalten zunächst der kleinsten Teile der Materie und dann der Materie selbst. Sie ersetzt gewissermaßen das Naturgesetz der späteren Physik; denn sie charakterisiert, ohne ausdrücklich auf den zeitlichen Ablauf hinzuweisen, die Tendenzen im Verhalten der Materie. Man kann vielleicht sagen, daß die Grundtendenzen durch die geometrische Gestalt der kleinsten Einheiten dargestellt wurden, während die feineren Einzelheiten jener Tendenzen in der relativen Lage und Geschwindigkeit dieser Einheiten ihren Ausdruck fanden.

Diese ganze Beschreibung paßt genau zu den zentralen Vorstellungen der idealistischen Philosophie Platos. Die den Erscheinungen zugrunde liegende Struktur ist nicht durch materielle Objekte wie die Atome des Demokrit gegeben, sondern durch die Form, die die materiellen Objekte bestimmt. Die Ideen sind fundamentaler als die Objekte. Und da die kleinsten Teile der Materie die Objekte sein sollen, an denen die Einfachheit der Welt erkennbar wird, bei denen wir uns dem »Einen«, der »Einheitlichkeit« der Welt nähern, können die Ideen mathematisch beschrieben werden, sie sind einfach mathematische Formen. Der Satz, der in dieser Form wohl aus einer späteren Periode der Philosophie stammt: »Gott ist ein Mathematiker«, hat seine Wurzel an dieser Stelle der platonischen Philosophie.

Die Wichtigkeit dieses Schrittes im philosophischen Denken läßt sich kaum hoch genug einschätzen. Er kann als der entscheidende Beginn der mathematischen Naturwissenschaft angesehen und damit auch für die späteren technischen Anwendungen verantwortlich gemacht werden, die das ganze Bild der Welt verändert haben. Auch wird erst mit diesem Schritt festgesetzt, was das Wort »Verstehen« bedeuten soll. Unter allen möglichen Formen des Verständnisses wird die eine, in der Mathematik praktizierte Form als das »eigentliche« Verständnis ausgewählt. Während doch jede Sprache, jede Kunst, jede Dichtung in irgendeiner Weise Verständnis vermittelt, wird hier behauptet, daß nur die Verwendung einer präzisen, logisch geschlossenen Sprache, einer Sprache, die so weit formalisiert werden kann, daß Beweise möglich werden, daß nur sie zu wahrem Verständnis führe. Man empfindet, wie stark der Eindruck war, den die Überzeugungskraft logischer und mathematischer Argumente auf die griechischen Philosophen gemacht hatte. Sie sind offenbar von dieser Kraft einfach überwältigt worden. Aber vielleicht haben sie an dieser Stelle zu früh kapituliert.

2. *Die Antwort der modernen Naturwissenschaft auf die alten Probleme*

Der wichtigste Unterschied zwischen der modernen Naturwissenschaft und der antiken Naturphilosophie beruht auf der verwendeten Methode. Während in der antiken Philosophie die empirische Kenntnis der Naturerscheinungen für ausreichend galt, um Schlüsse auf die zugrunde liegenden Prinzipien zu ziehen, ist es ein charakteristischer Zug der modernen Wissenschaft, Experimente anzustellen, d. h. spezifische Fragen an die Natur zu richten, deren Beantwortung dann Auskunft über die Gesetzmäßigkeiten geben soll. Diese verschiedene Methode führt in der Folge auch zu einer sehr verschiedenen Betrachtungsweise. Die Aufmerksamkeit richtet sich nicht so sehr auf die grundlegenden Gesetze als vielmehr auf die Regelmäßigkeiten in den Einzelheiten. Die Naturwissenschaft wird sozusagen vom anderen Ende her entwickelt, nicht von den allgemeinen Gesetzen, sondern von einzelnen Erscheinungsgruppen her, bei denen die Natur die experimentell gestellten Fragen beantwortet hatte. Seit der Zeit, als Galilei der Legende nach seine Steine vom schiefen Turm zu Pisa fallen ließ, um die Fallgesetze zu studieren, beschäftigte sich die Naturwissenschaft mit den Einzelheiten bei den verschiedensten Erscheinungen, mit fallenden Steinen, mit der Bewegung des Mondes um die Erde, Wellen im Wasser, Lichtstrahlen, die durch ein Prisma gebrochen wurden, usw. Selbst als Isaac Newton die verschiedenen mechanischen Vorgänge in seinem Hauptwerk ›Principia mathematica‹ durch ein einheitliches Gesetz verständlich machte, war die Aufmerksamkeit auf die Einzelheiten gerichtet, die aus den zugrunde liegenden mathematischen Prinzipien abgeleitet werden sollten. Das richtige, das heißt mit der Erfahrung übereinstimmende Ergebnis bei der Ableitung der Einzelheiten galt als das entscheidende Kriterium für die Richtigkeit der Theorie.

Diese Änderung der ganzen Betrachtungsweise hatte auch andere wichtige Folgen. Eine genaue Kenntnis der Einzelheiten kann für die Praxis nützlich sein. Sie setzt den Menschen instand, die Erscheinungen innerhalb gewisser Grenzen nach seinem Willen zu lenken. Die technischen Anwendungen der modernen Naturwissenschaft beginnen also mit der Kenntnis der Einzelheiten. Dadurch ändert sich auch der Begriff »Naturgesetz« allmählich in seiner Bedeutung; das Hauptgewicht liegt nicht mehr bei der Allgemeinheit, sondern bei den Konsequenzen hinsichtlich der Einzelheiten. Das Gesetz wird zu einer Vorschrift für technische Anwendungen. Als wichtigster Zug des Naturgesetzes gilt es jetzt, eine Vorhersage darüber zu ermöglichen, was in einem gegebenen Experiment herauskommen wird.

Man kann leicht einsehen, daß der Begriff der Zeit in einer solchen Naturwissenschaft eine ganz andere Rolle spielen muß als in der antiken Philosophie. Nicht eine ewige unveränderliche Struktur wird in einem Naturgesetz ausgesprochen, sondern es kommt auf die Regelmäßigkeit in den zeitlichen Veränderungen an. Wenn ein Naturgesetz dieser Art in einer exakten mathematischen Sprache formuliert wird, so bieten sich dem Physiker sofort unzählige verschiedene Experimente an, die er ausführen könnte, um die Richtigkeit des behaupteten Gesetzes zu prüfen. Eine einzige Nichtübereinstimmung zwischen Theorie und Experiment könnte die Theorie widerlegen. Diese Situation gibt der mathematischen Formulierung eines Naturgesetzes ein enormes Gewicht. Wenn alle bekannten experimentellen Tatsachen mit den Ergebnissen übereinstimmen, die mathematisch aus dem Gesetz abgeleitet wurden, so wird es außerordentlich schwierig, an der allgemeinen Gültigkeit des Gesetzes zu zweifeln. Daher ist es begreiflich, daß Newtons ›Principia‹ für mehr als zwei Jahrhunderte die Naturwissenschaft beherrscht haben.

Wenn man die Geschichte der Physik von Newton bis in die Gegenwart verfolgt, so erkennt man, daß – trotz des Interesses für die Einzelheiten – mehrere Male sehr allgemeine Naturgesetze formuliert worden sind. Im 19. Jahrhundert ist die statistische Theorie der Wärme exakt ausgearbeitet worden. Die Theorie der elektromagnetischen Felder und die spezielle Relativitätstheorie konnten zu einer sehr allgemeinen Gruppe von Naturgesetzen vereinigt werden, die Aussagen nicht nur über die elektrischen Erscheinungen, sondern auch über die Struktur von Raum und Zeit enthält. In unserem Jahrhundert hat die mathematische Formulierung der Quantentheorie zu einem Verständnis der äußeren Hülle der chemischen Atome und damit allgemein der chemischen Eigenschaften der Materie geführt. Die Beziehungen und Verbindungen zwischen diesen verschiedenen Gesetzen, insbesondere zwischen Relativitätstheorie und Quantentheorie, sind noch nicht vollständig geklärt. Aber die jüngste Entwicklung der Physik der Elementarteilchen berechtigt zu der Hoffnung, daß diese Beziehungen in einer relativ nahen Zukunft befriedigend analysiert werden können. Daher kann man doch schon jetzt überlegen, welche Antwort auf die Fragen der alten Philosophen von dieser ganzen wissenschaftlichen Entwicklung aus gegeben werden können.

Während des 19. Jahrhunderts ist die Entwicklung der Chemie und der Wärmelehre recht genau den Vorstellungen gefolgt, die von Leukipp und Demokrit zum erstenmal ausgesprochen worden waren. Ein Wiederaufleben der materialistischen Philosophie in ihrer modernen Form, dem dialektischen Materialismus, war daher das natürliche Gegenstück zu dem eindrucksvollen Fortschritt, der sich in jener Epoche in Chemie und Physik vollzogen hatte. Der Atombegriff hatte sich bei der Erklärung der chemischen Verbindungen oder des physikalischen Verhaltens der Gase als äußerst fruchtbar erwiesen. Allerdings stellte man bald fest, daß die Teilchen, die von den Chemikern Atome genannt wurden, aus noch kleineren Einheiten zusammengesetzt waren. Aber diese kleineren Einheiten, die Elektronen, dann die Atomkerne und schließlich die Elementarteilchen, Protonen und Neutronen, schienen doch eben Atome auch im Sinne der materialistischen Philosophie zu sein. Die Tatsache, daß man ein einzelnes Elementarteilchen – etwa in einer Nebelkammer oder Blasenkammer – wenigstens indirekt wirklich sehen kann, unterstützt die Ansicht, daß die kleinsten Einheiten der Materie wirklich physikalische Objekte seien, die im gleichen Sinne existieren wie etwa Steine oder Blumen.

Aber die der materialistischen Atomlehre innewohnenden Schwierigkeiten, die ja schon in den antiken Diskussionen über die kleinsten Teile sichtbar geworden waren, traten auch in der Entwicklung der Physik in unserem Jahrhundert sehr deutlich in Erscheinung. Da

ist zunächst das Problem der unendlichen Teilbarkeit der Materie.
Die sogenannten Atome der Chemiker hatten sich als aus Kernen
und Elektronen zusammengesetzt erwiesen. Der Atomkern war in
Protonen und Neutronen zerlegt worden. Ist es nicht möglich, so
muß man fragen, auch die Elementarteilchen weiter zu teilen? Wenn
die Antwort auf diese Frage »ja« lautet, so sind auch die Elementarteilchen keine Atome im griechischen Sinne, keine unteilbaren Einheiten. Wenn sie »nein« lautet, so muß man erklären, warum die
Elementarteilchen nicht weiter zerlegt werden können. Bisher ist es
doch immer möglich gewesen, schließlich auch jene Teilchen zu
spalten, die lange Zeit hindurch als kleinste Einheiten gegolten hatten, wenn man für ihre Spaltung nur hinreichend große Kräfte ver-
wandte. Daher lag es nahe anzunehmen, daß man durch Vergrößerung der Kräfte, d. h. einfach durch Vergrößerung der Energie beim
Zusammenstoß von Teilchen, schließlich auch Protonen und Neutronen sollte zerlegen können. Und dies würde wahrscheinlich bedeuten, daß man überhaupt nie an ein Ende kommt, daß es eben
keine kleinsten Einheiten der Materie gibt. Bevor ich in die Erörte-
rung der heutigen Lösung dieses Problems eintrete, muß ich aber
noch die zweite Schwierigkeit erwähnen.

Diese zweite Schwierigkeit bezieht sich auf die Frage, ob die
kleinsten Einheiten gewöhnliche physikalische Objekte sind, ob sie
in der gleichen Weise existieren wie Steine oder Blumen. Hier hat die
Entwicklung der Quantentheorie vor etwa vierzig Jahren eine völlig
veränderte Situation geschaffen. Die mathematisch formulierten
Gesetze der Quantentheorie zeigen deutlich, daß unsere gewöhnlichen anschaulichen Begriffe nicht in unzweideutiger Weise für die
kleinsten Teile gebraucht werden können. Alle die Wörter oder Begriffe, mit denen wir die gewöhnlichen physikalischen Objekte beschreiben, wie etwa Lage, Geschwindigkeit, Farbe, Größe usw., werden unbestimmt und problematisch, wenn wir versuchen, sie auf die
kleinsten Teile anzuwenden. Ich kann hier nicht auf die Einzelheiten
dieser Problematik eingehen, die in den letzten Jahrzehnten so oft
erörtert worden ist. Es ist aber wichtig festzustellen, daß, während
das Verhalten der kleinsten Einheiten in der gewöhnlichen Sprache

nicht unzweideutig beschrieben werden kann, die mathematische Sprache doch dafür ausreicht, Sachverhalte eindeutig festzulegen.

Die jüngsten Fortschritte auf dem Gebiet der Elementarteilchen-physik haben aber auch eine Lösung für das erstgenannte Problem, das Rätsel von der unendlichen Teilbarkeit der Materie, geboten. In verschiedenen Gebieten der Erde sind in der Zeit nach dem Kriege große Beschleuniger gebaut worden, um, wenn möglich, auch die Elementarteilchen weiter zu spalten. Die Ergebnisse sehen sehr über-raschend aus für einen, der noch nicht erfahren hat, daß unsere ge-wöhnlichen Begriffe nicht auf die kleinsten Einheiten der Materie passen. Wenn zwei Elementarteilchen mit extrem hoher Energie zu-sammenstoßen, so gehen sie in der Tat in der Regel in Stücke, manchmal sogar in viele Stücke, aber die Stücke sind nicht kleiner als die Teilchen, die zerlegt worden sind. Unabhängig von der ver-fügbaren Energie (wenn diese nur groß genug ist) entstehen bei ei-nem solchen Zusammenstoß immer dieselben Arten von Teilchen, die man nun schon seit einer Reihe von Jahren kennt. Selbst in der kosmischen Strahlung, in der die verfügbare Energie eines Teilchens unter Umständen tausendmal größer sein kann als beim größten existierenden Beschleuniger, sind keine anderen oder kleineren Teil-chen gefunden worden. Ihre Ladung zum Beispiel kann leicht ge-messen werden und ist stets ein ganzzahliges Vielfaches oder gleich der Ladung des Elektrons.

Daher beschreibt man diese Stoßprozesse am besten, nicht indem man behauptet, daß die stoßenden Teilchen zerschlagen worden sei-en, sondern indem man von der Entstehung neuer Teilchen aus der Stoßenergie im Einklang mit den Gesetzen der Relativitätstheorie spricht. Man kann sagen, daß alle Teilchen aus derselben Grundsub-stanz gemacht seien, die man Energie oder Materie nennen kann; oder man kann formulieren: Die Grundsubstanz »Energie« wird zur »Materie«, indem sie sich in die Form eines Elementarteilchens be-gibt. In dieser Weise haben uns die neuen Experimente gelehrt, daß man die beiden scheinbar widersprechenden Behauptungen: »Die Materie ist unendlich teilbar« und »Es gibt kleinste Einheiten der Materie« vereinbaren kann, ohne in logische Schwierigkeiten zu geraten. Dieses überraschende Ergebnis unterstreicht wieder, daß unsere gewöhnlichen Begriffe nicht unzweideutig auf diese kleinsten Einheiten angewendet werden können.

In den kommenden Jahren werden die Hochenergiebeschleuniger noch eine große Zahl interessanter Einzelheiten über das Verhalten der Elementarteilchen zutage fördern. Aber ich möchte glauben, daß sich die eben besprochene Antwort auf die alten philosophischen Fragen als endgültig herausstellen wird. Wenn dies so ist, gibt diese Antwort den Ansichten Demokrits oder Platos recht?

Ich glaube, die moderne Physik hat an dieser Stelle definitiv für Plato entschieden. Denn die kleinsten Einheiten der Materie sind tatsächlich nicht physikalische Objekte im gewöhnlichen Sinn des Wortes; sie sind Formen, Strukturen oder – im Sinne Platos – Ideen, über die man unzweideutig nur in der Sprache der Mathematik sprechen kann. Die gemeinsame Hoffnung von Demokrit und Plato war es gewesen, bei den kleinsten Einheiten der Materie dem »Einen« näher zu kommen, dem einheitlichen Prinzip, das den Lauf der Welt regelt. Plato war überzeugt, daß dieses Prinzip nur in mathematischer Form ausgedrückt und verstanden werden könne. In der Gegenwart ist das zentrale Problem der theoretischen Physik die mathematische Formulierung des Naturgesetzes, das dem Verhalten der Elementarteilchen zugrunde liegt. Wir schließen aus der experimentellen Situation, daß eine befriedigende Theorie der Elementarteilchen gleichzeitig eine Theorie der Physik im allgemeinen sein muß; damit auch alles dessen, was zu dieser Physik gehört.

In dieser Weise könnte ein Programm ausgeführt werden, das in neuerer Zeit zuerst von Einstein aufgestellt worden ist: Eine einheitliche Theorie der Materie – damit gleichzeitig eine Quantentheorie der Materie – könnte formuliert werden, die der Physik ganz allgemein als Grundlage dienen kann. Einstweilen wissen wir noch nicht, ob die mathematischen Formen, die für dieses einheitliche Prinzip vorgeschlagen worden sind, schon ausreichen oder durch noch abstraktere Formen ersetzt werden müssen. Unsere gegenwärtige Kenntnis der Elementarteilchen reicht aber sicher schon aus, um zu sagen, was der Hauptinhalt dieses Gesetzes sein muß. Es muß im

wesentlichen eine kleine Anzahl von grundlegenden Symmetrieeigenschaften der Natur darstellen, die empirisch seit einigen Jahrzehnten bekannt sind, und es muß außer diesen Symmetrien noch
das Prinzip der im Sinn der Relativitätstheorie verstandenen Kausalität enthalten. Von den Symmetrien sind die wichtigsten die sogenannte Lorentzgruppe der speziellen Relativitätstheorie, die die entscheidenden Aussagen über Raum und Zeit enthält, und die sogenannte Isospingruppe, die mit der elektrischen Ladung der Elementarteilchen zu tun hat. Es gibt noch andere Symmetrien, von denen
ich aber hier nicht reden möchte. Die relativistische Kausalität ist
mit der Lorentzgruppe verknüpft, muß aber doch als ein unabhän-
giges Prinzip gelten.

Diese Situation erinnert uns sofort an die symmetrischen Körper,
die Plato eingeführt hatte, um die grundlegenden Strukturen der
Materie darzustellen. Platos Symmetrien waren noch nicht die richtigen; aber Plato hatte recht in dem Glauben, daß man schließlich
im Zentrum der Natur, bei den kleinsten Einheiten der Materie, mathematische Symmetrien findet. Daß die antiken Philosophen die
richtigen Fragen gestellt haben, war eine unglaubliche Leistung.
Man konnte nicht erwarten, daß sie – ohne alle Kenntnis empiri-
scher Einzelheiten – auch die in den Einzelheiten richtigen Antworten hätten finden können.

3. Folgerungen für die Entwicklung des menschlichen Denkens in unserer Zeit

Die Suche nach dem »Einen«, nach der tiefsten Quelle alles Verstehens, ist wohl in gleicher Weise der Ursprung von Religion und Wissenschaft gewesen. Aber die wissenschaftliche Methode, die im 16.
und 17. Jahrhundert entwickelt wurde, das Interesse für die Einzelheit, die experimentell geprüft werden kann, hat lange Zeit hindurch die Wissenschaft auf einen anderen Weg gewiesen. Es ist nicht
überraschend, daß diese Haltung zu einem Konflikt zwischen Wissenschaft und Religion führen konnte, sobald eine Gesetzmäßigkeit

im einzelnen, in einer vielleicht besonders wichtigen Einzelheit, dem
allgemeinen Bild, der Art und Weise widersprach, in welcher in der
Religion über die Tatsachen geredet wurde. Dieser Konflikt, der in
der Neuzeit mit dem berühmten Prozeß gegen Galilei begann, ist oft
genug erörtert worden; ich möchte diese Diskussion hier nicht wiederholen. Vielleicht könnte man daran erinnern, daß ja schon im alten Griechenland Sokrates zum Tod verurteilt wurde, weil seine
Lehre der traditionellen Religion zu widersprechen schien. Im 19.
Jahrhundert hat dieser Konflikt seinen Höhepunkt erreicht in dem
Versuch einiger Philosophen, die traditionelle christliche Religion
durch eine wissenschaftliche Philosophie zu ersetzen, die sich auf die
materialistische Version der Hegelschen Dialektik stützt. Vielleicht
könnte man sagen, daß die Wissenschaftler versuchten, den Weg von
der Vielfalt der Einzelheiten wieder zurückzufinden zu dem »Einen«, indem sie ihren Blick auf die materialistische Interpretation
des »Einen« richteten. Aber auch hier kann der Zwiespalt zwischen
dem »Einen« und dem »Vielen« nicht leicht überwunden werden. Es
ist kein reiner Zufall, daß in einigen Nationen, in denen in unserem
Jahrhundert der dialektische Materialismus zum offiziellen Glau-
bensbekenntnis erklärt worden ist, der Konflikt zwischen der Wissenschaft und der anerkannten Lehre nicht vollständig vermieden
werden konnte. Denn auch hier kann ein wissenschaftliches Einzelergebnis, das Resultat neuer Beobachtungen, scheinbar in Gegensatz zur offiziellen Lehre geraten. Wenn es wahr ist, daß die Harmonie in einem Gemeinwesen durch seine Beziehung zu dem »Einen« hergestellt wird – in welchen Begriffen auch immer man über
das »Eine« sprechen mag –, dann kann man leicht verstehen, daß
ein scheinbarer Widerspruch zwischen einem verbürgten wissenschaftlichen Einzelergebnis und der anerkannten Redeweise über das
»Eine« zu einem ernsten Problem wird. Die Geschichte der jüngsten
Jahrzehnte enthält mehrere Beispiele von politischen Schwierigkeiten, die an dieser Stelle ihren Ausgang genommen haben. Hieraus
lernt man, daß es sich nicht primär um den Kampf zwischen zwei
einander widersprechenden Lehren, etwa Materialismus und Idealismus, handelt, sondern um den Streit zwischen der wissenschaftlichen

Methode, nämlich der Erkundung der Einzelheit auf der einen Seite und der gemeinsamen Beziehung zu dem »Einen« auf der anderen. Der große Erfolg der wissenschaftlichen Methode, mit Versuch und Irrtum, schließt in unserer Zeit jede Definition der Wahrheit aus, die den scharfen Kriterien dieser Methode nicht standhielte. Gleichzeitig scheint es aber auch ein gesichertes Ergebnis der Sozialwissenschaften zu sein, daß das innere Gleichgewicht einer Gesellschaft, wenigstens in einem gewissen Ausmaß, auf der gemeinsamen Beziehung zu dem »Einen« beruht. Daher kann das Suchen nach dem »Einen« kaum vergessen werden.

Wenn die moderne Naturwissenschaft zu diesem Problem etwas beiträgt, so ist es nicht dadurch, daß sie für oder gegen eine dieser Lehren entscheidet; zum Beispiel, wie man im 19. Jahrhundert vielleicht geglaubt hätte, zugunsten des Materialismus und gegen die christliche Philosophie, oder, wie ich jetzt glaube, zugunsten von Platos Idealismus und gegen den Materialismus Demokrits. Im Gegenteil, bei diesen Problemen können wir aus dem Fortschritt der modernen Naturwissenschaft vor allem dadurch Nutzen ziehen, daß wir lernen, wie vorsichtig man mit der Sprache, mit der Bedeutung der Wörter umgehen muß. Daher möchte ich den letzten Teil meiner Rede zu ein paar Bemerkungen über das Problem der Sprache in der modernen Naturwissenschaft und in der antiken Philosophie benützen.

Wenn wir an dieser Stelle den Dialogen Platos folgen dürfen, so waren die unvermeidlichen Grenzen unserer Ausdrucksmittel schon ein zentrales Thema in der Philosophie des Sokrates; man kann sogar sagen, daß sein ganzes Leben ein ständiger Kampf mit diesen Grenzen gewesen ist. Sokrates wurde niemals müde, seinen Landsleuten hier auf den Straßen von Athen zu erklären, daß sie nicht genau wüßten, was sie mit den Worten meinten, die sie benützen. Es wird die Geschichte erzählt, daß einer von Sokrates' Gegnern, ein Sophist, der sich darüber ärgerte, daß Sokrates immer wieder auf diese Unzulänglichkeit der Sprache zurückkam, ihn kritisierte und sagte: »Aber Sokrates, das ist doch langweilig, Du sagst ja immer dasselbe über dasselbe.« Doch Sokrates antwortete: »Aber Ihr Sophisten, die Ihr doch so klug seid, Ihr sagt vielleicht niemals dasselbe über dasselbe.«

Der Grund dafür, daß Sokrates so viel Gewicht auf dieses Problem der Sprache legte, war wohl, daß er auf der einen Seite wußte, wieviel Mißverständnisse durch einen leichtfertigen Gebrauch der Sprache hervorgerufen werden können, wie wichtig es ist, präzise Ausdrücke zu benutzen und die Begriffe zu erklären, bevor man sie verwendet. Andererseits war er sich wohl auch klar darüber, daß dies schließlich eine unlösbare Aufgabe sein dürfte. Die Lage, mit der wir bei unserem Versuch, zu »verstehen«, konfrontiert werden, kann zu der Folgerung zwingen, daß unsere existierenden Ausdrucksmittel eine klare und unzweideutige Beschreibung der Sachverhalte nicht zulassen.

Die Spannung zwischen der Forderung nach völliger Klarheit und der unvermeidbaren Unzulänglichkeit der existierenden Begriffe ist in der modernen Naturwissenschaft besonders ausgeprägt. In der Atomphysik verwenden wir eine hochentwickelte mathematische Sprache, die hinsichtlich Klarheit und Präzision alle Ansprüche befriedigt. Gleichzeitig erkennen wir, daß wir die atomaren Erscheinungen nicht in unzweideutiger Weise in irgendeiner gewöhnlichen Sprache beschreiben können; zum Beispiel können wir nicht unzweideutig über das Verhalten des Elektrons im Inneren eines Atoms reden. Es wäre ein voreiliger Schluß, nun zu fordern, daß wir die Schwierigkeiten vermeiden sollten, indem wir uns auf den Gebrauch der mathematischen Sprache beschränken. Dies ist kein wirklicher Ausweg, da wir nicht wissen, wie weit die mathematische Sprache auf die Erscheinungen angewendet werden kann. Letzten Endes muß sich auch die Wissenschaft auf die gewöhnliche Sprache verlassen, da sie die einzige Sprache ist, in der wir sicher sein können, die Erscheinungen wirklich zu ergreifen.

Diese Situation wirft einiges Licht auf die besprochene Spannung zwischen der wissenschaftlichen Methode einerseits, der Beziehung der Gesellschaft zu dem »Einen«, zu den grundlegenden Prinzipien hinter den Phänomenen andererseits. Es scheint selbstverständlich, daß diese letztere Beziehung nicht in einer hochgezüchteten präzisen

Sprache ausgedrückt werden kann oder soll, deren Anwendbarkeit auf die Wirklichkeit sehr beschränkt sein mag. Für diesen Zweck eignet sich nur die natürliche Sprache, die von jedem verstanden werden kann. Zuverlässige Ergebnisse der Wissenschaft aber lassen sich nur mit eindeutigen Feststellungen gewinnen, hier können wir ohne die Präzision und Klarheit einer abstrakten mathematischen Sprache nicht auskommen.

Diese Notwendigkeit, ständig zwischen den beiden Sprachen hin und her zu wechseln, ist unglücklicherweise eine stete Quelle von Mißverständnissen, da häufig die gleichen Wörter in beiden Sprachen gebraucht werden. Diese Schwierigkeit läßt sich nicht vermeiden. Aber es mag schon eine gewisse Hilfe sein, sich stets daran zu erinnern, daß die moderne Wissenschaft beide Sprachen verwenden muß, daß das gleiche Wort sehr verschiedene Bedeutungen in den beiden Sprachen haben kann, daß verschiedene Wahrheitskriterien gelten und daß man deshalb nicht zu schnell von Widersprüchen reden sollte.

Wenn man sich dem »Einen« in den Begriffen einer präzisen wissenschaftlichen Sprache nähern will, so muß man das schon von Plato beschriebene Zentrum der Naturwissenschaft ins Auge fassen, in dem man die grundlegenden mathematischen Symmetrien findet. In der Denkweise dieser Sprache muß man sich mit der Feststellung »Gott ist ein Mathematiker« begnügen; denn man hat ja freiwillig den Blick auf den Bereich des Seins beschränkt, der verstanden werden kann im mathematischen Sinne des Wortes »Verstehen«, der rational zu beschreiben ist.

Plato selbst hat sich mit dieser Beschränkung nicht begnügt. Nachdem er mit äußerster Klarheit die Möglichkeiten und Grenzen der präzisen Sprache aufgezeigt hatte, wechselte er zur Sprache der Dichter über, die im Hörer Bilder erzeugt, die ihm eine ganz andere Art des Verstehens vermittelt. Ich möchte hier nicht erörtern, was diese Art des Verstehens wirklich bedeuten kann. Wahrscheinlich sind diese Bilder mit unbewußten Formen unseres Denkens verknüpft, die von den Psychologen als Archetypen bezeichnet werden, Formen von stark emotionalem Charakter, die in irgendeiner Weise die inneren Strukturen der Welt spiegeln. Aber was auch immer die Erklärung für diese anderen Formen des Verständnisses sein mag, die Sprache der Bilder und Gleichnisse ist wahrscheinlich die einzige Art, sich dem »Einen« von allgemeineren Bereichen her zu nähern. Wenn die Harmonie in einer Gesellschaft auf der gemeinsamen Interpretation des »Einen« beruht, des einheitlichen Prinzips hinter den Erscheinungen, so dürfte an dieser Stelle die Sprache der Dichter wichtiger sein als die der Wissenschaft.

Das Naturbild Goethes und die technisch-naturwissenschaftliche Welt*

Das Naturbild Goethes und die technisch-naturwissenschaftliche Welt, dieses Thema ist so alt wie Goethes Bemühungen um ein Verständnis der Natur, wie seine eigene Naturwissenschaft; denn Goethe hat die Anfänge der technisch-naturwissenschaftlichen Welt, die uns heute umgibt, noch selbst miterlebt. Viel ist von ihm, von seinen Zeitgenossen, von Naturforschern und Philosophen nach ihm über diese Problematik gesagt worden. Wir wissen längst, eine wie wichtige Rolle diese Frage in Goethes Leben gespielt hat, und wir wissen auch, was alles an unserer heutigen Welt in Frage gestellt wird, wenn wir unsere technisch-naturwissenschaftlichen Errungenschaften an den Forderungen Goethes messen. Es ist ferner oft darauf hingewiesen worden, wie empfindlich Goethe auf die Kluft zwischen seiner Farbenlehre und der allgemein anerkannten Optik Newtons reagiert hat, wie heftig und unsachlich seine Polemik gegen Newton gelegentlich gewesen ist; und es ist auch bemerkt worden, daß seine Kritik an der Romantik, seine so grundsätzlich ablehnende Haltung gegenüber der romantischen Kunst, eine gewisse innere Beziehung zu seiner Polemik gegen die herrschende Naturwissenschaft aufweist. Über all dies ist schon so viel gesagt und geschrieben, die dahinterliegende Problematik ist von vielen Seiten so gründlich beleuchtet worden, daß kaum etwas anderes zu tun bleibt, als die oft ausge-

* Vortrag auf der Hauptversammlung der Goethe-Gesellschaft in Weimar am 21. Mai 1967. Zuerst veröffentlicht in: Goethe – Neue Folge des Jahrbuchs der Goethe-Gesellschaft. Hrsg. v. Andreas B. Wachsmuth, 29. Bd. Weimar (Hermann Böhlaus Nachf.) 1967, S. 27–42.

sprochenen Gedanken noch etwas weiter zu verfolgen und von einer
Kenntnis der heutigen technisch-naturwissenschaftlichen Welt, insbesondere der neuesten Entwicklung der Naturwissenschaft her zu
überprüfen. Dies soll also in der Folge versucht werden. Dabei wollen wir uns nicht von vornherein von der pessimistischen Auffassung
leiten lassen, wie sie etwa bei Karl Jaspers anklingt, daß Goethe,
eben weil er sich vor der heraufkommenden technischen Welt ver-
schloß, weil er die Aufgabe, in dieser neuen Welt den Weg des Menschen zu finden, nicht erkannte, uns heute an dieser Stelle nichts
mehr zu sagen habe. Vielmehr wollen wir die Goetheschen Forderungen ruhig gelten lassen, sie unserer heutigen Welt gegenüber-
stellen, gerade weil wir nicht so viel Grund zum Pessimismus zu haben glauben. In den 150 Jahren, die verflossen sind, seit Goethe
in Weimar über das Urphänomen der Farbentstehung nachdachte
und dichtete, hat sich die Welt sehr anders entwickelt, als Goethe es
sich erhoffte. Aber sie ist doch, das muß den allzu scharfen Kritikern
unserer Zeit entgegengehalten werden, von dem Teufel, mit dem
Faust das gefährliche Bündnis geschlossen hatte, noch nicht endgültig geholt worden. Sehen wir also die alte Kontroverse noch einmal
mit unseren heutigen Augen an.

Für Goethe begannen alle Naturbetrachtung und alles Naturverständnis mit dem unmittelbaren sinnlichen Eindruck; also nicht mit
einer durch Apparaturen ausgefilterten, der Natur gewissermaßen
abgezwungenen Einzelerscheinung, sondern mit dem unmittelbar
unseren Sinnen offenen, freien Naturgeschehen. Greifen wir eine be-
liebige Stelle aus dem Abschnitt ›Physiologische Farben‹ der Goetheschen Farbenlehre heraus. Der Abstieg vom beschneiten Brocken an
einem Winterabend gibt Anlaß zu folgender Beobachtung: »Waren
den Tag über bei dem gelblichen Ton des Schnees schon leise violette
Schatten bemerklich gewesen, so mußte man sie nun für hochblau
ansprechen, als ein gesteigertes Gelb von den beleuchteten Teilen wi-
derschien. Als aber die Sonne sich endlich ihrem Niedergang nähe-
te, und ihre durch die stärkeren Dünste höchstgemäßigten Strahlen
die ganze mich umgebende Welt mit der schönsten Purpurfarbe
überzog, da verwandelte sich die Schattenfarbe in ein Grün, das

nach seiner Klarheit einem Meergrün, nach seiner Schönheit einem
Smaragdgrün verglichen werden konnte. Die Erscheinung ward immer lebhafter. Man glaubte sich in einer Feenwelt zu befinden, denn
alles hatte sich in die zwei lebhaften und so schön übereinstimmen-
den Farben gekleidet, bis endlich mit dem Sonnenuntergang die
Prachterscheinung sich in eine graue Dämmerung und nach und
nach in eine mond- und sternhelle Nacht verlor.« Aber Goethe blieb
bei der unmittelbaren Beobachtung nicht stehen. Er wußte sehr
wohl, daß erst mit dem Leitfaden eines zunächst nur vermuteten,
dann aber im Erfolg zur Gewißheit werdenden Zusammenhangs aus
dem unmittelbaren Eindruck auch Erkenntnis werden kann. Ich zitiere z. B. eine Stelle aus dem Vorwort zur Farbenlehre: »Denn das
bloße Anblicken einer Sache kann uns nicht fördern. Jedes Ansehen
geht über in ein Betrachten, jedes Betrachten in ein Sinnen, jedes
Sinnen in ein Verknüpfen, und so kann man sagen, daß wir schon
bei jedem aufmerksamen Blick in die Welt theoretisieren. Dieses
aber mit Bewußtsein, mit Selbsterkenntnis, mit Freiheit und, um uns
eines gewagten Wortes zu bedienen, mit Ironie zu tun und vorzu-
nehmen, eine solche Gewandtheit ist nötig, wenn die Abstraktion,
vor der wir uns fürchten, unschädlich und das Erfahrungsresultat,
das wir hoffen, recht lebendig und nützlich werden soll.«

»Die Abstraktion, vor der wir uns fürchten.« An dieser Stelle ist
nun schon genau bezeichnet, wo Goethes Weg sich von dem der geltenden Naturwissenschaft trennen muß. Goethe weiß, alle Erkenntnis bedarf der Bilder, der Verknüpfung, der sinngebenden Strukturen. Ohne sie wäre Erkenntnis unmöglich. Aber der Weg zu diesen
Strukturen führt unweigerlich später in die Abstraktion. Das hatte
Goethe schon bei seinen Untersuchungen zur Morphologie der Pflanzen erlebt. In den so verschiedenartigen Gestalten der Pflanzen, die
er besonders auf seiner italienischen Reise beobachtete, glaubte er
bei eingehenderem Studium immer deutlicher ein zugrunde liegendes
einheitliches Prinzip zu erkennen. Er sprach von der »wesentlichen
Form, mit der die Natur gleichsam nur immer spielt und spielend
das mannigfaltige Leben hervorbringt«, und von hier gelangt er zur
Vorstellung eines Urphänomens, der Urpflanze. »Mit diesem Mo-

dell«, sagt Goethe, »und dem Schlüssel dazu kann man alsdann
noch Pflanzen ins Unendliche erfinden, die wenn sie auch nicht existieren, doch existieren könnten und eine innere Wahrheit und Notwendigkeit haben.« Hier steht Goethe an der Grenze der Abstraktion, vor der er sich fürchtete. Goethe hat sich selbst versagt, diese
Grenze zu überschreiten. Er hat auch gewarnt und gemeint, die
Physiker und die Philosophen sollten es ebenso halten. »Wäre denn
aber auch ein solches Urphänomen gefunden, so bleibt immer noch
das Übel, daß man es nicht als ein solches anerkennen will, daß wir
hinter ihm und über ihm noch etwas Weiteres aufsuchen, da wir doch
hier die Grenzen des Schauens eingestehen sollten. Der Naturforscher lasse die Urphänomene in ihrer ewigen Ruhe und Herrlichkeit
dastehen.« Die Grenze zum Abstrakten soll also nicht überschritten
werden. Dort wo die Grenze des Schauens erreicht ist, soll der Weg
nicht fortgesetzt werden, indem man das Schauen durch abstraktes
Denken ersetzt. Goethe war überzeugt, daß das Lösen von der sinnlich wirklichen Welt, das Betreten dieses grenzenlosen Bereichs der
Abstraktion zu mehr Schlechtem als Gutem führen müsse.

Aber die Naturwissenschaft war schon seit Newton andere Wege
gegangen. Sie hat die Abstraktion von Anfang an nicht gefürchtet,
und ihre Erfolge bei der Erklärung des Planetensystems, bei der
praktischen Anwendung der Mechanik, bei der Konstruktion opti-
scher Apparate und vielem anderen haben ihr scheinbar recht gegeben, und sie haben schnell dazu geführt, daß die Warnungen Goethes überhört wurden. Diese Naturwissenschaft hat sich also eigentlich von Newtons großem Werk, den ›Philosophiae naturalis principia mathematica‹, bis zum heutigen Tage völlig geradlinig und fol-
gerichtig entwickelt. Ihre Auswirkungen in der Technik haben das
Bild der Erde umgestaltet.

In dieser landläufigen Naturwissenschaft wird die Abstraktion an
zwei etwas verschiedenen Stellen vollzogen. Die Aufgabe lautet ja,
in der bunten Vielfalt der Erscheinungen das Einfache zu erkennen.
Das Bestreben der Physiker mußte also darauf gerichtet sein, aus der
verwirrenden Kompliziertheit der Phänomene einfache Vorgänge
herauszuschälen. Aber was ist einfach? Seit Galilei und Newton lau-

tet die Antwort: Einfach ist ein Vorgang, dessen gesetzmäßiger Ablauf quantitativ, in allen Einzelheiten, mathematisch ohne Schwierigkeiten dargestellt werden kann. Der einfache Vorgang ist also nicht jener, den uns die Natur unmittelbar darbietet; sondern der Physiker muß durch manchmal recht komplizierte Apparate das bunte Gemisch der Phänomene erst trennen, das Wichtige von allem unnötigen Beiwerk reinigen, bis der eine »einfache« Vorgang allein und deutlich hervortritt, so daß man eben von allen Nebenerscheinungen absehen, d. h. abstrahieren kann. Das ist die eine Form der Abstraktion, und Goethe meint dazu, daß man damit eigentlich schon die Natur selbst vertrieben habe. Er sagt: »Nur begegnen wir der kühnen Behauptung, das sei nun auch noch Natur, wenigstens mit einem stillen Lächeln, einem leisen Kopfschütteln; kommt es doch dem Architekten nicht in den Sinn, seine Paläste für Gebirgslager und Wälder auszugeben.« Die andere Form der Abstraktion besteht im Gebrauch der Mathematik zur Darstellung der Phänomene. In der Mechanik Newtons hat sich zum erstenmal gezeigt – und das war der Grund für ihren enormen Erfolg –, daß in der mathematischen Beschreibung riesige Erfahrungsbereiche einheitlich zusammengefaßt und damit einfach verstanden werden können. Die Fallgesetze Galileis, die Bewegungen des Mondes um die Erde, die der Planeten um die Sonne, die Schwingungen eines Pendels, die Bahn eines geworfenen Steins, alle diese Erscheinungen konnten aus der einen Grundannahme der Newtonschen Mechanik, aus der Gleichung: Masse $\times$ Beschleunigung = Kraft, zusammen mit dem Gravitationsgesetz, mathematisch hergeleitet werden. Die abbildende mathematische Gleichung war also der abstrakte Schlüssel zum einheitlichen Verständnis sehr weiter Naturbereiche; und gegen das Vertrauen in die öffnende Kraft dieses Schlüssels hat Goethe vergeblich angekämpft. In einem Brief an Zelter steht: »Und das ist eben das größte Unheil der neueren Physik, daß man die Experimente gleichsam vom Menschen abgesondert hat, und bloß in dem, was künstliche Instrumente zeigen, die Natur erkennen, ja was sie leisten kann, dadurch beschränken und beweisen will. Ebenso ist es mit dem Berechnen. Es ist vieles wahr, was sich nicht berechnen läßt, sowie

sehr vieles, was sich nicht bis zum entschiedenen Experiment bringen läßt.«

Hat Goethe die ordnende Kraft, die Erkenntnisleistung der naturwissenschaftlichen Methode, Experiment und Mathematik, wirklich
nicht erkannt? Hat er den Gegner unterschätzt, gegen den er in der
Farbenlehre und an vielen anderen Stellen so unermüdlich gekämpft
hat? Oder hat er diese Kraft nicht erkennen wollen, weil für ihn
Werte auf dem Spiel standen, die er nicht zu opfern bereit war? Man
wird wohl antworten müssen, daß Goethe diesen abstrakten Weg
zum einheitlichen Verständnis nicht beschreiten wollte, weil er ihm
zu gefährlich schien.

Die Gefahren, vor denen Goethe sich hier fürchtete, hat er wohl
nirgends genau bezeichnet. Aber die berühmteste Gestalt aus Goethes Dichtung, sein Faust, läßt uns ahnen, worum es sich handelt.
Faust ist neben vielem anderem auch ein enttäuschter Physiker. Er
hat sich in seiner Studierstube mit Apparaten umgeben. Doch er
sagt: »Ihr Instrumente freilich spottet mein Mit Rad und Kämmen,
Walz und Bügel: Ich stand am Tor, ihr solltet Schlüssel sein; Zwar
euer Bart ist kraus, doch hebt ihr nicht die Riegel.« Die geheimnisvollen Zeichen, die er im Buch des Nostradamus aufsucht, sind vielleicht den Chiffren der Mathematik irgendwie verwandt. Und diese
ganze Welt der Chiffren und der Instrumente, jener unersättliche
Drang nach immer weiterer, immer tieferer, immer abstrakterer Erkenntnis veranlaßt ihn, den Verzweifelnden, den Pakt mit dem
Teufel zu schließen. Der Weg, der aus dem natürlichen Leben
heraus in die abstrakte Erkenntnis führt, kann also beim Teufel enden. Das war die Gefahr, die Goethes Haltung der naturwissenschaftlich-technischen Welt gegenüber bestimmte. Goethe spürte die
dämonischen Kräfte, die in dieser Entwicklung wirksam werden,
und er glaubte, ihnen ausweichen zu sollen. Aber, so wird man vielleicht antworten müssen, so leicht kann man dem Teufel nicht ausweichen.

Goethe selbst hat schon früh Kompromisse schließen müssen. Der
wichtigste war wohl die Zustimmung zum kopernikanischen Weltbild, dessen Überzeugungskraft auch er nicht widerstehen konnte.

Aber auch hier wußte Goethe, wie viel dabei geopfert werden muß. Ich zitiere wieder aus der Farbenlehre: »Doch unter allen Entdeckungen und Überzeugungen möchte nichts eine größere Wirkung auf den menschlichen Geist hervorgebracht haben, als die Lehre des Kopernikus. Kaum war die Welt als rund anerkannt und in sich selbst abgeschlossen, so sollte sie auf das ungeheure Vorrecht Verzicht tun, der Mittelpunkt des Weltalls zu sein. Vielleicht ist noch nie eine größere Forderung an die Menschheit geschehen; denn was ging nicht alles durch diese Anerkennung in Dunst und Rauch auf: ein zweites Paradies, eine Welt der Unschuld, Dichtkunst und Frömmigkeit, das Zeugnis der Sinne, die Überzeugung eines poetisch-religiösen Glaubens; kein Wunder, daß man dies alles nicht wollte fahren lassen, daß man sich auf alle Weise einer solchen Lehre entgegensetzte, die denjenigen, der sie annahm, zu einer bisher unbekannten, ja ungeahnten Denkfreiheit und Großheit der Gesinnung berechtigte und aufforderte.« Diese Stelle wird man auch allen jenen entgegenhalten müssen, die, um den von Goethe gefürchteten Gefahren zu entgehen, selbst in unserer Zeit versuchen, die Richtigkeit, die Verbindlichkeit der neuzeitlichen Naturwissenschaft in Zweifel zu ziehen. Da wird etwa darauf hingewiesen, daß auch diese Naturwissenschaft ihre Ansichten im Laufe der Zeit ändere oder modifiziere, daß z. B. die Newtonsche Mechanik heute nicht mehr als richtig anerkannt werde und durch die Relativitätstheorie und die Quantentheorie ersetzt worden sei, daß man also allen Grund habe, den Ansprüchen dieser Naturwissenschaft gegenüber skeptisch zu sein. Dieser Einwand beruht aber auf einem Mißverständnis, wie man z. B. gerade an der Frage nach der Stellung der Erde im Planetensystem erkennen kann. Es ist zwar richtig, daß die Einsteinsche Relativitätstheorie die Möglichkeit offen läßt, die Erde als ruhend, die Sonne als um die Erde bewegt anzusehen. Aber dadurch ändert sich gar nichts an der entscheidenden Behauptung der Newtonschen Theorie, daß die Sonne mit ihrer starken Gravitationswirkung die Bahn der Planeten bestimme. Daß man also das Planetensystem nur wirklich verstehen könne, wenn man von der Sonne als Mittelpunkt, als Zentrum der Gravitationskräfte ausgeht. Man kann, das sei hier besonders betont, den Ergebnissen der modernen Naturwissenschaft sicher nicht entgehen, wenn man ihre Methodik zugibt; und ihre Methodik lautet: Beobachtung, die zum Experiment verfeinert wird, und rationale Analyse, die in mathematischer Darstellung ihre präzise Gestalt annimmt. Die Richtigkeit der Ergebnisse kann man nicht ernstlich in Zweifel ziehen, wenn man Experiment und rationale Analyse zuläßt. Man kann ihr aber vielleicht die Wertfrage entgegenstellen: Ist die so gewonnene Erkenntnis wertvoll?

Wenn man diese Frage zunächst nicht im Goetheschen Sinne zu beantworten sucht, sondern, dem Geist unserer Zeit entsprechend, auch ohne viel Skrupel das Nützlichkeitsargument zuläßt, so kann man hier auf die Errungenschaften der modernen Wissenschaft und Technik hinweisen; auf die wirksame Beseitigung mancherlei Mangels, auf die Linderung der Not des Kranken durch die moderne Medizin, auf die Bequemlichkeit des Verkehrs und vieles andere. Sicher hätte Goethe, der ja tätig im Leben stehen wollte, solchen Argumenten viel Verständnis entgegengebracht. Gerade wenn man von der Situation des Menschen in dieser Welt ausgeht, von den Schwierigkeiten, die ihn bedrängen, von den Forderungen, die von anderen an ihn gestellt werden, so wird man die Möglichkeit, hier praktisch und wirksam tätig zu werden, anderen helfen zu können und die Lebensverhältnisse allgemein zu bessern, sehr hoch einschätzen. Man braucht bei Goethe nur große Teile der ›Wanderjahre‹ oder die letzten Abschnitte des ›Faust‹ nachzulesen, um zu erkennen, wie ernst der Dichter gerade diese Seite unseres Problems genommen hat. Von den verschiedenen Aspekten der technisch-naturwissenschaftlichen Welt war ihm der pragmatische sicher am verständlichsten. Aber Goethe hat auch hier die Furcht nicht loswerden können, daß der Teufel dabei seine Hand im Spiel habe. Im letzten Akt des ›Faust‹ wird der Erfolg, der Reichtum des tätigen Lebens, mit dem Mord an Philemon und Baucis ins Absurde verkehrt. Aber auch dort, wo die Hand des Teufels nicht so unmittelbar sichtbar wird, bleibt das Geschehen von seiner Wirksamkeit bedroht. Goethe hat erkannt, daß die fortschreitende Umgestaltung der Welt durch die Verbindung von Technik und Naturwissenschaft nicht aufzuhalten war. Er hat

es in den ›Wanderjahren‹ mit Sorge ausgesprochen: »Das überhand-
nehmende Maschinenwesen quält und ängstigt mich. Es wälzt sich
heran wie ein Gewitter, langsam, langsam. Aber es hat seine Richtung genommen, es wird kommen und treffen.« Goethe wußte also,
was bevorstand, und er hat sich Gedanken darüber gemacht, wie
dieses Geschehen auf das Verhalten der Menschen zurückwirken
würde. Im Briefwechsel mit Zelter steht: »Reichtum und Schnelligkeit ist, was die Welt bewundert und wonach jeder strebt. Eisenbahn,
Schnellpost, Dampfschiffe und alle möglichen Facilitäten der Kom-
munikation sind es, worauf die gebildete Welt ausgeht, sich zu über-
bieten, zu überbilden und dadurch in der Mittelmäßigkeit zu verharren. Eigentlich ist es ein Jahrhundert für die fähigen Köpfe, für
leicht fassende praktische Menschen, die mit einer gewissen Gewandtheit ausgestattet ihre Superiorität über die Menge fühlen,
wenn sie gleich selbst nicht zum höchsten begabt sind.« Oder auch
in den ›Wanderjahren‹: »Es ist jetzt die Zeit der Einseitigkeiten;
wohl dem, der es begreift, für sich und andere in diesem Sinne
wirkt.« Goethe hat also ein erhebliches Stück Weges vorausschauen
können, und er hat das, was bevorstand, mit größter Sorge betrachtet.

Inzwischen sind wieder fast anderthalb Jahrhunderte vergangen,
und wir wissen, wohin dieser Weg bis heute geführt hat. Düsenflug-
zeuge, elektronische Rechenmaschinen, Mondraketen, Atombomben, das sind etwa die letzten Meilensteine, denen wir am Wegrand
begegnet sind. Die von der Newtonschen Naturwissenschaft bestimmte Welt, von der Goethe hoffte, daß er ihr ausweichen könnte,
ist also unsere Wirklichkeit geworden, und es hilft uns gar nichts,
daran zu denken, daß in ihr auch Fausts Partner seine Hand im
Spiele hat. Man muß es hinnehmen, so wie man es zu allen Zeiten
hingenommen hat. Dabei sind wir noch lange nicht am Ende dieses
Weges angelangt. Wahrscheinlich ist die Zeit nicht mehr fern, in der
auch die Biologie in diesen Entwicklungsprozeß der Technik voll
einbezogen wird. Daß sich dann die Gefahren vervielfachen, selbst
gegenüber der Bedrohung durch die Atomwaffen, ist schon gelegentlich ausgesprochen worden. Am schärfsten vielleicht in jener mit-

leidlosen Karikatur einer zukünftigen Welt, die Huxley unter dem
Titel ›Brave new world‹, eine ›herrliche, neue Welt‹, gezeichnet hat.
Die Möglichkeit, Menschen für die ihnen zugewiesenen Zwecke zu
züchten, das ganze Leben auf der Erde rationell, d. h. durch das
Streben nach Zweckmäßigkeit zu ordnen und damit allen Sinnes zu
entleeren, ist hier mit schauerlicher Konsequenz ad absurdum geführt worden. Aber man braucht gar nicht so weit zu gehen, um zu
erkennen, daß Zweckmäßigkeit überhaupt kein Wert ist, sondern
die Wertfrage nur um eine Stelle verschiebt; nämlich zu der anderen
Frage: Ist der Zweck wertvoll, dem die betreffenden Erkenntnisse
und Möglichkeiten gemäß sind, dem sie dienen sollen?

Die moderne Medizin hat die großen Seuchen auf der Erde weitgehend ausgerottet. Sie hat das Leben vieler Kranker gerettet, unzähligen Menschen schreckliche Leiden erspart, aber sie hat auch zu
jener Bevölkerungsexplosion auf der Erde geführt, die dann, wenn
sie nicht in relativ naher Zukunft durch friedliche organisatorische
Maßnahmen gebremst werden kann, in entsetzlichen Katastrophen
enden muß. Wer kann wissen, ob die moderne Medizin ihre Ziele
überall richtig setzt?

Die moderne Naturwissenschaft vermittelt also Erkenntnisse, deren Richtigkeit im ganzen nicht bezweifelt werden kann; und die
aus ihr entspringende Technik gestattet, diese Erkenntnisse zur Verwirklichung auch weitgesteckter Ziele einzusetzen. Aber ob der so
erreichte Fortschritt wertvoll sei, wird damit überhaupt nicht entschieden. Das entscheidet sich erst mit den Wertvorstellungen, von
denen sich die Menschen beim Setzen der Ziele leiten lassen. Diese
Wertvorstellungen aber können nicht aus der Wissenschaft selbst
kommen; jedenfalls kommen sie einstweilen nicht daher. Der entscheidende Einwand Goethes gegen die seit Newton angewandte
Methodik der Naturwissenschaft richtet sich also wohl gegen das
Auseinanderfallen der Begriffe »Richtigkeit« und »Wahrheit« in
dieser Methodik. Wahrheit war für Goethe vom Wertbegriff nicht
zu trennen. Das »unum, bonum, verum«, das »Eine, Gute, Wahre«
war für ihn wie für die alten Philosophen der einzig mögliche Kompaß, nach dem die Menschheit sich beim Suchen ihres Weges durch

die Jahrhunderte richten konnte. Eine Wissenschaft aber, die nur noch richtig ist, in der sich die Begriffe »Richtigkeit« und »Wahrheit« getrennt haben, in der also die göttliche Ordnung nicht mehr von selbst die Richtung bestimmt, ist zu sehr gefährdet, sie ist, um wieder an Goethes ›Faust‹ zu denken, dem Zugriff des Teufels ausgesetzt. Daher wollte Goethe sie nicht akzeptieren. In einer verdunkelten Welt, die vom Licht dieser Mitte, des »unum, bonum, verum«, nicht mehr erhellt wird, sind, wie Erich Heller es in diesem Zusammenhang einmal ausgedrückt hat, die technischen Fortschritte kaum etwas anderes als verzweifelte Versuche, die Hölle zu einem angenehmeren Aufenthaltsort zu machen. Das muß besonders jenen gegenüber betont werden, die glauben, mit der Verbreitung der technisch-naturwissenschaftlichen Zivilisation auch auf die entlegensten Gebiete der Erde alle wesentlichen Voraussetzungen für ein goldenes Zeitalter schaffen zu können. So leicht kann man dem Teufel nicht entgehen.

Bevor wir untersuchen, ob Richtigkeit und Wahrheit in der modernen Naturwissenschaft wirklich so vollständig getrennt sind, wie es bisher den Anschein hat, müssen wir nun die Gegenfrage stellen: Hat Goethe mit seiner Naturwissenschaft, mit seiner Art, die Natur anzusehen, der in der Nachfolge Newtons entstandenen technisch-naturwissenschaftlichen Welt etwas Wirksames entgegenzusetzen? Wir wissen, trotz der enormen Wirkung, die Goethes Dichtung im 19. Jahrhundert ausgeübt hat, sind seine Gedanken zur Naturwissenschaft nur einem verhältnismäßig kleinen Kreis von Menschen bekannt und fruchtbar geworden. Aber vielleicht enthalten sie einen Keim, der sich bei sorgfältiger Pflege entwickeln kann, gerade wenn der etwas naive Fortschrittsglaube des 19. Jahrhunderts einer nüchternen Betrachtung gewichen ist. Man wird hier noch einmal fragen müssen, was denn eigentlich das Charakteristische dieser Goetheschen Naturbetrachtung sei, wodurch sich seine Art, die Natur anzuschauen, von der Newtons und seiner Nachfolger unterschieden habe. An dieser Stelle wird vor allem hervorgehoben, daß Goethes Naturbetrachtung eben vom Menschen ausgehe, daß in ihr der Mensch und sein unmittelbares Naturerlebnis den Mittelpunkt bilde,

von dem aus sich die Erscheinungen in eine sinnvolle Ordnung fügen. Eine solche Formulierung ist zwar richtig, und sie macht den
großen Unterschied zwischen der Goetheschen Naturbetrachtung
und der Newtonschen besonders deutlich. Aber sie übersieht doch einen ganz wesentlichen Punkt, daß nämlich nach Goethes Überzeugung dem Menschen in der Natur die göttliche Ordnung sichtbar
gegenübertritt. Nicht das Naturerlebnis des einzelnen Menschen, so
sehr es ihn als jungen Menschen erfüllt hatte, war dem älteren Goethe wichtig, sondern die göttliche Ordnung, die in diesem Erlebnis
erkennbar wird. Es ist für Goethe nicht nur dichterische Metapher,
wenn etwa in dem Gedicht ›Vermächtnis altpersischen Glaubens‹
der Gläubige durch den Anblick der über dem Gebirge aufgehenden
Sonne dazu bewegt wird, »Gott auf seinem Throne zu erkennen, ihn
den Herrn des Lebensquells zu nennen, jenes hohen Anblicks wert
zu handeln und in seinem Lichte fortzuwandeln«. Diesem Inhalt des
Naturerlebnisses muß sich, so glaubt Goethe, auch die wissenschaftliche Methode anpassen, und so ist das Suchen nach dem Urphänomen aufzufassen als das Forschen nach jenen der Erscheinung zugrunde liegenden, von Gott gesetzten Strukturen, die nicht nur mit
dem Verstande konstruiert, sondern unmittelbar geschaut, erlebt,
empfunden werden können. »Ein Urphänomen«, erklärt Goethe,
»ist nicht einem Grundsatz gleichzusetzen, aus dem sich mannigfaltige Folgen ergeben, sondern anzusehen als eine Grunderscheinung,
innerhalb deren das Mannigfaltige anzuschauen ist. Schauen, wissen, ahnen, glauben und wie die Fühlhörner alle heißen, mit denen
der Mensch ins Universum tastet, müssen denn doch eigentlich zusammenwirken, wenn wir unseren wichtigen, obgleich schweren Beruf erfüllen wollen.« Goethe empfindet sehr deutlich, daß die
Grundstrukturen von einer solchen Art sein müssen, daß nicht mehr
entschieden werden kann, ob sie der als objektiv gedachten Welt
oder der menschlichen Seele zugehören, da sie für beide die Voraussetzung bilden. So hofft er, daß sie durch »Schauen, Wissen, Ahnen,
Glauben« wirksam werden. Aber, so müssen wir fragen, woher wissen wir, oder woher weiß Goethe, daß die eigentlichen, die tiefsten
Zusammenhänge so unmittelbar sichtbar werden können, daß sie so

offen zutage liegen? Mag es nicht sein, daß gerade, was Goethe als die göttliche Ordnung der Naturerscheinung empfindet, erst in der höheren Abstraktionsstufe in voller Klarheit vor uns steht? Kann an dieser Stelle nicht vielleicht die moderne Naturwissenschaft Antworten geben, die doch allen Goetheschen Wertforderungen standhalten können?

Bevor wir dazu übergehen, solche schwierigen Fragen zu erörtern, muß nun noch ein Wort zu Goethes Ablehnung der Romantik gesagt werden. Goethe hat sich oft in Briefen, Aufsätzen, Gesprächen mit der Romantik, die ja die Kunstrichtung seiner Zeit war, ausführlich auseinandergesetzt. Immer wieder werden die gleichen Vorwürfe erhoben: Subjektivismus, Schwärmerei, ein Ausschweifen ins Extreme, ins Unendliche, krankhafte Sensibilität, Altertümelei, schwächliche Versenkung, schließlich Gefälligkeit und Unehrlichkeit. Goethes Abneigung gegen das scheinbar Krankhafte in der Romantik, seine Vorahnung der möglichen Fehlentwicklung, war so stark, daß er es nur selten hat über sich gewinnen können, ihre künstlerische Leistung zu sehen oder gar anzuerkennen. Alle Kunst, die sich so wie die Romantik aus der Welt entfernt, die nicht mehr die wirkliche Welt auszusprechen sucht, sondern erst ihre Spiegelung in der Seele des Künstlers, schien ihm genauso unbefriedigend wie eine Wissenschaft, die nicht die freie Natur, sondern die durch Apparaturen ausgesonderte, gewissermaßen zubereitete Einzelerscheinung zum Gegenstand nimmt. Die Romantik kann wohl, wenigstens zum Teil, aufgefaßt werden als die Reaktion auf eine Welt, die sich durch den Rationalismus, Naturwissenschaft und Technik in eine nüchtern praktische Vorbedingung des äußeren Lebens zu verwandeln anschickte, so daß sie für die Persönlichkeit in ihrer Gesamtheit, für ihre Wünsche, ihre Hoffnungen, ihre Schmerzen, keinen rechten Raum mehr bot. Diese Persönlichkeit zog sich daher in ihr Inneres zurück; und die Lösung von der unmittelbar wirklichen Welt, in der unser Tun Folgen hat, denen wir uns stellen müssen, wurde zwar vielleicht als Verlust empfunden; aber, so fürchtete Goethe, sie machte es doch auch leichter, um nicht zu sagen bequemer, nun in eine Welt der Träume zu entfliehen, sich dem Rausch

der Leidenschaft hinzugeben, die Verantwortung für sich und andere abzuwerfen und in der unendlichen Weite der Gefühle zu schwel-
gen. Diesen Schritt von einer Kunst, die die Welt in ihrer unmittelbaren Wirklichkeit zu gestalten sucht, zu einer künstlerischen Darstellung und Übersteigerung der Abgründe in der menschlichen Seele
konnte Goethe ebensowenig gutheißen wie den Schritt in die Abstraktion, zu dem sich die Naturwissenschaft genötigt gesehen hatte.

Die Verwandtschaft der Motive für Goethes Ablehnung in beiden
Fällen geht wohl noch etwas weiter. Wenn Goethe die Abstraktion
in der Naturwissenschaft fürchtete, wenn er vor ihrer Grenzenlosig-
keit zurückschreckte, so geschah es, weil er in ihr dämonische Kräfte
zu spüren glaubte, deren Bedrohung er sich nicht aussetzen wollte.
Er hatte sie in der Gestalt des Mephisto personifiziert. In der Romantik spürte er Kräfte ähnlicher Art wirksam. Wieder die Gren-
zenlosigkeit, die Ablösung von der wirklichen Welt, von ihren gesunden festen Maßstäben, die Gefahr der Entartung ins Krankhafte.
Ferner mag es bei Goethes Haltung eine Rolle gespielt haben, daß
ihm jeweils die höchste Kunstform dieser nächsten Stufe relativ
fremd war. Die Mathematik, die man hier als Kunstform der Abstraktion bezeichnen mag, hat Goethe nie fesseln oder faszinieren
können, obgleich er sie respektiert hat. Von der Musik, die in der
deutschen Romantik, wie mir scheint, die höchsten künstlerischen
Leistungen hervorgebracht hat, war Goethe wohl nie so ergriffen
wie etwa von Dichtung oder Malerei. Was Goethe über die Romantik gedacht hätte, wenn ihn die Sprache, die etwa im C-Dur-Streich-
quintett von Schubert gesprochen wird, wirklich hätte erreichen
können, wissen wir nicht. Aber er hätte wohl spüren müssen, daß die
Kräfte, die er fürchtete und die in dieser Musik noch viel stärker wirken als in fast jedem anderen romantischen Kunstwerk, hier nicht
mehr von Mephisto kommen, nicht mehr seine Macht verkünden,
sondern die jener lichten Mitte, aus der Luzifer zwar stammt, die ihn
aber verworfen hatte. Es ist also doch nicht so merkwürdig, daß
auch hier, in der Beurteilung des Wertes der Romantik, die Folgezeit
nicht dem Rat des größten deutschen Dichters gefolgt ist, daß sich

vielmehr die Kunst in hohem Maße den Gegenständen und Aufgaben zugewandt hat, denen sich die Romantik zum ersten Male gewidmet hatte. Die Geschichte der Musik, der Malerei, der Literatur des 19. Jahrhunderts zeigt, wie fruchtbar die Ansätze der Romantik geworden sind. Freilich zeigt diese Geschichte auch, besonders wenn man sie in unser Jahrhundert hinein verfolgt, wie berechtigt die Sorgen und Einwände Goethes gewesen sind, genauso wie im Falle von Naturwissenschaft und Technik. Man wird wohl gewisse oft beklagte Auflösungserscheinungen im Bereich der Kunst – ebenso wie in der Technik etwa die Benutzung von Atomwaffen – als die Folge des Verlustes jener Mitte ansehen, um deren Erhaltung Goethe sein ganzes Leben hindurch gerungen hat.

Aber kehren wir zu der Frage zurück, ob die Erkenntnis, die Goethe in seiner Naturwissenschaft gesucht hat, nämlich die Erkenntnis der letzten von ihm als göttlich empfundenen Gestaltungskräfte der Natur, aus der zunächst nur »richtigen« modernen Naturwissenschaft so vollständig verschwunden ist. »Daß ich erkenne, was die Welt im Innersten zusammenhält, schau alle Wirkenskraft und Samen und tu' nicht mehr in Worten kramen«, so hatte die Forderung gelautet. Auf dem Wege dorthin war Goethe in seinen Naturbetrachtungen zum Urphänomen, in seiner Morphologie der Pflanzen zur Urpflanze gekommen. Aber obwohl dieses Urphänomen nicht ein Grundsatz sein soll, aus dem man die verschiedenartigen Phänomene herzuleiten hätte, sondern eine Grunderscheinung, innerhalb deren das Mannigfaltige anzuschauen ist, so hat doch Schiller in jener ersten berühmten Begegnung in Jena, die im Jahre 1794 die Freundschaft mit Goethe begründete, dem Dichter klargemacht, daß sein Urphänomen eigentlich nicht eine Erscheinung, sondern eine Idee sei; eine Idee im Sinne der Philosophie Platos wollen wir hinzufügen, und wir würden in unserer Zeit, da das Wort »Idee« eine etwas zu subjektive Färbung erhalten hat, vielleicht eher das Wort »Struktur« als »Idee« an diese Stelle setzen. Die Urpflanze ist die Urform, die Grundstruktur, das gestaltende Prinzip der Pflanze, das man nun freilich nicht nur mit dem Verstand konstruieren, sondern dessen man im Anschauen unmittelbar gewiß werden kann.

Der Unterschied, auf den Goethe hier so großen Wert legt, zwischen dem unmittelbaren Anschauen und der nur rationalen Ableitung, entspricht wohl ziemlich genau dem Unterschied der beiden Erkenntnisarten »episteme« und »dianoia« in der platonischen Philosophie. »Episteme« ist eben dieses unmittelbare Gewißwerden, auf dem man ruhen kann, hinter dem man nichts weiter zu suchen braucht. »Dianoia« ist das Durchanalysierenkönnen, das Ergebnis des logischen Ableitens. Auch bei Plato wird deutlich, daß nur die erste Art der Erkenntnis, die »episteme«, die Verbindung mit dem Eigentlichen, dem Wesentlichen, mit der Welt der Werte vermittelt, während die »dianoia« zwar Erkenntnis schafft, aber eben nur wertfreie Erkenntnis. Was Schiller auf dem Heimweg vom gemeinsam gehörten naturwissenschaftlichen Vortrag Goethe zu erklären suchte, war nun freilich nicht platonische, sondern Kantsche Philosophie. Hier hat das Wort »Idee« eine etwas andere, eine etwas mehr subjektive Bedeutung; und jedenfalls ist die Idee eben von der Erscheinung scharf geschieden, so daß Schillers Behauptung, die Urpflanze sei eine Idee, Goethe zutiefst beunruhigte. Er antwortete: »Das kann mir sehr lieb sein, daß ich Ideen habe, ohne es zu wissen, und sie sogar mit den Augen sehe.« In der sich anschließenden Diskussion, in der, wie Goethe berichtete, viel gekämpft wurde, erwiderte Schiller: »Wie kann jemals Erfahrung gegeben werden, die einer Idee angemessen sein sollte; denn darin besteht eben das Eigentümliche der letzteren, daß ihr niemals eine Erfahrung kongruieren könne.« Im Lichte der platonischen Philosophie aber handelt es sich bei dieser Diskussion wohl nicht so sehr um einen Streit über das, was eine Idee sei, sondern über das Erkenntnisorgan, mit dem sich uns die Idee erschließt. Wenn Goethe die Ideen mit den Augen sehen kann, so sind das eben andere Augen als die, von denen heute gewöhnlich die Rede ist. Jedenfalls könnte man die Augen an dieser Stelle nicht durch ein Mikroskop oder eine photographische Platte ersetzen. Aber wie auch immer man in diesem Streit entscheiden mag, die Urpflanze ist also eine Idee, und sie bewährt sich als solche, indem man mit ihr, mit dieser Grundstruktur als Schlüssel, wie Goethe sagt, Pflanzen ins Unendliche erfinden kann. Man hat mit ihr also den Bau der Pflanze verstanden; und »verstehen« heißt: auf ein einfaches, einheitliches Prinzip zurückführen.

Wie sieht das nun in der modernen Biologie aus? Auch hier gibt es eine Grundstruktur, die nicht nur die Gestalt aller Pflanzen, sondern aller Lebewesen überhaupt bestimmt. Es ist ein unsichtbar kleines Objekt, ein Fadenmolekül, nämlich die berühmte Doppelkette der Nukleinsäure, deren Struktur vor etwa fünfzehn Jahren von Crick und Watson in England aufgeklärt worden ist und die das ganze Erbgut der betreffenden Lebewesen trägt. Wir können aufgrund zahlreicher Erfahrungen der modernen Biologie nicht mehr daran zweifeln, daß eben von diesem Fadenmolekül die Struktur des Lebewesens bestimmt wird, daß von ihm gewissermaßen die ganze Gestaltungskraft ausgeht, die den Bau des Organismus festlegt. Über Einzelheiten kann hier natürlich nicht gesprochen werden. Hinsichtlich der Richtigkeit dieser Aussage gilt, was vorher schon von der Richtigkeit naturwissenschaftlicher Aussagen im allgemeinen gesagt wurde. Die Richtigkeit beruht auf der naturwissenschaftlichen Methodik, auf Beobachtung und rationaler Analyse. Wenn die Anfangsstadien der Unsicherheit einer speziellen wissenschaftlichen Entwicklung überwunden sind, so beruht die Richtigkeit auf dem Zusammenwirken außerordentlich vieler Einzeltatsachen, auf einem großen und komplizierten Gewebe von Erfahrungen, das der Aussage ihre unantastbare Sicherheit gibt.

Kann nun die eben geschilderte Grundstruktur, die Doppelkette der Nukleinsäure, der Goetheschen Urpflanze irgendwie verglichen werden? Die unsichtbare Kleinheit dieses Objekts scheint einen solchen Vergleich zunächst auszuschließen. Aber daß dieses Molekül im Rahmen der Biologie die gleiche Funktion erfüllt, die Goethes Urpflanze in der Botanik erfüllen sollte, wird sich doch schwer bestreiten lassen. Es handelt sich ja in beiden Fällen um das Verständnis der gestaltenden, formgebenden Kräfte in der belebten Natur, um ihre Zurückführung auf etwas Einfaches, allen lebendigen Gestalten Gemeinsames. Das eben leistet das Urgebilde der heutigen Molekularbiologie, das noch etwas zu primitiv ist, um schon ein Urlebewesen genannt zu werden. Es besitzt noch keineswegs alle Funktionen eines vollständigen Lebewesens; aber das braucht uns vielleicht nicht daran zu hindern, es doch so oder irgendwie ähnlich zu bezeichnen. Dieses Urgebilde hat auch dies mit der Goetheschen Urpflanze gemeinsam, daß es nicht nur eine Grundstruktur, eine Idee, eine Vorstellung, eine formgebende Kraft, sondern auch ein Objekt, eine Erscheinung ist, wenn es gleich nicht mit unseren gewöhnlichen Augen gesehen, sondern nur indirekt erschlossen werden kann. Es kann mit hochauflösenden Mikroskopen und mit dem Mittel der rationalen Analyse erkannt werden, ist also durchaus wirklich und nicht etwa nur ein Gedankengebilde. Insofern genügt es fast allen von Goethe an das Urphänomen gestellten Forderungen. Ob wir es allerdings im Goetheschen Sinne »schauen, fühlen, ahnen« können, in anderen Worten, ob es zum Gegenstand der »episteme«, der reinen Erkenntnis in der Formulierung Platos werden kann, das mag zweifelhaft scheinen. Normalerweise wird das biologische Urgebilde jedenfalls nicht so gesehen. Man könnte sich nur vorstellen, daß es vielleicht den Entdeckern zum ersten Male so erschienen ist.

Wenn man also nach dem Verhältnis von Richtigkeit und Wahrheit in der modernen Naturwissenschaft fragt, so wird man zwar auf ihrer pragmatischen Seite nur die völlige Trennung der beiden Begriffe konstatieren müssen. Man wird aber dort, wo es sich, wie in der Biologie, um das Erkennen ganz großer Zusammenhänge handelt, die in der Natur von Anfang an vorhanden und nicht etwa von Menschen gemacht sind, eine gewisse Annäherung feststellen können. Denn die ganz großen Zusammenhänge werden in den Grundstrukturen, in den so sich manifestierenden platonischen Ideen sichtbar, und diese Ideen können, da sie von der dahinterliegenden Gesamtordnung Kunde geben, vielleicht auch von anderen Bereichen der menschlichen Psyche als nur von der Ratio aufgenommen werden, von Bereichen, die eben selbst wieder in unmittelbarer Beziehung zu jener Gesamtordnung und damit auch zur Welt der Werte stehen.

Das wird besonders deutlich, wenn man zu den ganz allgemeinen Gesetzmäßigkeiten übergeht, die die Gebiete Biologie, Chemie, Physik übergreifen und die erst in den letzten Jahrzehnten im Zusammenhang mit der Physik der Elementarteilchen erkennbar geworden sind. Hier handelt es sich also um Grundstrukturen der Natur oder der Welt im ganzen, die noch tiefer liegen als die der Biologie und die deshalb noch abstrakter, noch weniger unseren Sinnen unmittelbar zugänglich sind als jene. Sie sind im gleichen Maß aber auch noch einfacher, da sie nur noch das Allgemeine, gar nicht mehr das Besondere darzustellen haben. Während das Urgebilde der Biologie nicht nur den lebendigen Organismus an sich repräsentieren, sondern – durch die verschiedenen möglichen Anordnungen einiger weniger chemischer Gruppen auf der Kette – auch die unzähligen, verschiedenen Organismen unterscheiden muß, brauchen die Grundstrukturen der gesamten Natur nur noch die Existenz eben dieser Natur darzustellen. In der modernen Physik wird dieser Gedanke in folgender Weise verwirklicht: Es wird in mathematischer Sprache ein grundlegendes Naturgesetz formuliert, eine »Weltformel«, wie es gelegentlich genannt wurde, dem alle Naturerscheinungen genügen müssen, das also gewissermaßen nur die Möglichkeit, die Existenz der Natur symbolisiert. Die einfachsten Lösungen dieser mathematischen Gleichung repräsentieren die verschiedenen Elementarteilchen, die genau in demselben Sinne Grundformen der Natur sind, wie Plato die regulären Körper der Mathematik, Würfel, Tetraeder usw., als die Grundformen der Natur aufgefaßt hat. Auch sie sind, um wieder zu dem Streitgespräch zwischen Schiller und Goethe zurückzukehren, so wie Goethes Urpflanze »Ideen«, auch wenn sie nicht mit gewöhnlichen Augen gesehen werden können. Ob sie im Goetheschen Sinne angeschaut werden können, das hängt wohl einfach davon ab, mit welchen Erkenntnisorganen wir der Natur gegenübertreten. Daß diese Grundstrukturen unmittelbar mit der großen Ordnung der Welt im ganzen zusammenhängen, kann wohl kaum bestritten werden. Es bleibt aber uns überlassen, ob wir nur den einen engen, rational faßbaren Ausschnitt aus diesem großen Zusammenhang ergreifen wollen.

Werfen wir noch einmal den Blick zurück auf die historische Entwicklung. In der Naturwissenschaft, wie in der Kunst, ist die Welt seit Goethe den Weg gegangen, vor dem Goethe gewarnt hat, den er für zu gefährlich hielt. Die Kunst hat sich von der unmittelbaren Wirklichkeit ins Innere der menschlichen Seele zurückgezogen, die Naturwissenschaft hat den Schritt in die Abstraktion getan, hat die riesige Weite der modernen Technik gewonnen und ist bis zu den Urgebilden der Biologie und bis zu den Urformen vorgedrungen, die in der modernen Wissenschaft den platonischen Körpern entsprechen. Gleichzeitig sind die Gefahren so bedrohlich geworden, wie Goethe es vorausgesehen hat. Wir denken etwa an die Entseelung, die Entpersönlichung der Arbeit, an das Absurde der modernen Waffen oder an die Flucht in den Wahn, der die Form einer politischen Bewegung angenommen hatte. Der Teufel ist ein mächtiger Herr. Aber der lichte Bereich, von dem im Zusammenhang mit der romantischen Musik vorhin schon die Rede war und den Goethe überall durch die Natur hindurch erkennen konnte, ist auch in der modernen Naturwissenschaft sichtbar geworden, dort wo sie von der großen einheitlichen Ordnung der Welt Kunde gibt. Wir werden von Goethe auch heute noch lernen können, daß wir nicht zugunsten des einen Organs, der rationalen Analyse, alle anderen verkümmern lassen dürfen; daß es vielmehr darauf ankommt, mit allen Organen, die uns gegeben sind, die Wirklichkeit zu ergreifen und sich darauf zu verlassen, daß diese Wirklichkeit dann auch das Wesentliche, das »Eine, Gute, Wahre« spiegelt. Hoffen wir, daß dies der Zukunft besser gelingt, als es unserer Zeit, als es meiner Generation gelungen ist.

Die Tendenz zur Abstraktion
in moderner Kunst und Wissenschaft[*]

Das Generalthema des heutigen Symposions lautet: Die Bedeutung der Erkenntnisse der modernen Naturwissenschaft – Medizin, Physiologie, Physik – für die Kunst und die Kunsterziehung, vor allem die Musik und die Musikerziehung. Ich möchte dieses Thema hier nicht von der technischen Seite her erörtern; es wäre natürlich für einen Physiker möglich, von der modernen Akustik, etwa von der Schallerzeugung in elektronischen Instrumenten, auszugehen und von da aus Folgerungen für das moderne Musikleben zu ziehen. Ich möchte stattdessen das Thema etwas mehr prinzipiell oder, wenn Sie wollen, kulturphilosophisch auffassen und fragen, ob man zu den Tendenzen in der modernen Kunst oder spezieller der modernen Musik, die uns oft so befremdlich und unverständlich scheinen, eine Parallele in Form von ähnlichen Erscheinungen der modernen Naturwissenschaft aufweisen kann – das wird ja oft behauptet – und ob wir durch einen Vergleich mit der modernen Naturwissenschaft etwas über diese befremdlichen Erscheinungen lernen können. Es soll sich also nicht um einzelne Formen oder Techniken der modernen Kunst oder Wissenschaft handeln, sondern um ihre ganze Gestalt. Es wird häufig gesagt, die heutige Kunst sei abstrakter als die alte Kunst, sie sei weiter vom unmittelbaren Leben abgelöst, und eben dies verbände sie mit der modernen Naturwissenschaft und Technik, für die das auch im höchsten Maße gelte. Nun möchte ich für den

[*] Vortrag, gehalten im Rahmen eines Symposions der Karajan-Stiftung in Salzburg, 1969.

Augenblick dahingestellt sein lassen, wie weit der Ausdruck »abstrakt« diese Erscheinungen in der heutigen Kunst richtig zu charakterisieren vermag. Sicher ist, daß in der modernen Naturwissenschaft die Abstraktion eine ganz entscheidende Rolle spielt. Ich möchte daher zunächst diesen Prozeß kurz schildern, seine innere Zwangsläufigkeit deutlich machen und zeigen, daß er für den enormen Fortschritt in der modernen Naturwissenschaft entscheidend gewesen ist; daß also niemand, der überhaupt am Fortschritt der Naturwissenschaft interessiert ist, den Wunsch haben könnte, der Prozeß solle rückgängig gemacht werden. Dann will ich versuchen nachzusehen, ob sich in der Entwicklung der modernen Kunst etwas Vergleichbares abspielt oder abgespielt hat. Ich will mich hier darauf beschränken, den oft zitierten Vergleich etwas genauer durchzuführen, als dies gemeinhin geschieht. Dabei muß ich betonen, daß ich für diese Frage nicht eigentlich kompetent bin; denn ich kenne die Entwicklung der Kunst ja nur aus zweiter Hand, habe sie nicht gründlich studiert und bin daher in der Gefahr, oberflächlich zu urteilen. Auch bin ich mir klar darüber, daß ich mit dem Vergleich nur einen ganz kleinen, vielleicht unwichtigen Ausschnitt aus dem weiten Problemkreis »Abstrakte Kunst« behandeln kann. Aber es soll sich ja auch nur um Anregungen zu einer Diskussion handeln.

Als erstes Beispiel für die Tendenz zur Abstraktion in der modernen Naturwissenschaft möchte ich die Entwicklung der Biologie erwähnen. In früheren Zeiten, denken wir etwa an das ausgehende 18. Jahrhundert, bestand die Biologie aus den beiden Teilgebieten Zoologie und Botanik, und die Gelehrten beschrieben die mannigfachen Formen der Lebewesen, konstatierten Ähnlichkeiten und Verschiedenheiten, konstruierten Verwandtschaften und versuchten, in die Fülle der Erscheinungen ein System zu bringen. Aber selbst diese dem unmittelbar erlebten Leben zugewandte Naturwissenschaft konnte nicht umhin, nach einheitlichen Gesichtspunkten zu suchen, unter denen sie die verschiedenen Formen des Lebens gemeinsam verstehen konnte. So suchte auch Goethe, der sich, wie er sagte, vor jeder Abstraktion fürchtete, nach der Urpflanze, sozusagen dem Prototyp der Pflanze, von dem aus alle anderen abgeleitet und verstanden werden könnten. Und Schiller hat sich dann große Mühe geben müssen, Goethe klar zu machen, daß die Urpflanze eine Idee ist, die Idee der Pflanze, insofern also doch schon ein Abstraktum. Die Folgezeit hat das Gemeinsame der verschiedenen Lebewesen zunächst in den verschiedenen biologischen Funktionen erkannt, Stoffwechsel, Fortpflanzung usw., sie hat dann nach den physikochemischen Prozessen gefragt, durch die im Organismus diese Funktionen verwirklicht werden, und ist so zwangsläufig zu den kleinsten Teilen des Organismus und zur Molekularbiologie vorgestoßen. Als die allen Lebewesen gemeinsame Grundstruktur ist schließlich in neuester Zeit ein Fadenmolekül, die Nukleinsäure, erkannt worden, das man mit Mikroskopen höchsten Auflösungsvermögens beobachten und als Grundbestandteil aller lebendiger Materie nachweisen kann. Auf diesem Fadenmolekül, dessen Einzelheiten uns hier natürlich nicht zu interessieren brauchen, ist das ganze Erbgut des betreffenden Organismus mit einer chemischen Schrift aufgeschrieben, und nach diesem Text werden im Prozeß der Fortpflanzung die neuen Lebewesen gebildet. Man kann, wenn man will, dieses Fadenmolekül, die Nukleinsäure, mit der Goetheschen Urpflanze vergleichen; aber selbst dann bedeutet Molekularbiologie doch die Beschäftigung mit kompliziertesten chemischen Strukturformeln, zu denen man sicher nicht jene unmittelbare Beziehung haben kann wie zu den einzelnen Lebewesen.

An dieser hier kurz geschilderten historischen Entwicklung erkennt man nun schon deutlich die Elemente, die für die Tendenz zur Abstraktion verantwortlich sind. Verstehen bedeutet, Zusammenhänge erkennen, das Einzelne als Spezialfall von etwas Allgemeinerem sehen. Der Schritt zum Allgemeineren ist aber immer schon der Schritt in die Abstraktion, genauer: in die nächsthöhere Stufe der Abstraktion; denn das Allgemeinere verbindet ja die Fülle verschiedenartiger Einzeldinge oder Vorgänge unter einem einheitlichen Gesichtspunkt, und das heißt zugleich unter Absehen von anderen, als unwichtiger betrachteten Zügen, mit anderen Worten, durch Abstraktion.

Der gleiche Prozeß hat sich in anderen Naturwissenschaften, der

Chemie, der Physik, abgespielt; aber ich möchte von dieser Entwicklung nur zwei spezielle Episoden aus der Entstehung der modernen Atomphysik herausgreifen, weil ich sie später zum Vergleich mit einer vielleicht entsprechenden Entwicklung in der modernen Kunst heranziehen kann. In unserem Jahrhundert sind zweimal enorme Erweiterungen der Physik vollzogen worden: bei der Revision der Raum-Zeit-Struktur durch die Relativitätstheorie und bei der Formulierung der für die Atomphysik maßgebenden Gesetze in der Quantentheorie. In beiden Fällen ist die neu entstandene Physik sehr viel unanschaulicher und in diesem Sinne abstrakter geworden als die frühere. Es ist ein echter Schritt in eine höhere Abstraktionsstufe vollzogen worden. Außerdem ist in beiden Fällen – und das ist das Besondere, was ich jetzt schildern will – dem Schritt in die höhere Abstraktionsstufe ein merkwürdiges Zwischenstadium der Unsicherheit und Verwirrung vorhergegangen, das einige Jahre gedauert hat. Dieses Zwischenstadium möchte ich noch etwas genauer beschreiben. In der Relativitätstheorie fing die Unsicherheit an, als man versuchte, die Bewegung der Erde im Raum mit elektromagnetischen Mitteln nachzuweisen. Der Begriff der Bewegung wurde unklar. Meinte man die Bewegung der Erde relativ zur Sonne oder relativ zu anderen Sternsystemen oder relativ zum Raum? Und gibt es überhaupt so etwas wie Bewegung relativ zum Raum? Dann wurde der Begriff Gleichzeitigkeit unklar. Es wurde die Frage gestellt: Wissen wir, was es heißt, wenn wir sagen, ein Ereignis etwa im Andromeda-Nebel sei gleichzeitig mit einem auf der Erde? Man spürte, daß man es nicht mehr wußte; aber man war noch nicht in der Lage, die wirklichen Zusammenhänge präzis zu formulieren. Noch schlimmer war das Stadium der Unsicherheit und Verwirrung bei der Entstehung der Quantentheorie. Man konnte die Bahnen von Elektronen in der Nebelkammer verfolgen; also gab es offenbar Elektronen, und es gab Elektronenbahnen; aber im Atom schien es keine Elektronenbahnen zu geben. Man spürte, daß man nicht mehr genau wußte, was die Worte »Ort« oder »Geschwindigkeit« eines Elektrons im Atom bedeuteten, aber man war lange Zeit nicht in der Lage, in einer rational faßbaren Weise über die Vorgänge im Inneren des

Atoms zu reden. Das Stadium der Unklarheit und Verwirrung dauerte bei der Entstehung der Quantentheorie fünfundzwanzig Jahre, war also keineswegs ein schnell überwundenes Übergangsstadium. Vielleicht sollte man auch noch ein Wort über die Menschen sagen, die damals an dieser Wissenschaft arbeiteten. Sie waren verzweifelt über den Zustand der Verwirrung und wußten, daß aus ihm keine bleibende Erkenntnis hervorgehen kann. Niemand hatte den Wunsch, die ältere Physik zu zerstören oder zu negieren. Aber es war den Physikern eine Aufgabe gestellt, der man nicht mehr ausweichen konnte: Es mußte doch schließlich möglich sein, in einer präzisen rationalen Sprache zu sagen, was im Inneren der Atome geschieht. Aber mit den Begriffen der älteren Physik war dies offenbar nicht mehr möglich. Es gab also einen Inhalt, der gestaltet werden mußte, nämlich die Ergebnisse vieler Experimente an den Atomen. Der offensichtlich vorhandene Zusammenhang zwischen diesen vielen Experimenten mußte klar ausgedrückt werden können. Aber das war lange Zeit zu schwierig. Erst als es dann schließlich gelungen war, empfanden die Physiker, daß ihre Wissenschaft wieder in Ordnung sei. Das Sichtbarwerden der neuen Ordnung war für die beteiligten Physiker ein starkes, überraschendes Erlebnis. Die im kritischen Gebiet Tätigen spürten sofort, daß hier etwas sehr erregendes Neues und völlig Unerwartetes geschehe. Aber ich möchte mich nicht länger mit der Schilderung solcher Erlebnisse aufhalten; nur einen Punkt möchte ich noch erwähnen, der für den späteren Vergleich wichtig ist. Die Mathematik und insbesondere ihre moderne technisierte Form, ihr Vollzug in elektronischen Rechenmaschinen, spielte in allen diesen Vorgängen nur eine untergeordnete, sekundäre Rolle. Die Mathematik ist die Form, in der wir unser Verständnis der Natur ausdrücken; aber sie ist nicht sein Inhalt. Man mißversteht die moderne Naturwissenschaft und, ich glaube, auch die moderne Entwicklung der Kunst an einer entscheidenden Stelle, wenn man in ihr die Bedeutung des formalen Elements überschätzt.

Ich möchte nun zum Vergleich des eben kurz skizzierten Bildes mit den Vorgängen bei der Entwicklung der Kunst übergehen. Als erstes will ich das eben genannte Problem von Inhalt und Form aufgreifen, das hier meines Erachtens an zentraler Stelle steht. Die Kunst hat ja eine andere Aufgabe als die Wissenschaft. Während die Wissenschaft erklärt, verständlich macht, soll die Kunst darstellen, erhellen, den Grund des menschlichen Lebens sichtbar machen. Aber das Problem von Inhalt und Form stellt sich doch in beiden Bereichen ähnlich. Der Fortschritt der Kunst vollzieht sich wohl in der Weise, daß zunächst ein langsamer historischer Prozeß, der das Leben der Menschen umgestaltet, ohne daß der Einzelne darauf viel Einfluß ausüben könnte, neue Inhalte hervorbringt. Solche Inhalte waren etwa in der Antike der Glanz der als Helden gedachten Götter, im ausgehenden Mittelalter die religiöse Geborgenheit der Menschen, gegen Ende des 18. Jahrhunderts die Welt der Gefühle, die wir aus Rousseau und Goethes ›Werther‹ kennen. Einzelne begabte Künstler versuchen dann, diesen Inhalten sichtbare oder hörbare Gestalt zu geben, indem sie dem Material, mit dem ihre Kunst arbeitet, den Farben oder den Instrumenten, neue Ausdrucksmöglichkeiten abringen. Dieses Wechselspiel oder, wenn man so will, dieser Kampf zwischen dem Ausdrucksinhalt und der Beschränktheit der Ausdrucksmittel scheint mir – ähnlich wie in der Wissenschaft – die unumgängliche Voraussetzung dafür, daß wirkliche Kunst entsteht. Wenn kein Inhalt zur Darstellung drängt, so fehlt der Boden, auf dem die Kunst wachsen kann; wenn die Beschränktheit der Ausdrucksmittel wegfällt, wenn man z. B. in der Musik jeden beliebigen Klang hervorbringen kann, so gibt es diesen Kampf nicht mehr, so stößt die Anstrengung der Künstler gewissermaßen ins Leere.

Wie soll man nun, wenn man dies weiß, die Entwicklung der modernen Kunst beurteilen, sie mit der Entwicklung der modernen Naturwissenschaft vergleichen? Hier fallen zunächst tiefgehende Unterschiede auf. Es ist bekannt, daß spezielle Richtungen der modernen Kunst durch die Negation bestimmter Formen definiert werden; man spricht von »atonaler« Musik oder von »nichtgegenständlicher« Malerei. Es wird also hier nicht vom Inhalt geredet, und von der Form nur in der Negation. Einen vergleichbaren Vorgang hat es in der modernen Naturwissenschaft kaum gegeben. Vielleicht ist gelegentlich von nichtklassischer Physik gesprochen worden, aber niemand hätte damit eine echte wissenschaftliche Disziplin bezeichnet. Das Nichtvorhandensein von bestimmten Formen kann, so vermute ich, niemals eine Kunst oder eine Wissenschaft wirklich charakterisieren; denn es gehört ja zum Wesen dieser geistigen Bemühungen, Inhalte zu gestalten, also Formen zu bilden. Aber natürlich werden große Bereiche der modernen Kunst auch anders als durch die Negation von Formen bezeichnet.

Auch ein weiterer Unterschied wird hier deutlich. In der modernen Naturwissenschaft ist die Fragestellung stets durch den historischen Prozeß gegeben worden; die Bemühungen der Wissenschaftler richteten sich auf die Beantwortung dieser Fragen. In der modernen Kunst aber scheint die Fragestellung selbst unklar. Oder man kann auch formulieren: In der Naturwissenschaft steht nie die Frage zur Diskussion, *was* geklärt werden soll, sondern nur *wie* es geklärt werden soll; in der Kunst dagegen scheint heutzutage problematisch, *was* dargestellt werden soll, für das Wie gibt es eher zu viele als zu wenige Antworten. Es sieht also bei der modernen Kunst im Gegensatz zur modernen Naturwissenschaft manchmal so aus, als sei der Inhalt selbst, der dargestellt werden soll, noch umstritten oder ungreifbar. Wenn man die Frage beantworten will, warum in der modernen Kunst alles so anders abläuft als in der Naturwissenschaft, so muß man also in aller Schärfe die Frage nach dem Inhalt aufwerfen. Was könnte oder sollte der Inhalt dieser heutigen Kunst sein?

Die Kunst hat wohl zu allen Zeiten den Geist, den Lebensgrund, das Lebensgefühl der betreffenden Epoche dargestellt; also muß man fragen, was das Lebensgefühl der heutigen Welt, insbesondere der jungen Generation in ihr ist. Hier fällt sofort ein Streben nach Erweiterung, nach Expansion ins Auge, das früheren Zeiten in dieser Form fremd war. Der junge Mensch sieht sein Leben nicht mehr nur in Relation zu der Tradition, dem Land, dem Kulturkreis, in dem er aufgewachsen ist, sondern er bezieht es auf die ganze Welt, die er im Grunde als Einheit betrachten möchte. Die Tendenz, die Erde oder das Universum als den Lebensraum zu empfinden, auf den unser einzelnes Schicksal bezogen ist, wird sich in Zukunft sicher noch weiter verstärken. Sie paßt zu der Tendenz in den Naturwissen-

schaften, die ganze Natur als Einheit zu sehen und Gesetze zu formulieren, die in allen ihren Bereichen verbindlich sind. Die Verwirklichung dieses Programms hat, wie ich vorhin beschrieben habe, die
Naturwissenschaften in immer höhere Stufen der Abstraktion gedrängt, und insofern könnte man sich gut vorstellen, daß auch die
Beziehung unseres Lebens auf die ganze geistige und soziale Struktur der Erde künstlerisch nur dargestellt werden kann, wenn man
bereit ist, in recht lebensferne Bereiche einzutreten.

Aber neben dieser Tendenz zur Erweiterung des Lebensraumes für
den Einzelnen wird noch ein anderer, mehr negativer Zug im Lebensgefühl der jungen Generation sichtbar, der von Psychologen
ausführlich beschrieben worden ist. Man kann ihn ein Streben von
der Gestalt weg, ein Streben nach »Entstaltung« nennen. Gut erkennbar wird dieser Zug z. B. in der Jazzmusik und ihren Fortset-
zungen, die ja bei einem Teil der Jugend sehr beliebt ist, manchmal
beinahe als eine Art von Weltanschauung empfunden wird. Hier ist
das Verwischen der Konturen charakteristisch, sowohl der harmonischen als auch der rhythmischen; der Ton soll nicht mehr rein, er
soll verschmiert sein, der Rhythmus wird geteilt in einen Grund-
und einen Melodierhythmus und damit aus dem in der früheren Musik üblichen Gleichgewicht gebracht. Im Gesang, der statt Lieder-
texte schließlich nur noch zusammenhanglose Silben oder klangma-
lende Laute ausstößt, wird auch die Form der Sprache noch aufgelöst. Es wird dabei keine neue Form gesetzt. Diese Züge der Jazzmusik, so sagen die Psychologen, charakterisieren die Stimmungslage
der Jugend. Alle Gefühle zeigen eine auffällige Wischigkeit, Ver-
schwommenheit und Ungenauigkeit; und diese Unschärfe beruht
auf dem Verlust an personalen und sachbezogenen Kontakten, d. h.
auf der Entfremdung von der Wirklichkeit, und fördert und verstärkt sie zugleich. Bei Günther Anders heißt es über unsere Jugend:
»Sie steht zu später Stunde ungenau in dieser Welt.«

Ich möchte vermuten, daß diese Seite unseres heutigen Lebensgefühls, oder sagen wir richtiger des Lebensgefühls unserer Jugend, ein
zentrales Problem der modernen Kunst ist. Es scheint zunächst un-
abweisbar, daß diese Tendenz zur Entstaltung die Negation aller

Kunst sein muß, daß von ihr jeder Weg zur Kunst radikal verbaut ist; denn Kunst ist Gestaltung. Gegen die Tendenz zur Entstaltung hilft kein Experimentieren mit neuen Formen, computergesteuerten Kompositionsverfahren und dergleichen; denn wo kein Inhalt mehr nach Gestaltung drängt, hilft es nichts, neue Formen zu erfinden.

Und doch kann man vielleicht auch zu diesem Vorgang der »Entstaltung« Parallelen in der Entstehung der modernen Naturwissenschaft, besonders der Atomphysik, finden. Ich habe vorhin schon erwähnt, daß es vor der Formulierung der Relativitätstheorie und der Quantentheorie ein merkwürdiges Stadium der Verworrenheit gegeben hat, in dem die Physiker empfanden, daß die ganzen Begriffe, mit denen sie sich sonst im Raum der Natur zurechtgefunden hatten, nicht mehr recht angreifen wollten, daß man diese Begriffe nur noch ungenau und verschwommen verwenden konnte. Natürlich war dieses Stadium keine befriedigende Wissenschaft, es war eher die Negation von Wissenschaft. Jeder wußte, daß es keine bleibenden Resultate hervorbringen kann; aber es hatte als Vorbereitung für die zukünftige Gestaltung eine entscheidende Funktion: Es schuf den freien Raum, der nötig war, um sich den abstrakten Begriffen zu nähern, mit denen man dann später die großen zusammenhängenden Bereiche ordnen konnte.

So könnte es auch heute sein, daß die Tendenz zur »Entstaltung« aus einem Lebensgefühl stammt, das nicht nur die Unzuverlässigkeit aller bisherigen Formen zu spüren glaubt, sondern das auch hinter den Formen Zusammenhänge ahnt, die vielleicht später das Leben wieder tragen können. Möglicherweise ist dies der wichtigste Inhalt moderner Kunst.

Wenn man diese Analogie zwischen den Entwicklungsphasen der modernen Kunst und der modernen Wissenschaft einmal gelten läßt, so erkennt man, daß man heute eigentlich noch nicht von abstrakter Kunst reden sollte. Wirklich abstrakte Kunst hat es früher gegeben – das war etwa die arabische Ornamentik im frühen Mittelalter oder die Kunst der Fuge bei Bach –, und es wird sie wohl wieder geben. Wichtige Teile der modernen Kunst wären aber eher eine verwasche-

ne, unbestimmte Kunst zu nennen oder, so wie sie sich selbst manchmal bezeichnet, eine Kunst der Verneinung, der Auflösung – wobei
zu bedenken wäre, daß auch die Aussage solcher Kunst immer noch
an den alten Formen hängt, die hier noch undeutlich durchschim-
mern. Denn das reine Chaos ist vollkommen uninteressant.

Wenn man die Tendenzen der modernen Kunst von dieser Analogie her beurteilt – und ich habe ja schon betont, daß es sich dabei um
einen sehr speziellen Gesichtspunkt handelt –, so wäre also als das
stärkste Positivum die Tendenz zum Universellen zu nennen. Die
Kunst kann sich nicht mehr an die Tradition irgendeines bestimmten
Kulturkreises binden, sie will ein Lebensgefühl darstellen, das den
Menschen in Relation zur ganzen Erde empfindet, das die Erde im
Ganzen gewissermaßen von anderen Sternen her sieht. Daß eine solche Tendenz sich trotzdem auch der traditionellen formalen Mittel
bedienen kann, ist durch die Dichtung des französischen Fliegers
Exupéry bewiesen worden. Die Form ist immer unwichtig gegenüber
dem Inhalt. Eine neue Sprache, die dieses universelle Lebensgefühl
unmittelbar und für alle verbindlich darstellt, ist noch nicht gefunden worden, vielleicht weil es noch nicht wirklich greifbar ist; aber
aus den besten Werken heutiger Kunst erkennt man, in welcher
Richtung nach dieser Sprache gesucht werden muß.

Wahrscheinlich kann vieles von dem, was jetzt in der Kunst geschieht, gerade das Befremdliche in ihr, mit jenem aus der Wissenschaft bekannten verworrenen Vorstadium verglichen werden, das
erst, so unbefriedigend es im einzelnen sein mag, den Raum für die
Erkenntnis der neuen Zusammenhänge und für die neue Sprache
schafft. Insofern könnte man also auch für die Zukunft der Kunst
durchaus optimistisch sein; denn ein solches Vorstadium geht ja zu
Ende und führt in eine Zeit der klaren Gestaltung über. Nur darf
man das bisher Geschehene nicht durch große Worte überhöhen.
Wenn z. B. in einem bedeutenden Werk über die Malerei im 20.
Jahrhundert der Satz steht: »Wir haben zwar mit unserem Lebens-
entwurf die Kulturen der Welt zerstört, aber das Tote lebt im Gewebe des Lebendigen weiter und wirkt«, so scheinen mir das zu große
Worte für eine schlechte Sache; dieselbe Sache war ja auch in der

Wissenschaft schlecht. Es bedarf größter Anstrengung, um von hier den Weg ins Geordnete zurückzufinden.

Das Generalthema des heutigen Symposions lautet: »Die Bedeutung der Erkenntnisse und Erfahrungen der modernen Naturwissenschaft für die Kunst«. Daher sollten, indem wir die eben mehrfach besprochene Analogie ernst nehmen, vielleicht noch einige Erfahrungen formuliert werden, die wir Wissenschaftler bei der Entwicklung unseres Gegenstandes gemacht haben und die für die zukünftige Entwicklung der Kunst nützlich sein könnten.

Ich will diese Schlußbemerkung mit einer Frage beginnen, die sich auf ein Modewort unserer Zeit bezieht, das Wort »Revolution«. Es wird so oft von Revolution in der Wissenschaft, Revolution in der Kunst, Revolution in der Gesellschaft gesprochen. Die Frage soll also gestellt werden: Wie kommt eine Revolution in der Wissenschaft zustande? Die Antwort lautet: Indem man versucht, so wenig wie möglich zu ändern. Indem man alle Anstrengungen auf die Lösung eines speziellen, offensichtlich noch ungelösten Problems konzentriert und dabei so konservativ wie möglich vorgeht. Denn nur dort, wo uns das Neue vom Problem selbst aufgezwungen wird, wo es gewissermaßen von außen, nicht von uns, kommt, hat es später die Kraft zu verwandeln. Und es wird dann vielleicht ganz große Veränderungen nach sich ziehen. Nach unseren Erfahrungen in der Wissenschaft ist nichts unfruchtbarer als die Maxime, man müsse um jeden Preis etwas Neues machen. So hat etwa in unserer Wissenschaft, der Atomphysik, das Aufsuchen neuer formaler Möglichkeiten, neuer mathematischer Schemata nichts gebracht, bevor nicht der Inhalt der neuen Zusammenhänge sichtbar geworden war. Noch unvernünftiger wäre die Meinung, man müsse alle alten Formen zerstören, dann werde das Neue schon von selbst entstehen. Mit einer solchen Regel wären wir in der Wissenschaft ganz sicher nie vorangekommen; denn erstens hätten wir ohne die alten Formen die neuen nie finden können, und zweitens geschieht in der Wissenschaft und in der Kunst gar nichts von selbst, hier müssen wir das Neue schon selber gestalten. Schließlich darf auch die Mahnung nicht vergessen werden: Obwohl es sich am Ende um neue Gestaltung und das Bilden neuer Formen handelt, können die neuen Formen nur aus dem neuen Inhalt entstehen; es kann nie umgekehrt gehen. Neue Kunst machen, heißt also, so würde ich vermuten, neue Inhalte sichtbar oder hörbar machen, nicht nur neue Formen erfinden.

Vielleicht darf ich den Inhalt dieses Referats noch einmal in ein paar Sätzen zusammenfassen, die als Anregung zur Diskussion gemeint sind. In der Kunst wie in der Wissenschaft ist ein Streben nach Universalität zu erkennen. In der Naturwissenschaft wollen wir alle physikalischen Erscheinungen einheitlich deuten, alle Lebewesen unter einheitlichem Gesichtspunkt verstehen, und wir haben auf diesem Weg auch schon eine weite Strecke zurückgelegt. In der Kunst wollen wir einen Lebensgrund darstellen, der allen Menschen auf der Erde gemeinsam ist. Dieses Streben nach Vereinheitlichung und Zusammenfassung führt notwendig zur Abstraktion, wahrscheinlich in der Kunst ebenso wie in der Wissenschaft. Was wir in der modernen Kunst heute vor uns sehen, gehört aber vermutlich noch nicht zu dieser Stufe der Abstraktion; es entspricht wahrscheinlich eher jenem verworrenen Vorstadium, das auch in der Wissenschaft durchschritten werden mußte, in dem man zwar spürt, daß die bisherigen Formen nicht ausreichen werden, den neuen umfassenderen Inhalt darzustellen; in dem man diesen Inhalt, da er nicht klar, nicht lebendig genug ist, aber noch nicht formend ergreifen kann.

So sieht das Bild für einen aus, der von der Entwicklung der Naturwissenschaft her urteilt, der aber auch zugleich weiß, daß dieses Urteil oberflächlich und ungerecht sein kann.

Änderungen der Denkstruktur
im Fortschritt der Wissenschaft *

Es soll sich im folgenden um Änderungen der Denkstruktur im Fort-schritt der Naturwissenschaft handeln. Ich muß gestehen, daß ich mir ursprünglich eine etwas aggressivere Formulierung meines The-mas überlegt hatte. Ich wollte als Thema wählen: »Wie macht man eine Revolution?«, aber ich hatte dann doch Angst davor, daß Sie etwas zu viel von meinem Vortrag erwarten könnten, vielleicht auch davor, dann die falschen Hörer zu bekommen. So habe ich es also bei dem vorsichtigeren Thema »Änderungen der Denkstruktur« be-wenden lassen. Aber man wird wohl zugeben müssen, daß es sich ge-rade in den letzten hundert Jahren um so radikale Änderungen der Denkstruktur in der Geschichte wenigstens unserer Wissenschaft, der Physik, gehandelt hat, daß man durchaus von einer oder sogar von mehreren Revolutionen sprechen kann; und in diesem Sinne: »Änderung der Denkstruktur« will ich das Wort »Revolution« hier verwenden.

Vielleicht sollte ich zunächst historisch die Änderungen in der Denkstruktur schildern, die sich seit der Newtonschen Physik voll-zogen haben. Es ist vernünftig, dabei die Newtonsche Physik als Ausgangspunkt zu nehmen; denn die Methodik der neuzeitlichen Naturwissenschaft, Experiment und exakte Beschreibung der Phä-nomene und ihrer Zusammenhänge, hat sich ja erst mit dieser Phy-sik gebildet und entwickelt. Damals also interessierte man sich für

---

* Vortrag, gehalten vor der Vereinigung Deutscher Wissenschaftler in Mün-chen, 1969.

die Bewegung von Körpern unter dem Einfluß von Kräften. Durch die großen Erfolge der Newtonschen Naturwissenschaft und die oft – allerdings nicht immer – anschauliche Evidenz ihrer Aussagen war die Vorstellung entstanden, daß man letzten Endes alle physikalischen Phänomene von dieser Begriffsbildung her würde verstehen können. Die wichtigsten Begriffe waren also Zeit, Raum, Körper, Masse, Ort, Geschwindigkeit, Beschleunigung, Kraft. Die Kraft war eine Wirkung von einem Körper auf einen anderen Körper.

Eine Zeitlang konnte man die Newtonsche Mechanik auch unter Beibehaltung dieses Begriffssystems noch wesentlich erweitern. Die Hydrodynamik z. B. ging aus der Newtonschen Mechanik hervor, indem man nur den Begriff des Körpers etwas allgemeiner faßte. Das Wasser war natürlich kein starrer Körper. Aber man konnte die einzelnen Volumenelemente in der Flüssigkeit doch wieder als Körper im Sinne der Newtonschen Physik auffassen, und so gelang es, eine mathematische Darstellung der Kinematik und der Dynamik der Flüssigkeiten zu finden, die sich an der Erfahrung bewährte. Man gewöhnte sich an ein Denken, das stets nach den Bewegungen von Körpern oder kleinsten Materieteilen unter dem Einfluß von Kräften fragte.

Erst im 19. Jahrhundert stieß man an die Grenzen einer solchen Art des Denkens und Fragens. Die Schwierigkeiten entstanden an zwei verschiedenen Stellen und in sehr verschiedener Weise. In der Elektrizitätslehre erwies sich der Begriff der Kraft, die ein Körper auf den anderen ausübt, als ungenügend. Es war vor allem Faraday, der darauf hinwies, daß man die elektrischen Phänomene besser versteht, wenn man die Kraft als eine Funktion von Raum und Zeit ansieht, wenn man sie in Parallele setzt zu der Geschwindigkeitsverteilung oder der Spannungsverteilung in einer Flüssigkeit oder einem elastischen Körper. In anderen Worten: wenn man zum Begriff des Kraftfeldes übergeht. Ein solcher Übergang schien vom Standpunkt der Newtonschen Physik her nur dann erträglich, wenn man annahm, daß es im Weltraum, gleichmäßig verteilt, eine Substanz Äther gäbe, deren Spannungsfeld oder Verzerrungsfeld dann mit dem Kraftfeld der Elektrodynamik identifiziert werden konnte. Aber ohne einen solchen hypothetischen Äther war die Elektrodynamik von der Newtonschen Begriffswelt her nicht zu interpretieren. Erst im Laufe der Jahrzehnte merkte man, daß dieser hypothetische Äther eigentlich völlig unnötig war, daß er in den Phänomenen gar nicht in Erscheinung treten kann oder darf und daß es daher richtiger ist, dem Kraftfeld eine eigene physikalische Realität unabhängig von allen Körpern zuzuschreiben. Mit der Einführung einer solchen physikalischen Realität war aber dann der Rahmen der Newtonschen Physik endgültig gesprengt. Man mußte andere Fragen stellen, als man sie in der früheren Physik stellen konnte. Ganz allgemein kann man vielleicht sagen, daß eine Änderung der Denkstruktur äußerlich dadurch in Erscheinung tritt, daß die Wörter eine andere Bedeutung erhalten, als sie vorher hatten, und daß man andere Fragen stellt als früher.

Der zweite Ort, an dem die Unzulänglichkeit der alten Newtonschen Begriffsbildung in Erscheinung trat, war die Wärmelehre, wobei allerdings die Schwierigkeiten hier viel subtiler, weniger leicht sichtbar waren als in der Elektrizitätslehre. Alles schien zunächst einfach zu gehen. Man konnte Statistik über die Bewegungen vieler Moleküle treiben und damit die Gesetzmäßigkeiten der phänomenologischen Wärmelehre verständlich machen. Erst als man darangehen wollte, die zu einer solchen Statistik gehörige Unordnungshypothese zu begründen, bemerkte man, daß man dabei den Rahmen der Newtonschen Physik verlassen mußte. Der erste, der dies in aller Schärfe gesehen hat, war wohl Gibbs. Aber es hat Jahrzehnte gedauert, bis sich die Gibbssche Auffassung der Wärmelehre, in einem gewissen Umfang wenigstens, durchgesetzt hat, und vielleicht erscheint sie auch heute noch vielen befremdlich und unverständlich. Jedenfalls erfordert ihr Verständnis eine Änderung der Denkstruktur, weil in ihr der Begriff der Beobachtungssituation auftaucht, der in der Newtonschen Physik fehlt, und weil man daher häufig, ohne sich dessen bewußt zu werden, andere Fragen stellt.

Die wirklich radikalen Änderungen in den Grundlagen des physikalischen Denkens sind aber erst im 20. Jahrhundert durch die Relativitätstheorie und die Quantentheorie erzwungen worden. In der

Relativitätstheorie stellte sich heraus, daß der Zeitbegriff der Newtonschen Mechanik nicht mehr anwendbar ist, wenn es sich um Phänomene handelt, bei denen Bewegungen mit sehr hohen Geschwindigkeiten eine Rolle spielen. Da die Unabhängigkeit von Raum und
Zeit zu den Grundvoraussetzungen des früheren Denkens gehört
hatte, mußte diese Struktur des Denkens sich ändern, wenn man die
Beziehungen zwischen Raum und Zeit, die von der Relativitätstheorie gefordert werden, anerkennen wollte. Der absolute Begriff von
Gleichzeitigkeit, wie er in der Newtonschen Mechanik als selbstverständlich vorausgesetzt wurde, mußte fallengelassen werden und
durch einen anderen, vom Bewegungszustand des Beobachters ab-
hängigen, ersetzt werden. Die so vielfach ausgesprochene Kritik an
der Relativitätstheorie, ihre erbitterte Ablehnung durch einige Physiker und Philosophen, hat ihre Wurzel an dieser Stelle. Die Änderung in der Struktur des Denkens, die hier gefordert wurde, ist von
ihnen einfach als unzumutbar empfunden worden. Sie ist aber trotzdem die Voraussetzung für ein Verständnis der heutigen Physik.

Schließlich sind noch viel höhere Anforderungen in der Quantentheorie gestellt worden. Die ganze objektive Beschreibung der Natur
im Newtonschen Sinne, bei der man den Bestimmungsstücken des
Systems, wie Ort, Geschwindigkeit, Energie, bestimmte Werte zuschreibt, mußte aufgegeben werden zugunsten einer Beschreibung
von Beobachtungssituationen, in denen nur die Wahrscheinlichkeiten für gewisse Ergebnisse angegeben werden können. Die Worte,
mit denen man über atomare Phänomene redet, wurden also problematisch. Man konnte von Wellen oder von Teilchen sprechen und
mußte gleichzeitig einsehen, daß es sich dabei keineswegs um eine
dualistische, sondern eine durchaus einheitliche Beschreibung der
Phänomene handelt; der Sinn der alten Wörter wurde in einem gewissen Umfang verwaschen. Es ist bekannt, daß selbst so bedeutende
Physiker wie Einstein, v. Laue, Schrödinger nicht bereit oder nicht
in der Lage waren, diese Änderung in der Struktur ihres Denkens zu
vollziehen.

Im ganzen wird man also rückschauend feststellen können, daß es
in diesem Jahrhundert zwei große Revolutionen in unserer Wissen-

schaft gegeben hat, die die Fundamente der Physik verschoben und damit das ganze Gebäude dieser Wissenschaft verändert haben. Wir müssen nun fragen, wie solche radikalen Veränderungen zustande gekommen sind oder – um es mehr soziologisch, aber damit auch recht schief auszudrücken – wie es eine scheinbar kleine Gruppe von Physikern vermocht hat, den anderen diese Änderungen in der Struktur der Wissenschaft und des Denkens aufzuzwingen. Denn daß die anderen sich zunächst dagegen gewehrt haben, ja wehren mußten, bedarf keiner Erwähnung. Ich muß hier gleich einem naheliegenden Einwand vorbeugen, der an dieser Stelle nur zum Teil mit Recht erhoben wird. Man könnte sagen, daß dieser Vergleich einer Revolution in der Wissenschaft mit einer Revolution in der Gesellschaft völlig abwegig sei, weil es sich in der Wissenschaft schließlich um richtig oder falsch, in der Gesellschaft aber um wünschbar oder weniger wünschbar handelt. Dieser Einwand mag teilweise berechtigt sein. Immerhin wird man zugeben müssen, daß an die Stelle der Begriffe »richtig« oder »falsch« in der Gesellschaft auch »möglich« und »unmöglich« treten könnten; denn unter den gegebenen äußeren Umständen wird keineswegs jede gesellschaftliche Form möglich sein. Die historische Möglichkeit ist also ein objektives Richtigkeitskriterium wie das Experiment in der Wissenschaft. Aber wie dem auch sei, wir haben zu fragen, wie diese Revolutionen zustande gekommen sind.

Vielleicht darf ich mit der Geschichte der Quantentheorie beginnen, da ich sie am genauesten kenne. Als man im letzten Drittel des vorigen Jahrhunderts zu der Überzeugung gekommen war, daß man sowohl die statistische Wärmelehre als auch die elektromagnetische Strahlung voll verstanden hatte, mußte man schließen, daß es nun auch gelingen müßte, das Gesetz der Strahlung des sogenannten »schwarzen Körpers« abzuleiten. Hier stellten sich aber unerwartete Schwierigkeiten heraus, die ein Gefühl der Unsicherheit hervorriefen. Die unmittelbare Anwendung der sonst als zuverlässig erwiesenen Gesetze der statistischen Thermodynamik auf die Strahlungstheorie führte zu einem absurden Resultat, das gar nicht richtig sein konnte. Das hatte nun keineswegs zur Folge, daß ein Physiker oder

eine Gruppe von Physikern Alarm geblasen und zum Umsturz der
Physik aufgerufen hätten. Davon war keine Rede. Denn die guten
Physiker wußten, daß dieses Gebäude der klassischen Physik so fest
gefügt, durch Tausende von Experimenten in seinem Zusammenhang
so sicher verankert war, daß eine gewaltsame Änderung nur zu Widersprüchen führen konnte. Also tat man das Vernünftigste, was
man in solchen Fällen zunächst tun kann, man wartete ab, ob sich
nicht durch die Weiterentwicklung neue Gesichtspunkte ergeben, die
im Rahmen der klassischen Physik zu einer Lösung der Schwierigkeiten führen können. Unter denen, die sich mit diesen Problemen
beschäftigten, gab es dann einen Physiker, einen ausgesprochen konservativen Geist, der mit dem reinen Abwarten nicht zufrieden war,
sondern der glaubte, daß man durch immer sorgfältigere, immer
gründlichere Analyse des Problems vielleicht zu diesen neuen Gesichtspunkten kommen könnte. Das war Max Planck. Auch Planck
dachte gar nicht daran, die klassische Physik umstoßen zu wollen,
sondern er wollte nur über dieses eine, offensichtlich noch ungelöste
Problem der Strahlung des »schwarzen Körpers« Klarheit gewinnen.
Schließlich entdeckte er zu seinem Schrecken, daß er zur Deutung
dieser Strahlung eine Hypothese machen mußte, die nicht in den
Rahmen der klassischen Physik paßte, die vom Standpunkt dieser
alten Physik her eigentlich völlig verrückt aussah. Er versuchte dann
später seine Quantenhypothese zu mildern, um die Widersprüche
zur klassischen Physik weniger eklatant zu machen. Aber damit hatte er keinen Erfolg.

Erst dann wurde der nächste Schritt getan, der den Beginn einer
wirklichen Revolution ankündigte. Einstein stellte fest, daß die der
klassischen Physik widersprechenden Züge der Planckschen Quantentheorie auch bei anderen Phänomenen, z. B. bei der spezifischen
Wärme des festen Körpers oder bei der Lichtstrahlung sichtbar werden. Von da ab breitete sich die Quantentheorie in die Struktur der
Atome, in die Chemie, in die Theorie des festen Körpers hinein aus,
und an mehr und mehr Stellen erkannte man, daß die Quantenhypothese offenbar einen wesentlichen Zug der Natur beschrieb, den
man bis dahin übersehen hatte. Man fing an, sich damit abzufinden,

daß wenigstens vorläufig unvermeidbare innere Widersprüche ein wirkliches Verständnis der Physik unmöglich machten.

Sie wissen, wie es dann weiter gegangen ist. Erst am Schluß, Mitte der zwanziger Jahre, wurde klar, wie radikal der Umbau war, der am ganzen Gebäude der Physik, insbesondere an ihren Fundamenten vorgenommen werden mußte. Erst um diese Zeit machten sich dann auch starke Widerstände gegen die fertige Theorie geltend. Bis dahin brauchte man die Quantentheorie ja gar nicht wirklich ernst zu nehmen, da sie noch voll innerer Widersprüche steckte und daher sicher nicht endgültig sein konnte. Von der zweiten Hälfte der zwanziger Jahre ab aber war sie geschlossen und widerspruchsfrei. Wer sie verstehen wollte, mußte, wenigstens im Bereich der Physik, die Struktur seines Denkens ändern, er mußte andere Fragen stellen und andere anschauliche Bilder verwenden als früher. Sie wissen, daß dies vielen Physikern die größten Schwierigkeiten bereitet hat. Selbst Einstein, v. Laue, Planck, Schrödinger waren nicht bereit, den neuen Zustand nach der Revolution als endgültig anzuerkennen. Aber ich betone nochmals, es gab zu keinem Zeitpunkt in dieser Geschichte der Quantentheorie einen Physiker oder eine Gruppe von Physikern, die einen Umsturz der Physik herbeiführen wollten.

Aber vergleichen wir diese Entwicklung der Quantentheorie mit anderen, früheren Revolutionen in der Geschichte der Physik. Fragen wir also, wie ist die Relativitätstheorie entstanden? Der Ausgangspunkt war hier die Elektrodynamik bewegter Körper. Da man die Hertzschen Wellen als Schwingungen eines hypothetischen Mediums Äther auffaßte – oder von der Newtonschen Begriffswelt her auffassen mußte –, so mußte man sich fragen, was passierte, wenn in einem Experiment Körper im Spiel sind, die sich relativ zum Äther bewegen. Man kam dabei zu recht unübersichtlichen Vorschlägen, die schon wegen ihrer Kompliziertheit falsch aussahen. Es wäre natürlich hier sehr reizvoll, darüber nachzugrübeln, wann eine vorgeschlagene Formel falsch aussieht und wann nicht. Aber ich will davon Abstand nehmen und lieber daran erinnern, daß der Begriff »Bewegung relativ zum Äther« schon damals vielen Physikern verdächtig schien, weil man den Äther ja sonst nie beobachten konnte.

Die Physiker hatten den Eindruck, irgendwie ins Gestrüpp geraten zu sein, und man war daher froh, daß man die Bewegung der Erde relativ zum Äther durch das berühmte Michelsonsche Experiment untersuchen konnte. Das Ergebnis war bekanntlich, daß man auch hier vom Äther nichts mehr merkte. Die Folge war, daß sich unter den Physikern eine allgemeine Skepsis gegen die Äthervorstellung und die auf ihr begründeten Berechnungen verbreitete. Aber auch damals gab es keine Gruppe von Physikern, die nun etwa Alarm geschlagen und den Umsturz der bestehenden Physik verkündet hätten. Im Gegenteil, man bemühte sich, eine Lösung im Rahmen der damaligen Physik zu finden und jedenfalls so wenig wie irgend möglich an ihr zu ändern. Daher machte Lorentz den Vorschlag, in bewegten Bezugssystemen eine scheinbare Zeit einzuführen, die mit der im ruhenden Bezugssystem gemessenen Zeit durch die berühmte Lorentztransformation verknüpft ist, und anzunehmen, daß für Gangunterschiede zwischen verschiedenen Lichtstrahlen diese scheinbare Zeit maßgebend sei. Erst dann bemerkte Einstein, daß sich das ganze Bild unendlich vereinfachte, wenn man die scheinbare Zeit der Lorentztransformation mit der wirklichen Zeit identifizierte. Damit wurde aber die Lorentztransformation zu einer Aussage über die Struktur von Raum und Zeit. Wenn man diese Aussage für richtig hielt, bedeuteten die Wörter »Raum« und »Zeit« etwas anderes als in der Newtonschen Physik. Der Begriff der Gleichzeitigkeit war relativiert, und die Struktur unseres physikalischen Denkens, das ja die Begriffe »Raum« und »Zeit« voraussetzt, war geändert. Auch gegen diese Revolution machten sich nachträglich starke Widerstände geltend, die zahllose Diskussionen über die Relativitätstheorie ausgelöst haben. Im Augenblick kommt es mir aber nur darauf an zu betonen, daß auch diese Revolution in der Physik zustande gekommen ist, ohne daß irgend jemand die Absicht gehabt hätte, das Gebäude der klassischen Physik zu zerstören oder radikal zu verändern.

Gehen wir noch ein Stück weiter in der Geschichte zurück zur Maxwellschen Theorie und zur statistischen Wärmelehre, so wird uns heute schon kaum mehr bewußt, daß es sich auch damals um tiefgreifende Veränderungen in der Struktur des physikalischen Denkens gehandelt hat. Aber man kann diese Veränderungen heute kaum unabhängig von den späteren · in Relativitätstheorie und Quantentheorie vollzogenen Änderungen betrachten. Die Einführung des Feldbegriffs durch Faraday und Maxwell war sozusagen der erste Schritt zur Einführung des Feldes als selbständige physikalische Realität durch die spätere Abschaffung der Äthervorstellung, und in der Gibbsschen Form der statistischen Wärmelehre war schon der Begriff der Beobachtungssituation vorweg genommen, der später in der Quantentheorie eine so entscheidende Rolle gespielt hat. Daß es sich um wichtige Änderungen in der Struktur des physikalischen Denkens gehandelt hat, ist vielleicht nachträglich wieder am deutlichsten an dem Widerstand zu erkennen, der diesen Theorien lange Zeit entgegengesetzt worden ist. Doch von dieser Seite des Problems soll erst später die Rede sein. Auch in diesen beiden Fällen gilt, was vorher von Relativitätstheorie und Quantentheorie gesagt wurde: In keinem Stadium der Entwicklung war irgendein Physiker auf den Umsturz der bestehenden Physik bedacht. Im Gegenteil, lange Zeit hatte man die Hoffnung, die neuen Phänomene im Rahmen der Newtonschen Physik verstehen zu können, und erst in der Schlußphase zeigte sich, daß die Fundamente in der Physik verschoben worden waren.

Nun also ein Wort über die starken Widerstände, die jeder Änderung in der Struktur des Denkens entgegengesetzt werden. Wer in der Wissenschaft arbeitet, ist gewöhnt, im Laufe des Lebens neue Erscheinungen oder neue Deutungen von Erscheinungen kennenzulernen, vielleicht sogar selbst zu entdecken. Er ist darauf vorbereitet, sein Denken mit neuen Inhalten zu füllen. Er kann also gar nicht konservativ im üblichen Sinne an Altgewohntem festhalten wollen. Daher geht es beim Fortschritt der Wissenschaft im allgemeinen ohne allzu große Widerstände und Streitigkeiten ab. Anders aber ist es, wenn neue Gruppen von Phänomenen Änderungen in der Struktur des Denkens erzwingen. Hier haben selbst sehr bedeutende Physiker die größten Schwierigkeiten. Denn die Forderung nach der Änderung der Denkstruktur kann das Gefühl erwecken, es solle einem der Boden unter den Füßen weggezogen werden. Ein Gelehrter, der jahrelang mit einer von Jugend auf gewöhnten Denkstruktur große Erfolge in seiner Wissenschaft errungen hatte, kann nicht bereit sein, einfach aufgrund einiger neuer Experimente diese Denkstruktur zu ändern. Im günstigsten Fall kann hier nach einer jahrelangen gedanklichen Auseinandersetzung mit der neuen Situation eine Bewußtseinsänderung eintreten, die den Weg in die neue Art des Denkens öffnet. Ich glaube, man kann die Schwierigkeiten an dieser Stelle gar nicht hoch genug einschätzen. Wenn man die Verzweiflung erlebt hat, mit der in der Wissenschaft kluge und konziliante Menschen auf die Forderung nach einer Änderung der Denkstruktur reagieren, kann man sich im Gegenteil eigentlich nur wundern, daß solche Revolutionen in der Wissenschaft überhaupt möglich gewesen sind.

Aber wie sind sie dann zustande gekommen? Die nächstliegende, aber wahrscheinlich noch unzutreffende Antwort würde lauten: weil es in der Wissenschaft »richtig« und »falsch« gibt und weil die neuen Vorstellungen eben richtig sind und die alten falsch. Diese Antwort setzt voraus, daß sich in der Wissenschaft immer das Richtige durchsetzt. Aber das trifft ja keineswegs zu. So ist z. B. die richtige Vorstellung vom heliozentrischen Planetensystem, die Aristarch entwickelt hatte, verlassen worden zugunsten der geozentrischen Auffassung des Ptolemäus, obwohl diese falsch war. Noch unzutreffender wäre natürlich die andere Begründung für den Erfolg der Revolutionen: Sie setzen sich durch, weil die Physiker sich gern der Autorität einer starken revolutionären Persönlichkeit, wie etwa Einstein, anschlössen. Davon ist sicher gar keine Rede; denn die inneren Widerstände gegen eine Änderung der Denkstruktur sind viel zu stark, um durch die Autorität eines Einzelnen überwunden zu werden. Die richtige Begründung lautet wohl: Weil die in der Wissenschaft Tätigen einsehen, daß sie mit der neuen Denkstruktur größere Erfolge in ihrer Wissenschaft erringen können als mit der alten; daß sich das Neue als fruchtbarer erweist. Denn wer sich einmal für die Wissenschaft entschieden hat, der will vor allem vorankommen, er will dabei sein, wenn neue Wege erschlossen werden. Es befriedigt ihn nicht, nur das Alte und oft Gesagte zu wiederholen. Daher wird er sich für die Fragestellungen interessieren, bei denen sozusagen »etwas zu machen ist«, bei denen ihm erfolgreiche Tätigkeit in Aussicht steht. In dieser Weise haben sich Relativitätstheorie und Quantentheorie durchgesetzt. Freilich wird damit ein pragmatisches Wertkriterium zur letzten Instanz erhoben, und man kann nicht absolut sicher sein, daß sich dabei immer das Richtige durchsetzt. Das berühmte Gegenbeispiel ist wieder die Ptolemäische Astronomie. Aber jedenfalls sind hier Kräfte am Werk, die stärker sein können als die inneren Widerstände gegen eine Änderung der Denkstruktur.

Kehren wir vom Endstadium einer Revolution in der Wissenschaft nun noch einmal zu ihrem Anfangsstadium zurück. An den Beispielen, die ich angeführt habe, kann man, glaube ich, erkennen, daß in der Geschichte niemals der Wunsch bestanden hat, das Gebäude der Physik radikal umzubauen. Vielmehr steht am Anfang immer ein sehr spezielles, eng umgrenztes Problem, das im traditionellen Rahmen keine Lösung finden kann. Die Revolution wird herbeigeführt durch Forscher, die dieses spezielle Problem wirklich zu lösen versuchen, die aber sonst in der bisherigen Wissenschaft so wenig wie möglich ändern wollen. Gerade der Wunsch, so wenig wie möglich zu ändern, macht deutlich, daß es sich bei dem Neuen um einen Sachzwang handelt; daß die Änderung in der Denkstruktur von den Phänomenen, von der Natur selbst erzwungen wird, nicht von irgendwelchen menschlichen Autoritäten.

Ist es erlaubt, diese Analyse auch auf andere Revolutionen, etwa in der Kunst oder in der Gesellschaft, zu übertragen? Ich will also jetzt am Schluß auf meine zu Anfang gestellte Frage zurückkommen: »Wie macht man eine Revolution?« Und ich will für einen Moment, sozusagen versuchsweise, ohne Diskussion mit den Historikern, annehmen, daß die Antwort in allen Bereichen gleichzeitig gelten kann. Dann würde die Antwort lauten: indem man versucht, so *wenig* wie möglich zu ändern. Wenn man nämlich erkannt hat, daß es ein Problem gibt, das sich im traditionellen Rahmen nicht lösen läßt, dann muß man, so scheint es, alle Kräfte auf die Lösung

nur dieses einen Problems konzentrieren, ohne zunächst an Änderungen in anderen Bereichen zu denken. Dann ist — wenigstens in
der Wissenschaft — die Wahrscheinlichkeit am größten, daß daraus
eine echte Revolution entstehen kann, sofern überhaupt die Notwendigkeit für neue Fundamente besteht. Aber das hatten wir ja
eben vorausgesetzt, und ohne diese Notwendigkeit geschieht ganz
sicher nichts, was einer Revolution vergleichbar wäre. Ich möchte es
den Historikern unter Ihnen überlassen, darüber nachzudenken, ob
die eben ausgesprochene Antwort auch in der Geschichte gilt. Immerhin könnte ich als Beispiel für diese Ansicht etwa die Reformation der Kirche durch Luther anführen. Die Reformbedürftigkeit
der damaligen Kirche war von ihm und anderen bemerkt worden,
hatte aber zunächst kaum Konsequenzen. Luther hat aber dann erkannt, daß beim Ablaßhandel mit den religiösen Überzeugungen
der Menschen Schindluder getrieben wurde, und er hielt es für absolut nötig, hier Abhilfe zu schaffen. Luther hatte nie die Absicht, die
Religion zu ändern oder etwa gar die Kirche zu spalten. Luther hat
zunächst alle Kräfte eingesetzt, dieses eine Problem des Ablaßhan-
dels zu lösen, und daraus folgte dann, historisch offenbar unvermeidlich, die Reformation.

Warum soll es aber falsch sein, den Umsturz alles Bestehenden zu
fordern, wenn hinterher doch eine Revolution stattfindet? Die Antwort ergibt sich aus dem Gesagten beinahe von selbst: Weil man dabei in Gefahr geriete, kritiklos auch dort ändern zu wollen, wo die
Naturgesetze für alle Zeiten eine Änderung unmöglich machen. In
der Naturwissenschaft versuchen nur die Phantasten und Narren,
etwa die Erfinder eines Perpetuum mobile, die bestehenden Naturgesetze einfach zu ignorieren, und dabei kommt natürlich gar nichts
heraus. Nur wer sich bemüht, so *wenig* wie möglich zu ändern, kann
Erfolg haben, weil er dadurch den Sachzwang sichtbar macht; und
die kleinen Änderungen, die er schließlich als absolut notwendig erweist, erzwingen dann vielleicht im Laufe der Jahre oder Jahrzehnte
eine Änderung in der Struktur des Denkens, also eine Verschiebung
in den Fundamenten.

Ich habe Ihnen diese Analyse der historischen Entwicklung unse-

rer Physik vorgetragen, weil ich besorgt bin, daß das heutige Modewort »Revolution« zu mancherlei Irrwegen verführen kann, zu deren Vermeiden eine Betrachtung über die Geschichte der neueren
Physik hilfreich sein könnte. Aber wie gesagt, ich überlasse es Ihnen,
darüber nachzudenken, wie weit man Revolutionen in der Wissenschaft und Revolutionen in der Gesellschaft vergleichen darf; eine
solche Analogie kann immer nur halb richtig sein, aber sie ist ja hier
auch nur hervorgehoben worden, um zum Nachdenken anzuregen.

Die Bedeutung des Schönen
in der exakten Naturwissenschaft*

Wenn ein Vertreter der Naturwissenschaft bei einer Veranstaltung der Akademie der Schönen Künste das Wort nehmen soll, so kann er es kaum wagen, zum Thema Kunst Meinungen zu äußern; denn die Künste liegen ja seinem eigenen Arbeitsgebiet fern. Aber vielleicht darf er das Problem des Schönen aufgreifen. Denn das Epitheton »schön« wird hier zwar zur Charakterisierung der Künste verwendet, aber der Bereich des Schönen reicht ja über ihr Wirkungsfeld weit hinaus. Er umfaßt sicher auch andere Gebiete des geistigen Lebens; und die Schönheit der Natur spiegelt sich auch in der Schönheit der Naturwissenschaft.

Vielleicht ist es gut, wenn wir zunächst ohne jeden Versuch einer philosophischen Analyse des Begriffs »schön« einfach fragen, wo im Umkreis der exakten Wissenschaften uns das Schöne begegnen kann. Hier darf ich vielleicht mit einem persönlichen Erlebnis beginnen. Als ich als kleiner Junge die untersten Klassen des Max-Gymnasiums hier in München besuchte, interessierte ich mich für Zahlen. Es machte mir Freude, ihre Eigenschaften zu kennen, z.B. zu wissen, ob sie Primzahlen seien oder nicht, und zu probieren, ob sie vielleicht als Summen von Quadratzahlen dargestellt werden können, oder schließlich zu beweisen, daß es unendlich viele Primzahlen geben muß. Da mein Vater nun meine Lateinkenntnisse viel wichtiger

* Vortrag, gehalten vor der Bayerischen Akademie der Schönen Künste, München 1970. Zuerst veröffentlicht in einer bibliophilen Ausgabe (in Deutsch und Englisch) in der Sammlung BELSER-PRESSE, ›Meilensteine des Denkens und Forschens‹, Stuttgart 1971.

fand als meine Zahleninteressen, brachte er mir einmal von der Staatsbibliothek eine lateinisch geschriebene Abhandlung des Mathematikers Kronecker mit, in der die Eigenschaften der ganzen Zahlen in Beziehung gesetzt wurden zu dem geometrischen Problem, einen Kreis in eine Anzahl gleicher Teile zu teilen. Wie mein Vater gerade auf diese Untersuchung aus der Mitte des vorigen Jahrhunderts verfallen ist, weiß ich nicht. Aber das Studium der Kroneckerschen Abhandlung machte mir einen tiefen Eindruck; denn ich empfand es ganz unmittelbar als schön, daß man aus dem Problem der Kreisteilung, dessen einfachste Fälle uns ja aus der Schule bekannt waren, etwas über die ganz andersartigen Fragen der elementaren Zahlentheorie lernen konnte. Ganz in der Ferne glitt wohl auch schon die Frage vorbei, ob es die ganzen Zahlen und die geometrischen Formen gibt, d. h. ob es sie außerhalb des menschlichen Geistes gibt oder ob sie nur von diesem Geist als Werkzeuge zum Verständnis der Welt gebildet worden sind. Aber über solche Probleme konnte ich damals noch nicht nachdenken. Nur der Eindruck von etwas sehr Schönem war ganz direkt, er bedurfte keiner Begründung oder Erklärung.

Aber was war hier schön? Schon in der Antike gab es zwei Definitionen der Schönheit, die in einem gewissen Gegensatz zueinander standen. Die Kontroverse zwischen diesen beiden Definitionen hat besonders in der Renaissance eine große Rolle gespielt. Die eine bezeichnet die Schönheit als die richtige Übereinstimmung der Teile miteinander und mit dem Ganzen. Die andere, auf Plotin zurückgehend, ohne jede Bezugnahme auf Teile, bezeichnet sie als das Durchleuchten des ewigen Glanzes des »Einen« durch die materielle Erscheinung. Wir werden uns bei dem mathematischen Beispiel zunächst an die erste Definition halten müssen. Die Teile, das sind hier die Eigenschaften der ganzen Zahlen, Gesetze über geometrische Konstruktionen, und das Ganze ist offenbar das dahinterstehende mathematische Axiomensystem, zu dem die Arithmetik und die Euklidische Geometrie gehören; also der große Zusammenhang, der durch die Widerspruchsfreiheit des Axiomensystems garantiert wird. Wir erkennen, daß die einzelnen Teile zusammenpassen, daß sie eben als Teile zu diesem Ganzen gehören, und wir empfinden die Geschlossenheit und Einfachheit dieses Axiomensystems ohne jede Reflexion als schön. Die Schönheit hat also zu tun mit dem uralten Problem des »Einen« und des »Vielen«, das – damals in engem Zusammenhang mit dem Problem von »Sein« und »Werden« – im Mittelpunkt der frühen griechischen Philosophie gestanden hat.

Da auch die Wurzeln der exakten Naturwissenschaft eben an dieser Stelle liegen, wird es gut sein, die Denkbewegungen jener frühen Epoche in groben Umrissen nachzuzeichnen. Am Anfang der griechischen Naturphilosophie steht die Frage nach dem Grundprinzip, von dem aus die bunte Vielfalt der Erscheinungen verständlich gemacht werden kann. Die bekannte Antwort des Thales »Wasser ist der materielle Urgrund aller Dinge« enthält, so seltsam sie uns anmutet, nach Nietzsche drei philosophische Grundforderungen, die in der späteren Entwicklung wichtig geworden sind; nämlich erstens, daß man nach einem solchen einheitlichen Grundprinzip suchen solle, zweitens, daß die Antwort nur rational, d. h. nicht durch den Hinweis auf einen Mythos gegeben werden dürfe, und schließlich drittens, daß die materielle Seite der Welt hier eine entscheidende Rolle spielen müsse. Hinter diesen Forderungen steht natürlich unausgesprochen die Erkenntnis, daß Verstehen immer nur heißen kann: Zusammenhänge, d. h. einheitliche Züge, Merkmale der Verwandtschaft, in der Vielfalt zu erkennen.

Wenn es aber einen solchen einheitlichen Urgrund aller Dinge gibt, so wird man unweigerlich zu der Frage gedrängt – und das war der nächste Schritt auf diesem Denkwege –, wie denn aus ihm die Veränderung verständlich gemacht werden kann. Die Schwierigkeit ist besonders in der berühmten Paradoxie des Parmenides zu erkennen. Nur das Seiende ist; das Nichtseiende ist nicht. Wenn aber nur das Seiende ist, so kann es auch nichts außerhalb des Seienden geben, das dieses Seiende gliedert, das Veränderungen veranlassen könnte. Also müßte das Seiende ewig, einförmig, zeitlich und räumlich unbegrenzt gedacht werden. Die Veränderungen, die wir erleben, könnten also nur Schein sein.

Bei dieser Paradoxie konnte das griechische Denken nicht lange stehenbleiben. Der ewige Wechsel der Erscheinungen war unmittelbar gegeben, ihn galt es zu erklären. Bei dem Versuch, diese Schwierigkeit zu überwinden, wurden von verschiedenen Philosophen verschiedene Richtungen eingeschlagen. Ein Weg führte zur Atomlehre des Demokrit. Neben dem Seienden kann es das Nichtseiende doch als Möglichkeit geben, nämlich als Möglichkeit zu Bewegung und Form, und das heißt: als leeren Raum. Das Seiende ist wiederholbar, und so kommt man zu dem Bild der Atome im leeren Raum – dem Bild, das später als Grundlage der Naturwissenschaft so unendlich fruchtbar geworden ist. Aber von diesem Weg soll hier nicht weiter die Rede sein. Vielmehr soll der andere Weg genauer geschildert werden, der zu den Ideen Platos geführt hat und der uns unmittelbar an die Probleme des Schönen heranbringt.

Dieser Weg beginnt in der Schule des Pythagoras. In ihr soll der Gedanke entstanden sein, daß die Mathematik, die mathematische Ordnung, das Grundprinzip sei, von dem aus die Vielfalt der Erscheinungen verständlich gemacht werden könnte. Von Pythagoras selbst ist nur wenig bekannt. Sein Schülerkreis scheint eher eine religiöse Sekte gewesen zu sein, und mit Sicherheit lassen sich nur die Lehre von der Seelenwanderung und die Aufstellung gewisser religiös-sittlicher Gebote und Verbote auf Pythagoras zurückführen. In diesem Schülerkreis aber spielte – und das war für die spätere Zeit das Entscheidende – die Beschäftigung mit Musik und Mathematik eine wichtige Rolle. Hier soll von Pythagoras die berühmte Entdeckung gemacht worden sein, daß gleichgespannte schwingende Saiten dann harmonisch zusammenklingen, wenn ihre Längen in einem einfachen rationalen Zahlenverhältnis stehen. Die mathematische Struktur, nämlich das rationale Zahlenverhältnis als Quelle der Harmonie – das war sicher eine der folgenschwersten Entdeckungen, die in der Geschichte der Menschheit überhaupt gemacht worden sind. Das harmonische Zusammentönen zweier Saiten ergibt einen schönen Klang. Das menschliche Ohr empfindet die Dissonanz durch die aus den Schwebungen entstehende Unruhe als störend, aber die Ruhe der Harmonie, die Konsonanz, als schön. Die mathematische Beziehung war damit auch die Quelle des Schönen.

Die Schönheit ist, so lautete die eine der antiken Definitionen, die richtige Übereinstimmung der Teile miteinander und mit dem Ganzen. Die Teile sind hier die einzelnen Töne, das Ganze ist der harmonische Klang. Die mathematische Beziehung kann also zwei zunächst unabhängige Teile zu etwas Ganzem zusammenfügen und damit Schönes hervorbringen. Es war diese Entdeckung, die in der Lehre der Pythagoreer den Durchbruch zu ganz neuen Formen des Denkens bewirkt und dazu geführt hat, daß als Urgrund alles Seienden nicht mehr ein sinnlicher Stoff – wie das Wasser bei Thales –, sondern ein ideelles Formprinzip angesehen wurde. Damit war ein Grundgedanke ausgesprochen, der später das Fundament aller exakten Naturwissenschaften gebildet hat. Aristoteles berichtet in seiner ›Metaphysik‹ über die Pythagoreer: »Sie beschäftigten sich zuerst mit der Mathematik, förderten sie, und, in ihr aufgezogen, hielten sie die mathematischen Prinzipien für die Prinzipien alles Seienden. Und in den Zahlen die Eigenschaften und Gründe der Harmonie erblickend, da ihnen das andere seiner ganzen Natur nach den Zahlen nachgebildet erschien, die Zahlen aber das Erste in der ganzen Natur, so faßten sie die Elemente der Zahlen als die Elemente aller Dinge auf und das ganze Weltall als Harmonie und Zahl.«

Das Verständnis der bunten Mannigfaltigkeit der Erscheinungen soll also dadurch zustande kommen, daß wir in ihr einheitliche Formprinzipien erkennen, die in der Sprache der Mathematik ausgedrückt werden können. Damit wird auch ein enger Zusammenhang zwischen dem Verständlichen und dem Schönen hergestellt. Denn wenn das Schöne als Übereinstimmung der Teile untereinander und mit dem Ganzen erkannt wird und wenn andererseits alles Verständnis erst durch diesen formalen Zusammenhang zustande kommen kann, so wird das Erlebnis des Schönen fast identisch mit dem Erlebnis des verstandenen oder wenigstens geahnten Zusammenhangs.

Der nächste Schritt auf diesem Wege ist von Plato durch die Formulierung seiner Ideenlehre getan worden. Plato stellt den unvollkommenen Gebilden der körperlichen Sinneswelt die vollkommenen mathematischen Formen gegenüber, etwa den unvollkommenen

Kreisbahnen der Gestirne den vollkommenen mathematisch definierten Kreis. Die materiellen Dinge sind die Abbilder, die Schattenbilder der idealen wirklichen Gestalten; und, so wären wir heute versucht fortzusetzen, diese idealen Gestalten sind wirklich, weil und insofern sie im materiellen Geschehen »wirk«sam werden. Plato unterscheidet also hier in voller Klarheit ein den Sinnen zugängliches körperliches Sein und ein rein ideelles Sein, das nicht durch die Sinne, sondern nur in geistigen Akten erfaßbar wird. Dabei bedarf dieses ideelle Sein keineswegs des menschlichen Denkens, um von ihm hervorgebracht zu werden. Es ist im Gegenteil das eigentliche Sein, dem die körperliche Welt und das menschliche Denken erst nachgebildet sind. Das Erfassen der Ideen durch den menschlichen Geist ist, wie schon ihr Name sagt, mehr ein künstlerisches Schauen, ein halbbewußtes Ahnen als ein verstandesmäßiges Erkennen. Es ist eine Wiedererinnerung an Formen, die dieser Seele schon vor ihrem Erdendasein eingepflanzt worden sind. Die zentrale Idee ist die des Schönen und Guten, in der das Göttliche sichtbar wird und bei deren Anblick die Flügel der Seele wachsen. An einer Stelle im ›Phaidros‹ wird der Gedanke ausgesprochen: Die Seele erschrickt, sie erschauert beim Anblick des Schönen, da sie spürt, daß etwas in ihr aufgerufen wird, das ihr nicht von außen durch die Sinne zugetragen worden ist, sondern das in ihr in einem tief unbewußten Bereich schon immer angelegt war.

Aber kehren wir wieder zum Verstehen und damit zur Naturwissenschaft zurück. Die bunte Vielfalt der Erscheinungen kann verstanden werden, so sagen Pythagoras und Plato, weil und insofern hier einheitliche Formprinzipien zugrunde liegen, die einer mathematischen Darstellung zugänglich sind. Damit ist eigentlich schon das ganze Programm der heutigen exakten Naturwissenschaft vorweggenommen. Aber es konnte im Altertum nicht durchgeführt werden, da die empirische Kenntnis der Einzelheiten im Naturgeschehen weitgehend fehlte.

Der erste Versuch, sich auch in diese Einzelheiten zu vertiefen, ist bekanntlich in der Philosophie des Aristoteles unternommen worden. Aber bei der unendlichen Fülle, die sich dem beobachtenden

Naturforscher hier zunächst darbot, bei dem völligen Fehlen irgendwelcher Gesichtspunkte, von denen aus eine Ordnung hätte erkennbar werden können, mußten die einheitlichen Formprinzipien, nach denen Pythagoras und Plato gefragt hatten, jetzt gegenüber der Beschreibung der Einzelheiten zurücktreten. So tut sich schon in jener Zeit der Gegensatz auf, der sich bis heute etwa in der Diskussion zwischen der experimentellen und der theoretischen Physik gehalten hat; der Gegensatz zwischen dem Empiriker, der durch sorgfältige und gewissenhafte Kleinarbeit erst die Voraussetzungen für ein Verständnis der Natur schafft, und dem Theoretiker, der mathematische Bilder entwirft, nach denen er die Natur zu ordnen und damit zu verstehen sucht – mathematische Bilder, die sich nicht nur durch die richtige Darstellung der Erfahrung, sondern vor allem auch durch ihre Einfachheit und Schönheit als die wahren, dem Naturgeschehen zugrunde liegenden Ideen erweisen. Schon Aristoteles sprach als Empiriker kritisch über die Pythagoreer, die, wie er sagte, »nicht im Hinblick auf die Tatsachen nach Erklärungen und Theorien suchten, sondern im Hinblick auf gewisse Theorien und Lieblingsmeinungen an den Tatsachen zerrten und sich, man möchte sagen, als Mitordner des Weltalls aufspielten.« Rückblickend auf die Geschichte der exakten Naturwissenschaft kann man vielleicht feststellen, daß sich die richtige Darstellung der Naturerscheinungen gerade aus der Spannung zwischen den beiden gegensätzlichen Auffassungen entwickelt hat. Die reine mathematische Spekulation wird unfruchtbar, weil sie aus einem Spiel mit der Fülle der möglichen Formen nicht mehr zurückfindet zu den ganz wenigen Formen, nach denen die Natur wirklich gebildet ist. Und die reine Empirie wird unfruchtbar, weil sie schließlich in endlosen Tabellenwerken ohne inneren Zusammenhang erstickt. Nur aus der Spannung, aus dem Spiel zwischen der Fülle der Tatsachen und den vielleicht dazu passenden mathematischen Formen können die entscheidenden Fortschritte kommen.

Aber diese Spannung konnte in der Antike nicht mehr aufgenommen werden, und so trennte sich der Weg zur Erkenntnis für lange Zeit von dem Weg zum Schönen. Die Bedeutung des Schönen für das Verständnis der Natur wurde erst wieder deutlich sichtbar, als man mit dem Beginn der Neuzeit von Aristoteles zu Plato zurückgefunden hatte. Und erst durch diese Wendung offenbarte sich die ganze Fruchtbarkeit der von Pythagoras und Plato eingeleiteten Denkweise.

Schon die berühmten Fallversuche, die Galilei wohl doch nicht am schiefen Turm zu Pisa vorgenommen hat, zeigen das aufs deutlichste. Galilei beginnt mit sorgfältigen Beobachtungen ohne Rücksicht auf die Autorität des Aristoteles, doch er versucht, den Lehren des Pythagoras und Platos folgend, mathematische Formen zu finden, die den empirisch gewonnenen Tatsachen entsprechen, und so gelangt er zu seinen Fallgesetzen. Aber er muß, und das ist ein entscheidender Punkt, um die Schönheit mathematischer Formen in den Erscheinungen wiederzuerkennen, die Tatsachen idealisieren oder, wie Aristoteles tadelnd formuliert hatte, sie verzerren. Aristoteles hatte gelehrt, daß alle bewegten Körper ohne Einwirkung von äußeren Kräften schließlich zur Ruhe kommen, und das war die allgemeine Erfahrung. Galilei behauptet im Gegenteil, daß die Körper ohne äußere Kräfte im Zustand gleichförmiger Bewegung verharren. Galilei konnte diese Verzerrung der Tatsachen wagen, weil er darauf hinweisen konnte, daß bewegte Körper ja stets einem Reibungswiderstand ausgesetzt sind und daß die Bewegung in der Tat um so länger bestehen bleibt, je besser die Reibungskräfte ausgeschaltet werden können. Er gewann für diese Verzerrung der Tatsachen, für diese Idealisierung, ein einfaches mathematisches Gesetz, und das war der Anfang der neuzeitlichen exakten Naturwissenschaft.

Einige Jahre später gelang es Kepler, in den Ergebnissen seiner sehr sorgfältigen Beobachtungen über die Planetenbahnen neue mathematische Formen zu entdecken und seine berühmten drei Keplerschen Gesetze zu formulieren. Wie nahe sich Kepler bei diesen Entdeckungen den alten Gedankengängen des Pythagoras fühlte und wie sehr die Schönheit der Zusammenhänge bei ihrer Formulierung ihn leitete, geht schon daraus hervor, daß er die Umschwünge der Planeten um die Sonne mit Schwingungen einer Saite verglich und von einem harmonischen Zusammenklang der verschiedenen Planetenbahnen sprach, von der Harmonie der Sphären, und daß er schließlich am Ende seines Werkes über die Weltharmonie in den Jubelruf ausbricht: »Dir sage ich Dank, Herrgott unser Schöpfer, daß Du mich die Schönheit schauen läßt in Deinem Schöpfungswerk.« Kepler war zutiefst ergriffen davon, daß er hier auf einen ganz zentralen Zusammenhang gestoßen war, der nicht von Menschen erdacht und den zum erstenmal zu erkennen ihm vorbehalten war, einen Zusammenhang von höchster Schönheit. Einige Jahrzehnte später hat Isaac Newton in England diesen Zusammenhang vollends freigelegt und in seinem großen Werk ›Philosophiae naturalis principia mathematica‹ im einzelnen beschrieben. Damit war der Weg der exakten Naturwissenschaft für fast zwei Jahrhunderte vorgezeichnet.

Aber handelt es sich hier nur um Erkenntnis oder auch um das Schöne? Und wenn es sich auch um das Schöne handelt, welche Rolle hat es beim Aufdecken der Zusammenhänge gespielt? Erinnern wir uns wieder an die eine antike Definition: »Die Schönheit ist die richtige Übereinstimmung der Teile miteinander und mit dem Ganzen.« Daß dieses Kriterium auf ein Gebilde wie die Newtonsche Mechanik in höchstem Maße zutrifft, braucht kaum erklärt zu werden. Die Teile, das sind die einzelnen mechanischen Vorgänge; jene, die wir durch Apparate sorgfältig isolieren, ebenso wie jene, die im bunten Spiel der Erscheinungen unentwirrbar vor uns ablaufen. Und das Ganze ist eben das einheitliche Formprinzip, dem sich alle diese Vorgänge fügen und das von Newton in einem einfachen System von Axiomen mathematisch festgelegt worden ist. Einheitlichkeit und Einfachheit sind zwar nicht genau dasselbe. Aber die Tatsache, daß in einer solchen Theorie dem Vielen das Eine gegenübergestellt wird, daß in ihm das Viele vereinigt wird, hat doch wohl von selbst zur Folge, daß sie von uns auch zugleich als einfach und schön empfunden wird. Die Bedeutung des Schönen für das Auffinden des Wahren ist zu allen Zeiten erkannt und hervorgehoben worden. Der lateinische Leitsatz: »simplex sigillum veri«, »Das Einfache ist das Siegel des Wahren«, steht in großen Lettern im Physikhörsaal der Universität Göttingen als Mahnung für jene, die Neues entdecken wollen, und der andere lateinische Leitsatz: »pulchritudo splendor veritatis«, »Die Schönheit ist der Glanz der Wahrheit«, kann auch so gedeutet werden, daß der Forscher die Wahrheit zuerst an diesem Glanz, an ihrem Hervorleuchten erkennt.

Noch zweimal in der Geschichte der exakten Naturwissenschaft ist dieses Aufleuchten des großen Zusammenhangs das entscheidende Signal für den bedeutenden Fortschritt geworden. Ich denke hier an zwei Ereignisse in der Physik unseres Jahrhunderts, die Entstehung der Relativitätstheorie und der Quantentheorie. In beiden Fällen ist eine verwirrende Fülle von Einzelheiten nach jahrelangen vergeblichen Bemühungen um Verständnis fast plötzlich geordnet worden, als ein zwar reichlich unanschaulicher, aber doch in seiner Substanz letzthin einfacher Zusammenhang auftauchte, der durch seine Geschlossenheit und abstrakte Schönheit unmittelbar überzeugte – alle jene überzeugte, die eine solche abstrakte Sprache verstehen und sprechen können.

Aber wir wollen den historischen Hergang jetzt nicht weiter verfolgen, sondern lieber ganz direkt fragen: Was leuchtet hier auf? Wie kommt es, daß an diesem Aufleuchten des Schönen in der exakten Naturwissenschaft der große Zusammenhang erkennbar wird, noch bevor er in den Einzelheiten verstanden ist, bevor er rational nachgewiesen werden kann? Worin besteht die Leuchtkraft, und was bewirkt sie im weiteren Verlauf der Wissenschaft?

Vielleicht sollte man hier zunächst an ein Phänomen erinnern, das man die Entfaltung abstrakter Strukturen nennen kann. Es kann am Beispiel der Zahlentheorie erläutert werden, von der schon am Anfang die Rede war, aber man kann auch auf vergleichbare Vorgänge in der Entwicklung der Kunst hinweisen. Für die mathematische Begründung der Arithmetik, der Zahlenlehre, genügen einige wenige einfache Axiome, die eigentlich nur genau definieren, was zählen heißt. Aber mit diesen wenigen Axiomen ist doch schon die ganze Fülle der Formen gesetzt, die erst im Laufe einer langen Geschichte ins Bewußtsein der Mathematiker getreten sind, die Lehre von den Primzahlen, von den quadratischen Resten, von den Zahlenkongruenzen usw. Man kann sagen, daß sich die mit dem Zählen gesetzten

abstrakten Strukturen erst im Laufe der Geschichte der Mathematik
sichtbar entfaltet haben, daß sie die Fülle von Sätzen und Zusammenhängen hervorgebracht haben, die den Inhalt der komplizierten
Wissenschaft der Zahlentheorie ausmachen. In ähnlicher Weise stehen ja auch am Anfang eines Kunststils, etwa in der Architektur, gewisse einfache Grundformen, z. B. der Halbkreis und das Quadrat
in der romanischen Architektur. Aus diesen Grundformen entstehen
im Laufe der Geschichte neue, kompliziertere, auch veränderte Formen, die doch irgendwie als Variationen zum gleichen Thema aufgefaßt werden können; und so entfaltet sich aus den Grundstrukturen
eine neue Weise, ein neuer Stil des Bauens. Man hat das Gefühl, daß
diesen ursprünglichen Formen doch die Entfaltungsmöglichkeiten
schon zu Beginn angesehen werden können; denn sonst wäre es
kaum verständlich, daß viele begabte Künstler sich sehr schnell ent-
schließen, diesen neuen Möglichkeiten nachzugehen.

Eine solche Entfaltung der abstrakten Grundstrukturen hat zweifellos auch in den Fällen stattgefunden, die ich für die Geschichte
der exakten Naturwissenschaften aufgezählt habe. Dieses Wachstum, das Entwickeln immer neuer Zweige hat bei der Newtonschen
Mechanik bis in die Mitte des letzten Jahrhunderts gedauert. In der
Relativitätstheorie und in der Quantentheorie haben wir Ähnliches
in diesem Jahrhundert miterlebt, und das Wachstum ist noch nicht
abgeschlossen.

Dabei hat dieser Prozeß in der Wissenschaft wie in der Kunst
noch eine wichtige soziale und ethische Seite; denn an ihm können
viele Menschen aktiv teilnehmen. Wenn im Mittelalter eine große
Kathedrale gebaut werden sollte, so waren viele Baumeister und
Handwerker beschäftigt. Sie waren erfüllt von der Vorstellung von
Schönheit, die durch die ursprünglichen Formen gesetzt war, und sie
waren durch ihre Aufgabe gezwungen, im Sinne dieser Formen genaue sorgfältige Arbeit zu leisten. In ähnlicher Weise hatten in den
zwei Jahrhunderten nach der Newtonschen Entdeckung viele Mathematiker, Physiker und Techniker die Aufgabe, einzelne mechanische Probleme nach den Newtonschen Methoden zu behandeln, Experimente auszuführen oder technische Anwendungen vorzuneh-

men, und auch hier wurde stets äußerste Sorgfalt verlangt, um das im Rahmen der Newtonschen Mechanik Mögliche zu erreichen. Vielleicht darf man allgemein sagen, daß durch die zugrunde liegenden Strukturen, in diesem Falle die Newtonsche Mechanik, Richtlinien gezogen oder sogar Wertmaßstäbe gesetzt werden, an denen objektiv entschieden werden kann, ob eine gestellte Aufgabe gut oder schlecht gelöst worden ist. Gerade dadurch, daß hier präzise Forderungen gestellt werden, daß der Einzelne durch kleine Beiträge mitwirken kann an dem Erreichen großer Ziele, daß über den Wert seines Beitrags objektiv entschieden werden kann, entsteht die Befriedigung, die von einer solchen Entwicklung für den großen beteiligten Kreis von Menschen ausgeht. Daher darf man auch die ethische Bedeutung der Technik für die heutige Zeit nicht unterschätzen.

Aus der Entwicklung von Naturwissenschaft und Technik ist z. B. auch die Idee des Flugzeugs hervorgegangen. Der einzelne Techniker, der irgendein Teilgerät für das Flugzeug konstruiert, der Arbeiter, der es herstellt, weiß, daß es auf die äußerste Genauigkeit und Sorgfalt bei seiner Arbeit ankommt, daß vielleicht sogar das Leben vieler Menschen von seiner Zuverlässigkeit abhängt. Daher gewinnt er den Stolz, den eine gut geleistete Arbeit gewährt, und er freut sich mit uns an der Schönheit des Flugzeugs, wenn er empfindet, daß in ihm das technische Ziel mit den richtigen angemessenen Mitteln verwirklicht ist. Schönheit ist, so lautete die nun schon mehrfach zitierte antike Definition, die richtige Übereinstimmung der Teile miteinander und mit dem Ganzen, und diese Forderung muß auch in einem guten Flugzeug erfüllt werden.

Aber mit diesem Hinweis auf die Entfaltung der schönen Grundstruktur, auf die ethischen Werte und Forderungen, die im geschichtlichen Verlauf der Entfaltung später auftauchen, ist doch die vorher gestellte Frage noch nicht beantwortet, was denn in diesen Strukturen aufleuchtet, woran der große Zusammenhang erkannt wird, noch bevor er rational im einzelnen verstanden ist. Dabei soll von vornherein die Möglichkeit eingeschlossen werden, daß auch dieses Erkennen Täuschungen unterliegen kann. Aber daß es dieses ganz unmittelbare Erkennen gibt, dieses Erschrecken vor dem Schönen, wie es bei Plato im ›Phaidros‹ heißt, daran kann wohl nicht gezweifelt werden.

Unter allen denen, die über diese Frage nachgedacht haben, scheint Einigkeit darüber bestanden zu haben, daß dieses unmittelbare Erkennen nicht über das diskursive, d. h. rationale Denken erfolgt. Ich möchte hier zwei Äußerungen zitieren, die eine von Johannes Kepler, von dem vorhin die Rede war, die andere aus unserer Zeit von dem Züricher Atomphysiker Wolfgang Pauli, der mit dem Psychologen C. G. Jung befreundet war. Der erste Text steht in Keplers Werk ›Kosmische Harmonie‹ und lautet: »Jenes Vermögen, das die edlen Maßverhältnisse in dem sinnlich Gegebenen und den anderen außerhalb seiner gelegenen Dinge wahrnimmt und erkennt, ist dem unteren Bezirk der Seele zuzurechnen. Es steht sehr nahe dem Vermögen, das den Sinnen die formalen Schemata liefert, oder noch tiefer, also dem bloß vitalen Vermögen der Seele, welches nicht diskursiv, d. h. in Schlüssen denkt, wie die Philosophen, und sich keiner überlegenen Methode bedient, daher nicht bloß den Menschen eigen ist, sondern auch den wilden Tieren und dem lieben Vieh innewohnt ... Nun könnte man fragen, woher jenes Seelenvermögen, das am begrifflichen Denken nicht teilhat und daher auch kein eigentliches Wissen von harmonischen Verhältnissen haben kann, die Fähigkeit haben soll, in der Außenwelt Gegebenes zu erkennen. Denn erkennen heißt, das sinnlich Wahrnehmbare außen mit den Urbildern innen vergleichen und es damit als übereinstimmend zu beurteilen. Proklos hat hierfür einen sehr schönen Ausdruck in den Bildern des Erwachens wie aus einem Traum. So, wie nämlich die in der Außenwelt sinnlich gegebenen Dinge uns diejenigen, die wir vorher im Traum wahrgenommen haben, in Erinnerung bringen, so locken auch in der Sinnlichkeit gegebene mathematische Beziehungen jene intelligiblen Urbilder hervor, die schon von vornherein innerlich gegeben sind, so daß sie jetzt wirklich und leibhaftig in der Seele aufleuchten, während sie vorher nur nebelhaft in ihr vorhanden waren. Wie aber sind sie ins Innere gelangt? Hierauf antworte ich« – so fährt Kepler fort –: »Alle reinen Ideen oder Urformbeziehungen

des Harmonischen, wie die bisher besprochenen, wohnen denen
inne, die zu ihrer Erfassung fähig sind. Aber sie werden nicht erst
durch ein begriffliches Verfahren ins Innere aufgenommen, vielmehr
entstammen sie einer gleichsam triebhaften reinen Größenanschau-
ung und sind diesen Individuen eingeboren, wie dem Formprinzip
der Pflanzen etwa die Zahl ihrer Blütenblätter oder die Zahl der
Fruchtkammern dem Apfel eingeboren ist.«

Soweit Kepler. Er weist uns hier also auf Möglichkeiten hin, die
schon im Tier- und Pflanzenreich gegeben sind, auf angeborene Urbilder, die das Erkennen von Formen herbeiführen. In unserer Zeit
hat besonders Portmann solche Möglichkeiten geschildert. Er beschreibt etwa bestimmte Farbmuster, die im Gefieder von Vögeln
verwirklicht sind und die doch nur dann einen biologischen Sinn haben können, wenn sie auch von den anderen Vögeln dieser Art
wahrgenommen werden. Die Fähigkeit zur Wahrnehmung muß also
wohl ebenso angeboren sein wie das Muster selbst. Man kann hier
auch an den Gesang der Vögel denken. Zunächst wird hier biolo-
gisch wohl nur ein bestimmtes akustisches Signal gefordert sein, das
etwa der Partnersuche dient und das vom Partner verstanden wird.
Aber in dem Maße, in dem die unmittelbare biologische Funktion an
Wichtigkeit verliert, kann es zu einer spielerischen Erweiterung des
Formenschatzes kommen, zu einer Entfaltung der zugrunde liegenden Melodiestruktur, die dann als Gesang auch ein so artfremdes
Wesen wie den Menschen entzückt. Die Fähigkeit, dieses Formen-
spiel zu erkennen, muß jedenfalls der betreffenden Vogelart angeboren sein, sie bedarf sicher nicht des diskursiven rationalen Denkens.
Dem Menschen ist, um ein anderes Beispiel zu nennen, wahrscheinlich die Fähigkeit angeboren, gewisse Grundformen der Gestenspra-
che zu verstehen und etwa danach zu entscheiden, ob der andere
freundliche oder feindliche Absichten hegt – eine Fähigkeit, die für
das Zusammenleben der Menschen von größter Bedeutung ist.

Ähnliche Gedanken wie bei Kepler sind in einem Aufsatz von
Wolfgang Pauli ausgesprochen. Pauli schreibt: »Der Vorgang des
Verstehens in der Natur, sowie auch die Beglückung, die der Mensch
beim Verstehen, d. h. beim Bewußtwerden einer neuen Erkenntnis,

empfindet, scheint demnach auf einer Entsprechung, einem Zur-Deckung-Kommen von präexistenten inneren Bildern der menschlichen Psyche mit äußeren Objekten und ihrem Verhalten zu beruhen. Diese Auffassung der Naturerkenntnis geht bekanntlich auf Plato zurück und wird ... auch von Kepler in sehr klarer Weise vertreten. Dieser spricht in der Tat von Ideen, die im Geist Gottes präexistent sind und die der Seele, als dem Ebenbild Gottes, mit eingeschaffen wurden. Diese Urbilder, welche die Seele mit Hilfe eines angeborenen Instinktes wahrnehmen könne, nennt Kepler archetypisch. Die Übereinstimmung mit den von C. G. Jung in die moderne Psychologie eingeführten, als Instinkte des Vorstellens funktionierenden urtümlichen Bildern oder Archetypen ist sehr weitgehend. Indem die moderne Psychologie den Nachweis erbringt, daß jedes Verstehen ein langwieriger Prozeß ist, der lange vor der rationalen Formulierbarkeit des Bewußtseinsinhalts durch Prozesse im Unbewußten begleitet wird, hat sie die Aufmerksamkeit wieder auf die vorbewußte archaische Stufe der Erkenntnis gelenkt. Auf dieser Stufe sind an Stelle von klaren Begriffen Bilder mit starkem emotionalem Gehalt vorhanden, die nicht gedacht, sondern gleichsam malend geschaut werden. Insofern diese Bilder ein Ausdruck für einen geahnten, aber noch unbekannten Sachverhalt sind, können sie entsprechend der von C. G. Jung aufgestellten Definition des Symbols auch als symbolisch bezeichnet werden. Als anordnende Operatoren und Bildner in dieser Welt der symbolischen Bilder funktionieren die Archetypen eben als die gesuchte Brücke zwischen den Sinneswahrnehmungen und den Ideen und sind demnach auch eine notwendige Voraussetzung für die Entstehung einer naturwissenschaftlichen Theorie. Jedoch muß man sich davor hüten, dieses a priori der Erkenntnis ins Bewußtsein zu verlegen und auf bestimmte, rational formulierbare Ideen zu beziehen.«

Pauli schildert dann noch im weiteren Verlauf seiner Untersuchungen, daß Kepler die Überzeugung von der Richtigkeit des Kopernikanischen Systems primär nicht aus den einzelnen astronomischen Beobachtungsergebnissen gewonnen habe, sondern aus der Übereinstimmung des Kopernikanischen Bildes mit einem Archetypus, der von C. G. Jung als Mandala bezeichnet wird und der auch von Kepler als Symbol der heiligen Dreieinigkeit gebraucht wird. Gott steht im Zentrum einer Kugel als das primär Bewegende, die Welt, in der der Sohn wirkt, wird mit der Oberfläche der Kugel verglichen, und der heilige Geist entspricht den Strahlen, die vom Mittelpunkt zur Kugeloberfläche laufen. Natürlich gehört es zum Wesen dieser Urbilder, daß man sie nicht eigentlich rational oder etwa gar anschaulich beschreiben kann.

Wenn Kepler die Überzeugung von der Richtigkeit des Kopernikanischen Systems also auch aus solchen Urbildern gewonnen hat, so bleibt es doch eine entscheidende Voraussetzung jeder brauchbaren wissenschaftlichen Theorie, daß sie hinterher der empirischen Nachprüfung und der rationalen Analyse standhält. An dieser Stelle sind die Naturwissenschaften in einer glücklicheren Lage als die Künste, da es für die Naturwissenschaft ein unabdingbares und unerbittliches Wertkriterium gibt, dem sich keine Arbeit entziehen kann. Das Kopernikanische System, die Keplerschen Gesetze und die Newtonsche Mechanik haben sich hinterher bei der Deutung der Erfahrungen, der Beobachtungsergebnisse und in der Technik in einem solchen Umfang und mit einer solch extremen Genauigkeit bewährt, daß an ihrer Richtigkeit seit Newtons ›Principia‹ nicht mehr gezweifelt werden konnte. Aber es handelt sich doch auch hier um eine Idealisierung, so wie Plato es für notwendig gehalten und Aristoteles es getadelt hatte.

Das hat sich in voller Deutlichkeit erst vor etwa 50 Jahren herausgestellt, als man aus den Erfahrungen in der Atomphysik erkannte, daß die Newtonsche Begriffsbildung nicht mehr ausreicht, um an die mechanischen Phänomene im Inneren der Atome heranzukommen. Seit der Planckschen Entdeckung des Wirkungsquantums im Jahre 1900 war in der Physik ein Zustand der Verwirrung entstanden. Die alten Regeln, nach denen man über zwei Jahrhunderte lang die Natur erfolgreich beschrieben hatte, wollten nicht mehr zu den neuen Erfahrungen passen. Aber auch diese Erfahrungen selbst waren in sich widersprüchlich. Eine Hypothese, die sich in einem Experiment bewährte, versagte in einem anderen. Die Schönheit und Geschlossenheit der alten Physik schien zerstört, ohne daß man aus den oft divergierenden Versuchen einen wirklichen Einblick in neue und andersartige Zusammenhänge hätte gewinnen können. Ich weiß nicht, ob es erlaubt ist, den Zustand der Physik in jenen 25 Jahren nach Plancks Entdeckung, die ich als junger Student noch miterlebt habe, mit den Zuständen der heutigen modernen Kunst zu vergleichen. Aber ich muß gestehen, daß sich mir dieser Vergleich immer wieder aufdrängt. Die Ratlosigkeit bei der Frage, was man mit den verwirrenden Erscheinungen tun solle, die Trauer über die verlorenen Zusammenhänge, die doch immer noch so überzeugend aussehen, all dieses Unbefriedigende hat doch das Gesicht der beiden so verschiedenen Bereiche und Epochen in ähnlicher Weise bestimmt. Dabei handelt es sich offenbar um ein notwendiges Zwischenstadium, das nicht übersprungen werden kann und das die spätere Entwicklung vorbereitet. Denn, so hieß es bei Pauli, jedes Verstehen ist ein langwieriger Prozeß, der lange vor der rationalen Formulierbarkeit des Bewußtseinsinhalts durch Prozesse im Unbewußten eingeleitet wird. Die Archetypen funktionieren als die gesuchte Brücke zwischen den Sinneswahrnehmungen und den Ideen.

In dem Moment aber, in dem die richtigen Ideen auftauchen, spielt sich in der Seele dessen, der sie sieht, ein ganz unbeschreiblicher Vorgang von höchster Intensität ab. Es ist das staunende Erschrecken, von dem Plato im ›Phaidros‹ spricht, mit dem die Seele sich gleichsam an etwas zurückerinnert, was sie unbewußt doch immer schon besessen hatte. Kepler sagt: »geometria est archetypus pulchritudinis mundi«, »Die Mathematik«, so dürfen wir wohl verallgemeinernd übersetzen, »ist das Urbild der Schönheit der Welt.« In der Atomphysik hat sich dieser Vorgang vor nicht ganz fünfzig Jahren abgespielt und hat die exakte Naturwissenschaft wieder in den Zustand harmonischer Geschlossenheit unter ganz neuen Voraussetzungen zurückgebracht, der für ein Vierteljahrhundert verlorengegangen war. Ich sehe keinen Grund, warum Ähnliches nicht auch eines Tages in der Kunst geschehen sollte. Aber man muß wohl warnend hinzufügen: So etwas kann man nicht machen, es muß von selbst geschehen.

Verehrte Anwesende, ich habe Ihnen diese Seite der exakten Naturwissenschaft geschildert, weil an ihr die Verwandtschaft zu den Schönen Künsten am deutlichsten sichtbar wird und weil hier dem Mißverständnis vorgebeugt werden kann, es handele sich in Naturwissenschaft und Technik nur um die genaue Beobachtung und um das rationale, diskursive Denken. Zwar gehören dieses rationale Denken und das sorgfältige Messen zur Arbeit des Naturforschers so wie Hammer und Meißel zur Arbeit des Bildhauers. Aber sie sind in beiden Fällen nur Werkzeug, nicht Inhalt der Arbeit.

Vielleicht darf ich ganz am Schluß noch einmal an die zweite Definition des Begriffs ›Schönheit‹ erinnern, die von Plotin stammt und in der von den Teilen und vom Ganzen nicht mehr die Rede ist: »Die Schönheit ist das Durchleuchten des ewigen Glanzes des ›Einen‹ durch die materielle Erscheinung.« Es gibt wichtige Epochen der Kunst, zu denen diese Definition besser paßt als die erstgenannte, und oft sehnen wir uns nach solchen Epochen zurück. Aber in unserer Zeit ist es schwer, von dieser Seite der Schönheit zu sprechen, und vielleicht ist es eine gute Regel, sich an die Sitten der Zeit zu halten, in der man zu leben hat, und über das schwer Sagbare zu schweigen. Eigentlich sind die beiden Definitionen ja auch nicht allzu weit voneinander entfernt. Lassen wir es also bei der ersten, mehr nüchternen Definition der Schönheit bewenden, die sicher auch in der Naturwissenschaft verwirklicht wird, und stellen wir fest, daß sie in der exakten Naturwissenschaft ebenso wie in den Künsten die wichtigste Quelle des Leuchtens und der Klarheit ist.

Abschluß der Physik?*

Im Zusammenhang mit der heute im Zentrum des physikalischen Interesses stehenden Physik der Elementarteilchen ist gelegentlich die Frage aufgeworfen worden, ob dann, wenn die hier gestellte Aufgabe gelöst sein wird, zugleich ein Abschluß der Physik im ganzen erreicht ist. Denn, so könnte argumentiert werden, alle Materie und alle Strahlung bestehen aus Elementarteilchen; also müßte die vollständige Kenntnis der ihre Eigenschaften und Verhalten bestimmenden Gesetze, etwa in Gestalt einer »Weltformel«, auch grundsätzlich den Rahmen für alle physikalischen Vorgänge festlegen. Selbst wenn sich in der angewandten Physik und der Technik dann noch ausgedehnte Entwicklungen anschließen könnten, so wären doch die prinzipiellen Fragen geklärt, die physikalische Grundlagenforschung wäre abgeschlossen.

Dieser These von der möglichen Vollendung der Physik stehen die Erfahrungen früherer Zeiten entgegen, in denen man auch zu Unrecht an einen baldigen Abschluß der Physik dachte. Max Planck hat erzählt, daß sein Lehrer Jolly ihm vom Studium der Physik abgeraten hat, da die Physik doch wohl im wesentlichen abgeschlossen sei, so daß es sich für einen, der Naturforschung aktiv betreiben wolle, kaum lohnen dürfte, in diesem Gebiet tätig zu werden. Ähnlich falsche Prognosen wird heute niemand mehr stellen wollen, und man wird daher fragen müssen, ob es überhaupt in der bisherigen Geschichte der Physik wenigstens Teilgebiete gegeben hat, in denen

* Aufsatz in der Süddeutschen Zeitung, 6. Oktober 1970.

man zu einer endgültigen Formulierung der Naturgesetze gekommen ist; in denen wir uns also darauf verlassen können, daß auch in tausend oder Millionen Jahren oder auf beliebig weit entfernten Sternsystemen die Erscheinungen genau nach den gleichen mathematisch formulierbaren Gesetzen ablaufen.

Solche abgeschlossenen Teilgebiete gibt es zweifellos. Um ein sehr spezielles Beispiel herauszugreifen: Die Hebelgesetze sind von Archimedes vor über 2000 Jahren formuliert worden; wir können nicht daran zweifeln, daß sie zu allen Zeiten und überall ihre Gültigkeit behalten. Wenn etwa Mondfahrer für ihre Arbeit auf dem Mond Hebel benützen, so setzen sie die alten Gesetze des Archimedes selbstverständlich und mit Erfolg als richtig voraus. Das gleiche scheint auch für die ganze Newtonsche Mechanik zu gelten. Die Mondfahrer verlassen sich ohne Bedenken auf deren Aussagen und handeln danach. Aber an dieser Stelle könnte schon ein Einwand erhoben werden: Ist nicht die Newtonsche Mechanik durch Relativitätstheorie und Quantentheorie verbessert worden? Müssen nicht die Mondfahrer, wenn es auf hohe Genauigkeit ankommt, diese Verfeinerungen mit berücksichtigen? Und wenn sie es müssen, beweisen die Verbesserungen nicht, daß auch die Mechanik im Grunde noch gar nicht abgeschlossen ist?

Um hier eine Antwort zu finden, wird man zunächst feststellen müssen, daß es sich bei den großen zusammenfassenden Formulierungen von Naturgesetzen, wie sie zum erstenmal in der Newtonschen Mechanik möglich gewesen sind, um Idealisierungen der Wirklichkeit handelt, nicht um die Wirklichkeit selbst. Die Idealisierung kommt dadurch zustande, daß wir uns der Wirklichkeit mit gewissen Begriffen nähern, die sich bei der Beschreibung der Phänomene bewährt haben und die ihnen damit ein Gesicht geben; so etwa in der Mechanik mit Begriffen wie Ort, Zeit, Geschwindigkeit, Masse, Kraft. Wir schränken aber dadurch das Bild der Wirklichkeit ein – oder wenn man so will, wir stilisieren es –, da wir zugleich auf alle jene Züge in den Phänomenen verzichten, die sich mit diesen Begriffen nicht mehr fassen lassen. Wenn man sich dieser Einschränkungen bewußt bleibt, so kann man behaupten, daß die Mechanik durch die

Newtonsche Theorie abgeschlossen sei; und man meint damit, daß
die mechanischen Phänomene, sofern sie sich überhaupt mit den Begriffen der Newtonschen Physik beschreiben lassen, auch streng
nach den Gesetzen dieser Physik ablaufen. Wir sind, wie gesagt, überzeugt, daß diese Aussagen auch noch nach Millionen Jahren und auf
den entferntesten Sternsystemen zutreffen, und wir glauben, daß die
Newtonsche Physik im Rahmen ihrer Begriffe keiner Verbesserung
fähig ist. Aber wir können keineswegs behaupten, daß alle Phänomene mit diesen Begriffen beschrieben werden können.

Unter den erwähnten Vorbehalten kann man also sagen, daß die
Newtonsche Mechanik eine abgeschlossene Theorie sei. Eine solche
»abgeschlossene« Theorie ist charakterisiert durch ein System von
Definitionen und Axiomen, das die grundlegenden Begriffe und ihre
Verknüpfungen festlegt; ferner durch die Forderung, daß es einen
großen Bereich von Erfahrungen, von beobachtbaren Phänomenen
gibt, der durch dieses System mit hoher Genauigkeit beschrieben
werden kann. Die Theorie ist dann die für alle Zeiten gültige Idealisierung dieses Erfahrungsbereichs.

Aber es gibt andere Erfahrungsbereiche und damit noch andere
abgeschlossene Theorien. Im 19. Jahrhundert hat insbesondere die
Wärmelehre als eine statistische Aussage über Systeme mit sehr vielen Freiheitsgraden ihre in diesem Sinne endgültige Form angenommen. Die grundlegenden Axiome dieser Theorie definieren und verknüpfen Begriffe wie Temperatur, Entropie, Energie, wobei die ersten beiden, Temperatur und Entropie, in der Newtonschen Mechanik überhaupt nicht vorkommen, während die letztere, die Energie,
in jedem Erfahrungsbereich, nicht nur in der Mechanik, eine wichtige Rolle spielt. Auch die statistische Wärmelehre kann seit den Arbeiten von Gibbs als endgültig und abgeschlossen gelten, und wir
können nicht daran zweifeln, daß ihre Gesetze überall und zu allen
Zeiten mit höchster Genauigkeit gelten – allerdings natürlich nur
für die Phänomene, denen man mit Begriffen wie Temperatur, Entropie, Energie beikommen kann. Auch diese Theorie ist eine Idealisierung; und wir wissen, daß es viele Zustände, z. B. der gasförmi-
gen Materie, gibt, in denen man nicht von Temperatur sprechen,

also auch die Gesetze dieser Wärmelehre nicht anwenden kann.

Aus dem bisher Gesagten wird bereits deutlich, daß in der Physik jedenfalls abgeschlossene Theorien existieren, die als Idealisierungen für begrenzte Erfahrungsbereiche angesehen werden können und die für alle Zeiten Gültigkeit beanspruchen. Aber von einem Abschluß der Physik im ganzen kann dabei offenbar noch nicht die Rede sein.

In den letzten 200 Jahren sind ganz neue Erfahrungsbereiche experimentell erschlossen worden. Die elektromagnetischen Erscheinungen sind seit den grundlegenden Untersuchungen von Galvani und Volta immer genauer studiert, durch Faraday ihre Beziehungen zur Chemie, durch Hertz die zur Optik offengelegt worden. Die grundlegenden Tatsachen der Atomphysik sind zunächst aus den chemischen Erfahrungen erschlossen und dann durch Experimente über Elektrolyse, über Entladungsvorgänge in Gasen und später über die Radioaktivität in allen Einzelheiten untersucht worden. Zum Verständnis dieses riesigen Neulandes reichten die abgeschlossenen Theorien der früheren Zeit nicht aus. So bildeten sich neue, umfassendere Theorien, die als Idealisierungen dieser neuen Erfahrungsbereiche gelten können. Die Relativitätstheorie ist aus der Elektrodynamik bewegter Körper entstanden und hat zu neuen Einsichten über die Struktur von Raum und Zeit geführt. Die Quantentheorie gibt von den mechanischen Vorgängen im Inneren der Atome Rechenschaft, sie umfaßt aber auch die Newtonsche Mechanik als jenen Grenzfall, in dem man das Geschehen vollständig objektivieren und von der Wechselwirkung zwischen dem zu untersuchenden Objekt und dem Beobachter absehen kann.

Die Relativitätstheorie kann ebenso wie die Quantenmechanik als eine abgeschlossene Theorie betrachtet werden, eine sehr umfassende Idealisierung ganz großer Erfahrungsbereiche, von deren Gesetzen wir annehmen können, daß sie überall und zu allen Zeiten gültig sind – aber eben wieder nur für jene Erfahrungsbereiche, an die man mit diesen Begriffen herankommen kann.

Schließlich ist in den letzten Jahrzehnten die Physik der Elementarteilchen durch Untersuchungen an der kosmischen Strahlung und vor allem mit Hilfe großer Beschleuniger (z. B. in Berkeley, Genf, Brookhaven, Serpuchov) experimentell erschlossen worden. Dabei sind neuartige Züge in den Phänomenen zutage getreten, die das alte Problem der kleinsten Teilchen der Materie in einem neuen Licht erscheinen ließen. In der vergangenen Entwicklung der Physik hatte es sich immer wieder herausgestellt, daß die Gebilde, die man zunächst als die kleinsten materiellen Teile angesehen hatte, sich bei Anwendung noch größerer Kräfte in noch kleinere Gebilde teilen ließen. Die Atome der Chemiker konnten zwar nicht mit chemischen Mitteln, wohl aber in Entladungsröhren, also unter dem Einfluß starker elektrischer Kräfte, in den Atomkern und die umkreisenden Elektronen zerlegt werden. Beim Zusammenstoß energiereicher Atomkerne konnten auch diese Atomkerne noch weiter geteilt werden, und man erkannte, daß alle Atomkerne aus zwei Grundbausteinen, den Protonen (Wasserstoffatomkernen) und Neutronen bestehen, die man ebenso wie die Elektronen als Elementarteilchen bezeichnete. So lag die Vermutung nahe, daß man auch die Protonen und Neutronen noch weiter würde zerlegen können, wenn man noch größere Kräfte anwendete, wenn man sie z. B. mit außerordentlich hohen Energien aufeinander schösse. Eben dies wurde in den großen Beschleunigern untersucht, aber dabei stellte sich heraus, daß in solchen Zusammenstößen etwas anderes geschieht. Die große Bewegungsenergie der aufeinandergeschossenen Elementarteilchen verwandelt sich in Materie, d. h. beim Zusammenstoß entstehen neue Elementarteilchen, die aber keineswegs kleiner zu sein brauchen als die Teilchen, die man hatte zusammenstoßen lassen. Von einem »Teilen« kann man dabei eigentlich nicht mehr reden. Bei den heute bekannten Elementarteilchen und bei den großen Beschleunigern, mit denen wir an den Elementarteilchen experimentieren, sind wir also an die Grenze gekommen, an der der Begriff des Teilens seinen Sinn verliert, und daher können wir mit gutem Gewissen vermuten, daß die heute bekannten Elementarteilchen wirklich die kleinsten Teile der Materie sind, soweit man diesem Begriff überhaupt einen Sinn geben kann.

Dieser neue Erfahrungsbereich, die Physik der Elementarteilchen, konnte mit den früher entwickelten abgeschlossenen Theorien, der

Quantenmechanik und der Relativitätstheorie, nicht dargestellt werden, obwohl es sich bei diesen Theorien ja schon um sehr umfassende Idealisierungen handelt. Aber die Quantenmechanik setzte immer noch, so wie die alte Newtonsche Mechanik, die Existenz von unveränderlichen Massenpunkten voraus; von einer Umwandlung von Energie in Materie ist in ihr nicht die Rede. Die Relativitätstheorie umgekehrt vernachlässigt die Züge der Natur, die mit dem Planckschen Wirkungsquantum zusammenhängen, sie setzt also immer noch eine Objektivierbarkeit der Erscheinungen im Sinne der klassischen Physik voraus. Für die Physik der Elementarteilchen mußte man also nach einer neuen, noch umfassenderen Idealisierung suchen, die sowohl die Relativitätstheorie als auch die Quantentheorie als Grenzfälle enthält und die das komplizierte Spektrum der Elementarteilchen in ähnlicher Weise verständlich macht, wie die Quantenmechanik etwa das komplizierte optische Spektrum des Eisenatoms hat verständlich machen können. Man kann nicht daran zweifeln, daß diese Idealisierung eines Tages in mathematischer Sprache dargestellt werden wird; aber ob die bisher vorgeschlagene Form für diese mathematische Darstellung schon genügt, wird sich erst durch weitere experimentelle und theoretische Untersuchungen herausstellen. Unabhängig von diesem letzteren Problem, das hier nicht diskutiert zu werden braucht, kann man aber fragen, ob mit dieser Idealisierung dann etwa die Physik vollendet sei. Da alle physikalischen Objekte aus Elementarteilchen bestehen, könnte man schließen, daß die vollständige Kenntnis der Gesetze, die das Verhalten der Elementarteilchen bestimmen, gleichbedeutend sei mit der vollständigen Kenntnis der Gesetze für das Verhalten aller physikalischen Objekte, und insofern könnte man dann von einem Abschluß der Physik reden.

Eine solche Schlußweise wäre aber unzulässig, da sie einen wichtigen Punkt nicht genügend berücksichtigt. Auch eine abgeschlossene Theorie der Elementarteilchen – ob man sie nun als »Weltformel« bezeichnen will oder nicht – muß als eine Idealisierung verstanden werden. Sie bildet zwar einen ungeheuer weiten Bereich von Phänomenen genau ab, aber es mag doch noch andere Erscheinungen ge-

ben, die nicht mit den Begriffen dieser Idealisierung erfaßt werden
können. Der augenfälligste Beweis für diese Möglichkeit ist die Biologie. Denn zwar bestehen auch alle biologischen Objekte aus Elementarteilchen; aber die Begriffe, mit denen wir biologische Vorgänge zu beschreiben pflegen, z. B. der Begriff Leben selbst, kommen in jener Idealisierung nicht vor; also muß es noch weitere Entwicklungen der Physik in dieser Richtung geben. Man könnte hier
höchstens einwenden, daß es sich dabei nicht mehr um Physik, sondern eben um Biologie handele, daß also die Physik doch abgeschlossen sei. Aber die Grenzen zwischen der Physik und den Nach-
barwissenschaften sind so fließend, daß man mit solchen Unterschei-
dungen nicht viel gewinnt. Daher sind sich wohl die meisten Physiker darin einig, daß man eben wegen der undefinierten Grenzen zu
den Nachbargebieten nicht von einem Abschluß der Physik sprechen
dürfe.

Von manchen Physikern wird allerdings auch bestritten, daß ein
Abschluß des engeren Bereichs der Elementarteilchenphysik in ab-
sehbarer Zukunft erwartet werden könne. Es wird darauf hingewiesen, daß man durch den Bau immer größerer Beschleuniger zu immer höheren Energien der kollidierenden Elementarteilchen vorsto-
ßen und dabei ein einstweilen noch unbekanntes Neuland erschließen könne. Diese Ansicht beruht aber auf der weder empirisch noch
theoretisch zu belegenden Vermutung, daß sich bei weiterer Steigerung der Energien qualitativ neue Phänomene ergeben müßten. Mit
der kosmischen Strahlung, die hinsichtlich der Energie der kollidierenden Elementarteilchen tausendmal weiter reicht als die größten
bisherigen Beschleuniger, sind keine solche qualitativ neuen Phänomene gefunden worden. Auch die von manchen Theoretikern hypo-
thetisch angenommenen ›Quark‹teilchen sind nicht entdeckt worden.
Es gibt also weder experimentelle noch theoretische Gründe für dieses unbekannte Neuland, aber ausschließen läßt sich seine Existenz
nicht.

Solange keine derartigen neuen Erfahrungsbereiche aufgetaucht
sind, wird man bei der Frage nach dem Abschluß der Physik vor allem an die fließenden Grenzen zu den Nachbargebieten denken

müssen und an die andersartigen Begriffsbildungen, die in diesen Nachbargebieten zur Anwendung kommen. Dabei handelt es sich keineswegs nur um die Naturwissenschaften. Zu diesen angrenzenden Bereichen gehören auch die Mathematik, die Informationstheorie und die Philosophie, und es wird in der Zukunft vielleicht manchmal schwierig sein zu entscheiden, ob es sich bei einem Vordringen der Wissenschaft um einen Fortschritt der Physik oder der Informationstheorie oder der Philosophie handelt, ob die Physik sich in die Biologie hinein ausdehnt oder ob sich die Biologie in immer höherem Maß physikalischer Methoden und Fragestellungen bedient. Von einem Abschluß der Physik könnte man also nur dann sprechen, wenn man willkürlich gewisse Methoden und Begriffsbildungen als die physikalischen definieren und andere Fragestellungen anderen Wissenschaften zuweisen wollte. Dies wird aber kaum geschehen; denn der charakteristische Zug der kommenden Entwicklung wird ja gerade die Vereinheitlichung der Wissenschaft sein, die Überwindung der historisch gewordenen Grenzen zwischen den verschiedenen Einzeldisziplinen.

Naturwissenschaft
in der heutigen Hochschule[*]

Die 500-Jahrfeier der Universität München soll zum Anlaß genommen werden, über die Rolle der Naturwissenschaft in der heutigen
Hochschule, oder besser bei der Gestaltung der heutigen Hochschule,
nachzudenken. Wenn eine Universität auf eine 500jährige Geschichte
zurückblicken kann, wenn sie auf ihrem historischen Weg von Ingolstadt über Landshut nach München ohne Bedenken als die gleiche
Institution erkannt wird, so ist dies doch nur in der Weise möglich
gewesen, daß sie sich bei aller Wahrung der Tradition im Lauf der
Jahrhunderte gewandelt und dem jeweiligen Leben oder, wie man
heute eher sagen würde, dem jeweiligen Zustand der Gesellschaft
immer wieder angepaßt hat. In den letzten 150 Jahren sind die stärksten verändernden Kräfte von dem Zusammenspiel von Naturwissenschaft und Technik ausgegangen. Die Technik hat besonders seit der
Freimachung der Atomenergie vor 25 Jahren alle früheren Grenzen
überflutet, und daher liegt es nahe, nach den Wirkungen dieser riesigen Kräfte in der heutigen Hochschule zu fragen. Bevor ich dies tue,
muß ich aber eine Entschuldigung vorbringen. Ich bin seit dem letzten
Krieg dem Universitätsleben ferner gestanden als früher. Ich habe
nicht ganz aktiv an diesem Leben teilgenommen und habe die Sorgen
und Nöte der Hochschule daher nicht unmittelbar miterlebt. Ich muß
die Universität also aus einem gewissen Abstand betrachten; aber
vielleicht kann man aus der Ferne die Proportionen, die relative Wichtigkeit einzelner Geschehnisse besser erkennen als aus der Nähe, und

---

[*] Festrede zur 500-Jahrfeier der Universtät München, gehalten am 27. 6. 1972.

jedenfalls muß ich dies in den folgenden Überlegungen versuchen.

Dabei soll es sich zunächst um die ganz unmittelbaren Wirkungen handeln, die im Leben der Hochschule dadurch hervorgerufen werden, daß moderne Naturwissenschaft und Technik gelehrt werden müssen, daß die Forschungsarbeit auf diesen Gebieten sich weitgehend in der Hochschule abspielt und daß die Ausrüstung der Hochschule durch die neuen Gebiete unvergleichlich viel kostspieliger geworden ist. Dann aber muß auch von den tiefer liegenden Wandlungen die Rede sein, die an den Hochschulen dadurch eintreten, daß sich die Gesellschaft oder die politische Landschaft verändert hat, in die die Hochschule eingebettet ist. Zu diesen Folgen gehören z. B. auch die Krisenerscheinungen der vergangenen fünf Jahre, die hervorgerufen sind durch die Auseinandersetzung der studentischen Jugend mit der naturwissenschaftlich-technischen Welt und ihrer sozialen Struktur. Schließlich muß die zentrale Frage gestellt werden, ob in dieser naturwissenschaftlich-technischen Welt die Freiheit, die Weite des Denkens noch angestrebt werden kann, die zu vermitteln uns immer als eine der wichtigsten Aufgaben der Hochschule erschienen ist.

Beginnen wir also mit der Ausbreitung der naturwissenschaftlichen Fächer an der Hochschule. In der Anfangszeit der Universitäten gehörten die Naturwissenschaften zu den artes liberales und spielten eine nur untergeordnete Rolle. Es gab vier Fakultäten, die theologische, juristische, medizinische und eben die artes liberales, zu denen dann Philosophie, Sprachwissenschaft, Naturwissenschaft und manches andere gerechnet wurden. Die, wie es damals hieß, gewinnbringenden Wissenschaften, die scientiae lucrativae, waren Jurisprudenz und Medizin, und die in diesen Wissenschaften Ausgebildeten wurden in der Gesellschaft am dringendsten gebraucht. Erst im 16. Jahrhundert verwandelte sich die Fakultät der Künste in die philosophische Fakultät; es begann der Streit zwischen den alten und den neuen Wissenschaften, und im 17. Jahrhundert spielten schon wegen der engen Beziehung zur Medizin die Chemie und die Botanik eine wichtige Rolle. Im 18. Jahrhundert verschaffte die Aufklärung der empirisch-rationalistischen Forschung einen immer breiteren Raum, und mit

dem beginnenden 19. Jahrhundert begann der Siegeszug der aus dem
Wechselspiel von Naturwissenschaft und Technik entstehenden pragmatischen Wissenschaft, die von nun an auch das Leben der Gesellschaft von Grund auf umgestaltete. In der zweiten Hälfte des 19.
Jahrhunderts entstanden die Technischen Hochschulen, in denen die
wissenschaftlichen Methoden der modernen Technik gelehrt und weiterentwickelt wurden. Aber erst 1937 wurde in München die philosophische Fakultät alter Prägung geteilt in eine naturwissenschaftliche
und eine geisteswissenschaftliche Fakultät. In den letzten Jahrzehnten
wurde die naturwissenschaftliche Fakultät wiederum so groß und
unübersichtlich, daß sie in Fachbereiche aufgegliedert wurde, die eine
gewisse Selbständigkeit besitzen. Die Naturwissenschaften haben also
an der Hochschule im Lauf ihrer Geschichte ein immer größeres
Gewicht erhalten, und es konnte nicht ausbleiben, daß sich unter
ihrem Einfluß auch die geistige Struktur der Hochschule, der Arbeits-
stil in ihren Gliedern und die Organisation des Studiums wandeln
mußten; wir stehen noch mitten in diesen Veränderungen, und niemand weiß, wie das endgültige Bild der Universität – wenn es so etwas
überhaupt geben sollte – aussehen wird.

Zunächst ist in diesem Zusammenhang ein alter Streit, der schon in
der Zeit der Aufklärung eine wichtige Rolle gespielt hat, erneut aufge-
flammt. Soll die Universität, so lautet die Frage, nur als die Zusammenfassung einer Reihe von getrennten Fachschulen aufgefaßt werden, in denen sich die Ausbildung in straff geordneten Studiengängen,
also in einer weitgehend schulischen Organisation vollzieht, oder soll
gerade die Übersicht über die verschiedenen Wissenschaften, die Verbindung zwischen den Fächern eine breitere wissenschaftliche Bildung vermitteln; soll sie zu einem kritischen wissenschaftlichen Denken, zu einem bewußten, an prinzipiellen Einsichten geschulten sittlichen Wollen erziehen, das dann nachträglich auf dem Weg in den
Beruf Anwendung findet? Im zweiten Fall wird man dem Studenten
viel Freiheit in der Wahl seiner Fächer und seines Studienganges ein-
räumen; er soll schließlich ganz selbständig entscheiden, was zu wissen und zu lernen ihm wertvoll scheint. Wilhelm von Humboldt hat
bei seiner Universitätsreform im Anfang des 19. Jahrhunderts zwei-

fellos diese zweite Auffassung im Sinn gehabt; auch heute noch
schwebt sie als Wunschbild vielen vor, die an der modernen Hochschule gestalten und mitarbeiten. Aber schon damals hat sich die Universität doch nicht ganz von der Summe der Fachschulen trennen lassen, und ebensowenig wird das heute möglich sein. Denn die Gesellschaft verlangt zunächst geschulte Fachleute, Juristen, Ärzte, Lehrer,
und in unserer Zeit Chemiker, Physiker, Mathematiker. Je komplizierter die wirtschaftliche und soziale Struktur ist, die das Leben der
Gesellschaft trägt, desto dringender werden gut geschulte Fachleute
gebraucht; desto wichtiger ist es allerdings auch, daß es Einzelne gibt,
die über den engen Fachbereich hinausschauen können.

Nur in einem Punkt ist das Übergewicht der Naturwissenschaft
der Humboldtschen Auffassung entgegengekommen: Die Forschung
und mit ihr das wissenschaftliche Denken spielt heute eine wichtigere Rolle als das Wissen, als die Gelehrsamkeit. Bei der völlig
unübersehbaren Fülle des möglichen Wissens haben wir uns daran
gewöhnt, daß Wissen in Bibliotheken aufgespeichert werden kann.
Nur das wissenschaftliche Denken, die Methode, die zu neuem Wissen
führt, die Einsicht in die möglichen Fehlerquellen, die Sorgfalt bei der
Vorbereitung eines Denkweges, all dies zu lernen und einzuüben wird
als die eigentliche Aufgabe der Hochschule betrachtet. Die enormen
wissenschaftlichen und politischen Folgen der naturwissenschaftlichen Expansion haben dementsprechend dazu geführt, daß der Forscher und Erfinder heute ein höheres Ansehen genießt als der Gelehrte. Sie haben die Forschungsarbeit mit einem Nimbus umgeben, der
der Sache, nämlich der Gestaltung der Hochschule, nicht immer dienlich ist. Denn ähnlich wie die Humboldtsche Auffassung auf ein Zwei-
Klassen-System der Bildung, auf eine Trennung der akademisch gebildeten Schicht vom Volk hinauslief, so fördert die Überschätzung der
erfolgreichen Forschungsarbeit ein Klassendenken innerhalb der Wissenschaft, das durch einseitige Maßstäbe Unfrieden unter denen stif-
ten kann, die den Geist der Hochschule tragen sollen. Es wird bei dieser hohen Bewertung der Forschung zu leicht übersehen, daß ein akademischer Lehrer, der eine große Zahl ausgezeichneter Schüler ausbil-
det, ein nützlicheres Glied der Gesellschaft sein kann als ein anderer,

der viele Forschungsergebnisse veröffentlicht. Aber die Fähigkeit zu
wissenschaftlichem kritischem Denken wird so oder so eine wichtigere
Rolle spielen als das umfangreiche Wissen.

Die Expansion der Naturwissenschaft, die Erschließung so vieler
früher unbekannter Gebiete und die Ausarbeitung unzähliger neuer
Methoden hat in den letzten fünfzig Jahren auch noch zu einer bedau-
erlichen Fehlentwicklung an der deutschen Hochschule geführt, die
zu bekämpfen und rückgängig zu machen eine der wichtigsten Aufgaben der nächsten Jahre sein wird. Ich meine die Verlängerung der
mittleren Studiendauer. Während der Student vor fünfzig Jahren
noch häufig sein Studium am Ende des achten Semesters, also des vier-
ten Studienjahres, mit dem Doktorexamen oder der Lehramtsprüfung
abschließen konnte, werden heute nicht selten Studiendauern von
acht bis zehn Jahren bis zum Abschluß des Doktorexamens gefordert.
Max Planck hat – das ist nun allerdings fast hundert Jahre her – im
Alter von 21 Jahren promoviert, und noch vor fünfzig Jahren sind solche frühen Promotionen nicht allzu selten gewesen. Heute tritt der
junge Akademiker oft erst mit 28 oder 30 Jahren ins Berufsleben ein.
Zur Begründung wird der ständig erweiterte Wissensstoff angeführt,
die Kompliziertheit der modernen Wissenschaft, die es nicht gestatte,
einen jungen Physiker, Chemiker oder Mediziner nach vierjährigem
Studium ins Berufsleben zu entlassen. Ohne eine erhebliche Niveau-
senkung sei, so wird gesagt, eine Verkürzung der Studiendauer nicht
möglich. Vielleicht spielt auch gelegentlich der Gedanke eine Rolle,
daß die Forschungsarbeit des Professors nur mit gut geschulten Mitarbeitern durchgeführt werden könne, und andere Mitarbeiter als Dok-
toranden, die schon eine längere Studiendauer hinter sich haben,
könnten kaum gefunden werden. All diesen Argumenten steht aber
die einfache Forderung entgegen, daß der junge Mensch, der mit 25
Jahren auf der Höhe seiner körperlichen und geistigen Aktivität steht,
Verantwortung übernehmen, im Rahmen der Gesellschaft voll seinen
Mann stellen muß, daß er nicht mehr nur auf der Schulbank sitzen
und rein rezeptiv arbeiten kann. Diese Forderung ist meiner Ansicht
nach unabdingbar. Auch ist zu bedenken, daß selbst die gründlichste
Ausbildung nicht genügen kann, um ausreichende Kenntnisse für den

ganzen Rest des Lebens im Beruf zu vermitteln. Denn Wissenschaft und Technik ändern sich so rasch, daß spätere Weiterbildung im Beruf unerläßlich ist. Vor allem aber muß darauf hingewiesen werden, daß es sich bei der überhöhten Studiendauer um ein spezifisch deutsches Übel handelt. Das mag an unserem übertriebenen Hang zur Gründlichkeit liegen, an unserem mangelnden Talent, vernünftige Kompromisse zu finden, oder an unserem Streben nach Perfektion. Jedenfalls zeigen aber die Verhältnisse an den Hochschulen in anderen Ländern, im Westen ebenso wie im Osten, in England, in Amerika ebenso wie in Rußland und China, daß wesentlich kürzere mittlere Studiendauern möglich sind. Wir müssen hier also von den anderen lernen, so schnell wie möglich; an dieser Stelle ist eine Studienreform absolut notwendig.

Damit wird schon ein anderes Problem angeschnitten, das Verhältnis der Hochschule zu Gesellschaft und Regierung. Durch die steigende Bedeutung von Naturwissenschaft und Technik muß diese Beziehung zwangsläufig enger werden, als sie es in vergangenen Zeiten war. Zwar haben auch früher die Fürsten ihre Räte aus der akademisch gebildeten Schicht geholt, das Rechtswesen erforderte gute Juristen und die Gesundheitspflege tüchtige Ärzte. Aber die Hochschule konnte doch noch in einem vor der Gesellschaft weitgehend geschützten Bereich ein Sonderdasein führen; Autonomie und Selbstverwaltung sorgten für eine ausreichende Distanz, und die bescheidenen Mittel, die für Denken und Forschen notwendig waren, ermöglichten oft ein ungestörtes Leben im Elfenbeinturm der Wissenschaft. Seit dem Beginn des 19. Jahrhunderts aber wird die Bedeutung der in der Hochschule erarbeiteten Ergebnisse für das Leben der Gemeinschaft überall sichtbar; die Geologie schafft die wissenschaftlichen Grundlagen für den Bergbau, die Chemie gestattet eine enorme Intensivierung der Landwirtschaft, Beleuchtungstechnik und Nachrichtentechnik beruhen auf Fortschritten der Physik. Die Geschichte der Universität München ist reich an Erfolgen auch der praktisch angewandten Wissenschaften. Die unmittelbare Konsequenz dieser Entwicklung ist die bessere Ausrüstung der Hochschulen durch den Staat, gelegentlich auch durch die Industrie. Moderne experimentelle Forschung fordert an vielen Stellen komplizierte und daher kostspielige Apparaturen; die Etats der Hochschulinstitute mußten also wachsen. Beim gleichmäßigen Wachstum aller Institutsetats wären aber die finanziellen Grenzen so schnell erreicht worden, daß für die Fächer, in denen die kostspieligen Apparaturen gebraucht werden, die Verbesserung unzureichend gewesen wäre.

So wurden zwei Auswege versucht. Der eine besteht in der Gründung von besonderen hoch dotierten Forschungsinstituten, die mit der Hochschule nur noch locker zusammenhängen oder ganz von ihr getrennt sind – ich erwähne die Institute der Max-Planck-Gesellschaft –, der andere in der Schwerpunktsbildung innerhalb der Hochschule, in der Schaffung von Sonderforschungsbereichen. In beiden Fällen wird gerade die Universalität der Hochschule tangiert. Es ist nicht mehr möglich, an jeder Hochschule jede Wissenschaft mit modernsten Forschungsmitteln zu betreiben. Eine sehr problematische Konsequenz dieser Entwicklung ist das fast als selbstverständlich unterstellte Streben nach immer höheren Institutsmitteln durch viele Institutsdirektoren.

Wie berechtigt sind solche Forderungen? Es ist zwar richtig, daß man manche Forschungsarbeiten nur mit sehr hohen Mitteln durchführen kann. Wenn man sich für diese Forschungsrichtung entscheidet, muß man also hohe Mittel haben. Man wird aber auch zugeben müssen, daß es selbst dann, wenn der Institutsetat bescheiden ist, möglich sein sollte, Forschungsaufgaben zu finden, die mit diesen bescheidenen Mitteln bearbeitet werden können und deren Ergebnisse vielleicht wichtiger sind als jene, die mit den kostspieligen Apparaturen gewonnen werden. Wir sollten also bei der Auswahl der Forschungsthemen uns noch mehr einfallen lassen als bisher, schon weil wir ja auch verpflichtet sind, darüber nachzudenken, ob die übrigen Bedürfnisse der Gesellschaft so hohe Ausgaben für wissenschaftliche Forschung zulassen. Aus dem Beispiel Amerikas können wir hier viel lernen; aber wir dürfen nicht unkritisch einfach alles nachmachen, was dort geschieht. So hat sich z. B. in meiner Wissenschaft dort die Vorstellung eingebürgert, daß man schwierige Probleme einfach organisatorisch lösen könne. Man stellt Milliardenbeträge zur Verfügung, bildet Tausende von Physikern aus und baut riesige kostspielige Beschleuniger, mit anderen Worten, man ebnet das Forschungsgelände gewissermaßen mit einer Dampfwalze ein in der bestimmten Erwartung, daß es dann für alle zugänglich sein wird. Wenn man aber genauer nachsieht, wo die wichtigen Erfolge der amerikanischen Physik im letzten Jahrzehnt gewonnen worden sind, so erkennt man, daß mehrere dieser Erfolge, vielleicht die wichtigsten, von Außenseitern stammen, die mit kleinen Mitteln ihre eigenen Wege gegangen sind, die nicht, um einen amerikanischen Ausdruck ins Deutsche zu übersetzen, mit der Musikkapelle mitmarschiert sind, sondern die stetig im Lauf vieler Jahre abseits der großen Heerstraße unerwartete Forschungsergebnisse sichergestellt haben. Ich erwähne z. B. die Untersuchungen über die Gravitationswellen durch Joe Weber.

Die großen staatlichen Mittel für die Hochschulreform haben noch eine ernstlich zu bedenkende Kehrseite, nämlich die steigende Einflußnahme des Staates auf die Hochschule. Wenn die Gesellschaft große Mittel für die Forschung bereitstellen soll, so ist es unvermeidlich, daß sie auch eine öffentliche Kontrolle für die Verwendung dieser Mittel zugunsten der Gesellschaft verlangt, und zwar zugunsten der gesellschaftlichen Ziele, die sie selbst für wichtig hält. Damit entsteht die Gefahr, daß die technische Anwendung der Forschungsergebnisse zum wichtigsten Wertmaßstab wird und daß die Grundlagenforschung darunter leidet. Dies wirkt sich besonders deutlich in den totalitären Staaten aus, in denen die Steuerung der Hochschulen durch die Behörden besonders straff ist. So hat z. B. in China Mao Tse-tung in einem seiner berühmten Erlasse die Werkzeugmaschinenfabrik Shanghai als Vorbild dafür erklärt, wie die Hochschulen Techniker aus der Arbeiterschaft ausbilden sollten. Wir würden die Hochschule ungern so direkt auf die Bedürfnisse der Industrie beziehen wollen, und wir halten die Grundlagenforschung, also die Forschung um der reinen Erkenntnis willen, für einen ganz wichtigen Bestandteil des wissenschaftlichen Lebens, auch im Interesse der Gesellschaft. In der gleichen Periode unmittelbar nach der Kulturrevolution ist übrigens in China die Studienzeit an der Hochschule drastisch verkürzt worden, mit der Begründung, daß die lange Studienzeit ein falsches Eliteden-

ken in der Studentenschaft begünstige. In einem offiziellen Artikel der
Pekinger Volkszeitung hieß es damals, es bestünde die Gefahr, daß die
Studenten auf die Arbeiter und Bauern heruntersehen und sich selbst
für Größen halten, und man müsse ihnen den Rat geben, ihr eingebil-
detes Gehabe abzulegen.

In den Staaten, in denen eine parlamentarische Demokratie für eine
relativ freiheitliche Verwaltung sorgt, hat sich nicht nur der Einfluß
des Staates auf die Hochschule, sondern auch umgekehrt der Einfluß
wissenschaftlicher Kreise auf die Forschungs- und Bildungspolitik des
Staates verstärkt. Es haben sich allenthalben Beratungsgremien gebildet, in denen Vertreter der Behörden und der Wissenschaft gemeinsam
über die Verteilung von Forschungsmitteln beraten und die Richtlinien der staatlichen Forschungs- und Bildungspolitik diskutieren.
Hier handelt es sich zwar ausdrücklich um Mitberatung und nicht um
Mitbestimmung. Aber gerade weil es sich so verhält, ist es in den vergangenen fünfzehn Jahren in unserem Land gelungen, an dieser Stelle
ein echtes Vertrauensverhältnis zwischen Wissenschaft und staatli-
cher Verwaltung zu schaffen, und deshalb haben diese Beratungskrei-
se, wie mir scheint, sehr wertvolle Arbeit leisten können. Die Hochschullehrer lernen dabei nicht nur die Interessen der Hochschulen und
der Forschung, sondern gleichzeitig immer auch die Interessen der
Gesellschaft zu bedenken und aus dieser Verantwortung heraus zu
handeln. In einigen Fällen haben Wissenschaftler sogar, eben im
Gefühl dieser Verwantwortung, Einfluß auf Entscheidungen der allgemeinen Politik genommen. Ich erinnere an die Erklärung der 18
Göttinger Professoren zur Frage der atomaren Bewaffnung der Bun-
deswehr und an die Tatsache, daß von der gleichen Universität Göttingen einige Jahre vorher der Rücktritt des niedersächsischen Kultus-
ministers erzwungen wurde, der nach Ansicht der Universität zu eng
mit nationalsozialistischen Kreisen in Verbindung gestanden hatte.
Ich glaube, daß diese wechselseitige Einflußnahme und das Vertrauensverhältnis, das ja die Voraussetzung für solche Einflußnahme ist,
ein Glück für die Entwicklung der Bundesrepublik in den Jahren nach
dem Kriege war und daß wir alle Anstrengungen machen müssen,
dieses Vertrauensverhältnis auch unter wechselnden Regierungen zu

bewahren.

Schließlich haben sich infolge der steigenden Bedeutung von Naturwissenschaft und Technik auch die internationalen Beziehungen verändert und verstärkt, die der Hochschulen untereinander ebenso wie die der Staaten. Internationale Zusammenarbeit zwischen Hochschulen verschiedener Länder oder auch der nationalen Hochschulen mit internationalen Forschungszentren gehören zum üblichen Bild der heutigen naturwissenschaftlichen Forschung. Auch ist es schon fast zur Regel geworden, daß junge Wissenschaftler ihre Forschungsarbeit für einige Jahre im Ausland mit Hilfe von Stipendien fortsetzen, um im anderen Lande neue Forschungsmethoden und neue Fragestellungen kennenzulernen. In der Bundesrepublik verleiht die Alexander von Humboldt-Stiftung jährlich an etwa 300 bis 400 junge ausländische Wissenschaftler Stipendien, mit denen sie ihre wissenschaftliche Arbeit in unserem Land für ein bis zwei Jahre fortsetzen, ihre Kenntnisse hier vervollständigen können. Endlich sorgen neuerdings die wissenschaftlichen Attachés an den großen Botschaften dafür, daß der Erfahrungsaustausch auf wissenschaftlichem und technischem Gebiet zu beiderseitigem Nutzen so intensiv wie möglich werde. Kulturpolitik ist heute zu einem sehr wichtigen Teil der Außenpolitik geworden, gerade ihr wissenschaftlich-technischer Sektor kann in seiner Bedeutung kaum überschätzt werden.

Damit ist vielleicht eine erste Übersicht gewonnen über die Änderungen, die unmittelbar von der sich ausbreitenden Naturwissenschaft im Bereich der Hochschule ausgegangen sind, und diese Änderungen greifen empfindlich genug in die Struktur der Hochschule ein. Nun muß noch von jenen tiefergreifenden Wandlungen im Leben der Hochschule die Rede sein, die in der sich verändernden Gesellschaft ihren Ursprung haben und die insofern nur indirekt durch Naturwissenschaft und Technik verursacht sind. Denn darüber müssen wir uns doch klar sein: All diese schnell wechselnden politischen Geschehnisse, wie Revolutionen, Siege, Niederlagen, Eroberungen, so schrecklich sie im einzelnen sein mögen, sie sind nur eine Begleitmusik zu den langsameren, aber ganz in der Tiefe wirksamen Verschiebungen der Fundamente des menschlichen Daseins, die in den letzten 150 Jahren

von Naturwissenschaft und Technik hervorgerufen wurden. Der großen Masse der Menschen ist dies erst mit dem Abwurf der ersten
Atombombe über Japan im Jahr 1945 bewußt geworden, aber natürlich haben diese Verschiebungen schon viel früher begonnen; die
Katastrophe von Hiroshima war ein Alarmsignal, das uns verbieten
sollte, einfach so weiter zu machen wie bisher.

Aber zunächst ist ja die Entwicklung der Technik ein großer Erfolg
gewesen. Allen pessimistischen Prognosen aus dem 19. Jahrhundert
zum Trotz konnte in den Industriestaaten die Verelendung der Massen fast völlig beseitigt werden; die Lebenshaltung gerade der früher
armen Schichten stieg vielfach bis zu der des einstigen Bürgertums,
der Unterschied zwischen den Ständen verwischte sich, und dementsprechend scheint auch die Zufriedenheit dieser Schichten heute größer als je zuvor. Eine Folge dieser Verbreitung des allgemeinen Wohl-
stands ist der Anspruch auf Bildung, der nun von sehr vielen Menschen erhoben wird und der sich im Zudrang zu Höheren Schulen und
Universitäten auswirkt. Dieser Anspruch ist berechtigt, und wir müssen uns freuen, wenn die Anzahl derer wächst, die gelernt haben, kritisch und vorsichtig zu denken. Zwar ist auch akademische Bildung
kein sicherer Schutz gegen Vorurteile und ideologische Verblendung,
aber sie kann vielleicht vor einer allzu großen Enge des Denkens
bewahren. Den Hochschulen werden mit diesen wachsenden Studen-
tenzahlen allerdings sehr schwierige Aufgaben gestellt, die ohne
Änderungen ihrer inneren Struktur kaum bewältigt werden können.
Aber auf die Hochschulreform will ich erst später ganz kurz zu sprechen kommen.

Eine weitere politische Folge der sich erweiternden Technik, insbesondere der atomaren Technik, ist die Bildung politischer Großräume, die allmählich an die Stelle der vielen früher unabhängigen
Nationalstaaten treten. Für das Leben an der Hochschule ist dieser
Prozeß insofern wichtig, als die Vorgänge an den Hochschulen in
einem Land sehr schnell auf die Hochschulen in anderen Ländern
zurückwirken, vor allem in Ländern im gleichen Machtbereich. Die
akademische Jugend empfindet die Fortsetzung des Studiums oder der
Forschungsarbeit im Ausland, d. h. in einem anderen Land des glei-

chen Großraums, schon beinahe als eine Selbstverständlichkeit, keineswegs als einen besonders tiefen Einschnitt. Nur die zeitweise Übersiedlung in einen der anderen Großräume, in denen die Struktur der Gesellschaft grundsätzlich anders ist, wird noch als ein Abenteuer erlebt. Die Solidarisierung der akademischen Jugend verschiedener Länder und Rassen ist heute schon sehr viel weiter fortgeschritten als die der Völker; eine sehr erfreuliche Entwicklung, deren politische Relevanz man allerdings auch nicht überschätzen darf.

Schließlich zeigen sich die stärksten Wirkungen der Ausbreitung von Wissenschaft und Technik aber im Lebensstil selbst, in der immer stärker werdenden Abhängigkeit des Einzelnen von den staatlich verwalteten Lebenssicherungen, wie Gesundheitspflege, Versorgung mit Strom und Wasser, öffentliche Verkehrsmittel und Straßen, Kontrolle von Handel und Gewerbe usw. Die Gesellschaft bemüht sich, jedes Risiko für den Einzelnen möglichst weitgehend auszuschalten. Aber vielleicht wird dabei zu wenig bedacht, daß sich hinsichtlich der menschlichen Beziehungen dann der Lebensraum des Einzelnen bedenklich verengen kann. Wir geraten in die Gefahr, uns jener technisch perfektionierten ›neuen herrlichen Welt‹ zu nähern, die Huxley als warnende Negativ-Utopie so erschreckend beschrieben hat.

Daher erscheint es uns eher als ein Glück, daß jetzt die Grenzen für die Expansion der Technik deutlich sichtbar geworden sind, und an dieser Stelle ergeben sich für die Naturwissenschaften an den Hochschulen — aber auch für die Soziologie und Jurisprudenz — wieder neue und wichtige Aufgaben. Die ständig sich erweiternde Technik hat in den Industriestaaten die Umwelt, in der wir zu leben haben, so sehr verändert, daß bedrohliche Schäden und Gefahren für die Bevölkerung aufgetreten sind. Darauf ist neuerdings von vielen Seiten hingewiesen worden, und ich brauche zu diesem Thema kein Wort mehr zu verlieren. Sicher bedarf es großer Anstrengungen, die Entwicklung hier in die richtigen Bahnen zu lenken. Man kann die gestellte Aufgabe vielleicht allgemeiner so formulieren: Es wird darauf ankommen, der Technik nur noch so viel Raum zur Expansion zu überlassen, wie dem wirklichen Interesse der menschlichen Gesellschaft dienlich ist, und diesen Raum möglichst vernünftig auszufüllen. Aber man darf nicht mehr alles machen, was man technisch machen könnte. Was die Aufgabe der Hochschule in diesem Zusammenhang betrifft, so wäre es zwar sicher absurd zu fordern, daß überall nur noch über Probleme des Umweltschutzes gearbeitet werden soll; es muß Grundlagenforschung und angewandte Forschung auf vielen verschiedenen Gebieten geben, denn jede neue Kenntnis kann zum Guten wirken, wenn sie richtig benützt wird. Aber die unmittelbare Zusammenarbeit zwischen Hochschulen, Industrie und Behörden für die Lösung dieses zentralen Problems der Bändigung der Technik ist sicher eine ganz dringende Aufgabe. Vielleicht ist folgender Vergleich erlaubt: So wie in den vergangenen zwei Jahrhunderten auch die Grundlagenforschung von dem Gedanken an die mögliche Anwendung beeinflußt war – sei es, daß man die Anwendung als aufschlußreiches Richtigkeitskriterium oder als nützliches Nebenprodukt betrachtete –, so könnte die wissenschaftliche Arbeit in Zukunft starke Impulse empfangen von der Aufgabe, wieder Herr im eigenen Hause zu sein, d. h. die Technik voll den wirklichen menschlichen Bedürfnissen unterzuordnen. Auch die Wirtschaftswissenschaften werden hier wichtige Vorarbeiten leisten können. Noch gilt das Wachstum der jährlich produzierten Warenmenge als das wichtigste Kriterium für eine gesunde Wirtschaft. Aber es könnte in naher Zukunft der Zeitpunkt kommen, zu dem eine Abnahme dieser Warenmenge dem Wohl der Menschen dienlicher wäre als die Zunahme und zu dem man sorgfältig wird unterscheiden müssen zwischen den Waren, die unbedingt notwendig sind, und den anderen, die man auch gut entbehren kann. Die Auseinandersetzung mit diesen brennenden Fragen dürfte für die Zukunft wichtiger sein als der allzu oft wiederholte theoretische Disput über die Vorteile der verschiedenen möglichen Wirtschaftssysteme. Denn der gegenwärtige Zustand des dauernden wirtschaftlichen Wachstums ist ganz sicher nicht stabil, und die Frage lautet nur, ob der Bremsweg noch reicht, um schwere Katastrophen zu vermeiden. Jedenfalls müssen große Anstrengungen auf die Herstellung eines wirtschaftlichen Gleichgewichts gerichtet werden; und da es sich hier ebensosehr um die Lösung vieler kleiner Einzelfragen wie um große grundsätzliche Entscheidungen handelt, so gibt es für die junge Generation an den Hochschulen eine Fülle von wichtigen Aufgaben, die sie in ihrem eigensten Interesse lösen muß.

Hoffentlich wird man von dieser Seite her auch jener Einengung der menschlichen Beziehungen begegnen können, die mit Technisierung und Wohlstand einherzugehen scheint und gegen die sich die studentische Jugend mit Recht auflehnt. Im Hochschulleben äußert sich diese Einengung, oder sagen wir direkt Vereinsamung, darin, daß wir zwar dem jungen Menschen durch Stipendien und Studentenwohnheime alle mögliche Hilfe gewähren, um ihm ein ordnungsgemäßes Studium zu ermöglichen, daß er aber in den überfüllten Vorlesungen und Seminaren nur noch wenig Kontakt mit den Professoren und Assistenten bekommen kann; und auch der Umgang mit berufstätigen Menschen in anderen Bevölkerungskreisen, der früher in der Studentenbude von selbst stattfand, fällt im Studentenheim weg. Wir können nicht erwarten, daß der Student nach einem solchen zwar wohlorganisierten, aber an menschlichen Kontakten armen Studium sich ohne innere Schwierigkeiten gewissermaßen als Ersatzteil in die riesige rational durchprogrammierte Maschinerie der modernen Gesellschaft einfügen läßt, natürlich mit den ebenfalls vorprogrammierten Freiheiten. Dazu ist noch keine junge Generation bereit gewesen, und das dürfen wir auch gar nicht wünschen. Für die Jugend fängt die Welt immer wieder von vorne an. Sie kann nicht einfach in das eintreten, was die ältere Generation bereitgestellt hat, und es ohne Vorbehalt gutheißen.

So ist es zu der Hochschulkrise der vergangenen fünf Jahre gekommen, zu einer Studentenrebellion, die tief und zum Teil zerstörend in das akademische Leben eingegriffen hat. Diese Rebellion hat nicht in Deutschland, sondern im Westen Amerikas, in Berkeley, ihren Ausgang genommen, und daher wäre es von vornherein ungerecht, wenn man die Schuld für die Krise speziell bei der deutschen Studentenschaft, den deutschen Professoren oder den deutschen Hochschulen suchen wollte. Diese Studentenrebellion ist bei uns auch nicht die erste gewesen und wird nicht die letzte sein. Auf dem Wartburgfest von 1817 bekannte sich die studentische Jugend zur werdenden Einheit des deutschen Volkes, aber erlag drei Jahre später der Reaktion, die nach der Ermordung des Schriftstellers Kotzebue durch den Theologiestudenten Sand einsetzte. 1848 demonstrierten die Studenten und ein Teil der Professoren gemeinsam für liberale und demokratische Reformen und gegen die immer noch bestehende Kleinstaaterei. Die Gründung des Bismarckschen Reiches befriedigte zwar einen Teil dieser Wünsche, die Beseitigung der Kleinstaaterei, aber von den liberalen und demokratischen Reformen wurden nur wenige verwirklicht. Die Jugendbewegung vor 50 Jahren strebte aus der Enge der scheinbar hohl und unglaubwürdig gewordenen bürgerlichen Welt hinaus in die Weite eines Gemeinschaftslebens in der Natur, einer unmittelbaren Verbindung mit den Menschen aller Bevölkerungsschichten, einer Verbindung, die durch die gemeinsame kulturelle Tradition getragen sein sollte. Gegen Ende der zwanziger Jahre aber waren große Teile der studentischen Jugend zum Nationalsozialismus übergegangen; schon 1931 zeigte sich bei den Münchner Universitätskrawallen, daß die Nationalsozialisten die Macht in den Studentenvertretungen übernommen hatten; hier wie in anderen Hochschulen.

In den vergangenen fünf Jahren sind wieder Vorlesungen gestört, Wahlen mit Gewalt verhindert worden. Aber diese Ereignisse habe ich nicht selbst miterlebt, und da ich mir nur vornehmen konnte, aus dem Abstand zu betrachten und zu schildern, wird es mir erlaubt sein, nach den gemeinsamen Zügen dieser vier Studentenrebellionen zu fragen. Am Anfang steht in allen Fällen jenes spontane Jugenderlebnis des gemeinsamen Aufbruchs, das wohl überhaupt nicht rational gedeutet werden kann. Die Erklärung durch die doch vorher bestehenden Mißstände enthält zwar einen Teil der Wahrheit, geht aber an wesentlichen Zügen des Geschehens vorbei. Der Vergleich mit dem Aufbruch der Zugvögel, die im Herbst nach Süden fliegen, enthält einen anderen Teil der Wahrheit. Bei Jacob Burckhardt heißt es: »Die Botschaft geht durch die Luft, und in dem einen, worauf es ankommt, verstehen sie sich plötzlich alle, und wäre es auch nur ein dunkles ›es muß anders werden‹.« In diesem Anfangsstadium überwiegen die positiven Züge der Bewegung, der Blick ist noch in die Weite gerichtet, auf die neuen und verlockenden Möglichkeiten, und selbst die Wirrnisse dieser Anfangszeit zeigen, daß noch um echte Werte und nicht nur um

Macht gerungen wird. Aber so kann es nicht bleiben, und es folgt die Zeit, in der sich alte politische Mächte bemühen, die Wasser dieser frischen Quelle in den vielleicht schon etwas träge und trübe gewordenen Strom ihrer politischen Absichten zu leiten. Nach dem Jahre 1848 war es immerhin das Bismarcksche Reich, das übrigblieb. Aber in den zwanziger Jahren waren es die längst historisch gewordenen Strömungen Nationalismus und Sozialismus, die in ihrer unheiligen Allianz im Nationalsozialismus den Sinn der Jugend verwirrten. Wer die damalige Zeit unmittelbar miterlebt hat, kann sich nur noch mit Schrecken daran erinnern, wie sich auch bei hochbegabten, der Weite der Welt aufgeschlossenen jungen Menschen auf einmal der Blick verengte, wie er starr nur auf einige offensichtliche Mißstände gerichtet schien, mit deren Beseitigung die Befreiung von allem Übel vorgegaukelt wurde. Propheten, die in solchen Zeiten immer auftauchen, erfinden dann eine neue Sprache, die die Verständigung mit denen, die von der Bewegung nicht ergriffen sind, noch obendrein erschwert, und so wird die Chance, daß aus dem ersten Aufbruch etwas Gutes kommt, immer geringer. Erst diese Einengung des Blickfeldes, diese ideologische Verblendung kann dazu führen, daß junge Menschen denen folgen, die nicht mehr die Wahrheit sagen, die für den Frieden demonstrieren, weil sie für den Bürgerkrieg rüsten, oder die von Freiheit reden und Gewissenszwang meinen. Ein Kampf, der in Blindheit geführt wird, kann aber kaum einem sinnvollen Zweck dienen. So etwas sollte nicht wieder geschehen, und auch in der gegenwärtigen Krise müssen wir alle Anstrengungen machen, die Verengung des Blickfeldes zu vermeiden. Daß diese Gefahr auch heute besteht, dafür nur ein Beispiel: Es wird leicht gesehen, daß Naturwissenschaft mißbraucht werden kann, z. B. in der Waffentechnik. Es wird aber vielfach nicht erkannt, daß es auch gefährlichen Mißbrauch der Psychologie gibt. Der gefährlichste besteht darin, dem Andersdenkenden vor allem unlautere Motive für sein Handeln zu unterschieben, wobei Mißtrauen und Feindschaft die unvermeidliche Folge sind.

Aber wieweit können wir auf die Forderungen der Studenten eingehen? Diese Frage darf ich nicht beantworten, weil ich nicht mehr aktiv am Leben der Universität teilnehme. Aber vielleicht darf ich doch einen Rat geben. Sofern die Wünsche der Jugend sich wirklich auf die Verbesserung der Zustände an den Hochschulen richten – Verbesserung im Hinblick auf die Ziele, die der Hochschule von der Gesellschaft gesetzt sind –, sollten wir versuchen, in gemeinsamer Anstrengung mit ihnen und in vollem Verständnis für ihre großen menschlichen Schwierigkeiten zu bessern, wo zu bessern ist; wir dürfen uns nicht durch den Hinweis auf manche Irrwege dazu verführen lassen, das Alte einfach träge weiterzuschleppen. Wo aber die Jugend versucht, von der Hochschule aus die Gesellschaft radikal umzuformen, da müssen wir ihnen klarmachen, daß die Hochschule dafür ein denkbar ungeeigneter Ort ist. Die Hochschule spielt im politischen Leben eine viel geringere Rolle, als wir uns gerne einbilden möchten. Der Masse der Menschen ist das Handeln immer wichtiger gewesen als das Denken.

Aber nun noch einige Worte zur Hochschulreform, über die jetzt so viel diskutiert wird. Es kann nicht meine Aufgabe sein, dazu Vorschläge zu machen. Eine Anpassung der Hochschule an die veränderten Zeiten ist unbedingt notwendig, aber es kommt gar nicht mehr darauf an, Vorschläge zu machen, sondern sie durchzuführen. Und dazu muß man mitten im akademischen Leben oder an der Grenze zwischen öffentlichem und akademischem Leben stehen. Was die immer neuen Vorschläge betrifft, so sollte man vielleicht daran erinnern, daß schon in einer Rektoratsrede aus dem Jahre 1899 von dem »Gefühl des Überdrusses« gesprochen wurde, »der einen ergreift, wenn man wieder und wieder einen der Hochschullehrer zum Danaidenfaß akademischer Reformvorschläge schreiten sieht, nachdem so viele vortreffliche Männer das seit Generationen getan«. Neue Vorschläge will ich also nicht machen. Von der hohen Dringlichkeit der Verkürzung der Studiendauer habe ich vorher schon gesprochen. Daneben will ich nur noch einen Punkt besonders hervorheben, der mit dem Begriff der Demokratie zu tun hat. Der Streit um bestimmte Prozentzahlen bei der Mitbestimmung kommt mir so vor wie der Kampf von Kindern um ein Spielzeug, das sie beim Streiten längst zerbrochen haben und bei dem es nicht mehr wichtig sein kann, ein wie großes Stück jeder hinterher in der Hand hält. Das einzig Wichtige

für das Leben an der Hochschule ist die Herstellung eines Vertrauens-
verhältnisses zwischen Professoren und Studenten. Wenn ein solches
Vertrauensverhältnis besteht, wird bei jedem Prozentsatz eine gute
Zusammenarbeit möglich sein, wenn es nicht besteht, kann aus der
Arbeit so oder so nicht viel herauskommen. Demokratie ist ja nicht
nur eine Sammlung von politischen Spielregeln, sondern sie ist eine
Lebenshaltung, die damit anfängt, daß man den anderen voll gelten
läßt, daß man ihn menschlich ernst nimmt und mit ihm, nicht gegen
ihn, die Lösung zu finden sucht.

Aber nun bin ich von meinem Thema »Naturwissenschaft in der
heutigen Hochschule« schon etwas weit abgekommen und möchte zu
der Frage zurückkehren, ob die naturwissenschaftliche Denkweise,
die in der Hochschule so sichtbar an Raum gewonnen hat, mit dem
Wunsch nach Weite und Freiheit des Denkens vereinbar ist, die uns
immer als die wichtigsten Ziele akademischer Bildung erschienen
sind.

Erinnern wir uns zunächst daran, daß es beim Beginn der Neuzeit
gerade die Naturwissenschaft war, die die Befreiung von einem engen,
aus dem Mittelalter überkommenen dogmatischen Denken bewirkt
hat. Später hat sich dann, durch die Forderung nach der Sorgfalt und
Genauigkeit im einzelnen, der Blick auch gelegentlich wieder verengt.
Aber wenn der Vorwurf eines zu spezialisierten Fachdenkens erhoben
wird, so wird man hervorheben können, daß sich das Bild hier in den
letzten fünfzig Jahren gewandelt hat; daß in der heutigen Naturwissenschaft der enge und gewissenhafte Spezialist zwar immer noch eine
wichtige, aber nicht mehr die führende Rolle spielen kann. Denn
gleichgültig ob es sich um Physik, Chemie, Biologie oder Medizin
handelt, wir sind gezwungen, über die Grenzen in die Nachbargebiete
und machmal über diese Gebiete hinweg bis in die Philosophie hinein
zu schauen, wenn wir grundsätzlich wichtige Fortschritte machen und
verstehen wollen. Dazu kommt die ethische und die erzieherische
Relevanz der naturwissenschaftlichen Forschung. Die praktische Bedeutung der Forschungsergebnisse zwingt uns, ethische Probleme neu
zu überdenken, insbesondere die Frage, ob man alles machen soll, was
man machen kann. Die Schärfe des naturwissenschaftlichen Denkens

lehrt, daß über richtig und falsch schließlich objektiv entschieden wird, daß hier subjektive Meinung und eigenes Engagement zwar für die Arbeit wichtig sein mögen, daß sie aber für die Richtigkeit nicht genügen, daß sich vielmehr auch herausstellen kann, daß wir unrecht haben. Gerade das ist eine äußerst nützliche Erfahrung. Schließlich stößt die Naturwissenschaft in der Atomphysik und in der Biologie an die erkenntnistheoretischen Grenzen des rationalen Denkens, die sie mit den rationalen Hilfsmitteln der Wissenschaft abzustecken versucht. So begegnen dem Studierenden auch hier alle die Denkbewegungen, deren Kenntnis im Rahmen des Humboldtschen Bildungsideals gefordert wurde. Die Weite des Denkens ist auch in der Naturwissenschaft eine entscheidende Voraussetzung.

Aber freilich, das genügt der Jugend noch nicht; sie erhofft sich von der Begegnung mit der Hochschule Antworten auf ihre Lebensfragen, einen Kompaß, nach dem sie sich richten kann bei dem Versuch, dem eigenen Leben einen Sinn zu geben. Die Hochschule als Institution kann das ganz sicher nicht leisten, heute ebensowenig wie früher. Der junge Student kann aber vielleicht auch heute noch das Glück haben, in der Hochschule auf eine einzelne bedeutende Persönlichkeit zu stoßen, die ihm weiterhilft, und eine solche Begegnung kann für das ganze Leben bestimmend sein – unabhängig davon, in welchem Wissenschaftsbereich sie sich abspielt. An der Universität München hat es immer wieder solche Persönlichkeiten gegeben. Aber wir müssen dem jungen Menschen ehrlich sagen, daß er darauf nicht sicher rechnen kann. Vielleicht gewinnt er beim Studium auch Freunde, in deren Kreis er den Weg ins Leben leichter findet; aber sonst muß er sich mit der bitteren Wahrheit begnügen, daß wir bei den wichtigsten Entscheidungen schließlich immer allein sind.

Damit kommen wir zur Frage nach dem Wert der Freiheit. Die Freiheit hat ja immer die zwei Aspekte, die Freiheit von etwas und die Freiheit zu etwas. Bei der geistigen Freiheit handelt es sich auf der einen Seite um die Freiheit von Vorurteilen, von dogmatischer Bindung, von suggestiver Beeinflussung, von Gesinnungszwang. Auf der anderen um die Möglichkeit, neue Gedanken zu denken, bekannte Sachverhalte von neuen Gesichtspunkten aus anzusehen, die Gedanken anderer, auch wenn sie zunächst nicht einleuchten, mitzudenken und über sie hinauszugehen. Von der Naturwissenschaft kann man hier vor allem lernen, daß Freiheit nur durch die Anerkennung von Gesetzen möglich ist. Der Arzt kann den Kranken nur dann von Leiden befreien, wenn er die biologischen Gesetze kennt und ausnützt, die das Geschehen im Organismus regeln. Die Freiheit des Fliegens beruht auf der Anerkennung der Gesetze der Aerodynamik. So ist auch die Freiheit in den Entscheidungen des Lebens nur möglich durch die Bindung an sittliche Normen, und wer diese als Zwang mißachten wollte, würde an die Stelle der Freiheit nur die Haltlosigkeit setzen. Dann lehrt die Naturwissenschaft noch etwas sehr Wichtiges, nämlich, daß Freiheit schwer ist. Im Rahmen der unaufhebbaren Naturgesetze neue Zusammenhänge zu erkennen, neue Möglichkeiten auszukundschaften, das Ungewohnte zu denken, das kann nur unter äußerster Anstrengung gelingen. Wem es zu schwer ist, der sollte sich aber nicht dazu verleiten lassen, die bestehenden Gesetze einfach zu ignorieren. Dabei käme überhaupt nichts heraus. Sondern er tut dann gut daran, im Rahmen des schon Bestehenden zu bleiben und sorgfältige Arbeit zu leisten; das lohnt sich immer noch. Wenn Wilhelm von Humboldt die Forderung erhoben hat, die Hochschule solle zu kritischem, wissenschaftlichem Denken, zu einem bewußten, an prinzipiellen Einsichten geschulten sittlichen Wollen erziehen, so steht also die Ausbreitung der Naturwissenschaft dem sicher nicht im Wege.

Und doch gibt es in den heutigen Hochschulen viel Unzufriedenheit und Unruhe. Vielleicht sind vielen von denen, die nach mehr Freiheit und Demokratie rufen, in Wirklichkeit Freiheit und Demokratie zu schwer. Die Demokratie sollte es im Grunde nicht sein; denn die Forderung, den anderen menschlich ernst zu nehmen, sollten wir mit gutem Willen erfüllen können, auch wenn der andere uns hindernd in den Weg tritt. Aber in unserer Zeit, in der viele alte Werte in Frage gestellt werden, in der in einer babylonischen Sprachverwirrung Wahrheit und Unwahrheit unauflösbar vermengt werden, hier den Weg allein zu finden, selbständig zu entscheiden, wo der Boden noch trägt und wo er zu schwanken beginnt, das ist in der Tat sehr schwer; wir sollten es den Jungen nicht verübeln, wenn sie die Last der Freiheit nicht tragen wollen. Aber wenn wir ehrlich sind, müssen wir ihnen dann raten, sich an die alten Wertmaßstäbe zu halten, die in den großen Religionen aufbewahrt werden; denn die Zeit ist noch nicht gekommen, einen neuen Kanon zu schreiben. Eine rationalistische Analyse sozialer Verhältnisse reicht dazu ganz sicher nicht aus.

Die menschliche Beziehung zwischen dem Älteren und dem Jüngeren fordert auch, daß wir die irrationalen Züge der heutigen ebenso wie früherer Jugendbewegungen nicht zum Anlaß nehmen dürfen, die Verständigung aufzugeben. Der beherrschende Einfluß von Naturwissenschaft und Technik hat die rationale Seite der Welt so überbetont, daß eine Reaktion gegen diese Übertreibung ganz unvermeidlich scheint; oder, um mit Nietzsche zu reden, daß in der Verzweiflung über die Leere und die Leiden in einer solchen Welt der Gott Dionysos wieder in Erscheinung tritt. Wahrscheinlich spricht sich in diesen irrationalen Vorgängen unbewußt die Sehnsucht nach jenem Bereich aus, in dem Geist mehr ist als Information, Liebe mehr ist als Sexualität und Wissenschaft mehr ist als das Sammeln von empirischen Daten und ihre Analyse. Seien wir also dankbar dafür, daß immer wieder aus dem Leben selbst heraus Bewegungen entstehen, die nicht in der vorhin schon genannten ›herrlichen neuen Welt‹ Huxleys vorprogrammiert sind. Für die Hochschule aber ergibt sich in dieser Situation die entscheidend wichtige Aufgabe, der Jugend die Weite des Blicks zu bewahren, ihr Denken so beweglich zu machen, daß es der Erstarrung in billigen dogmatischen Formen entgeht, sie teilnehmen zu lassen an den großen Möglichkeiten, die unsere Übergangszeit bietet. Das kann in der Naturwissenschaft ebenso geschehen wie in den anderen Wissenschaften, in der Konzentration auf ein einzelnes Problem ebenso wie in der umfassenden Übersicht über große Bereiche.

Die Universität München hat sich 500 Jahre lang im Wandel der Zeiten als der Hort und die Quelle fruchtbarer Gedanken erwiesen; sie wird auch der von unserer Zeit gestellten Aufgabe gerecht werden können.

Naturwissenschaftliche und religiöse Wahrheit*

Die Ehrung, die Sie mir freundlicherweise zugedacht haben und für die ich Ihnen danke, ist mit dem Namen Romano Guardinis verbunden. Dadurch hat sie für mich einen besonderen Wert erhalten, denn die geistige Welt Guardinis hat bei mir schon früh einen tiefen Eindruck hinterlassen. Ich habe als junger Mensch seine Schriften gelesen, die Gestalten aus Dostojewskijs Werk in seinem Lichte gesehen, und ich habe im Alter die Freude gehabt, ihn persönlich kennenlernen zu dürfen. Diese Welt Guardinis ist eine durch und durch religiöse, christliche Welt, und es scheint zunächst schwer, von ihr eine Beziehung herzustellen zur Welt der Naturwissenschaften, in der ich selbst seit meiner Studienzeit gearbeitet habe. Wie Sie wissen, ist in der Entwicklung der Naturwissenschaften immer wieder seit dem berühmten Prozeß gegen Galilei die Meinung vertreten worden, daß die naturwissenschaftliche Wahrheit mit der religiösen Interpretation der Welt nicht in Einklang gebracht werden könne. Obwohl ich nun von der Unangreifbarkeit der naturwissenschaftlichen Wahrheit in ihrem Bereich überzeugt bin, so ist es mir doch nie möglich gewesen, den Inhalt des religiösen Denkens einfach als Teil einer überwundenen Bewußtseinsstufe der Menschheit abzutun, einen Teil, auf den wir in Zukunft zu verzichten hätten. So bin ich im Lauf meines Lebens immer wieder gezwungen worden, über das Verhältnis dieser beiden geistigen Welten nachzudenken; denn an der Wirklichkeit dessen, auf das sie hin-

---

* Rede, gehalten vor der Katholischen Akademie in Bayern bei der Entgegennahme des Guardini-Preises am 23. 3. 1973.

deuten, habe ich nie zweifeln können. Es soll sich also im folgenden
zunächst um die Unangreifbarkeit und den Wert der naturwissenschaftlichen Wahrheit handeln, dann um den viel weiteren Bereich
der Religion, über den – soweit es um die christliche Religion geht –
eben Guardini in so überzeugender Weise geschrieben hat, und
schließlich – und das wird am schwierigsten zu formulieren sein – um
das Verhältnis der beiden Wahrheiten zueinander.

Wenn von den Anfängen der neuzeitlichen Naturwissenschaft gesprochen wird, über die Entdeckungen von Kopernikus, Galilei, Kepler, Newton, so wird meist gesagt, daß damals neben die Wahrheit der
religiösen Offenbarung, die in der Bibel und in den Schriften der Kir-
chenväter niedergelegt sei und die das Denken des Mittelalters
beherrscht habe, die Wirklichkeit der sinnlichen Erfahrung getreten
sei, die von jedem nachgeprüft werden könne, der über seine gesunden
fünf Sinne verfügt; die also schließlich bei hinreichender Sorgfalt
nicht bezweifelt werden könne. Aber schon dieser erste Ansatz zur
Beschreibung des neuen Denkens ist nur halb richtig; er vernachlässigt ganz entscheidende Züge, ohne die die Kraft dieses neuen Denkens nicht verstanden werden könnte. Es ist gewiß kein Zufall, daß
der Anfang der neuzeitlichen Naturwissenschaft mit einer Abwen-
dung von Aristoteles und einer Hinwendung zu Plato verbunden war.
Schon im Altertum hat Aristoteles als Empiriker den Pythagoreern,
und zu ihnen wird man Plato rechnen müssen, den Vorwurf gemacht,
daß sie – ich zitiere einigermaßen wörtlich – nicht im Hinblick auf die
Tatsachen nach Erklärungen und Theorien suchten, sondern im Hinblick auf gewisse Theorien und Lieblingsmeinungen an den Tatsachen
zerrten und sich, man möchte sagen, als Mitordner des Weltalls aufspielten. In der Tat führte die neuere Naturwissenschaft in dem von
Aristoteles kritisierten Sinne von der unmittelbaren Erfahrung weg.
Denken wir an das Verständnis der Planetenbewegungen. Die unmittelbare Erfahrung lehrt, daß die Erde ruht und daß die Sonne sich um
sie bewegt. Man könnte in moderner Verschärfung sogar sagen: das
Wort »ruhen« ist durch die Aussage definiert, daß die Erde ruht und
daß wir jeden Körper als ruhend bezeichnen, der sich relativ zur Erde
nicht mehr bewegt. Wenn das Wort »ruhen« so verstanden wird – und

es wird allgemein so verstanden –, so hatte Ptolemäus recht und Kopernikus unrecht. Nur wenn man über die Begriffe »Bewegung« und »Ruhe« reflektiert, wenn man verstanden hat, daß Bewegung eine Aussage über die Relation zwischen mindestens zwei Körpern ist, dann kann man das Verhältnis umkehren, kann die Sonne zum ruhenden Mittelpunkt des Planetensystems machen und damit ein viel einfacheres, einheitlicheres Bild des Planetensystems gewinnen, dessen erklärende Kraft später von Newton voll erkannt worden ist. Kopernikus hat also der unmittelbaren Erfahrung ein ganz neues Element zugefügt, das ich an dieser Stelle als die »Einfachheit der Naturgesetze« bezeichnen will und das jedenfalls mit unmittelbarer Erfahrung nichts zu tun hat. Das gleiche läßt sich an den Fallgesetzen des Galilei erkennen. Die unmittelbare Erfahrung lehrt, daß leichte Körper langsamer fallen als schwere. Statt dessen behauptete Galilei, daß im luftleeren Raum alle Körper gleich schnell fallen und daß ihre Fallbewegung durch mathematisch formulierbare Gesetze, eben die Galileischen Fallgesetze, richtig beschrieben wird. Die Bewegung im luftleeren Raum ließ sich aber damals noch gar nicht beobachten. An die Stelle der unmittelbaren Erfahrung ist also eine Idealisierung der Erfahrung getreten, die sich als die richtige Idealisierung dadurch zu erkennen gibt, daß sie die mathematischen Strukturen in den Phänomenen sichtbar werden läßt. Man kann nicht daran zweifeln, daß in diesem frühen Stadium der neuzeitlichen Naturwissenschaft die neu entdeckte mathematische Gesetzmäßigkeit die eigentliche Grundlage für ihre Überzeugungskraft gewesen ist. Diese mathematischen Gesetze waren der sichtbare Ausdruck des göttlichen Willens, so lesen wir es bei Kepler, und Kepler bricht in Begeisterung darüber aus, daß er als erster hier die Schönheit der göttlichen Werke erkannt habe. Mit einer Abkehr von der Religion hatte das neue Denken also sicher nichts zu tun. Wenn die neuen Erkenntnisse auch den kirchlichen Lehrmeinungen an einigen Stellen widersprachen, so konnte das wenig bedeuten, wenn man das Wirken Gottes in der Natur so unmittelbar zu erleben vermochte.

Allerdings, der Gott, von dem hier geredet wird, ist ein ordnender Gott, einer, von dem wir nicht sogleich wissen, ob er identisch ist mit jenem, an den wir uns in unserer Not wenden, auf den wir unser Leben beziehen können. Man kann also vielleicht sagen, daß hier das Augenmerk ganz auf einen Teil des göttlichen Wirkens gerichtet wurde und daß damit die Gefahr entstand, daß der Blick auf das Ganze, auf den großen Zusammenhang verlorenginge. Aber gerade dies war auch wieder der Grund für die enorme Fruchtbarkeit der neuen Naturwissenschaft. Über den großen Zusammenhang war von den Philosophen und Theologen schon so viel gesprochen worden, darüber ließ sich nicht mehr viel Neues formulieren; die Scholastik hatte das Denken ermüdet. Aber die Einzelheiten des Naturgeschehens waren noch kaum erforscht. An dieser Arbeit konnten sich auch viele kleinere Geister beteiligen, und dazu kam, daß die Kenntnis der Einzelheiten praktischen Nutzen versprach. In einigen der wissenschaftlichen Gesellschaften, die damals entstanden, wurde es also geradezu zum Prinzip erhoben, daß man nur über die beobachteten Einzelheiten, aber nicht über den großen Zusammenhang reden solle. Die Tatsache, daß es sich dabei nicht um unmittelbare, sondern um idealisierte Erfahrung handelt, führte zur Entwicklung einer neuen Kunst des Experimentierens und Messens, mit der man den idealen Bedingungen nahezukommen suchte, und es stellte sich heraus, daß man sich über das Ergebnis der Experimente schließlich immer einigen kann. Das ist wohl nicht so selbstverständlich, wie es späteren Jahrhunderten erschienen ist; denn es setzt voraus, daß unter den gleichen Bedingungen immer wieder das gleiche geschieht. Man machte also die Erfahrung, daß dann, wenn man bestimmte Phänomene durch sorgfältig ausgewählte experimentelle Bedingungen präzisiert und von der Umwelt isoliert, die Gesetzmäßigkeiten der Phänomene rein in Erscheinung treten, daß die Phänomene durch eine eindeutige Kausalkette bestimmt sind. Das Vertrauen in den kausalen Ablauf der Ereignisse, die als objektiv und vom Beobachter unabhängig gedacht wurden, ist damit zu einem Grundpostulat der neuen Naturwissenschaft erhoben worden. Dieses Postulat hat sich, wie Sie wissen, mehrere Jahrhunderte hindurch ausgezeichnet bewährt, und erst in unserer Zeit ist man durch die Erfahrungen an den Atomen auf die Grenzen hingewiesen worden, die auch diesem Vorgehen gesetzt sind. Aber selbst wenn man diese Erfahrungen einbezieht, hat man ein scheinbar unangreifbares Wahrheitskriterium gewonnen. Die Wiederholbarkeit der Experimente ermöglicht schließlich immer eine Einigung über das wahre Verhalten der Natur.

Mit dieser allgemeinen Richtung der neuen Naturwissenschaft ist auch schon ein charakteristischer Zug vorgezeichnet, der später oft besprochen worden ist, nämlich die Betonung des Quantitativen. Die Forderung nach präzisen experimentellen Bedingungen, exakten Messungen, nach einer genauen, eindeutigen Sprache und nach einer mathematischen Darstellung der idealisierten Phänomene hat das Gesicht dieser Naturwissenschaft bestimmt und ihr den Namen »exakte Naturwissenschaft« eingetragen. Dieser Name wird manchmal als Lob, manchmal als Tadel ausgesprochen. Als Lob, wenn die Zuverlässigkeit, die Genauigkeit, die Unangreifbarkeit ihrer Aussagen betont wird; als Tadel, wenn angedeutet werden soll, daß sie der unendlichen Fülle der qualitativ verschiedenen Erfahrungen nicht gerecht werden könne, daß sie zu eng sei. In unserer Zeit ist dieser Aspekt der Naturwissenschaft und der aus ihr entspringenden Technik noch viel schärfer hervorgetreten als früher. Man braucht nur an die extremen Anforderungen an Präzision zu denken, die eine Mondlandung erfordert, an das fast unvorstellbare Maß an Zuverlässigkeit und Genauigkeit, das hier demonstriert wird, um zu erkennen, auf einer wie festen Grundlage der Wahrheitsanspruch der neuzeitlichen Naturwissenschaft ruht.

Aber natürlich muß nun auch die Frage gestellt werden, wie wertvoll die Errungenschaften sind, die mit dieser Konzentration auf einen Teilaspekt, mit dieser Einengung auf einen speziellen Teil der Wirklichkeit gewonnen werden können. Sie wissen, daß unsere Zeit auf diese Frage eine zwiespältige Antwort gibt. Wir sprechen von der Ambivalenz der Wissenschaft. Wir haben erfahren, daß in den Teilen der Welt, in denen sich diese Verbindung von Wissenschaft und Technik durchgesetzt hat, das materielle Elend der armen Volksschichten weitgehend verschwunden ist, daß die moderne Medizin das Massensterben durch Seuchen verhindert, daß die Verkehrsmittel, die Nachrichtentechnik das Leben erleichtern. Andererseits kann die Wissen-

schaft dazu mißbraucht werden, Waffen schlimmster Zerstörungs-
kraft zu entwickeln; das Überhandnehmen der Technik beeinträch-
tigt und bedroht unseren Lebensraum. Auch abgesehen von diesen
unmittelbaren Gefahren verschieben sich die Wertmaßstäbe; das
Augenmerk wird zu sehr auf den engen Bereich des materiellen Wohl-
stands gelenkt, und die anderen Lebensgrundlagen werden vernachlässigt. Selbst wenn Technik und Wissenschaft nur als Mittel zum
Zweck eingesetzt werden könnten, so hängt das Ergebnis davon ab,
ob die Ziele gut sind, für deren Erreichung sie benützt werden sollen.
Die Entscheidung über die Ziele kann aber innerhalb von Naturwissenschaft und Technik gar nicht gefällt werden; sie wird, wenn wir
nicht völlig in die Irre gehen wollen, an einer Stelle getroffen, wo der
Blick auf den ganzen Menschen und auf seine ganze Wirklichkeit,
nicht nur auf einen kleinen Ausschnitt gerichtet ist. Zu dieser ganzen
Wirklichkeit gehört aber vieles, von dem bisher noch nicht die Rede
war.

Da ist zunächst die Tatsache, daß der Mensch seine geistigen Kräfte
nur in Relation zu einer menschlichen Gesellschaft entwickeln kann.
Gerade die Fähigkeiten, die ihn vor allen anderen Lebewesen aus-
zeichnen, das Übergreifen über das unmittelbar sinnlich Gegebene
hinaus, das Erkennen weiter Zusammenhänge, sie beruhen darauf,
daß er in eine Gemeinschaft von sprechenden und denkenden Wesen
eingebettet ist. Die Geschichte lehrt, daß solche Gemeinschaften in
ihrer Entwicklung nicht nur eine äußere, sondern auch eine geistige
Gestalt erhalten haben, und in den geistigen Gestalten, von denen wir
wissen, hat die Beziehung auf einen sinnvollen Zusammenhang des
Ganzen, über das unmittelbar Sichtbare und Erlebbare hinaus, fast
immer die entscheidende Rolle gespielt. Erst innerhalb dieser geistigen
Form, der in der Gemeinschaft gültigen »Lehre«, gewinnt der Mensch
die Gesichtspunkte, nach denen er sein eigenes Tun auch dort ausrichten kann, wo es sich um mehr als nur ein Reagieren auf äußere Situationen handelt; die Frage nach den Werten wird erst hier entschieden.
Aber nicht nur die Ethik, auch das ganze kulturelle Leben der
Gemeinschaft wird von dieser geistigen Gestalt bestimmt. Erst in
ihrem Kreis wird der enge Zusammenhang zwischen dem Guten, dem

Schönen und dem Wahren sichtbar, erst hier kann von einem Sinn des Lebens für den Einzelnen gesprochen werden. Diese geistige Gestalt nennen wir die Religion der Gemeinschaft. Damit wird dem Wort Religion eine etwas allgemeinere Bedeutung zugeschrieben, als es sonst üblich ist. Es soll die geistigen Inhalte vieler Kulturkreise und verschiedener Zeiten umfassen, selbst dort, wo etwa der Gottesbegriff gar nicht vorkommt. Nur bei den gemeinschaftlichen Denkformen, die in den modernen totalitären Staatsgebilden angestrebt werden und in denen das Transzendente ganz ausgeklammert wird, könnte man zweifeln, ob der Begriff der Religion noch sinnvoll angewendet werden kann.

Wie stark das Gesicht einer menschlichen Gemeinschaft und das Leben des Einzelnen in ihr von der Religion geprägt wird, kann man kaum besser schildern, als Guardini es in seinem Buch über die Gestalten in Dostojewskijs Romanen getan hat. Das Leben dieser Gestalten ist vom Kampf um die religiöse Wahrheit in jedem Augenblick erfüllt, es ist gewissermaßen vom christlichen Geist durchtränkt, und so spielt es nicht einmal eine besonders wichtige Rolle, ob diese Menschen im Kampf um das Gute siegen oder unterliegen. Auch die größten Schurken unter ihnen wissen noch, was gut und was böse ist, sie messen ihr Tun an den Leitbildern, die das christliche Vertrauen ihnen gegeben hat. Hier gleitet auch der bekannte Einwand gegen die christliche Religion ab, daß die Menschen sich in der christlichen Welt genauso schrecklich aufgeführt hätten wie außerhalb. Das ist zwar leider wahr, aber die Menschen bewahren in ihr ein klares Unterscheidungsvermögen von gut und böse; und nur dort, wo dies noch vorhanden ist, bleibt die Hoffnung auf Besserung. Wo keine Leitbilder mehr den Weg bezeichnen, verschwindet mit der Wertskala auch der Sinn unseres Tuns und Leidens, und am Ende können nur Negation und Verzweiflung stehen. Die Religion ist also die Grundlage der Ethik, und die Ethik ist die Voraussetzung des Lebens. Denn wir müssen ja täglich Entscheidungen treffen, wir müssen die Werte wissen oder mindestens ahnen, nach denen wir unser Handeln ausrichten.

An dieser Stelle erkennt man auch den charakteristischen Unterschied zwischen den eigentlichen Religionen, in denen der geistige

Bereich, die zentrale geistige Ordnung der Dinge eine entscheidende
Rolle spielt, und den engeren Denkformen, besonders unserer Zeit, die
sich nur auf die gerade erfahrbare Gestalt einer menschlichen
Gemeinschaft beziehen. Solche Denkformen gibt es in den liberalen
Demokratien des Westens ebenso wie in den totalitären Staatsgebilden des Ostens. Zwar wird auch hier eine Ethik formuliert, aber es
wird von einer Norm des sittlichen Verhaltens gesprochen, und diese
Norm wird aus einer Weltanschauung, d. h. aus dem Anschauen der
unmittelbar sichtbaren, erfahrbaren Welt hergeleitet. Die eigentliche
Religion aber spricht nicht von Normen, sondern von Leitbildern,
nach denen wir unser Tun richten sollen und denen wir bestenfalls
nahekommen können. Und diese Leitbilder entstammen nicht dem
Anschauen der unmittelbar sichtbaren Welt, sondern dem Bereich der
dahinter liegenden Strukturen, von dem Plato als dem Reich der Ideen
gesprochen hat und über den in der Bibel der Satz steht: Gott ist
Geist.

Die Religion ist aber nicht nur die Grundlage der Ethik, sie ist, und
auch dies können wir von Guardini lernen, vor allem die Grundlage
des Vertrauens. So wie wir als Kinder die Sprache lernen und die in ihr
mögliche Verständigung als wichtigsten Bestandteil des Vertrauens zu
den Menschen empfinden, so entsteht aus den Bildern und Gleichnissen der Religion, die ja auch eine Art dichterische Sprache darstellen,
das Vertrauen in die Welt, in den Sinn unseres Daseins in ihr. Die Tatsache, daß es viele verschiedene Sprachen gibt, ist dabei gar kein Einwand, auch nicht der Umstand, daß wir scheinbar zufällig in einen
bestimmten Sprachraum oder Religionsbereich hineingeboren sind
und davon geprägt werden. Wichtig ist ja nur, daß wir in dieses Vertrauen zur Welt hineingeführt werden, und das kann in jeder Sprache
geschehen. Für die Menschen aus dem russischen Volk zum Beispiel,
die in Dostojewskijs Romanen auftreten und über die Guardini
schreibt, ist das Wirken Gottes in der Welt ein stets wiederholtes
unmittelbares Erlebnis, und so erneuert sich ihr Vertrauen immer wieder, auch wenn die äußere Not dem scheinbar unerbittlich im Wege
steht.

Schließlich ist die Religion, wie ich schon sagte, von entscheidender

Bedeutung für die Kunst. Wenn wir, so wie wir es getan haben, mit Religion einfach die geistige Gestalt bezeichnen, in die eine menschliche Gemeinschaft hineingewachsen ist, so ist es fast selbstverständlich, daß auch die Kunst ein Ausdruck der Religion sein muß. Ein Blick in die Geschichte der verschiedensten Kulturkreise lehrt, daß man in der Tat die geistige Gestalt einer früheren Zeit am unmittelbarsten aus den noch erhaltenen Kunstwerken erschließen kann, selbst wenn man die religiöse Lehre, in der die geistige Gestalt formuliert worden ist, kaum mehr kennt.

Aber alles, was hier über die Religion gesagt wurde, ist Ihnen in diesem Kreis natürlich geläufig. Es ist nur wiederholt worden, um zu betonen, daß auch der Vertreter der Naturwissenschaft diese umfassende Bedeutung der Religion in der menschlichen Gemeinschaft erkennen muß, wenn er versuchen will, über das Verhältnis der religiösen und der naturwissenschaftlichen Wahrheit nachzudenken. Daß diese beiden Wahrheiten in Konflikt geraten sind, hat auf die europäische Geistesgeschichte seit dem 17. Jahrhundert einen entscheidenden Einfluß ausgeübt. Als Anfangspunkt des Konfliktes wird gewöhnlich der Prozeß der römischen Inquisition gegen Galilei im Jahr 1616 genannt, in dem es um die Lehre des Kopernikus ging, dessen 500. Geburtstag vor wenigen Wochen gefeiert wurde. Von diesem Anfangspunkt muß nun etwas ausführlicher die Rede sein. Galilei hatte die Lehre des Kopernikus vertreten, nach der – im Gegensatz zu der damals allgemein herrschenden ptolemäischen Weltansicht – die Sonne im Mittelpunkt des Planetensystems ruht und die Erde um die Sonne kreist und sich in 24 Stunden um sich selber dreht. Galileis Schüler Castelli hatte den Satz aufgestellt: Die Theologen müßten nun zusehen, daß sie die Bibel in Übereinstimmung mit den festgestellten Tatsachen der Naturwissenschaft erklären. Eine solche Äußerung konnte als Angriff auf die Heilige Schrift angesehen werden, und die Dominikaner-Patres Caccini und Lorini brachten die Angelegenheit vor die römische Inquisition. Im Urteil vom 23. Februar 1616 wurden die beiden dem Kopernikus zugeschriebenen Sätze aus der Anklageschrift, nämlich erstens: »Die Sonne ist der Mittelpunkt der Welt und ist darum unbeweglich«, zweitens: »Die Erde ist nicht der

Mittelpunkt der Welt und nicht unbeweglich, sondern sie bewegt sich täglich auch um sich selbst«, für philosophisch absurd und ketzerisch erklärt. Unter Zustimmung von Papst Paul V. wurde Kardinal Bellarmin beauftragt, Galilei zu ermahnen, die kopernikanische Lehre aufzugeben. Wenn er sich weigere, so solle der Kardinal ihm den Befehl geben, eine solche Meinung weder zu lehren noch zu verteidigen oder zu besprechen. Galilei hat sich diesem Befehl für eine Reihe von Jahren gefügt, glaubte aber, nachdem Urban VIII. den päpstlichen Stuhl bestiegen hatte, seine Forschungen auch offen fortsetzen zu können. Nach der Veröffentlichung der berühmten Streitschrift ›Dialogo‹ im Jahr 1632 kam es zum zweiten Prozeß, in dem Galilei der kopernikanischen Lehre in aller Form abschwören mußte. Die Einzelheiten des Prozesses brauchen uns heute nicht mehr zu interessieren, auch nicht die menschlichen Unzulänglichkeiten, die hier auf beiden Seiten eine Rolle gespielt haben. Wohl aber können und müssen wir nach den tieferen Gründen des Konfliktes fragen.

Zunächst ist es wichtig, sich klarzumachen, daß hier beide Seiten glauben mußten, im Recht zu sein. Die kirchliche Behörde und Galilei, beide waren in gleicher Weise überzeugt, daß hier hohe Werte in Gefahr waren und daß es ihre Pflicht sei, sie zu verteidigen. Galilei hatte erlebt, und davon hatte ich ja schon am Anfang gesprochen, daß bei sorgfältiger Beobachtung der Erscheinungen auf der Erde und am Himmel, beim Fallen der Steine ebenso wie bei den Bewegungen der Planeten, mathematische Gesetzmäßigkeiten zutage treten, die einen vorher nicht gekannten Grad von Einfachheit in den Erscheinungen sichtbar werden lassen. Er hatte eingesehen, daß von dieser Einfachheit eine neue Möglichkeit des Verständnisses ausgeht, daß wir mit unserem Denken hier Teilordnungen in der ewigen Ordnung der Welt der Erscheinungen nachvollziehen können. Die kopernikanische Deutung des Planetensystems war einfacher als die traditionelle ptolemäische; sie vermittelte eine neue Art des Verständnisses, und diesen neuen Einblick in die göttliche Ordnung wollte Galilei sich auf keinen Fall nehmen lassen. Die Kirche umgekehrt glaubte, daß man an dem Bild der Welt, das seit vielen Jahrhunderten zum christlichen Denken als selbstverständlich dazugehörte, nicht rütteln darf, wenn keine ganz zwingenden Gründe dafür vorliegen. Solche zwingenden Gründe aber konnten weder Kopernikus noch Galilei vorweisen. In der Tat war der erste Satz der kopernikanischen Lehre, um den es sich hier handelte, ganz sicher falsch. Auch die heutige Naturwissenschaft würde nicht sagen, daß die Sonne im Mittelpunkt der Welt steht und deshalb unbeweglich ist. Beim zweiten Satz, der von der Erde handelt, müßte man zunächst klären, was die Wörter »Ruhe« und »Bewegung« bedeuten. Wenn man ihnen eine absolute Bedeutung zuschreibt, wie es das naive Denken tut, so ist es einfach eine Definition, daß die Erde ruht, jedenfalls gebrauchen wir das Wort so und nicht anders. Wenn man eingesehen hat, daß die Begriffe keine absolute Bedeutung besitzen, daß sie sich auf die Relation zwischen zwei Körpern beziehen, so ist es willkürlich, ob man Sonne oder Erde als ruhend oder bewegt ansieht. Dann besteht erst recht kein Grund, das alte Weltbild zu ändern.

Man kann trotzdem vermuten, daß die Mitglieder des Inquisitionsgerichtes durchaus empfunden haben, welche Kraft hinter dem Begriff der Einfachheit steckt, der von Galilei hier bewußt oder unbewußt vertreten wurde und der in der philosophischen Ebene mit der Rückwendung von Aristoteles zu Plato zu tun hatte. Auch hatten die Richter offenbar den größten Respekt vor Galileis wissenschaftlicher Autorität; daher wollten sie ihn nicht an der Weiterführung seiner Forschungen hindern, wollten aber vermeiden, daß Unruhe und Unsicherheit in das traditionelle christliche Weltbild getragen würden, das in der Struktur der mittelalterlichen Gesellschaft eine so entscheidende Rolle gespielt hatte und immer noch spielte. Wissenschaftliche Ergebnisse sind ja häufig, besonders wenn sie neu sind, noch einem gewissen Wandel unterworfen; das endgültige Urteil kann meist erst nach einigen Jahrzehnten der Bewährung gefällt werden. Warum sollte Galilei nicht mit der Veröffentlichung warten? Man wird dem Inquisitionsgericht also zubilligen müssen, daß es sich beim ersten Prozeß um Ausgleich bemüht und eine vertretbare Entscheidung getroffen hat. Erst als Galilei acht Jahre später das Veröffentlichungsverbot übertreten hatte, konnten sich im zweiten Prozeß jene durchsetzen, denen Gewalt einfacher scheint als das Bemühen um Ausgleich, und daher erging das berüchtigte harte Urteil gegen Galilei, das der Kirche später so viel geschadet hat.

Welches Gewicht würden wir heute dèm Argument beilegen, daß man nicht voreilig Unruhe und Unsicherheit in ein Weltbild tragen dürfe, das als Bestandteil der geistigen Struktur der Gesellschaft eine wichtige Rolle bei der Harmonisierung des Lebens in der Gemeinschaft spielt? Auf dieses Argument würden manche radikale Geister heute mit Hohn reagieren; sie würden darauf hinweisen, daß es sich dabei ja nur um die Erhaltung überalterter Machtstrukturen handelt, daß man also im Gegenteil dafür sorgen müsse, daß sich solche Strukturen der Gesellschaft so schnell wie möglich wandeln oder auflösen. Aber diesen radikalen Geistern muß man zu bedenken geben, daß sich der Konflikt zwischen den Naturwissenschaften und der herrschenden Weltanschauung auch noch in unserer Zeit abspielt, und zwar gerade in den totalitären Staatsgebilden, in denen der dialektische Materialismus als Grundlage des Denkens gewählt worden ist. So hat es die offizielle Sowjetphilosophie schwer gehabt, sich mit Relativitätstheorie und Quantentheorie abzufinden; insbesondere in den Fragen der Kosmologie sind die Meinungen dort hart aufeinandergeprallt. Im Jahr 1948 fand schließlich ein Kongreß über die ideologischen Fragen der Astronomie in Leningrad statt, der eine Klärung der strittigen Probleme durch Diskussion und Vereinbarungen herbeiführen sollte und der zum Ausgleich beigetragen hat.

Im Grunde handelt es sich hier, wie im Galilei-Prozeß, gar nicht um Sachfragen, sondern um den Konflikt zwischen der geistigen Gestalt einer Gesellschaft, die ihrem Wesen nach etwas Statisches sein muß, und den ständig sich erweiternden und erneuernden wissenschaftlichen Erfahrungen und Denkweisen, also einer dynamischen Struktur. Auch eine Gesellschaft, die aus großen revolutionären Umwälzungen hervorgegangen ist, strebt nach Konsolidierung, nach einer Fixierung des Gedankenguts, das die dauerhafte Grundlage der neuen Gemeinschaft bilden soll. Die völlige Unsicherheit über alle Maßstäbe wäre auf die Dauer unerträglich. Die Wissenschaft aber strebt nach Erweiterung. Selbst wenn die Naturwissenschaft oder irgendeine andere Wissenschaft zur Grundlage der Weltanschauung gemacht werden sollte – und im dialektischen Materialismus wird ähnliches versucht –, so könnte es ja immer nur die Wissenschaft der vergangenen Jahrzehnte oder Jahrhunderte sein, und mit der sprachlichen Fixierung wären wieder die Voraussetzungen für einen späteren Konflikt geschaffen. Daher scheint es besser, durch die Bilder und Gleichnisse für den großen Zusammenhang von vornherein deutlich zu machen, daß hier eine dichterische, eine für alle menschlichen Werte offene, von lebendigen Symbolen erfüllte, aber nicht eine naturwissenschaftliche Sprache gesprochen wird.

Trotz dieser generellen Schwierigkeiten muß noch einmal auf die Sachfragen im Prozeß gegen Galilei eingegangen werden. War es für die christliche Gemeinschaft wichtig, daß Kopernikus gewisse astronomische Beobachtungen anders deutete als Ptolemäus? Im Grunde konnte es für die christliche Lebensführung des Einzelnen doch völlig gleichgültig sein, ob es am Himmel kristallene Sphären gibt oder nicht, ob der Planet Jupiter von Monden umkreist wird, ob die Erde oder die Sonne im Mittelpunkt des Weltalls steht. Für ihn, den einzelnen Menschen, stand die Erde ja jedenfalls im Mittelpunkt, sie war sein Lebensraum. Aber so gleichgültig war es wohl doch wieder nicht. Noch zweihundert Jahre später hat Goethe mit Schrecken und Bewunderung von den Opfern gesprochen, die mit der Anerkennung der kopernikanischen Lehre gebracht werden müssen. Er hat sie nur ungern gebracht, obwohl er sich selbst von der Richtigkeit dieser Lehre überzeugt hatte. Vielleicht haben sich auch schon bei den Richtern der römischen Inquisition, bewußt oder unbewußt, Zweifel geregt, ob durch die Galileische Naturwissenschaft nicht eine gefährliche Änderung der Blickrichtung hervorgerufen werden könnte. Zwar konnten wohl auch sie nicht leugnen, daß der Naturforscher, der, wie Galilei oder Kepler, mathematische Strukturen in den Erscheinungen entdeckt, damit Teilordnungen aus der göttlichen Ordnung der Welt sichtbar macht. Aber eben dieser Blick auf die blendenden Teile konnte vielleicht den Blick für das Ganze trüben; er konnte bewirken, daß in dem Maß, in dem der Zusammenhang des Ganzen im Bewußtsein des Einzelnen verdeckt wird, auch der lebendige Zusammenhalt der menschlichen Gemeinschaft leidet, daß er

vom Zerfall bedroht wird. Mit dem Ersatz der natürlichen Lebensbedingungen durch technisch zweckmäßige Abläufe geht auch eine Entfremdung zwischen dem Einzelnen und der Gemeinschaft einher, die
bedrohliche Instabilitäten hervorbringt. Bertolt Brecht läßt in seinem
Schauspiel ›Galilei‹ einen Mönch sagen: »Das Dekret gegen Kopernikus hat mir die Gefahren aufgedeckt, die ein allzu hemmungsloses
Forschen für die Menschheit in sich birgt.« Ob dieses Motiv wirklich
schon damals eine Rolle gespielt hat, wissen wir nicht; aber wir haben
inzwischen gelernt, wie groß die Gefahren sind.

Wir haben noch mehr gelernt aus der Entwicklung der Naturwissenschaft in einer von der christlichen Religion geprägten europäischen Welt, und davon soll jetzt im letzten Teil meines Vortrages die
Rede sein. Schon früher habe ich zu formulieren versucht, daß es sich
bei den Bildern und Gleichnissen der Religion um eine Art Sprache
handelt, die eine Verständigung ermöglicht über den hinter den
Erscheinungen spürbaren Zusammenhang der Welt, ohne den wir
keine Ethik und keine Wertskala gewinnen könnten. Diese Sprache ist
im Prinzip ersetzbar wie jede Sprache; in anderen Teilen der Welt gibt
und gab es andere Sprachen, die der gleichen Verständigung dienen.
Aber wir sind in einen bestimmten Sprachraum hineingeboren. Diese
Sprache ist der Sprache der Dichtung näher verwandt als jener der auf
Präzision ausgerichteten Naturwissenschaft. Daher bedeuten die
Wörter in beiden Sprachen oft etwas Verschiedenes. Der Himmel, von
dem in der Bibel die Rede ist, hat wenig zu tun mit jenem Himmel, in
den wir Flugzeuge oder Raketen aufsteigen lassen. Im astronomischen
Universum ist die Erde nur ein winziges Staubkörnchen in einem der
unzähligen Milchstraßensysteme, für uns aber ist sie die Mitte der
Welt – sie ist wirklich die Mitte der Welt. Die Naturwissenschaft versucht, ihren Begriffen eine objektive Bedeutung zu geben. Die religiöse Sprache aber muß gerade die Spaltung der Welt in ihre objektive
und ihre subjektive Seite vermeiden; denn wer könnte behaupten, daß
die objektive Seite wirklicher wäre als die subjektive. Wir dürfen also
die beiden Sprachen nicht durcheinanderbringen, wir müssen subtiler
denken, als dies bisher üblich war.

Die Entwicklung der Naturwissenschaft in den letzten hundert

Jahren hat überdies in ihrem eigenen Bereich dieses subtilere Denken erzwungen. Da wir nicht mehr die Welt der unmittelbaren Erfahrungen zum Gegenstand der Forschung gemacht haben, sondern eine Welt, in die wir nur mit den Mitteln moderner Technik eindringen können, reicht die Sprache des täglichen Lebens hier nicht mehr aus. Es gelingt uns zwar schließlich, diese Welt zu verstehen, indem wir ihre Ordnungsstrukturen in mathematischen Formen darstellen; aber wenn wir über sie sprechen wollen, müssen wir uns mit Bildern und Gleichnissen begnügen, fast wie in der religiösen Sprache. Wir haben also gelernt, vorsichtiger mit der Sprache umzugehen, und haben eingesehen, daß scheinbare Widersprüche in der Unzulänglichkeit der Sprache begründet sein können. Die moderne Naturwissenschaft hat sehr umfassende Gesetzmäßigkeiten zutage gefördert, viel umfassendere als jene, mit denen Galilei und Kepler zu tun hatten. Aber dabei hat sich herausgestellt, daß mit der Weite der Zusammenhänge auch der Grad der Abstraktheit wächst und mit ihm auch die Schwierigkeit des Verständnisses. Selbst die Forderung der Objektivität, die lange Zeit als die Voraussetzung aller Naturwissenschaft gegolten hat, ist in der Atomphysik dadurch eingeschränkt worden, daß eine völlige Trennung des zu beobachtenden Phänomens vom Beobachter nicht mehr möglich ist. Wie steht es dann mit dem Gegensatz von naturwissenschaftlicher und religiöser Wahrheit?

Der Physiker Wolfgang Pauli hat in diesem Zusammenhang einmal von zwei Grenzvorstellungen gesprochen, die beide in der Geschichte des menschlichen Denkens außerordentlich fruchtbar geworden sind, denen aber doch keine echte Wirklichkeit entspricht. Das eine Extrem ist die Vorstellung einer objektiven Welt, die unabhängig von irgendwelchen beobachtenden Subjekten in Raum und Zeit gesetzmäßig abläuft; sie war das Leitbild der neuzeitlichen Naturwissenschaft. Das andere Extrem ist die Vorstellung eines Subjekts, das mystisch die Einheit der Welt erlebt und dem kein Objekt, keine objektive Welt mehr gegenübersteht; sie war das Leitbild der asiatischen Mystik. Irgendwo in der Mitte zwischen diesen beiden Grenzvorstellungen bewegt sich unser Denken; wir müssen die Spannung, die aus den Gegensätzen resultiert, aushalten.

Zu der Sorgfalt, mit der wir die beiden Sprachen, die religiöse und die naturwissenschaftliche, auseinanderhalten müssen, gehört auch, daß wir jede Schwächung ihres Inhalts durch ihre Vermengung vermeiden müssen. Die Richtigkeit bewährter naturwissenschaftlicher Ergebnisse kann vernünftigerweise nicht vom religiösen Denken in Zweifel gezogen werden, und umgekehrt dürfen die ethischen Forderungen, die aus dem Kern des religiösen Denkens stammen, nicht durch allzu rationale Argumente aus dem Bereich der Wissenschaft aufgeweicht werden. Dabei besteht kein Zweifel darüber, daß durch die Erweiterung der technischen Möglichkeiten auch neue ethische Probleme aufgeworfen worden sind, die nicht leicht gelöst werden können. Ich erwähne als Beispiele die Frage nach der Verantwortung des Forschers für die praktische Anwendung seiner Forschungsergebnisse oder die noch schwierigere Frage aus dem Bereich der modernen Medizin, wie lange ein Arzt das Leben eines sterbenden Patienten verlängern soll oder darf. Das Nachdenken über solche Probleme hat nichts mit dem Aufweichen ethischer Prinzipien zu tun. Auch kann ich mir nicht vorstellen, daß solche Fragen mit pragmatischen Zweckmäßigkeitsüberlegungen allein beantwortet werden könnten. Vielmehr wird es nötig sein, sich auch hier auf den Zusammenhang des Ganzen zu besinnen: auf die in der Sprache der Religion ausgedrückte menschliche Grundhaltung, aus der die ethischen Prinzipien stammen.

Vielleicht können wir heute auch schon wieder richtiger die Gewichte verteilen, die durch die enorme Ausbreitung von Naturwissenschaft und Technik in den letzten hundert Jahren verschoben worden sind. Ich meine die Gewichte, die wir den materiellen und den geistigen Voraussetzungen in der menschlichen Gemeinschaft beimessen. Die materiellen Voraussetzungen sind wichtig, und es war die Pflicht der Gesellschaft, das materielle Elend weiter Volksschichten zu beseitigen, als Technik und Wissenschaft dazu die Möglichkeiten boten. Aber nachdem dies geschehen war, ist noch viel Unglück übriggeblieben, und es hat sich gezeigt, wie nötig der Einzelne auch in seinem Selbstbewußtsein oder seinem Selbstverständnis den Schutz braucht, den die geistige Gestalt einer Gemeinschaft ihm gewähren kann. Hier liegen vielleicht jetzt unsere wichtigsten Aufgaben. Wenn es viel Unglück in der heutigen studentischen Jugend gibt, so ist der Grund dafür nicht materielle Not, sondern der Mangel an Vertrauen, der es dem Einzelnen zu schwer macht, seinem Leben einen Sinn zu geben. Wir müssen uns also bemühen, die Isolierung zu überwinden, die den Einzelnen in einer von der technischen Zweckmäßigkeit beherrschten Welt bedroht. Ein theoretisches Nachdenken über Fragen der Psychologie oder der Gesellschaftsstruktur wird hier wenig helfen, solange es nicht gelingt, durch unmittelbares Tun zu einem natürlichen Gleichgewicht in den geistigen und materiellen Lebensbedingungen zurückzufinden. Es wird darauf ankommen, die in der geistigen Gestalt der Gemeinschaft begründeten Werte wieder im Alltag lebendig zu machen, ihnen so viel Leuchtkraft zu verleihen, daß sich das Leben des Einzelnen wieder von selbst nach ihnen richtet.

Aber es ist nicht meine Aufgabe, über die Gesellschaft zu sprechen, sondern es sollte sich um das Verhältnis der naturwissenschaftlichen und der religiösen Wahrheit handeln. Die Naturwissenschaft hat in den letzten hundert Jahren sehr große Fortschritte gemacht. Die weiteren Bereiche des Lebens, über die wir in der Sprache unserer Religion sprechen, sind dabei vielleicht vernachlässigt worden. Ob es gelingen wird, die geistige Form unserer zukünftigen Gemeinschaften noch einmal in der alten religiösen Sprache auszudrücken, wissen wir nicht. Ein rationales Spiel mit Worten und Begriffen hilft hier wenig; Ehrlichkeit und Unmittelbarkeit sind die wichtigsten Voraussetzungen. Aber da die Ethik die Grundlage für das Zusammenleben der Menschen ist und die Ethik nur aus jener menschlichen Grundhaltung gewonnen werden kann, die ich die geistige Gestalt der Gemeinschaft genannt habe, so müssen wir alle Anstrengungen machen, uns auch mit der jungen Generation wieder auf eine gemeinsame menschliche Grundhaltung zu einigen. Ich bin überzeugt, daß das gelingen kann, wenn wir das richtige Gleichgewicht zwischen den beiden Wahrheiten wieder finden.

Personenregister

Werner Heisenberg

Der Teil und das Ganze

Gespräche im Umkreis der Atomphysik. 4. Aufl., 50. Tsd. 1972.
334 Seiten und Frontispiz. Leinen

»Die moderne Atomphysik hat grundlegende philosophische und
politische Probleme neu zur Diskussion gestellt, und an dieser Diskussion sollte ein möglichst großer Kreis von Menschen teilnehmen.«
Die Zeit

»Die Stimmung des Buches ist dominiert vom hohen Geist der
Forscher, die gemeinsam um die Lösung wissenschaftlicher Fragen
ringen ... Heisenbergs Buch ist ein großartiges Zeugnis der
wissenschaftlichen Methode. Durch diese Weite des Blicks und das
kritische Wissen um Grenzen, geht sein Werk alle Forschenden
an und alle, die in der Verflechtung von Lebenspraxis und wissenschaftlicher Theorie ein besonderes Problem unserer Zeit mit
ihrer unheimlichen Steigerung der Forschung sehen.«
Adolf Portmann, Frankfurter Allgemeine

»Manche von den Gesprächen haben die schöne Sachlichkeit
eines platonischen Dialogs. Heisenberg ist ein hervorragender Schrift-
steller. In einer Zeit, in der die ›schöne Literatur‹ im Irrgarten des
Absurden experimentiert, tritt eine wissenschaftliche Literatur auf den
Plan, die das Suchen nach einem zeitgemäßen Kunstwerk fast
überflüssig macht.«
Das Parlament

Manfred Eigen / Ruthild Winkler

·Das Spiel

Naturgesetze steuern den Zufall. 2. Aufl., 30. Tsd. 1976.
404 Seiten mit 68 teilweise farbigen Abbildungen. Linson

Materie und Leben, Mensch und Gesellschaft – die großen Themen
unserer Zeit in der Reflexion des Naturwissenschaftlers.
Das Spiel ist ein Naturphänomen, das von Anbeginn den Lauf der Welt
gelenkt hat: die Gestaltung der Materie, ihre Organisation zu
lebenden Strukturen wie auch das soziale Verhalten der Menschen. In
den Metamorphosen des Spiels erscheint die Einheit von Natur
und Geist, die in der Spezialisierung und Abstraktion der Wissenschaften und Künste sich zu verlieren droht.

»›Das Spiel‹ ist ein Sachbuch, keines von denen, die sich als Romane
zu verkleiden versuchen. Auch wenn man hier spielend lernt,
so ist die Lektüre gewiß kein Kinderspiel. Die Spiele selbst haben
durchaus unterhaltenden Wert, können frustrierend sein wie
»Mensch ärgere dich nicht« oder erregend wie Schach. Ihre Beziehungen
zu den Naturvorgängen, die Assoziationen zu dem Gelesenen,
geben ihnen eine besondere Qualität, weil sie die Augen für die Fülle
von Einfällen öffnen, die sich schon bei wenigen Spielelementen
und -regeln ergeben.« Die Zeit

Jacques Monod

Zufall und Notwendigkeit

Philosophische Fragen der modernen Biologie. Vorrede zur
deutschen Ausgabe von Manfred Eigen. Aus dem Französischen von
Friedrich Griese. 5. Aufl., 71. Tsd. 1973. XVI, 238 Seiten. Linson

»Monod ist der erste, der aus den jüngsten revolutionären Erkennt-
nissen der Biologie, der Entschlüsselung des genetischen Codes
philosophische Schlußfolgerungen zieht und eine neue Theorie über die
Entstehung der Erde und die Entstehung der Menschen vorlegt.« Die Welt